高等职业教育新形态系列规划教材

信息技术应用任务教程

罗小平　崔　强　罗南林◎主　编

张燕丽　陈玉琴　杨善友
吴伟姣　洪文圳　李　梅◎副主编

中国铁道出版社有限公司
CHINA RAILWAY PUBLISHING HOUSE CO., LTD.

内 容 简 介

本书以职业岗位工作任务过程为导向，由浅入深、逐层递进安排内容，全面细致地介绍了信息技术的相关内容，主要包括计算机基础知识、云物大智知识的普及、Windows 10 操作系统、Word 2016 文字处理软件、Excel 2016 电子表格软件、PowerPoint 2016 演示文稿制作软件以及计算机网络应用等。

在全书的结构上，采用“任务描述—任务分析—任务分解—任务实施”的流程，循序渐进地培养学生的协作能力、分析问题能力、解决实际问题能力。同时本书贯穿课程思政，培养学生“爱国是本分，也是职责，是心之所系、情之所归”的情怀，努力为实现中华民族伟大复兴而奋斗。

本书结构合理、思路清晰、任务真实、步骤分解详细、目的明确、即学即用，是一本面向高职院校所有专业学生的计算机应用能力培养教材。本书同时也可作为学习计算机基本操作技能以及全国计算机等级考试（一级 MS Office）的参考用书。

图书在版编目（CIP）数据

信息技术应用任务教程/罗小平，崔强，罗南林主编. —北京：中国铁道出版社有限公司，2021.2（2025.1 重印）
高等职业教育新形态系列规划教材
ISBN 978-7-113-27737-6

Ⅰ.①信… Ⅱ.①罗…②崔…③罗… Ⅲ.①电子计算机-高等职业教育-教材 Ⅳ.①TP3

中国版本图书馆 CIP 数据核字（2021）第 025182 号

书　　名：信息技术应用任务教程
作　　者：罗小平　崔　强　罗南林

策　　划：唐　旭　　**编辑部电话：**（010）51873090
责任编辑：潘星泉　包　宁
封面设计：尚明龙
责任校对：苗　丹
责任印制：赵星辰

出版发行：中国铁道出版社有限公司（100054，北京市西城区右安门西街 8 号）
网　　址：https://www.tdpress.com/51eds
印　　刷：北京铭成印刷有限公司
版　　次：2021 年 2 月第 1 版　2025 年 1 月第 10 次印刷
开　　本：787 mm×1 092 mm 1/16　**印张：**21.5　**字数：**521 千
书　　号：ISBN 978-7-113-27737-6
定　　价：56.00 元

前言

随着计算机技术的普及，信息教育的大力推广，大学新生信息技术知识的起点也越来越高，大学信息技术应用课程的教学已经不再是零起点，很多学生在初高中阶段就已经系统地学习了计算机基础知识，并具备一定的操作和应用能力，这就对大学信息技术应用等课程教学提出了更新、更高、更具体的要求。21世纪需要更丰富的信息化技术，能够适应云物大智的应用，能够独立完成任务的现代化创新人才。

信息技术应用是一门实践性很强的公共基础课，是一门融理论、技能、实训于一体的课程。根据教育部的最新规定，结合公共课为专业课服务的宗旨，我们特意编写了本书。本书的一大特点是课程思政贯穿全书，不仅体现在案例任务上，还体现在新技能、新知识的普及中，有机融入道路自信、理论自信、制度自信、文化自信等，实现“知识传授”和“价值引领”有机统一。本书的另一大特点是为学生提供一种案例式情景学习氛围，以职业岗位工作任务过程为导向，由浅入深、逐层递进安排教学内容，以培养学生的协作能力、分析问题能力、解决实际问题能力为目标。通过实际的案例任务，按照任务描述—任务分析—任务分解—任务实施几个环节安排教材内容，充分体现了以学习者为中心的教学理念，突出了学生的主体地位。每个案例都是精心设计的，结合实际企业岗位项目，为大学生的学习、就业打下良好的基础，涵盖了计算机基础知识、Windows 10 操作系统、云物大智的应用与现状，文字处理软件 Word 2016、电子表格软件 Excel 2016、演示文稿制作软件 PowerPoint 2016，以及计算机网络应用等。编写过程中，我们注意理论与实践相结合，由浅入深，循序渐进地介绍信息技术相关知识与操作技能。另外，为了加强学生的理论水平和实践能力，根据需要，在每个案例中还加入了知识链接或案例拓展，可为学生全面学习信息技术相关知识打下良好的基础，扩大知识面。

本书共分为6个单元，单元1介绍了计算机基础知识，使学生了解计算机，特别是计算机硬件知识，了解如今的智能化发展情况，培养学生具备简单维护计算机的能力；单元2介绍了 Windows10 操作系统，重点突出疫情期间的信息化时代网络办公的技能，培养学生优化计算机、管理计算机、网络化办公的能力；单元3介绍了文字处理软件 Word 2016 的基础知识和技能，培养学生使用 Word 进行文字处理的能力；单元4介绍了电子表格处理软件 Excel 2016 的基础知识和技能，培养学生使用 Excel 进行数据管理的能力；单元5介绍了演示文稿制作软件 PowerPoint 2016 的基础知识和技能，培养学生使用 PowerPoint 制作演示文稿的能力；单元6介绍了计算机网络应用知识、物联网以及大数据的应用，培养学生配置和管理局域网的能力以及使用网络浏览器、管理网页的能力，应用物联网技术能力，以及大数据分析和处理的能力。

本书由罗小平、崔强、罗南林任主编，张燕丽、陈玉琴、杨善友、吴伟姣、洪文圳、李梅任副主编。具体编写分工：杨善友负责编写单元1，张燕丽负责编写单元2，洪文圳负责编写单元3，崔强、李梅负责编写单元4，陈玉琴、罗小平负责编写单元5，吴伟姣负责编写单元6。全书由罗南林、崔强总策划、审稿并统稿。另外，蓝新波、郭锦、杨秀萍也参与了本书的编写工作。

为了方便教学，本书配有电子教案，以及各个单元的素材和习题参考答案，读者可登录http://www.tdpress.com/51eds/下载相关资料。

书中案例结合实际岗位，整合各个专业学生的不同需求，汇集了一线教师丰富的教学经验，具有很强的实用性。在本书的编写过程中，得到了许多专家和同仁的大力支持，谨此向他们表示最真挚的感谢。

由于信息技术发展迅速以及编者水平有限，书中疏漏和不足之处在所难免，敬请专家和广大读者批评指正。

编　者

2021年1月

目录

单元 1 认识计算机

【学习目标】

在计算机刚刚出现的时候，功能比较简单，而且人们对于计算机并不了解，毕加索就曾经说过“Computers are useless. They can only give you answers.”。

现如今，随着计算机技术的日新月异，计算机已经广泛应用到各个领域，与人们的日常工作、学习、生活息息相关。计算机已在金融、物流、通信、网络、教育、传媒、医疗、电子商务和电子政务等各个领域中发挥重要的作用，成为人们生活中不可取代的工具。

通过本单元的学习，你将掌握以下知识：

- 计算机的起源、发展及应用
- 计算机系统的组成
- 计算机内部的数制和编码
- 计算机的智能化发展

1.1 任务 1 认识计算机的起源、历史和应用

任务描述

计算机已经是家喻户晓，计算机的使用规模也在不断扩大。计算机是 20 世纪人类最伟大的科学技术发明之一，是现代科学技术与人类智慧的结晶，对人类社会的生产和生活产生了极其深刻的影响。

晓伟是一名大学一年级新生，他对计算机非常感兴趣，他想了解计算机的一切。

任务分析

认识计算机首先从计算机的起源、发展历史、计算机的特点分类、计算机的应用领域等方面去认识。

任务分解

本任务可以分解为以下 4 个子任务。

子任务 1：了解计算机的起源

子任务 2：了解计算机的发展简史

子任务 3：了解计算机的特点及分类

子任务 4：了解计算机的应用领域

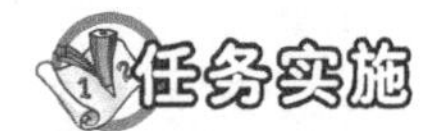

1.1.1 了解计算机的起源

世界上第一台通用计算机于 1946 年 2 月 14 日在美国宾夕法尼亚大学诞生，命名为“电子数字积分计算机（Electronic Numerical Integrator and Calculator，ENIAC）”。这台计算机使用了约 18 000 个电子管，重约 30 t，功率 150 kW，长 30.48 m，宽 6 m，高 2.4 m，占地 170 m^2，每秒执行 5 000 次加法或 400 次乘法，是手工计算的 20 万倍，造价 48 万美元。它的诞生有着划时代的意义，宣告了计算机时代的到来。

1.1.2 了解计算机的发展简史

步骤 1：认识计算机的发展

ENIAC 是第一台正式投入运行的计算机，但它并不具备现代计算机“在机内存储程序”的主要特征。在 ENIAC 的研制过程中，美籍匈牙利数学家冯·诺依曼提出了著名的冯·诺依曼思想，并在此基础上成功地研制出了第一台“存储程序式”计算机——离散变量自动电子计算机（Electronic Discrete Variable Automatic Computer，EDVAC），这一思想奠定了现代计算机的基础。

冯·诺依曼思想主要包括以下 3 方面内容。

（1）计算机由五大基本部件组成

五大基本部件包括运算器、控制器、存储器、输入设备和输出设备。

（2）计算机内部采用二进制

二进制只有“0”和“1”两个数码，具有运算规则简单、物理实现简单、可靠性高和运算速度快等特点。

（3）采用存储程序控制计算机工作的原理

事先把需要计算机运行的程序和处理的数据以二进制形式存入计算机的存储器中，运行时在控制器的控制下，计算机从存储器中依次取出指令并执行指令。从而完成人们安排的工作，这就是存储程序控制的工作原理。

自第一台计算机诞生以来，根据计算机所采用的电子元器件的不同，计算机的发展经历了 4 个阶段：电子管时代（1946—1956）、晶体管时代（1957—1964）、小规模集成电路时代（1965—1970）、大规模集成电路时代（1971 年至今）。可以说，电子元器件技术的发展尤其是硅集成电路集成度的日益提高，使得计算机性能不断提高，体积不断缩小，而价格却不断下降，见表 1–1。

表 1–1 计算机的发展简史

代 次	起止年份	电子器件	运算速度	应用领域
电子管时代	1946—1956	电子管	几千次/秒~几万次/秒	国防军事及科研
晶体管时代	1957—1964	晶体管	几万次/秒~几十万次/秒	数据处理、事务管理
小规模集成电路时代	1965—1970	小规模集成电路	几十万次/秒~几百万次/秒	工业控制、信息管理
大规模集成电路时代	1971 年至今	大规模集成电路	几百万次/秒~上亿次/秒	工作及生活各方面

步骤 2：认识微型计算机的发展

IBM 公司于 1981 年推出了第一台真正意义上的个人计算机（Personal Computer），型号为 PC/XT，采用的 CPU（中央处理器）型号为 Intel 8088。自此以后，PC 系列的微机机型得到了巩固和加强，并取得了迅速的发展，见表 1-2。

表 1-2 微机发展简表

典型机型	推出时间	CPU	字长/位	主频/MHz
IBM PC/XT	1981 年	Intel 8088	8	4.77
IBM PC/AT	1983 年	Intel 80286	16	6～25
IBM PS/2-80	1987 年	Intel 80386	32	16～40
486 微机	1989 年	80486	32	25～100
Pentium 微机	1993 年	Pentium	32	60～233
PentiumⅡ 微机	1997 年	PentiumⅡ	32	133～450
Pentium 4 微机	2000 年	Pentium 4	32	1 400～3 000
64 位微机	2004 年	Athlon 64 3200 +	64	2 000
双核微机	2005 年	Pentium D 820	64	2 800
四核微机	2007 年	Core 2 Quad Q6600	64	2 400
融合处理器微机	2011 年	AMD APU E-350	64	1 600

从表 1-2 中可以看出，微机的发展取决于微机中核心部件 CPU 技术的发展。CPU 更新换代，则微机也更新换代。

1.1.3 了解计算机的特点及分类

步骤 1：认识计算机的特点

一般计算机具有以下几个显著特点：

1. 运算速度快

计算机内部由电路组成，可以高速准确地完成各种算术运算。当今计算机系统的运算速度已达到每秒亿亿次，微机也可达每秒亿次以上，使大量复杂的科学计算问题得以解决。例如：卫星轨道的计算、大型水坝的计算、24 小时天气预测等只需几分钟就可完成。

2. 计算精确度高

科学技术的发展特别是尖端科学技术的发展，需要高度精确的计算。计算机控制的导弹之所以能准确地击中预定的目标，是与计算机的精确计算分不开的。一般计算机可以有十几位甚至几十位（二进制）有效数字，计算精度可由千分之几到百万分之几，是任何计算工具所望尘莫及的。例如：圆周率π的计算，有人曾利用计算机算到小数点后 200 万位。

3. “记忆”能力强

计算机的存储器（内存储器和外存储器）类似于人的大脑，能够“记忆”大量的信息。它能把数据、程序存入，进行数据处理和计算，并把结果保存起来。

4. 逻辑运算能力强

计算机不仅能进行精确计算，还具有逻辑运算功能，能对信息进行比较和判断。计算机能把参加运算的数据、程序以及中间结果和最后结果保存起来，并能根据判断的结果自动执行下一条指令以供用户随时调用。

5. 自动化程度高

由于计算机具有存储记忆能力和逻辑判断能力，所以人们可以将预先编好的程序组纳入计算机内存，在程序控制下，计算机可以连续、自动地工作，不需要人的干预。

步骤 2：认识计算机的分类

计算机按其功能和规模，一般可分为五大类。

1. 巨型机

这类计算机价格昂贵，功能强大，主要用于战略武器的计算、空间技术、石油勘探、天气预测等领域，仅有少数国家能够生产。我国于 20 世纪 80 年代末、90 年代中先后推出了自行研制的银河-Ⅰ、银河-Ⅱ、银河-Ⅲ等巨型机。2019 年 11 月公布的世界超级计算机排名中，我国的“神威·太湖之光”高居第三，全部使用中国自主知识产权的芯片。另外，我国的“天河二号”排名第四，采用麒麟操作系统，目前使用英特尔处理器，将来计划用国产处理器替换，不仅应用于助力探月工程、载人航天等政府科研项目，还在石油勘探、汽车飞机的设计制造、基因测序等民用方面大展身手。

2. 中型机

中型机一般以大型主机的形式存在，具有很强的数据处理能力，一般应用于大中型企事业单位的中央主机。例如：IBM 公司生产的 IBM 4300、3090 及 9000 系列都属于中型机。

3. 小型机

20 世纪 60 年代开始出现的一种供部门使用的计算机，它的规模较小、结构简单、成本较低、操作简便、维护容易，能满足部门的要求，可供中小企事业单位使用。例如：美国 DEC 公司的 VAX 系列机型、IBM 公司的 AS/400 系列、我国生产的“太极”系列计算机等都属于小型机。近年来，小型机逐渐被高性能的服务器取代。

4. 工作站

20 世纪 70 年代后期出现了一种新型的计算机系统——工作站。它配有大屏幕显示器和大容量存储器，有较强的网络通信能力，主要适用于 CAD/CAM 和办公自动化等领域，如 Sun 公司的 Sun-3、Sun-4。

5. 微型计算机

微型计算机又称个人计算机（Personal Computer，PC），价格便宜、功能齐全，广泛应用于个人用户，是最普及的机型。个人计算机的出现，是计算机发展过程中的里程碑，它使计算机的普及成为可能。

1.1.4 了解计算机的应用领域

随着计算机技术的飞速发展，计算机的应用领域也不断地得到拓展。其主要应用领域为：

1. 科学计算

科学计算是计算机最早的应用领域，是指利用计算机来完成科学研究和工程技术中提出的数值计算问题。在现代科学技术工作中，科学计算的任务是大量的和复杂的。利用计算机的运算速度高、存储容量大和连续运算的能力，可以解决人工无法完成的各种科学计算问题。例如，导弹弹道的计算、工程设计、地震预测、气象预报、火箭发射等都需要由计算机承担庞大而复杂的计算量。

2. 信息管理

信息管理是以数据库管理系统为基础，辅助管理者提高决策水平，改善运营策略的计算机技术。信息处理具体包括数据的采集、存储、加工、分类、排序、检索和发布等一系列工作。信息处理已成为当代计算机的主要任务，是现代化管理的基础。据统计，80%以上的计算机主要应用于信息管理，成为计算机应用的主导方向。信息管理已广泛应用于办公自动化、企事业计算机辅助管理与决策、情报检索、图书管理、电影电视动画设计、会计电算化等各行各业。

3. 过程控制

过程控制是利用计算机实时采集数据、分析数据，按最优值迅速地对控制对象进行自动调节或自动控制。采用计算机进行过程控制，不仅可以大大提高控制的自动化水平，而且可以提高控制的时效性和准确性，从而改善劳动条件、提高产量及合格率。计算机过程控制已在机械、冶金、石油、化工、电力等部门得到广泛应用。

4. 计算机辅助系统

计算机辅助设计（Computer Aided Design，CAD）是工程技术人员利用计算机进行相关设计的技术，它需要专门的应用软件（如 AutoCAD）来支持。

计算机辅助制造（Computer Aided Manufacturing，CAM）是指在机械制造业中，利用计算机通过各种数值控制机床和设备，自动完成离散产品的加工、装配、检测和包装等制造过程。

计算机集成制造系统（Computer Integrated Manufacturing System，CIMS）是通过计算机软硬件，并综合运用现代管理技术、制造技术、信息技术、自动化技术、系统工程技术，将企业生产全部过程中有关的人、技术、经营管理三要素及其信息与物流有机集成并优化运行的复杂的大系统。

计算机辅助教学（Computer Aided Instruction，CAI）是利用计算机进行辅助教学的技术。它是一个新的应用领域。利用计算机开展多媒体教学，具有直观、图文并茂、能调动学生学习兴趣等特点，具有广阔的应用前景。

5. 计算机网络通信

计算机网络是由一些独立的和具备信息交换能力的计算机互联构成，以实现资源共享的系统。计算机在网络方面的应用使人类之间的交流跨越了时间和空间障碍。计算机网络已成为人类建立信息社会的物质基础，它给人们的工作带来极大的方便和快捷，如在全国范围内的银行卡的使用，火车和飞机票系统的使用等。可以在全球最大的互联网络——Internet上进行浏览、检索信息、收发电子邮件、阅读书报、玩网络游戏、选购商品、参与众多问题的讨论、实现远程医疗服务等。可以说，现代计算机的应用已离不开计算机网络。

1.2 任务2 认识计算机的结构

任务描述

晓伟为了大学学习的方便，需要购买一台学习用计算机，首先他要认识计算机的组成部分，了解要买哪些硬件，知道要装哪些软件。

任务分析

实现本任务，首先要进行市场调查，了解硬件的行情，以及软件的知识。

任务分解

本任务可以分解为以下3个子任务。

子任务1：认识计算机系统的组成

子任务2：认识计算机硬件系统

子任务3：认识计算机软件系统

任务实施

1.2.1 认识计算机系统的组成

一般来说，一个完整的计算机系统是由硬件系统和软件系统两大部分组成的。硬件系统是指构成计算机的电子线路和各种机电装置的物理实体。软件系统是指为了运行、管理和维护计算机所编制的各种程序和相关数据的集合。没有配备任何软件的计算机称为“裸机”，裸机是无法正常工作的。计算机系统的基本组成如图1-1所示。

从图1-1中可以看出，计算机的硬件系统由运算器、控制器、存储器、输入设备和输出设备五大部分组成。其中，运算器和控制器常常集成在一块集成电路芯片内，称为中央处理器（Center Process Unit，CPU），它是计算机的核心部件。CPU和内存储器合称为计算机的主机，而外存储器和输入设备、输出设备一起，合称为外围设备，简称外设。

控制器是计算机的指挥中枢，其作用是统一指挥和协调各个部件的工作。控制器从存储器中将程序取出并根据程序的要求向各部件发出操作命令。

运算器又称为算术逻辑单元（Arithmetic Logic Unit，ALU），其功能是完成各种算术运算和逻辑运算，运算时从存储器中取得原始数据，并将运算结果送回存储器中，整个过程都在控制器的指挥下进行工作。

存储器主要用来存放数据和程序，是计算机的记忆部件。存储器分为内存储器和外存储器。

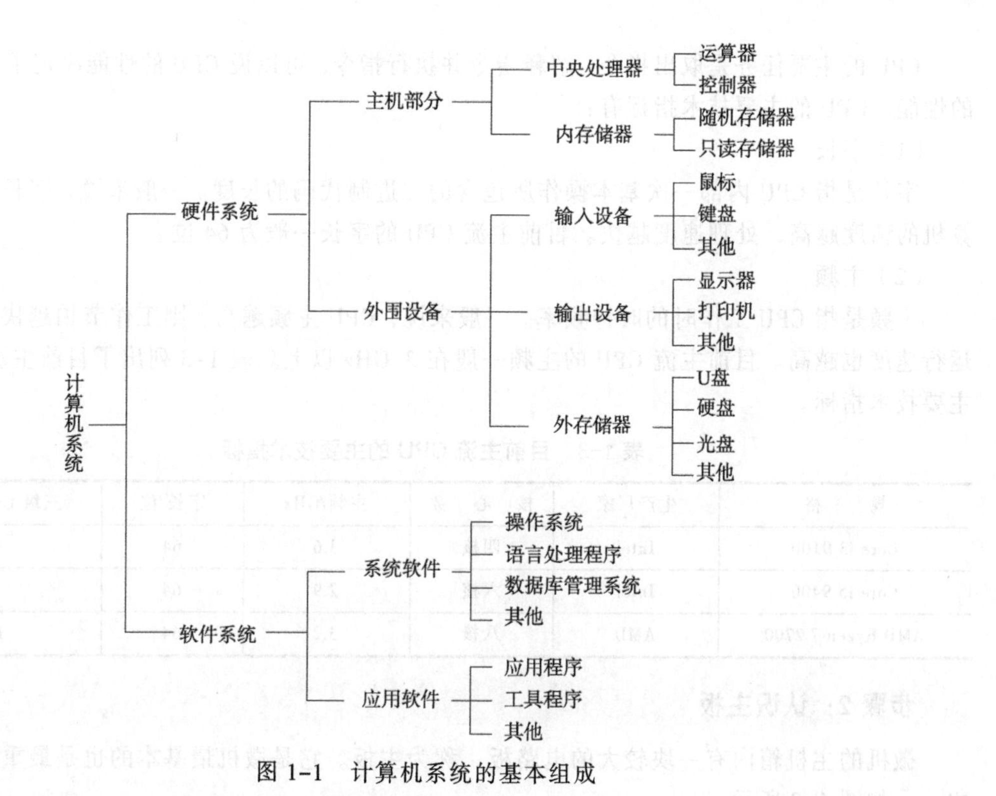

图 1-1　计算机系统的基本组成

输入设备的作用是接收用户输入的数据和程序，并将其数字化后保存到存储器中。常用的输入设备有键盘、鼠标、扫描仪、摄像头等。

输出设备的作用是将存储器中存放的运算结果（二进制代码）转换成相应的字符或图形。常用的输出设备有显示器、打印机、绘图仪、投影仪等。

1.2.2　认识计算机硬件系统

步骤 1：认识 CPU

CPU 又称微处理器，主要由运算器和控制器两大部件组成，它是微型计算机的核心部件，如图 1-2 所示。

图 1-2　CPU

CPU 的主要任务是取出指令、解释指令并执行指令。可以说 CPU 的性能决定了一台微机的性能，CPU 的主要技术指标有：

（1）字长

字长是指 CPU 内部一次基本操作所包含的二进制代码的长度。一般来说，字长越长，计算机的精度越高，处理速度越快。目前主流 CPU 的字长一般为 64 位。

（2）主频

主频是指 CPU 工作时的时钟频率。一般来说，CPU 主频越高，则工作节拍越快，计算机运行速度也越高。目前主流 CPU 的主频一般在 3 GHz 以上。表 1-3 列出了目前主流 CPU 的主要技术指标。

表 1-3 目前主流 CPU 的主要技术指标

规格	生产厂家	核心数	主频/GHz	字长/位	三级 Cache/MB
Core i3 9100	Intel	四核	3.6	64	6
Core i5 9400	Intel	六核	2.9	64	9
AMD Ryzen 7 2700	AMD	八核	3.2	64	16

步骤 2：认识主板

微机的主机箱内有一块较大的电路板，称为主板。它是微机最基本的也是最重要的部件之一，如图 1-3 所示。

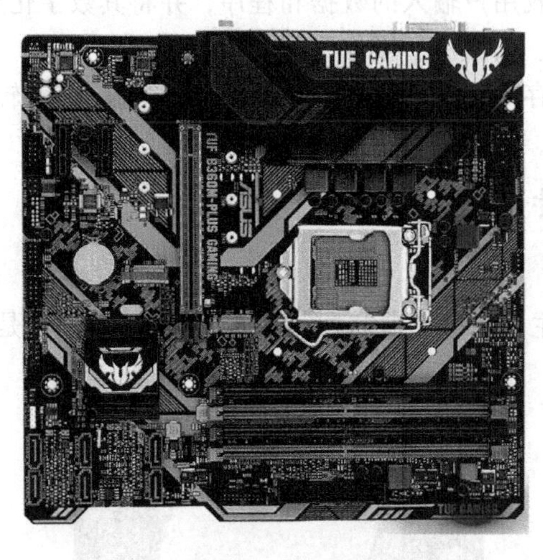

图 1-3 主板

主板一般为矩形电路板，上面安装了组成计算机的主要电路系统，一般有 BIOS 芯片、I/O 控制芯片、键盘和面板控制开关接口、指示灯插接件、扩充插槽、主板及插卡的直流电源供电接插件等元件。

主板采用了开放式结构。主板上大都有 6～15 个扩展插槽，供 PC 外围设备的控制卡（适配器）插接。通过更换这些插卡，可以对微机的相应子系统进行局部升级，使厂家和用户在配置机型方面有更大的灵活性。总之，主板在整个微机系统中扮演着举足轻重的角色。可以说，主板的类型和档次决定着整个微机系统的类型和档次，主板的性能影响着整个微机系统的性能。

步骤 3：认识内存储器

内存储器简称内存，又称主存储器，如图 1-4 所示。

图 1-4 内存

内存的主要功能是直接与 CPU 进行数据交换，主要存放当前运行的程序、待处理的数据及运算结果。内存的存取速度和辅助存储器相比要快得多。

内存储器一般按字节分成许多个存储单元，每个存储单元都有一个编号，称为存储单元地址。CPU 在内存中存取数据时可通过地址找到相应的存储单元。对存储单元进行存、取数据的操作又称写、读操作。

步骤 4：认识外存储器

外存储器简称外存，又称辅助存储器。辅助存储器一般存储容量较大，且关机断电后存放在其中的数据不会丢失，但存取速度相对较慢。正因为其存储速度较慢，所以，CPU 并不直接与外存打交道。需要时先将外存中的信息调入内存，然后再与内存交换信息。

微机常用的外存储器有：硬盘存储器、光盘存储器或其他一些可移动存储器。硬盘存储器又分为机械硬盘和固态硬盘。

1. 硬盘驱动器

硬盘也是一种磁记录存储器，其存储原理与软盘存储器相似，只不过它是由多个金属盘片和多个磁头全部密封在一个容器内组成的，采用这种技术的硬盘又称温盘，如图 1-5 所示。

图 1-5 硬盘

硬盘的主要技术指标有：容量、转速、缓存等。

（1）容量

硬盘的容量越来越大，目前主流硬盘的容量已达 1～8 TB。

（2）转速

转速指磁头读写信息时围绕盘片旋转的速度。目前主流硬盘的转速都在 7 200 r/min，硬盘不仅容量大，且读写速度也比软盘快得多。

（3）缓存

缓存是硬盘上的一块内存芯片，具有极快的存取速度，它是硬盘内部存储和外界接口之间的缓冲器。由于硬盘的内部数据传输速度和外部数据传输速度不同，缓存在其中起到一个缓冲的作用。缓存的大小与速度直接关系到硬盘的传输速度，能够大幅度地提高硬盘整体性能。目前硬盘的缓存一般为 32 MB、64 MB、128 MB、256 MB 等。

2．固态硬盘

固态硬盘（Solid State Drives）简称固盘，如图 1-6 所示。

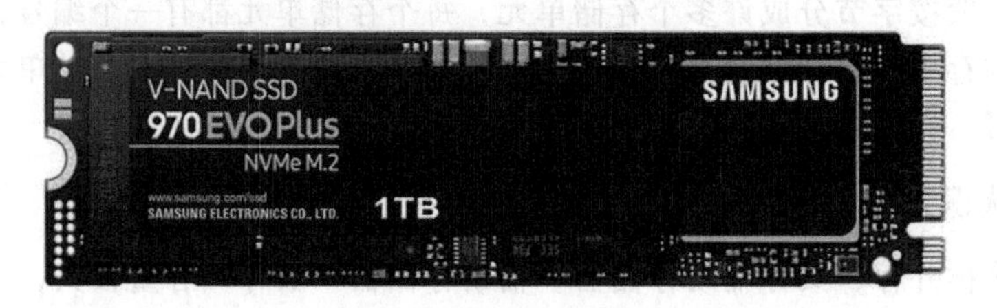

图 1-6 固态硬盘

固态硬盘是用固态电子存储芯片阵列而制成的硬盘，由控制单元和存储单元（Flash 芯片、DRAM 芯片）组成。

固态硬盘具有传统机械硬盘不具备的快速读写、质量小、能耗低以及体积小等特点，但其价格仍较为昂贵。

3．光盘存储器

光盘存储器是一种新型存储设备，具有容量大、寿命长、价格低等特点。目前，一张 CD 光盘的容量约为 700 MB；DVD 光盘单面 4.7 GB，双面 8.5 GB；蓝光光盘（BD）的容量则比较大，BD 单面单层 25 GB、双面 50 GB、三层 75 GB、四层 100 GB。光盘的读写是通过光盘驱动器实现的。

光盘驱动器（简称光驱）的一个重要指标是光驱的“倍速”，即数据传输率。单倍速传输速度 CD 为 150 KB/s，DVD 为 1 350 KB/s，BD 为 4 500 KB/s。光驱倍速越大，存取速度越快。一般而言，光驱的读写速度比硬盘慢。

光盘一般分为：只读型光盘（CD-ROM、DVD-ROM、BD-ROM）、一次写入光盘（CD-R、DVD-R、BD-R）和可擦写光盘（CD-RW、DVD-RW、DVD-RAM、BD-RW）等 3 种类型。

4．可移动存储器

可移动存储器是指可方便携带的存储器，常用的可移动存储器有移动硬盘、U 盘等。

目前应用最广的可移动存储器要数U盘，它是一种新型的半导体存储器，具有体积小、质量小、容量较大、使用方便等特点，其存储容量一般在32～128 GB之间。

步骤5：认识显卡

显卡（Graphics Card）是个人计算机最基本的组成部分之一，在工作时与显示器配合输出图形、文字，作用是将计算机系统所需要的显示信息进行转换，并向显示器提供行扫描信号，控制显示器的正确显示，是连接显示器和个人计算机主板的重要元件，是“人机对话”的重要设备之一，其内置的并行计算能力现阶段也用于深度学习等运算，如图1-7所示。

图1-7 显卡

步骤6：认识输入设备

在微机中，最常用的输入设备是键盘和鼠标。

1. 键盘

键盘是微机中最基本的输入设备，它主要提供字符、数字的数字化输入。目前，微机上常用的键盘有101键或104键。

键盘一般分为4个区域：打字键区、编辑键区、功能键区和数字键区。

（1）打字键区

与标准英文打字机的键盘相似，包括数字、字母、各种符号及一些控制键。

（2）编辑键区

位于打字键区和数字键区之间，主要用于光标定位的编辑操作。

（3）功能键区

键盘最上一排，有【F1】～【F12】共12个功能键，它们的功能由具体的应用软件来确定。

（4）数字键区

位于键盘最右面，主要为录入大量的数字提供方便。

2. 鼠标

在Windows操作系统等图形界面环境下，鼠标已成为微机的另一必备的输入设备，它通过在屏幕上的坐标定位完成输入操作。

常用的鼠标有机械式和光电式两种，它们的定位机理不同，但在使用操作上是一样的。

鼠标上有左、右两个按键，称为左键、右键，鼠标的基本操作有移动、单击（左键、右键）、双击（左键）、拖动等。

步骤 7：认识输出设备

微机中常用的输出设备为显示器，如图 1-8 所示。

图 1-8 LCD 显示器

LCD（Liquid Crystal Display，液晶显示器）由液晶显示屏及相关控制电路组成，其核心部件就是液晶显示屏，简称液晶屏。液晶屏的基本结构是由两片玻璃基板与中间的液晶体组成的薄形盒，因此，它具有超薄、体积小、功耗低、无电磁辐射、显示质量高等优点。

目前市场上常用的液晶显示器为 TN-LCD 显示器，尺寸为 22 英寸（1 英寸=2.54 cm）、23 英寸、24 英寸等。液晶显示器有一个重要指标，即它的观赏角度（视角）。一般而言，LCD 显示器必须从正前方观赏才能获得最佳视觉效果，若从其他角度观看，则画面的亮度会发暗、颜色会改变，甚至某些产品会由正像变为负像。目前效果最好的 LCD 显示器，其水平可视角度可达 176°，垂直可视角度可达 170°。

1.2.3 认识计算机软件系统

微型计算机中的软件系统是整个计算机系统的重要组成部分，没有配备任何软件的计算机是无法正常工作的。软件分为系统软件和应用软件两大类。

系统软件是管理、监控和维护计算机软硬件资源的软件。常见的系统软件有操作系统、程序设计语言处理程序、系统实用程序和工具软件等。

应用软件是为解决各种具体的应用问题而编制的程序，例如：文字处理软件、财务管理软件。

步骤 1：认识操作系统

操作系统是最基本、最重要的系统软件，它是用户和计算机的接口，换句话说，用户通过操作系统来使用计算机。

操作系统是对计算机软硬件资源进行全面管理的一种系统软件，它一般具有五大功能：CPU 管理、存储管理、外围设备管理、文件管理和作业管理。

操作系统的分类方法很多。若按用户数分，可分为单用户操作系统和多用户操作系统；若按任务数分，可分为单任务操作系统和多任务操作系统；若按使用功能分，可分为批处理操作系统、分时操作系统、实时操作系统、网络操作系统和分布式操作系统。

常见的微机操作系统有 Windows、Linux、mac OS 等。

步骤 2：认识应用软件

应用软件是指某一应用领域具有特定功能的软件。应用软件可分为通用应用软件和专用应用软件。例如：WPS、Office 2016 可称为通用应用软件；而某单位的财务管理软件则是专用应用软件。

正是由于应用软件极为丰富，才使得计算机的应用日益广泛。

根据晓伟的学习要求，计算机需要安装如下应用软件：Office 2016、Photoshop CS6、WinRAR V5.9、QQ PC 版 9.3、微信 PC 版 2.9、钉钉 5.1.5、暴风影音 5.8、金山词霸 2016、Foxit Reader 9.6、360 杀毒软件、360 极速浏览器。

知识拓展

程序设计语言

利用计算机解决问题的基本手段是编制程序和使用运行程序。编制程序的过程称为程序设计。要进行程序设计，必须采用一定的语言，称为计算机语言或者程序设计语言。

从计算机语言的发展来看，计算机语言一般分为 3 类：机器语言、汇编语言和高级语言。其中机器语言和汇编语言属于低级语言。

（1）机器语言

机器语言是由二进制序列组成的、CPU 能直接识别的程序设计语言。机器语言的每一条语句都是二进制形式的指令代码。因此，机器语言是从属于硬件的，随 CPU 的不同而不同。

因为机器语言的语句都是二进制指令码，所以，使用机器语言编程难度很大，不好记忆，容易出错，可读性差。目前几乎没有人使用机器语言直接编码。

（2）汇编语言

汇编语言是对机器语言的改进。汇编语言采用助记符代替机器语言的二进制指令代码，大大方便了记忆，增强了可读性。

显然，计算机不能直接识别和执行汇编语言编写的程序（称为汇编语言源程序），需要将汇编语言源程序“翻译”成机器语言程序，计算机才能识别和执行。把这一“翻译”过程称为“汇编”。当然，完成“汇编”的任务也是由程序自动进行的，完成汇编的程序称为汇编程序。

汇编语言和机器语言相比，尽管有了改进，但仍然离不开具体的机器，编程效率不高，很少人使用。

（3）高级语言

20 世纪 50 年代中期，人们创造了高级语言。高级语言与人类自然语言接近，通用性、易用性好，而且不依赖于具体的机器。

显然，用高级语言编写的程序（称为高级语言源程序），计算机也不能直接识别并执行，必须经过“翻译”。翻译的方式有两种：一是编译方式；二是解释方式。它们所采用的翻译程序分别称为编译程序和解释程序。

编译方式是将整个高级语言源程序全部转换成机器指令，并生成目标程序，再将目标程序和所需的功能库等连接成一个可执行程序。这个可执行程序可以独立于源程序和编译程序而直接运行。

解释方式是将高级语言源程序逐句地翻译、解释，逐条执行，执行完后不保存解释后的机器代码，下次运行此源程序时还要重新解释。

高级语言种类很多，目前常用的多是面向对象的程序设计语言。例如：Python、Visual Basic、C、C++、C#、Java 等，常用于编写应用软件。另外，C 语言因其编程效率高，常用于系统软件的编写。

任务拓展

任务 1：配置一台 5 000 元左右的计算机。

任务 1 描述：写出硬件和软件的配置清单。要求购买的计算机能做文字处理、表格处理、网页制作、图形图像处理、软件开发、大型 3D 游戏等工作和娱乐，并对一般病毒有防毒和杀毒功能。

任务 2：了解智能手机的硬件和软件系统。

任务 2 描述：了解当今最主流的 Android 和苹果手机的硬件和软件系统。

1.3 任务 3 认识计算机的功能实现

任务描述

晓伟在了解计算机和使用计算机的过程中，发现计算机可以很方便地操作数字、英文、汉字、图片、视频、音频，他想知道计算机内部这些是怎么实现的。

任务分析

实现本任务首先要了解计算机内部的数据形式，然后了解计算机内部表示字符或数字的方式，即信息编码。

任务分解

本任务可以分解为以下 2 个子任务。

子任务 1：了解计算机中的数制

子任务 2：了解计算机中的编码

任务实施

1.3.1 了解计算机中的数制

步骤 1：了解信息和数据

信息（Information）在现实世界中是广泛存在的，例如：数字、字母、各种符号、图表、声音、图片等。但是，所有的信息计算机都不能直接处理，因为计算机内部采用二进制，也就是说，计算机内部只认识“0”和“1”两种信息。因此，任何形式的信息都必须通过一定的转换方式转变成计算机能直接处理的数据，将这个过程称为“数字化”。

数据（Data）是在计算机内部存储、处理和传输的各种“值”，对用户来说是信息。换句话说，数据是信息在计算机内部的表示形式。信息处理也就是数据处理。

信息技术（IT）就是对信息进行采集、转换、加工、处理、存储、传输的技术，它是由计算机技术和现代通信技术共同演绎的，其中计算机技术充当着核心的角色。

步骤 2：了解进位计数制

1. 进位计数制

数制是人们对数量计数的一种统计规律。将数字符号按顺序排列成数位并遵照某种从低位到高位的进位方式计数来表示数制的方法称为进位计数制，简称计数制。进位计数制是一种计数方法，日常生活中广泛使用的是十进制，此外还大量使用其他进位计数制，如二进制、八进制、十六进制等。

那么，不同计数进位制的数怎么表示呢？为区分不同的数制，约定对于任一 R 进制的数 N 记作 $(N)_R$。如 $(1010)_2$ 表示二进制数 1010，$(237)_8$ 表示八进制数 237，$(36D9)_{16}$ 表示十六进制数 36D9。不用括号及下标的数默认为十进制数。此外，还有一种表示数制的方法，即在数字的后面使用特定的字母表示该数的进制。具体方法是 D（Decimal）表示十进制，B（Binary）表示二进制，O（Octal）表示八进制，H（Hexadecimal）表示十六进制。若某数码后面未加任何字母，则默认为十进制数。

无论使用哪种计数制，数制的表示都包含基数和位权两个基本要素。

① 基数：指某种进位计数制中允许使用的基本计数符号的个数。

② 位权：指在某种进位计数制表示的数中用于表明不同数位上数值大小的一个固定常数。不同数位有不同的位权，某一个数位的数值等于这一位的数字符号与该位对应的位权相乘。R 进制数的位权是 R 的整数次幂。例如，十进制数的位权是 10 的整数次幂，其个位的位权是 10^0，十位的位权是 10^1。

2. 十进制

在日常生活中，人们习惯于采用十进制记数。

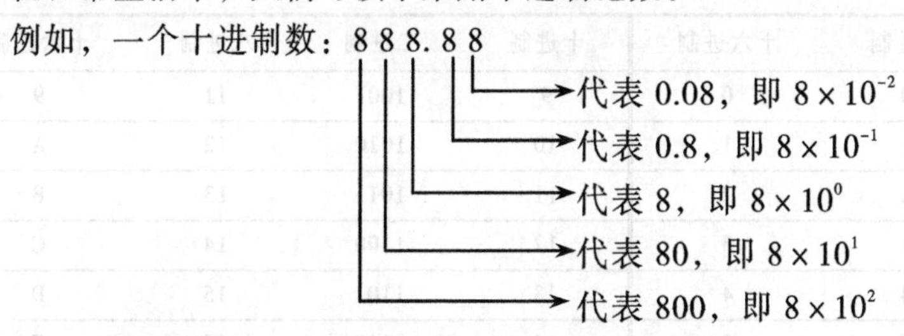

通过上面的例子，可以总结出十进制记数的规律：

① 一个十进制数字有 10 个记数的数码：0、1、2、3、4、5、6、7、8、9，称为基数为 10。

② 逢十进一。

③ 数码在数字中所处的位置不同，则它所代表的数值就不同。如上例的数码 8，在个位数上表示 8，在十位数上表示 80，在百位数上表示 800……这里的个（10^0）、十（10^1）、百（10^2）……称为位权。可见位权的大小是以基数为底，以数码所在位置序号为指数的整数次幂。

因此,一个十进制数可以写成按位权展开的一个多项式。例如：

$$888.88=8\times10^2+8\times10^1+8\times10^0+8\times10^{-1}+8\times10^{-2}$$

3. 二进制

计算机内部主要采用二进制处理信息，任何信息都必须转换成二进制形式后才能由计算机处理。

二进制所用到的数码有两个，分别是 0、1，称为基数为 2，逢二进一。二进制数的位权是 2 的整数次幂。

二进制具有运算规则简单且物理实现容易等优点。因为二进制中只有 0 和 1 两个数字符号，因此可以用电子器件的两种不同状态表示二进制数。例如，可以用晶体管的截止和导通，或者电平的高和低表示 1 和 0 等，因此在计算机系统中普遍采用二进制。

但是二进制又具有明显的缺点，即数的位数太长且字符单调，使得书写、记忆和阅读不方便。为了克服二进制的缺点，人们在书写指令，以及输入和输出程序等时，通常采用八进制数和十六进制数作为二进制数的缩写。

4. 八进制

八进制所用到的数码有 8 个，分别是 0、1、2、3、4、5、6、7，称为基数为 8，逢八进一。

5. 十六进制

十六进制所用到的数码有 16 个，分别是 0、1、2、3、4、5、6、7、8、9、A、B、C、D、E、F，称为基数为 16，逢十六进一。

步骤 3：了解计数制间的转换

各计数制之间可以相互转换，表 1-4 所示为各进制间数值对照表。

表 1-4 各进制间数值对照表

十进制	二进制	八进制	十六进制	十进制	二进制	八进制	十六进制
0	0	0	0	9	1001	11	9
1	1	1	1	10	1010	12	A
2	10	2	2	11	1011	13	B
3	11	3	3	12	1100	14	C
4	100	4	4	13	1101	15	D
5	101	5	5	14	1110	16	E
6	110	6	6	15	1111	17	F
7	111	7	7	16	10000	20	10
8	1000	10	8				

1. 其他进制数转换成十进制

方法：将其他进制数按位权展开后再相加即可。

【例 1】 把二进制数$(101001)_2$转换成十进制数。

解：$(101001)_2=1\times2^5+0\times2^4+1\times2^3+0\times2^2+0\times2^1+1\times2^0$

$=(41)_{10}$

【例 2】 把八进制数$(126)_8$转换成十进制数。

解：$(126)_8=1\times8^2+2\times8^1+6\times8^0$

$=(86)_{10}$

【例 3】 把十六进制数$(6BF)_{16}$转换成十进制数。

解：$(6BF)_{16}=6\times16^2+B\times16^1+F\times16^0$

$=6\times256+11\times16+15\times1$

$=(1727)_{10}$

2. 十进制数转换成二进制数

方法：将一个十进制整数转换成二进制数时，采用的方法是“除 2 取余逆序”的方法。

【例 4】 将十进制数$(202)_{10}$转换成二进制数。

解：采用“除 2 取余逆序”的方法。

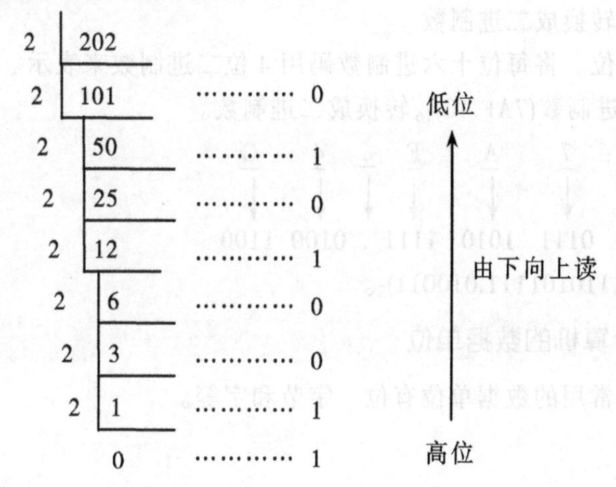

得$(202)_{10}=(11001010)_2$。

3. 二进制数与八进制数之间的转换

（1）将二进制数转换成八进制数

方法：三位并一位。以小数点为中心，分别向左、向右，每 3 位二进制数为一组用一位八进制数码来表示（不足 3 位的用 0 补足，其中整数部分左补 0，小数部分右补 0）。

【例 5】 将二进制数$(11110010.10101)_2$转换成八进制数。

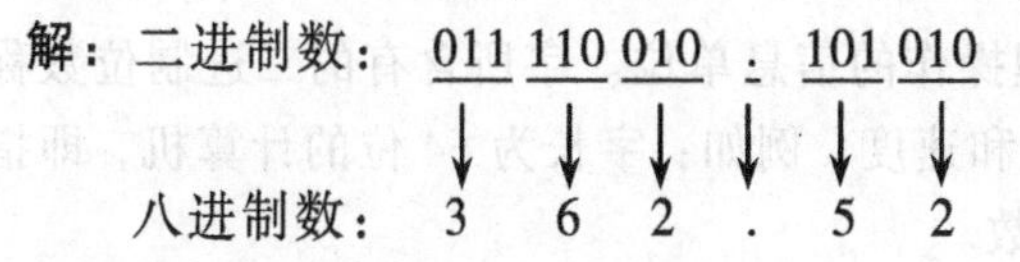

得$(11110010.10101)_2=(362.52)_8$。

（2）将八进制数转换成二进制数

方法：一位拆三位。将每位八进制数码用 3 位二进制数来书写。

【例 6】将八进制数$(216.24)_8$转换成二进制数。

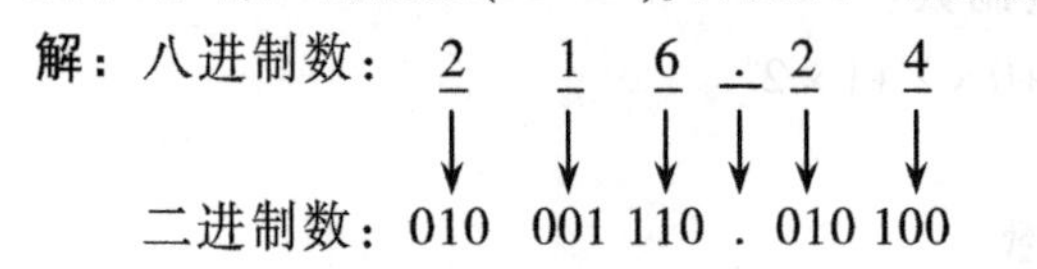

得$(216.24)_8=(10001110.0101)_2$。

4．二进制数与十六进制数之间的转换

（1）二进制数转换成十六进制数

方法：四位并一位。从小数点开始，分别向左、向右，每 4 位二进制数为一组用一位十六进制数码来表示（不足 4 位的用 0 补足，其中整数部分左补 0，小数部分右补 0）。

【例 7】将二进制数$(1100101101.10001)_2$转换成十六进制数。

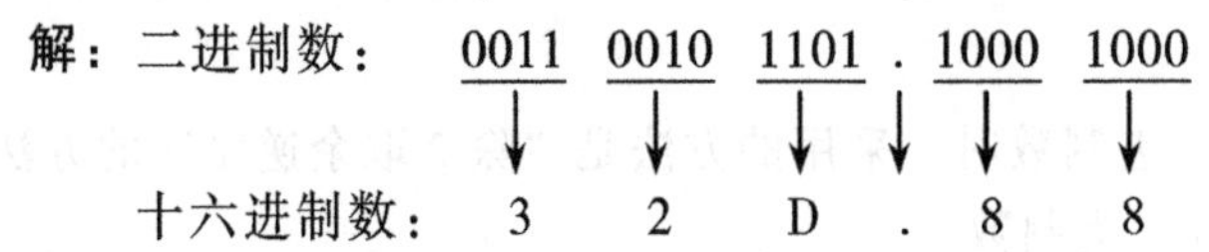

得$(1100101101.10001)_2=(32D.88)_{16}$。

（2）十六进制数转换成二进制数

方法：一位拆四位。将每位十六进制数码用 4 位二进制数来表示。

【例 8】 将十六进制数$(7AF.4C)_{16}$转换成二进制数。

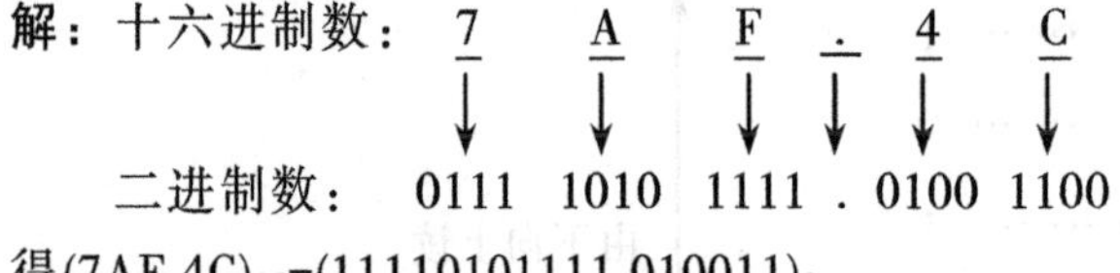

得$(7AF.4C)_{16}=(11110101111.010011)_2$。

步骤 4：了解计算机的数据单位

在计算机内部，常用的数据单位有位、字节和字等。

1．位（bit）

它是指二进制数的一个位，音译为比特。位是表示计算机数据的最小单位。一个位就是二进制数的一个“0”或一个“1”。

2．字节（Byte）

字节是表示计算机数据的基本单位，通常把 8 个二进制位作为 1 字节，即 1 Byte=8 bit 或 1 B=8 b。

3．字（Word）

字是指计算机内部一次存储、传送、处理操作的信息单位。字所含有的二进制位数称为字长，它直接关系到计算机的计算精度、功能和速度。例如：字长为 64 位的计算机，即指该计算机内部一次能够传送和运算 64 位二进制数。

4. 其他数据单位

为表示存储器容量大小，除了以字节（Byte）为单位外，常用的容量单位还有：KB、MB、GB、TB。它们之间的换算关系为：

1 KB = 1 024 B = 2^{10} B

1 MB = 1 024 KB = 2^{20} B

1 GB = 1 024 MB = 2^{30} B

1 TB = 1 024 GB = = 2^{40} B

1.3.2 了解计算机中的编码

计算机常用的信息编码是 ASCII 码。ASCII 码（American Standard Code for Information Interchange，美国国家信息交换标准码）原为美国国家标准，现已成为在世界范围内通用的字符编码标准。

ASCII 码由 7 位二进制数组成，因此一共定义了 2^7=128 个符号，其中有 33 个控制码，位于表的左首两列和右下角位置上，其余 95 个为数字、大小写英文字母和专用符号的编码。例如：字母 A 的 ASCII 码为 1000001（十进制为 65)。表 1-5 列出了 ASCII 码的编码表。

表 1-5 ASCII 编码表

高 3 位 / 低 4 位	000	001	010	011	100	101	110	111
0000	NUL	DLE	SP	0	@	P	‘	p
0001	SOH	DC1	!	1	A	Q	a	q
0010	STX	DC2	”	2	B	R	b	r
0011	ETX	DC3	#	3	C	S	c	s
0100	EOT	DC4	$	4	D	T	d	t
0101	ENQ	NAK	%	5	E	U	e	u
0110	ACK	SYN	&	6	F	V	f	v
0111	BEL	ETB	’	7	G	W	g	w
1000	BS	CAN	(	8	H	X	h	x
1001	HT	EM	)	9	I	Y	i	y
1010	LF	SUB	*	:	J	Z	j	z
1011	VT	ESC	+	;	K	[	k	{
1100	FF	FS	,	〈	L	\	l	|
1101	CR	GS	–	<	M	]	m	}
1110	SO	RS	.	>	N	↑	n	~
1111	SI	VS	/	?	O	↓	o	DEL

知识拓展

汉字的编码

（1）汉字交换码（国标码）

1981年，我国颁布了国家标准《信息交换用汉字编码字符集 基本集》，代号为GB 2312—1980。它是汉字交换码的国家标准，又称“国标码”。该标准收录了汉字和图形符号7 445个，包括6 763个常用汉字和682个图形符号，其中常用汉字又分为两个等级，一级汉字有3 755个，二级汉字有3 008个。一级汉字按拼音排序，二级汉字按部首排序。

国标码规定，每个字符由一个2字节的二进制代码组成。其中，每个字节的最高位恒为“0”，其余7位用于组成各种不同的编码。因此，2字节的代码共可表示128×128=16 384个符号。目前国标码仅使用了其中7 000多个编码，还可扩充。

（2）汉字机内码

汉字机内码简称内码，是计算机内部存储汉字时所用的编码。计算机既要处理汉字，又要处理西文。为了在计算机中区别某个编码值是汉字还是西文，可以利用一个字节编码的最高位来区别，若最高位为“0”，则视为ASCII码字符；若最高位为“1”，则视为汉字字符。

所以，在计算机内部要能同时处理汉字和西文，就必须在国标码的基础上，把2字节的最高位分别由“0”改“1”，由此构成了汉字机内码。

（3）汉字输入码（外码）

汉字输入码是指从键盘上输入的代表汉字的编码，又称汉字外码。例如：区位码、五笔字形码、拼音码、表形码等。

当用户向计算机输入汉字时，存入计算机内部的总是它的机内码，与所采用的输入法无关。输入码仅是供用户选用的编码，即“外码”，而机内码则是计算机识别的“内码”，其码值是唯一的。

为了便于使用，GB 2312—1980的国家标准将其中的汉字和其他符号按照一定的规则排列成一个大的表格，在这个表格中，每一（横）行称为一个“区”，每一（竖）列称为一个“位”，整个表格共有94区，每区有94位，并将“区”和“位”用十进制数字进行编号：即区号为01～94，位号为01～94。

（4）汉字字形码

在输出汉字（如显示或打印汉字）时要用到汉字字形码。一个汉字的字形点阵数据构成了该汉字的字形码，所有汉字字形码的集合称为汉字字形库，简称汉字库。

汉字的字形码分为16×16点阵、24×24点阵、32×32点阵、48×48点阵等，甚至还有576×576点阵、108×108点阵的字库。表示一个汉字字形的点数越多，打印的字体越美观，但汉字占用的存储空间也越大。例如：一个16×16点阵的汉字占用32字节，则两级汉字共占用约256 KB。

任务拓展

任务：认识超级计算机。

任务描述：了解超级计算机的应用，以及我国在超级计算机领域的发展，如神威·太湖之光、天河二号。

1.4 任务4 认识计算机的智能化发展

任务描述

1997年，国际象棋世界冠军卡斯帕罗夫对IBM开发的国际象棋计算机“深蓝”拱手称臣；2006年，浪潮天梭击败5位中国象棋特级大师；2016—2017年，谷歌围棋人工智能AlphaGo连续战胜围棋世界冠军李世石、柯洁。由此可见，计算机的发展已经有了新的突破，我们有必要认识计算机的智能化发展。

任务分析

计算机智能化就是要求计算机能模拟人的感觉和思维能力。智能化的研究领域很多，其中最有代表性的领域是专家系统和机器人。本任务主要从人工智能、机器人和智能生活等方面认识计算机的智能化发展。

任务分解

本任务可以分解为以下3个子任务。

子任务1：认识人工智能

子任务2：认识机器人

子任务3：认识智能生活

任务实施

1.4.1 认识人工智能

步骤1：认识人工智能概念

人工智能（Artificial Intelligence，AI），是研究、开发用于模拟、延伸和扩展人的智能的理论、方法、技术及应用系统的一门新的技术科学。人工智能是计算机科学的一个分支，它企图了解智能的实质，并生产出一种新的能以人类智能相似的方式做出反应的智能机器，该领域的研究包括机器人、语言识别、图像识别、自然语言处理和专家系统等。

人工智能是一门融合了计算机科学、统计学、脑神经学和社会科学的前沿综合性学科。它的目标是希望计算机拥有像人一样的智力能力，可以替代人类实现识别、认知、分类和决策等多种功能，如图1-9所示。

步骤2：了解人工智能的起源

人工智能在20世纪五六十年代时正式提出。

1950年，一位名叫马文·明斯基（后被人称为“人工智能之父”）的大四学生与他的同学邓恩·埃德蒙一起，建造了世界上第一台神经网络计算机。这是人工智能的一个起点。

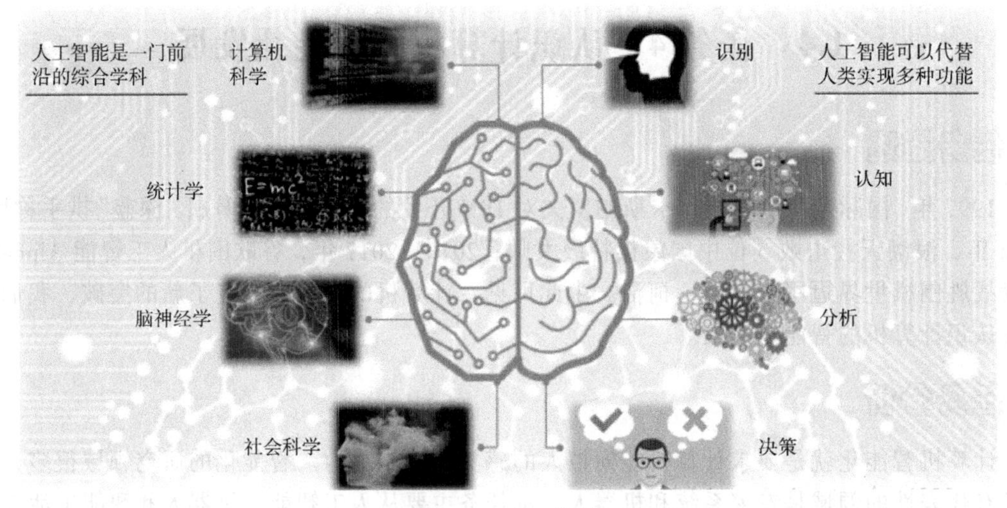

图 1-9　人工智能

巧合的是，同样是在 1950 年，被称为“计算机之父”的阿兰·图灵提出了一个举世瞩目的想法——图灵测试，如图 1-10 所示。按照图灵的设想：如果一台机器能够与人类开展对话而不能被辨别出机器身份，那么这台机器就具有智能。而就在这一年，图灵还大胆预言了真正具备智能机器的可行性。

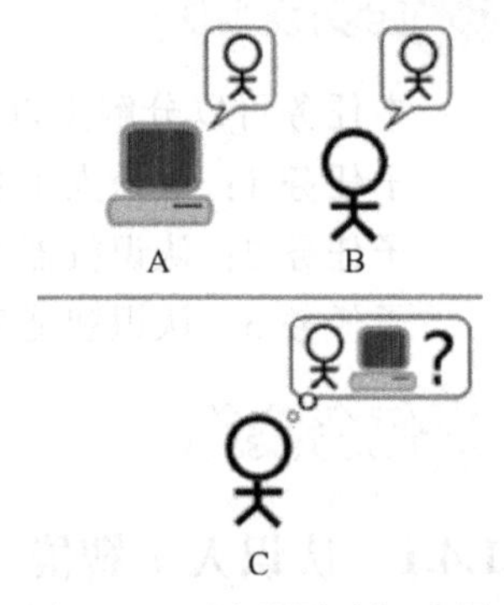

图 1-10　图灵测试概述图

1956 年，在由达特茅斯学院举办的一次会议上，计算机专家约翰·麦卡锡提出了“人工智能”一词。后来，这被人们看作人工智能正式诞生的标志。就在这次会议后不久，麦卡锡从达特茅斯搬到了 MIT。同年，明斯基也搬到了这里，之后两人共同创建了世界上第一座人工智能实验室——MIT AI LAB 实验室。

茅斯会议正式确立了 AI 这一术语，并且开始从学术角度对 AI 展开了严肃而精专的研究。在那之后不久，最早的一批人工智能学者和技术开始涌现。达特茅斯会议被广泛认为是人工智能诞生的标志，从此人工智能走上了快速发展的道路。

步骤 3：了解人工智能的发展

人工智能发展历程如图 1-11 所示。

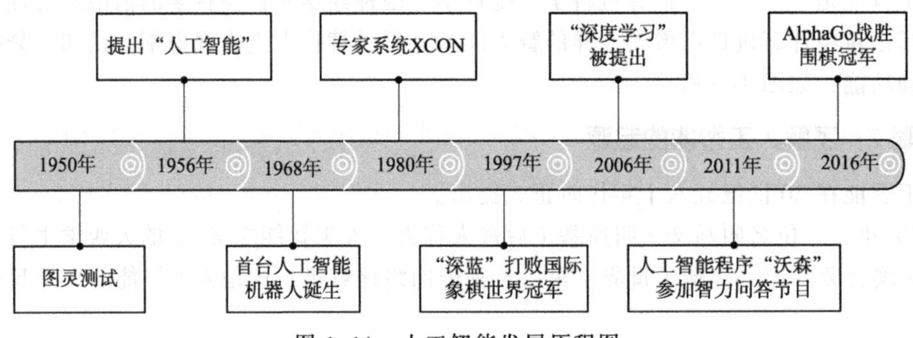

图 1-11　人工智能发展历程图

人工智能按照总体向上的发展历程，可以大致分为5个发展阶段：

1. 人工智能的第一次高峰

在1956年的茅斯会议之后，人工智能迎来了属于它的第一次发展高峰。在这段长达十余年的时间里，计算机被广泛应用于数学和自然语言领域，用来解决代数、几何和英语问题。这让很多研究学者看到了机器向人工智能发展的信心。甚至在当时，有很多学者认为："20年内，机器将能完成人能做到的一切。"

2. 人工智能的第一次低谷

20世纪70年代，人工智能进入了一段痛苦而艰难的岁月。当时，人工智能面临的技术瓶颈主要有三个方面：第一，计算机性能不足，导致早期很多程序无法在人工智能领域得到应用；第二，问题的复杂性，早期人工智能程序主要是解决特定的问题，因为特定的问题对象少，复杂性低，可一旦问题上升维度，程序立马就不堪重负了；第三，数据量严重缺失，在当时不可能找到足够大的数据库来支撑程序进行深度学习，这很容易导致机器无法读取足够量的数据进行智能化。

3. 人工智能的崛起

1980年，卡内基梅隆大学为数字设备公司设计了一套名为XCON的"专家系统"。这是一种采用人工智能程序的系统，可以简单地理解为"知识库+推理机"的组合，XCON是一套具有完整专业知识和经验的计算机智能系统。这套系统在1986年之前能为公司每年节省下来超过4 000美元经费。有了这种商业模式后，衍生出了Symbolics、Lisp Machines等硬件公司和IntelliCorp、Aion等软件公司。在这个时期，仅专家系统产业的价值就高达5亿美元。

4. 人工智能的第二次低谷

可怜的是，命运的车轮再一次碾过人工智能，让其回到原点。仅仅在维持了7年之后，这个曾经轰动一时的人工智能系统就宣告结束历史进程。到1987年时，苹果和IBM公司生产的台式机性能都超过了Symbolics等厂商生产的通用计算机。从此，专家系统风光不再。

5. 人工智能再次崛起

从20世纪90年代中期开始，随着AI技术尤其是神经网络技术的逐步发展，以及人们对AI开始抱有客观理性的认知，人工智能技术开始进入平稳发展时期。1997年5月11日，IBM的计算机系统"深蓝"战胜了国际象棋世界冠军卡斯帕罗夫，又一次在公众领域引发了现象级的AI话题讨论。这是人工智能发展的一个重要里程。

2006年，Hinton在神经网络的深度学习领域取得突破，人类又一次看到机器赶超人类的希望，也是标志性的技术进步。

2011年，Watson参加智力问答节目。IBM开发的人工智能程序"沃森"（Watson）参加了一档智力问答节目并战胜了两位人类冠军。沃森存储了2亿页数据，能够将与问题相关的关键词从看似相关的答案中抽取出来。这一人工智能程序已被IBM广泛应用于医疗诊断领域。

2016—2017年，AlphaGo连续战胜世界围棋冠军。AlphaGo是由Google DeepMind开发的人工智能围棋程序，具有自我学习能力。它能够搜集大量围棋对弈数据和名人棋谱，学习并模仿人类下棋。DeepMind已进军医疗保健等领域。

2017 年，深度学习大热。AlphaGo Zero（第四代 AlphaGo）在无任何数据输入的情况下，开始自学围棋 3 天后便以 100:0 横扫了第二版本的 AlphaGo，学习 40 天后又战胜了在人类高手看来不可企及的第三个版本 AlphaGo。

步骤 4：认识人工智能的应用

人工智能的实际应用包括机器视觉、指纹识别、人脸识别、视网膜识别、虹膜识别、掌纹识别、专家系统、自动规划、智能搜索、定理证明、博弈、自动程序设计、智能控制、机器人学、语言和图像理解、遗传编程等。

2017 年 12 月，人工智能入选“2017 年度中国媒体十大流行语”。随着现代化人工智能的普及，越来越多的应用加入了人工智能系统，无人机也不例外。无人机的应用非常广泛，可以用于军事，也可以用于民用和科学研究。在民用领域，无人机已经使用的领域多达 40 个，例如影视航拍（见图 1-12）、农业植保（见图 1-13）、海上监视与救援、环境保护、电力巡线、渔业监管、消防、城市规划与管理、气象探测、交通监管、地图测绘、国土监察等。

图 1-12 无人机航拍

图 1-13 农业植保无人机喷水喷药

1.4.2 认识机器人

机器人集新材料、机械、微电子、传感器、计算机、智能控制等多学科于一体，是高端装备制造业的重要组成部分。国际上常把机器人分为工业机器人和服务机器人两类。随着机器人技术的不断发展，机器人正在被应用到生产和生活的各个方面。

1. 工业机器人

工业机器人是面向工业领域的多关节机械手或多自由度的机器装置，它能自动执行工作，是靠自身动力和控制能力来实现各种功能的一种机器。它可以接受人类指挥，也可以按照预先编排的程序运行，现代的工业机器人还可以根据人工智能技术制定的原则纲领行动。

工业机器人的典型应用包括焊接、刷漆、组装、采集和放置（如包装、码垛等）、产品检测和测试等；所有工作的完成都具有高效性、持久性、速度和准确性。图 1-14 所示为工业机器人正在装配汽车。

2. 服务机器人

服务机器人是机器人家族中的一个年轻成员，可以分为专业领域服务机器人和个人/家庭服务机器人。服务机器人是一种半自主或全自主工作的机器人，它能完成有益于人类健康的服务工作，但不包括从事生产的设备。

图 1-14 工业机器人装配汽车

服务机器人的应用范围很广，主要从事维护保养、修理、运输、清洗、保安、救援、监护、迎宾（见图 1-15)、餐厅送餐（见图 1-16）等工作。

图 1-15 迎宾服务机器人

图 1-16 餐厅送餐机器人

1.4.3 认识智能生活

智能生活是一种新内涵的生活方式。智能生活平台是依托云计算技术的存储，在家庭场景功能融合、增值服务挖掘的指导思想下，采用主流的互联网通信渠道，配合丰富的智能家居产品终端，构建享受智能家居控制系统带来的新的生活方式，多方位、多角度地呈现家庭生活中更舒适、更方便、更安全和更健康的具体场景，进而打造出具备共同智能生活理念的智能社区。

依托智能生活平台，足不出户用户便能了解社区附近生活信息，通过广泛使用的智能手机可以一键连通商家服务热线，享受由他们提供的咨询和上门服务：借助各种智能家居终端产品定时传递自己的身体健康数据，云服务后台的专家及时会诊、及时提醒；定时智能门锁汇报当天的访客情况，甚至家里无人时代为签收快递；智能灯泡也会及时汇报当月的用电情况，并给出更合理的用电方案；冰箱将随时提醒采购项目和对应的健康指数，指导实现合理饮食。

智能生活主要体现在以下几个方面：

1. 智能家居

智能家居系统是利用先进的计算机技术、网络通信技术、智能云端控制、综合布线技术、医疗电子技术，依照人体工程学原理，融合个性需求，将与家居生活有关的各个子系统如门禁、安防、灯光控制、窗帘控制、煤气阀控制、信息家电、场景联动、地板采暖、健康保健、卫生防疫等有机地结合在一起，通过网络化综合智能控制和管理，实现“以人为本”的全新家居生活体验。

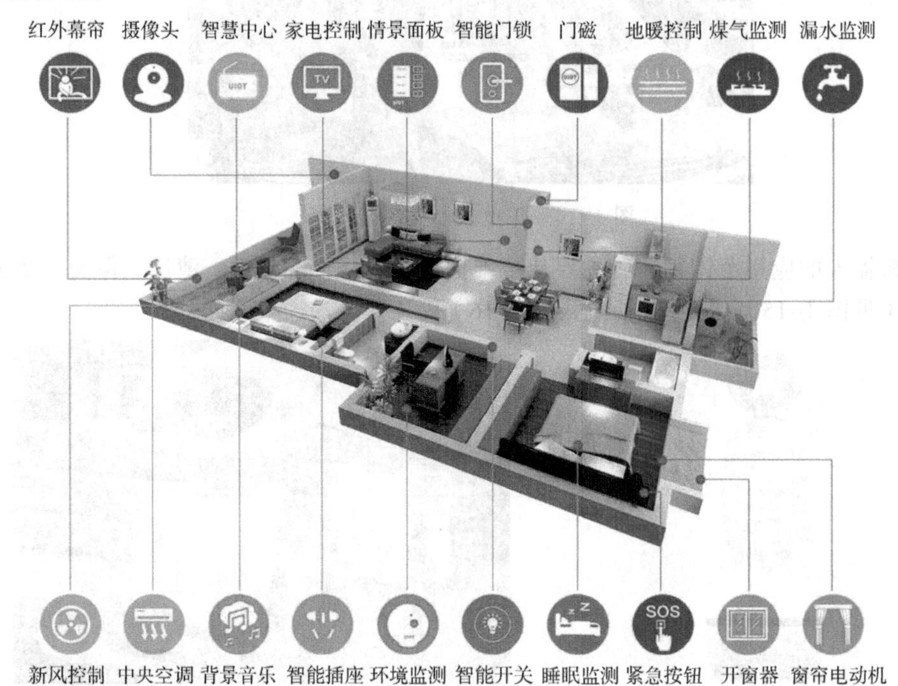

图 1-17　智能家居系统示意图

智能家居系统让用户轻松享受生活。出门在外，可以通过电话、计算机远程遥控家中的各智能系统。例如：在回家的路上提前打开家中的空调和热水器；到家开门时，借助门磁或红外传感器，系统会自动打开过道灯，同时打开电子门锁，安防撤防，开启家中的照明灯具和窗帘迎接主人归来；回到家里，使用遥控器可以方便地控制房间内各种电器设备，可以通过智能化照明系统选择预设的灯光场景，读书时营造书房舒适而安静的环境……这一切，主人都可以安坐在沙发上从容操作，一个控制器可以遥控家里的一切，比如拉窗帘，给浴池放水并自动加热调节水温，调整窗帘、灯光、音响的状态；厨房配有可视电话，用户可以一边做饭，一边接打电话或查看门口的来访者；在公司上班时，家里的情况还可以显示在计算机或手机上，随时查看；门口机具有拍照留影功能，家中无人时如果有来访者，系统会拍下照片供主人回来查询。

2．智能交通

建设“数字交通”工程，通过监控、监测、交通流量分布优化等技术，完善公安、城管、公路等监控体系和信息网络系统，建立以交通诱导、应急指挥、智能出行、出租车和公交车管理等系统为重点的、统一的智能化城市交通综合管理和服务系统建设，实现交通信息的充分共享、公路交通状况的实时监控及动态管理，全面提升监控力度和智能化管理水平，确保交通运输安全、畅通。

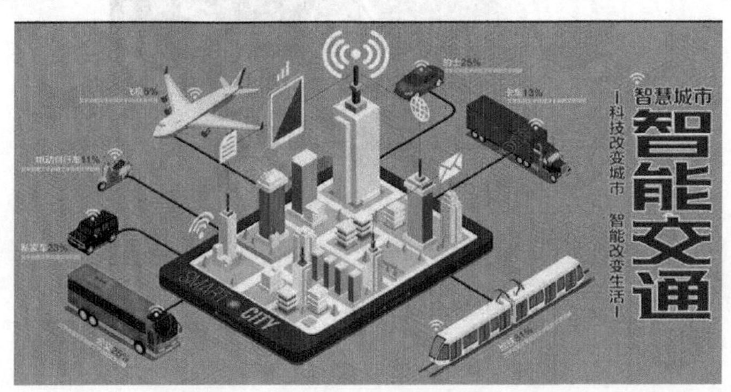

图 1-18 智慧城市智能交通展示图

3. 智能物流

配合综合物流园区信息化建设，推广射频识别（RFID）、多维条码、卫星定位、货物跟踪、电子商务等信息技术在物流行业中的应用，加快基于物联网的物流信息平台及第四方物流信息平台建设，整合物流资源，实现物流政务服务和物流商务服务的一体化，推动信息化、标准化、智能化的物流企业和物流产业发展。

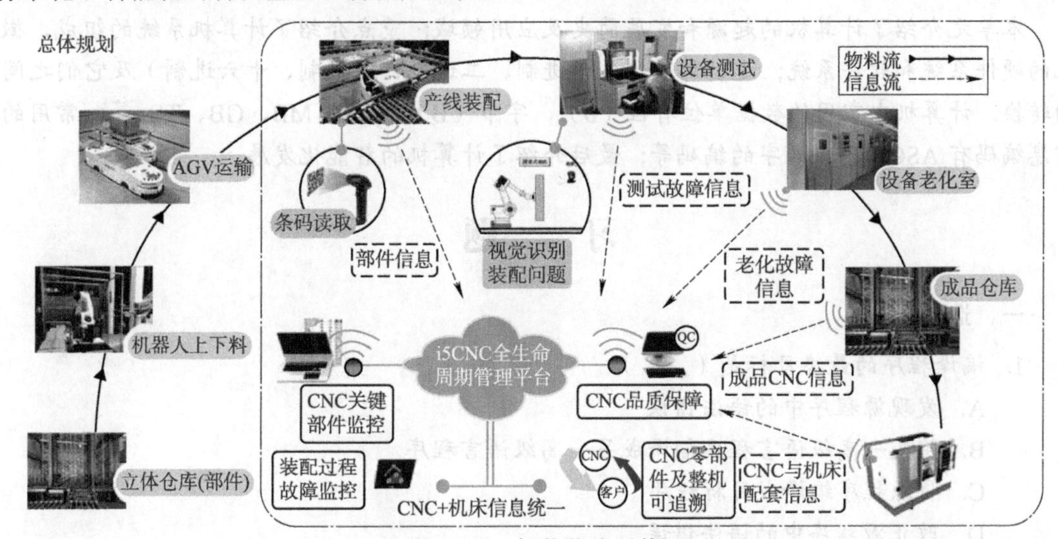

图 1-19 智能物流系统

4. 智能安防

充分利用信息技术，完善和深化“平安城市”工程，深化对社会治安监控动态视频系统的智能化建设和数据的挖掘利用，整合公安监控和社会监控资源，建立基层社会治安综合治理管理信息平台；积极推进市级应急指挥系统、突发公共事件预警信息发布系统、自然灾害和防汛指挥系统、安全生产重点领域防控体系等智慧安防系统建设；完善公共安全应急处置机制，实现多个部门协同应对的综合指挥调度，提高对各类事故、灾害、疫情、案件和突发事件防范和应急处理能力。

图 1-20 智能安防系统

任务拓展

任务：详细了解人机对弈。

任务描述：详细了解 2016 年谷歌围棋人工智能 AlphaGo 连续战胜当今围棋大师的情况，了解人工智能的进步。

小 结

本单元介绍了计算机的起源和发展简史及应用领域；重点介绍了计算机系统的组成、微机的硬件系统和软件系统；进位计数制（十进制、二进制、八进制、十六进制）及它们之间的转换。计算机中常用的数据单位有位（b）、字节（B）、KB、MB、GB、TB 等；常用的信息编码有 ASCII 码、汉字的编码等；最后介绍了计算机的智能化发展。

习 题

一、选择题

1. 编译程序的最终目标是（　　）。
   A. 发现源程序中的语法错误
   B. 将某一高级语言程序翻译成另一高级语言程序
   C. 将源程序编译成目标程序
   D. 改正源程序中的语法错误
2. CAD 表示（　　）。
   A. 计算机辅助设计　　B. 计算机辅助制造
   C. 计算机辅助教学　　D. 计算机辅助军事
3. 将十进制数 65 转换为二进制数是（　　）。
   A. 1000011　　B. 1000111　　C. 1000001　　D. 1000010
4. 二进制数 1010.001 对应的十进制数是（　　）。
   A. 11.33　　B. 10.125　　C. 12.755　　D. 16.75
5. 十六进制数 1A3 对应的十进制数是（　　）。
   A. 419　　B. 309　　C. 209　　D. 579

6. 32×32 点阵的字形码需要（　　）存储空间。

A. 32 B　　B. 64 B　　C. 72 B　　D. 128 B

7. 1 KB 存储空间能存储（　　）个汉字国标（GB 2312—1980）码。

A. 1 024　　B. 512　　C. 256　　D. 128

8. 某汉字的区位码是 2534，它的国际码是（　　）。

A. 4563H　　B. 3942H　　C. 3345H　　D. 6566H

9. 在一个非零无符号二进制整数之后添加一个 0，则此数的值为原数的（　　）倍。

A. 4　　B. 2　　C. 1/2　　D. 1/4

10. 一台计算机可能会有多种多样的指令，这些指令的集合就是（　　）。

A. 指令系统　　B. 指令集合　　C. 指令群　　D. 指令包

11. 能把汇编语言源程序翻译成目标程序的程序称为（　　）。

A. 编译程序　　B. 解释程序

C. 编辑程序　　D. 汇编程序

12. 在下列字符中，其 ASCII 码值最大的一个是（　　）。

A. 9　　B. e　　C. M　　D. Y

13. 若已知一汉字的国标码是 5E38H，则其机内码是（　　）。

A. DEB8H　　B. DE38H　　C. 5EB8H　　D. 7E58H

14. SRAM 存储器是（　　）。

A. 静态随机存储器　　B. 静态只读存储器

C. 动态随机存储器　　D. 动态只读存储器

15. 下列存储器中，CPU 能直接访问的是（　　）。

A. 软盘存储器　　B. 内存储器　　C. CD-ROM　　D. 硬盘存储器

16. 磁盘格式化时，被划分为一定数量的同心圆磁道，软盘上最外圈的磁道是（　　）。

A. 0 磁道　　B. 39 磁道　　C. 1 磁道　　D. 80 磁道

17. 用 MIPS 为单位来衡量计算机的性能，它指的是计算机的（　　）。

A. 传输速率　　B. 存储器容量　　C. 字长　　D. 运算速度

18. 用 8 个二进制位能表示的最大的无符号整数等于十进制整数（　　）。

A. 127　　B. 128　　C. 255　　D. 256

19. 对于 ASCII 码在机器中的表示，下列说法正确的是（　　）。

A. 使用 8 位二进制代码，最右边一位是 0

B. 使用 8 位二进制代码，最右边一位是 1

C. 使用 8 位二进制代码，最左边一位是 0

D. 使用 8 位二进制代码，最左边一位是 1

20. 根据汉字国标码 GB 2312—1980 的规定，将汉字分为一级汉字和二级汉字两个等级，其中一级汉字按（　　）排列。

A. 部首顺序　　B. 笔画多少

C. 使用频率多少　　D. 汉语拼音字母顺序

21.（　　）是一种半自主或全自主工作的机器人，它能完成有益于人类健康的服务工作，但不包括从事生产的设备。

A. 工业机器人　　B. 服务型机器人

C. 焊接机器人　　D. 智能机器人

22. 下列关于计算机的叙述中，不正确的是（　　）。

A. 软件就是程序、关联数据和文档的总和

B.【Alt】键又称控制键

C. 断电后，信息会丢失的是 RAM

D. MIPS 是表示计算机运算速度的单位

23. 假设给定一个十进制整数 D，转换成对应的二进制整数 B，那么就这两个数字的位数而言，B 与 D 相比，（　　）。

A. 数字 B 的位数<数字 D 的位数　　B. 数字 B 的位数≥数字 D 的位数

C. 数字 B 的位数>数字 D 的位数　　D. 数字 B 的位数≤数字 D 的位数

24. 冯•诺依曼体系结构的计算机包含的五大部件是（　　）。

A. 输入设备、运算器、控制器、存储器、输出设备

B. 键盘、主机、显示器、磁盘机、打印机

C. 输入/出设备、运算器、控制器、内/外存储器、电源设备

D. 输入设备、中央处理器、只读存储器、随机存储器、输出设备

25. 已知字符 A 的 ASCII 码是 01000001B，ASCII 码为 01000111B 的字符是（　　）。

A. D　　B. E　　C. F　　D. G

26. 存储一个 48×48 点阵的汉字字形码，需要（　　）字节空间。

A. 512　　B. 288　　C. 256　　D. 72

27. 显示或打印汉字时，系统使用的是汉字的（　　）。

A. 机内码　　B. 字形码　　C. 输入码　　D. 国标码

28. 组成计算机指令的两部分是（　　）。

A. 数据和字符　　B. 操作码和地址码

C. 运算符和运算数　　D. 运算符和运算结果

29. 计算机软件分为系统软件和应用软件两大类，其中（　　）是系统软件的核心。

A. 数据库管理系统　　B. 操作系统

C. 程序设计语言　　D. 财务管理系统

30. 计算机操作系统的主要功能是（　　）。

A. 对计算机的所有资源进行控制和管理，为用户使用计算机提供方便

B. 对源程序进行翻译

C. 对用户数据文件进行管理

D. 对汇编语言程序进行翻译

二、操作题

以本单元项目为背景，调研目前你所在地区的计算机硬件配置行情，列出新的硬件配置清单；列出建议安装的新的软件清单（包括软件种类的更新及软件版本的更新）。

单元 2 Windows 10 操作系统

【学习目标】

Windows 10 是由微软公司开发的应用于计算机和平板电脑的操作系统，于 2015 年 7 月 29 日正式发布。Windows 10 操作系统在易用性和安全性方面有了极大的提升，除了针对云服务、智能移动设备、自然人机交互等新技术进行融合外，还对固态硬盘、生物识别、高分辨率屏幕等硬件进行了优化完善与支持。

通过本单元的学习，你将掌握以下知识：

- Windows 操作系统的基本概念和常用术语
- Windows 10 的桌面环境与开始菜单
- Windows 10 的个性化设置
- Windows 10 常用软件的安装与使用
- Windows 10 的文件管理与磁盘管理
- Windows 10 的智能移动办公环境配置
- Windows 10 的硬件安装与使用
- Windows 10 的智能手机投幕功能等

2.1 任务 1 基本办公环境配置

任务描述

广州傲宇科技有限公司 2020 年 1 月新入职一批员工。公司为新员工配置了一批计算机，操作系统采用目前最流行的 Windows 10，已预装了 Office、微信、QQ 等必需的软件。小王作为新入职员工，很高兴拥有了一台计算机，准备参加第二天的入职培训。根据培训通知，公司给每位员工准备了常用工具软件包和公司管理规定文件汇编，已放在计算机桌面上。

对于小王来讲，是第一次使用 Windows 10，听说 Windows 10 增加了语音帮手、任务视图等功能。小王需要快速熟悉 Windows 10 的桌面和开始图标。他还需要从常用工具软件包中找到并安装：压缩程序 WinRAR、PDF 浏览器 Adobe Reader、自己常用的搜狗五笔输入法。

同时，小王还想对计算机进行个性化设置，将常用的程序如微信、QQ、Adobe Reader、Word、Photoshop 等放在开始菜单右侧的磁贴或图标区域，以方便日常快速打开与应用。

任务分析

本任务主要引导学习者熟悉 Windows 10 操作系统的用户环境，掌握 Windows 10 的启动与退出方法，熟悉 Windows 10 的桌面、图标、开始菜单、任务栏、应用程序窗口等组成元素与基本操作。

同时，熟练掌握常用软件的安装与使用；能够对桌面背景、锁屏界面、开始菜单和任务栏进行个性化配置，方便日常快速打开应用程序或文件。

任务分解

本任务可以分解为以下 3 个子任务。

子任务 1：熟悉 Windows 10 的工作环境

子任务 2：Windows 10 常用软件的安装与使用

子任务 3：Windows 10 个性化设置

任务实现

2.1.1 熟悉 Windows 10 的工作环境

步骤 1：启动 Windows 10

打开主机电源按钮，启动 Windows 10。

启动过程中，先出现正常启动 Windows 的界面，如未设置用户密码或添加用户账户，计算机在显示欢迎界面后直接进入 Windows 10 桌面。

如果计算机设置用户密码或已添加多个用户账户，则要求用户选择用户身份并输入相应密码后，按【Enter】键或单击后面的“→”按钮进入相应的系统并显示进入 Windows 10 桌面，图 2-1 所示为 Windows 10 桌面。

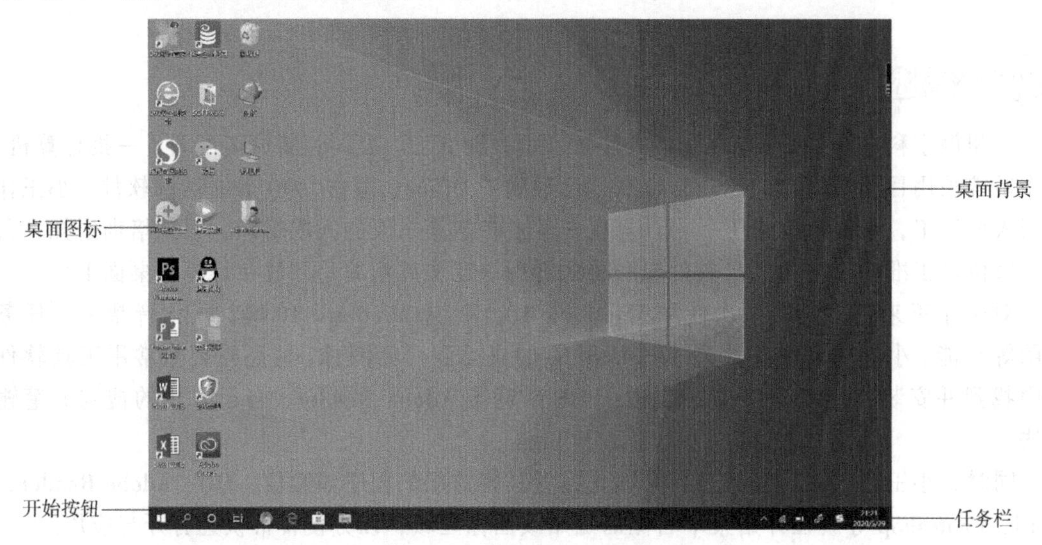

图 2-1 Windows 10 桌面

技巧与提示

默认情况下，新安装的 Windows 10 操作系统的桌面只有一个“回收站”图标。由于技术部已对购买的计算机预装了常用工具软件，桌面上会放置很多程序图标。

步骤 2：熟悉 Windows 10 的桌面构成

进入 Windows 10 操作系统后，用户首先看到的是桌面。Windows 10 的桌面构成相当简洁，主要包括桌面背景、桌面图标、“开始”按钮、任务栏等部分，见图 2-1。

1. 桌面背景与桌面图标

桌面背景是操作系统为用户提供的一个图形界面，用户可根据需要更换不同的桌面背景。Windows 10 操作系统中，所有文件、文件夹和应用程序等都由相应的图标表示。桌面图标一般由文字和图片组成，文字说明图标的名称或功能，图片是其标识符。用户双击桌面上的图标，可以快速打开相应的文件、文件夹或者应用程序，以回收站程序为例，双击桌面上的“回收站”图标（见图 2-2），即可打开“回收站”窗口，如图 2-3 所示。

图 2-2 “回收站”图标

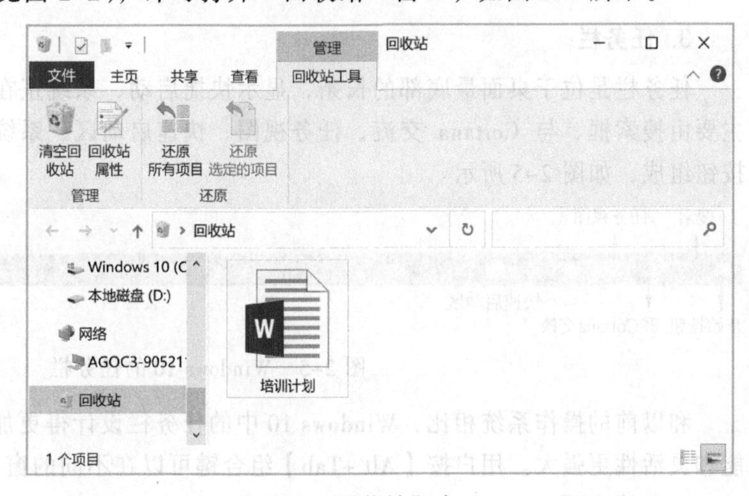

图 2-3 “回收站”窗口

2. “开始”按钮与“开始”菜单

单击桌面左下角的“开始”按钮或按下 Windows 徽标键，即可打开“开始”菜单，如图 2-4 所示。

通过“开始”菜单可以找到当前计算机中所有应用、设置、文件。“开始”菜单左侧依次为用户账户头像、文档、图片、设置、电源等快捷选项，第二列为最近安装的软件和按字母顺序排列的所有应用程序列表；右侧“开始”屏幕区域用来固定常用的应用磁贴或图标，方便快速打开应用。

与 Windows 8/Windows 8.1 相同，Windows 10 中同样引入了新类型 Modern 应用，对于此类应用，如果应用本身支持的话还能够在动态磁贴中显示一些信息，用户不必打开应用即可查看一些简单信息。

图 2-4 Windows 10 的“开始”菜单

3. 任务栏

任务栏是位于桌面最底部的长条，显示快捷启动、系统正在运行的程序、当前时间等，主要由搜索框、与 Cortana 交流、任务视图、快速启动区、系统图标显示区和“显示桌面”按钮组成，如图 2-5 所示。

图 2-5 Windows 10 的任务栏

和以前的操作系统相比，Windows 10 中的任务栏设计得更加人性化、使用更加方便、功能和灵活性更强大。用户按【Alt +Tab】组合键可以在不同的窗口之间进行切换操作。

（1）搜索

在 Windows 10 中，“开始”按钮旁边的搜索框用于快速检索，在图 2-6 显示的搜索框 在这里输入你要搜索的内容 中直接输入关键词，即可搜索相关的桌面程序、网页、我的资料等。

图 2-6 搜索功能

（2）语言助手 Cortana

通过屏幕下方任务栏中的 Cortana 图标能够启动语音助手小娜 Cortana，这种将移动端的语音助手集成在 PC 中的做法，使用户不仅可以通过小娜 Cortana 语音助手进行人机对话、查看天气、打开或调用应用程序和文件、上网查找等功能，还能通过小娜 Cortana 设置提醒、日程计划等安排。与小娜闲聊，使系统的人机互动体验更具魅力。

技巧与提示

Cortana 语音助手功能（语音调用系统计算器功能）：

单击，启动 Cortana，在正在聆听状态，语言录入“打开计算器”（见图 2-7），系统会搜索计算器（见图 2-8），搜索成功后，打开计算器窗口，如图 2-9 所示。

图 2-7　语音录入

图 2-8　搜索启动

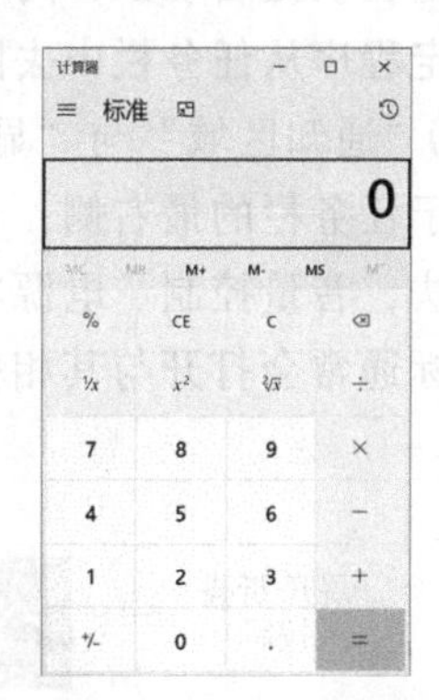

图 2-9　计算器窗口

（3）任务视图

任务视图是 Windows 10 系统中新增的一项功能，在 Windows 7 和 Windows 8 系统中都没有出现过。通俗地说，Windows 10 任务视图功能主要是增强用户体验，它是一项能够同时以略缩图的形式，全部展示计算机中打开的软件、浏览器、文件等任务界面，方便用户快速进入指定应用或者关闭某个应用，如图 2-10 所示。用户在缩略图状态下，可以选择或关闭相应的程序窗口。

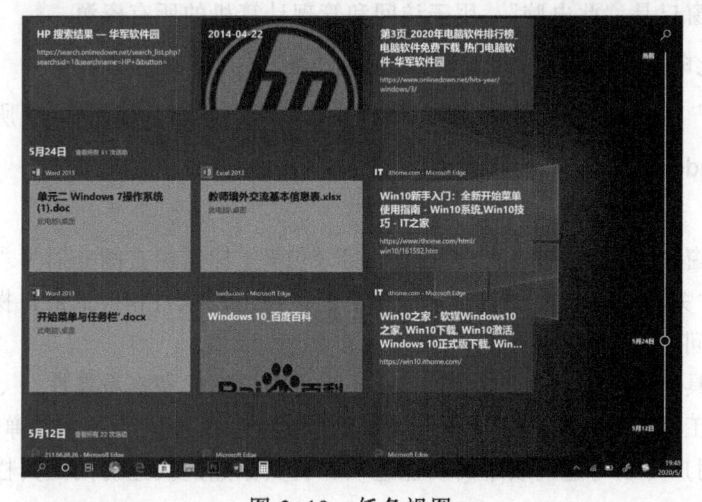

图 2-10　任务视图

（4）快捷启动区与正在运行的程序

在任务视图后是快捷启动区，放置用户固定在任务栏的指定程序，方便用户快速启动该应用程序。右侧显示正在运行的程序。如图 2-11 所示，其左侧为快捷启动区，右侧有下画线的是正在运行的程序。

图 2-11 快捷启动区与已打开程序

当应用程序窗口打开时，在任务栏相应图标上右击，选择“固定到任务栏”命令，即可将该应用程序固定在快捷启动区；同时，在快捷启动区的图标上右击，选择“从任务栏取消固定”命令，可以将该区域指定程序从任务栏中去除。

（5）“通知区域”与“显示桌面”按钮

位于任务栏的最右侧，包括时钟以及一些告知特定程序和计算机设置状态的图标。如当前输入法，音量控制、电源状态、网络状态和系统时间等，如图 2-12 所示。单击通知区域中的图标通常会打开与其相关的程序或设置。当通知程序较多时，可通过左侧的展开按钮进行查看。

图 2-12 “通知区域”与“显示桌面”按钮

Windows 10 操作系统在任务栏的右侧设置了一个矩形的“显示桌面”按钮。当用户单击该按钮时，即可快速返回桌面。

步骤 3：熟悉 Windows 10 的窗口操作

Windows 操作系统又称视窗操作系统，因为整个操作系统的操作是以窗口为主体进行的。其中，最重要的窗口是“此电脑”，用于访问和管理计算机的所有资源。

1. 打开“此电脑”窗口

双击“桌面”上的“此电脑”图标，打开“此电脑”窗口，如图 2-13 所示。

2. 观察 Windows 10 窗口的组成

（1）标题栏

标题栏位于窗口的最上方，显示了当前的目录位置。标题栏右侧分别为“最小化”-“最大化/还原”□“关闭”×3 个按钮，单击相应的按钮可以执行相应的窗口操作。

（2）快速访问工具栏

快速访问工具栏位于标题栏的左侧，显示了当前窗口图标和查看属性、新建文件夹、自定义快速访问工具栏3 个按钮。单击“自定义快速访问工具栏”按钮，弹出下拉列表，如图 2-14 所示，用户可以勾选列表中的功能选项，将其添加到快速访问工具栏中。

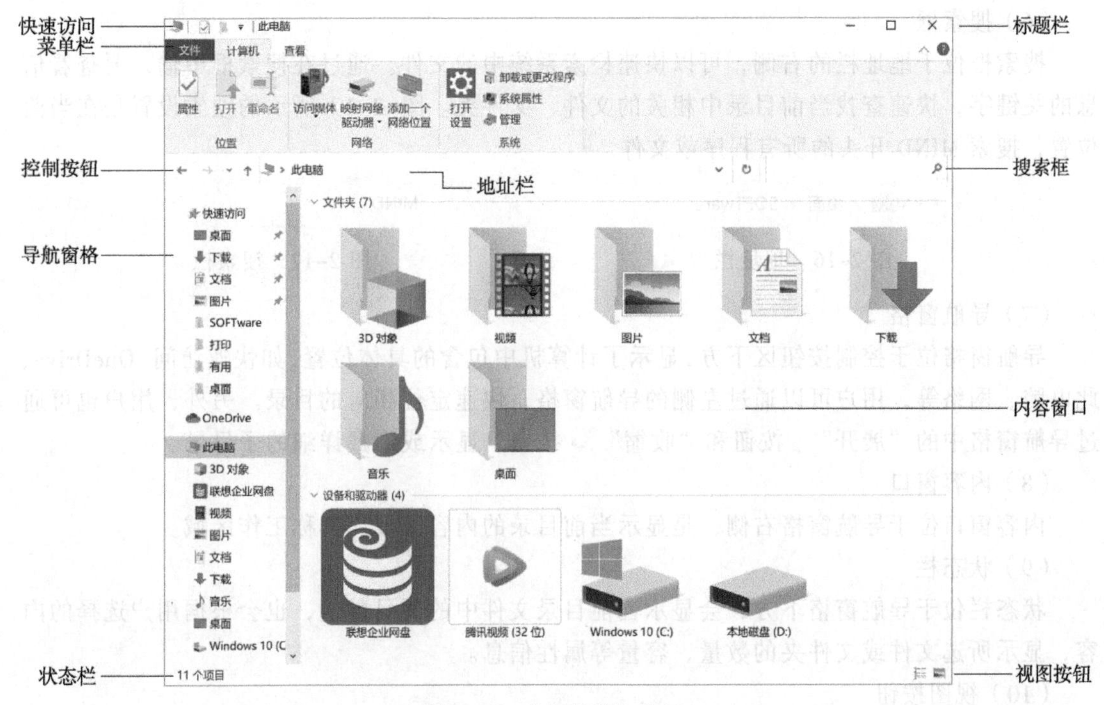

图 2-13 “此电脑”窗口

（3）菜单栏

菜单栏位于标题栏下方，如图 2-15 所示，包含了当前窗口或窗口内容的一些常用操作菜单。在菜单栏的右侧为“展开功能区/最小化功能区”和“帮助”按钮。

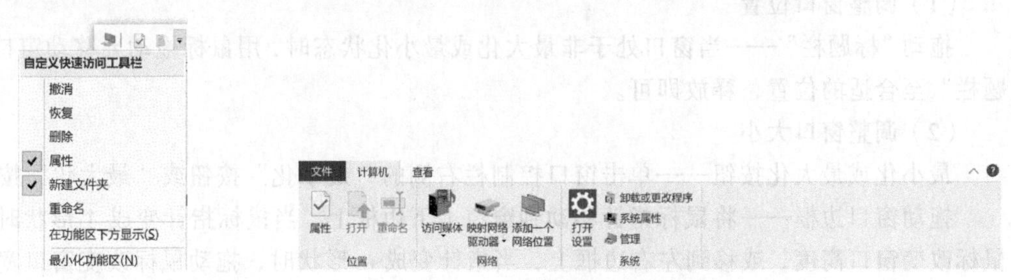

图 2-14 自定义快速访问工具栏　　　　图 2-15 菜单栏

（4）地址栏

地址栏位于菜单栏的下方，主要反映了从根目录开始到现在所在目录的路径，单击地址栏即可看到具体的路径。图 2-16 所示为“桌面”的 SOFTware 文件夹目录。

在地址栏中直接输入路径地址，单击“转到”按钮或按【Enter】键，可以快速到达要访问的位置。

（5）控制按钮区

控制按钮区位于地址栏的左侧，主要用于返回、前进、上移到前一个目录位置。单击按钮，打开下拉菜单，可以查看最近访问的位置信息，单击下拉菜单中的位置信息，可以实现快速进入该位置目录。

（6）搜索框

搜索框位于地址栏的右侧，可以快速检索系统中的文件。通过在搜索框中输入要查看信息的关键字，快速查找当前目录中相关的文件、文件夹。图 2-17 所示的搜索设置是在当前位置，搜索 MIND 开头的所有程序或文件。

› 此电脑 › 桌面 › SOFTware

图 2-16　地址栏

MIND ×

图 2-17　搜索栏

（7）导航窗格

导航窗格位于控制按钮区下方，显示了计算机中包含的具体位置，如快速访问、OneDrive、此电脑、网络等，用户可以通过左侧的导航窗格，快速定位相应的目录。另外，用户也可通过导航窗格中的“展开” › 按钮和“收缩” ⌄ 按钮，显示或隐藏详细的子目录。

（8）内容窗口

内容窗口位于导航窗格右侧，是显示当前目录的内容区域，又称工作区域。

（9）状态栏

状态栏位于导航窗格下方，会显示当前目录文件中的项目数量，也会根据用户选择的内容，显示所选文件或文件夹的数量、容量等属性信息。

（10）视图按钮

视图按钮位于状态栏右侧，包含了“在窗口中显示每一项的相关信息”和“使用大缩略图显示项”按钮，用户可以单击选择视图方式。

3. 熟悉窗口操作

（1）调整窗口位置

拖动“标题栏”——当窗口处于非最大化或最小化状态时，用鼠标拖动要移动窗口的“标题栏”至合适的位置，释放即可。

（2）调整窗口大小

最小化或最大化按钮——单击窗口控制栏右侧的“最小化”按钮或“最大化”按钮。

拖动窗口边框——将鼠标指针移动到窗口上下边框上，当鼠标指针变成↕形状时，拖动鼠标改变窗口高度，或移到左右边框上，当指针变成↔形状时，拖动鼠标改变窗口宽度；或将鼠标指针移动到窗口的四个角上，当指针变成↖、↗形状时，拖动鼠标调整到合适的尺寸后释放鼠标即可，如图 2-18 所示。

（3）窗口的关闭

方法 1（关闭按钮）：单击标题栏最右端“关闭”按钮 ×。

方法 2（控制图标）：单击标题栏最左端控制图标，在弹出的控制菜单中选择“关闭”命令，或者双击控制图标。

步骤 4：Windows 10 的退出

单击“开始”按钮，单击“电源”按钮，在弹出的菜单中，包括“睡眠”“关机”“重启”3 个选项，如图 2-19 所示。选择“关机”选项，系统显示“正在关机”后，正常退出，完成关机。

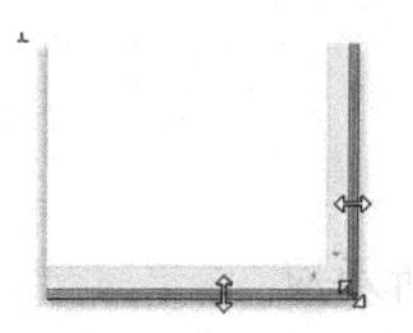
图 2-18 窗口大小调整示意图

图 2-19 电源选项

技巧与提示

计算机长时间闲置时，Windows 10 除了关机之外，用户还可以考虑将计算机设置为睡眠状态（见图 2-19）。与关机相比，睡眠不需要关闭正在进行的工作，计算机唤醒后，所有打开的程序、窗口马上恢复至休眠或睡眠之前的状态，方便用户继续完成中断的工作。同时，唤醒的速度比开机快得多。

在大多数计算机上，用户可以通过按计算机电源按钮恢复工作状态。但是，并不是所有计算机都一样。用户可通过按键盘上的任意键、单击或打开便携式计算机的盖子唤醒计算机。

2.1.2 Windows 10 常用软件的安装与使用

为了在培训中用新计算机及时打开压缩文件和 PDF 文件，使用自己熟悉的五笔输入法，同时，学习思维导图软件，小王需要从常用工具软件包 SOFTware 文件夹（见图 2-19）中找到搜狗五笔输入法、WinRAR 压缩程序，PDF 浏览器 Adobe Reader。由于大多数软件安装包是压缩文件，小王需要先安装 WinRAR 压缩程序，再依次安装搜狗五笔输入法、PDF 浏览器 Adobe Reader。

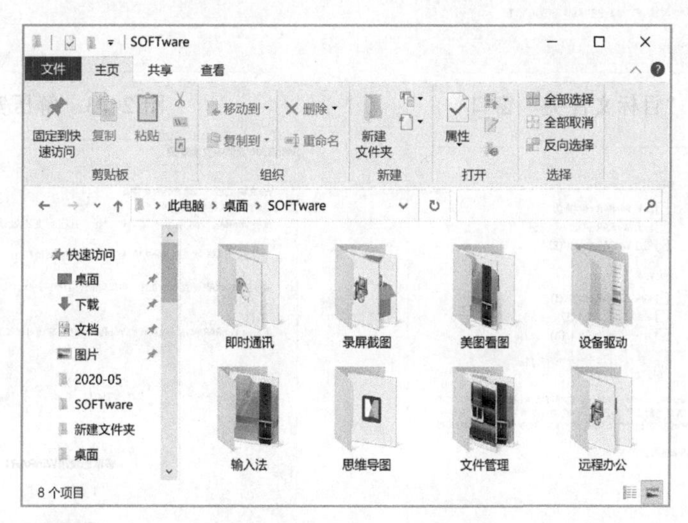

图 2-20 SOFTware 文件夹

步骤 1：压缩程序 WinRAR 的安装与使用

WinRAR 是一款功能强大的压缩包管理器。该软件可用于备份数据、缩减电子邮件附件的大小、解压缩从 Internet 上下载的 RAR 和 ZIP 及其他类型文件，并且可以新建 RAR 及 ZIP

等格式的压缩类文件。

1. 启动安装程序

图 2-21　WINRAR 安装程序

打开“SOFTware\文件管理”文件夹，找到图 2-21 所示应用程序图标 WINRAR，双击该程序图标，启动 WinRAR 安装向导。

2. 选择目标文件夹。

在“目标文件夹”窗口中单击“浏览”按钮（见图 2-22），在打开的“浏览文件夹”窗口中重新选择安装位置，这里使用默认值。然后单击“安装”按钮，进入安装过程。

3. 自解压安装过程

安装过程，系统自解压（见图 2-23）后自行安装，之后进入选项控制窗口，如图 2-24 所示。单击“确定”按钮，进入安装“完成”窗口，如图 2-25 所示。

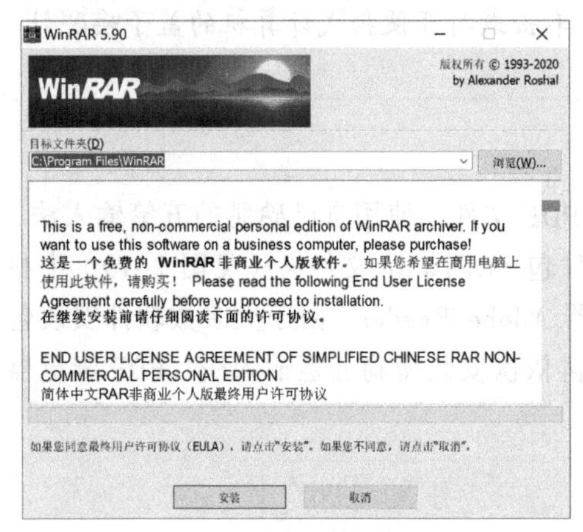

图 2-22　“目标文件夹”窗口

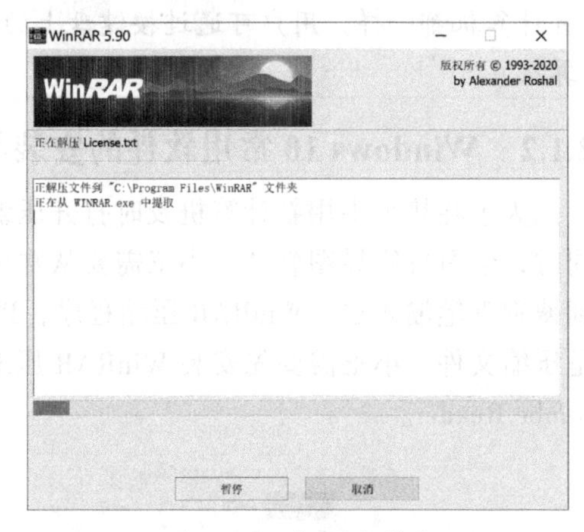

图 2-23　解压安装窗口

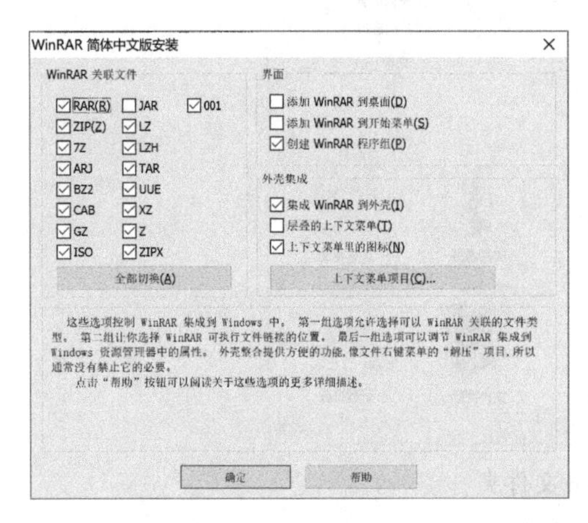

图 2-24 “选项控制”窗口

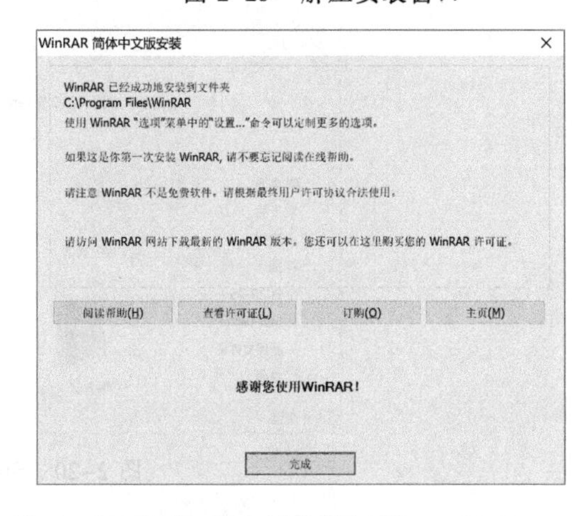

图 2-25“完成”窗口

4. 完成安装

单击“完成”按钮，完成安装过程。

步骤 2：中文输入法的安装与使用

1. 启动安装向导

打开“SOFTware\输入法”文件夹，找到图 2-26 所示应用程序图标 Sogou_wubi，双击该程序图标，启动搜狗五笔输入法安装向导（见图 2-27），单击“下一步”按钮。

图 2-26　Sogou 五笔输入法安装程序

图 2-27　搜狗五笔输入法安装向导

2. 接受“许可证协议”

在“许可证协议”窗口（见图 2-28），单击“我接受”按钮。

3. 选择安装位置

在“选择安装位置”窗口，单击“浏览”按钮可设置安装位置，使用默认位置即可，如图 2-29 所示，单击“下一步”按钮。

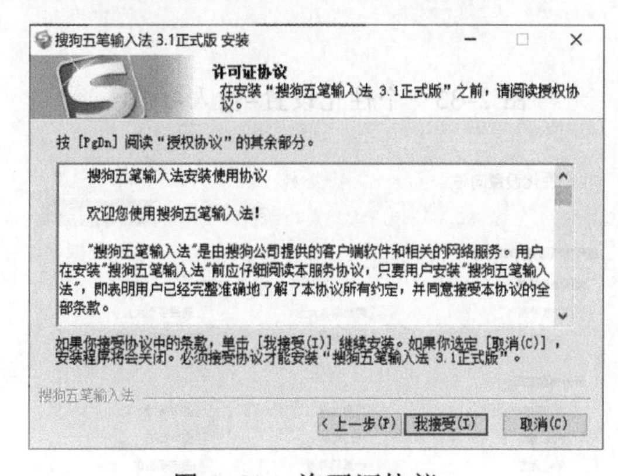

图 2-28　许可证协议

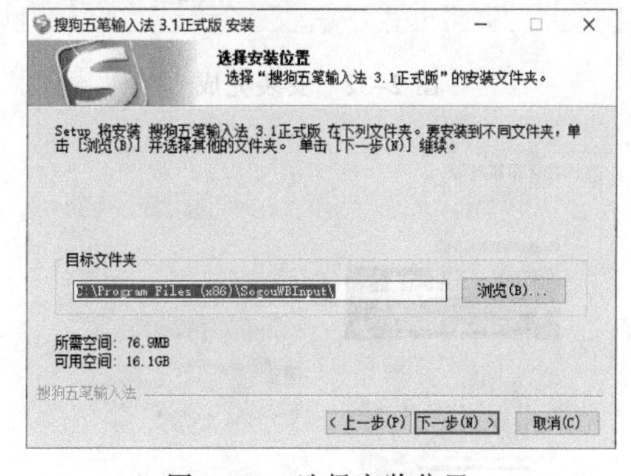

图 2-29　选择安装位置

4. 自动安装过程

在“选择‘开始菜单’文件夹”窗口中（见图 2-30），使用默认设置，单击“安装”按钮，进入安装界面，如图 2-31 所示。

5. 安装完成

安装完成后，进入图 2-31 所示窗口，单击“完成”按钮。完成搜狗五笔输入法的安装。

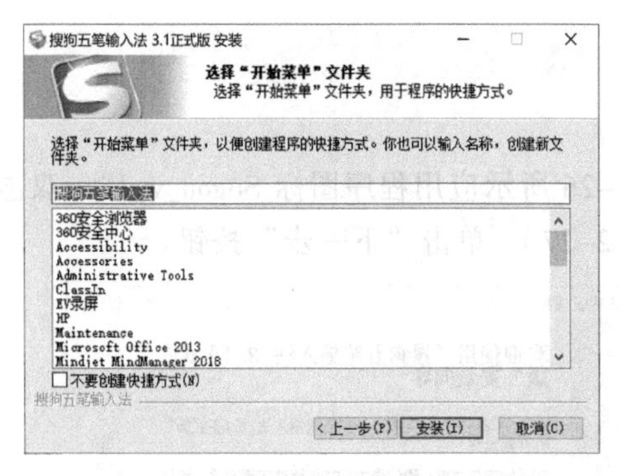

图 2-30 选择“开始菜单”文件夹

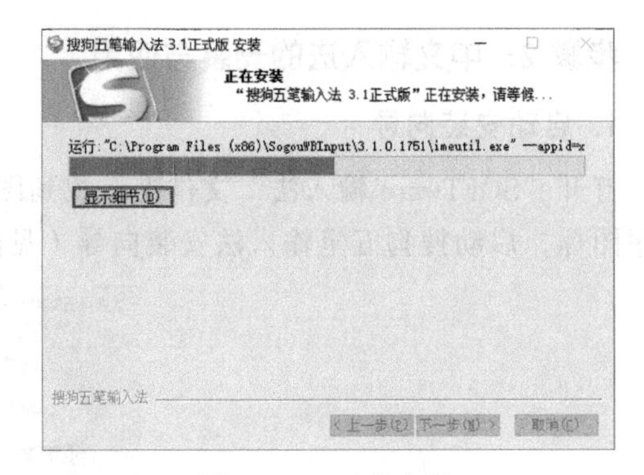

图 2-31 正在安装

6. 个性化设置

安装完成后，将弹出个性化设置窗口，让用户对输入习惯（见图 2-33）、皮肤（见图 2-34）和词库（见图 2-35）进行设置。用户可以自行选择，连续单击“下一步”按钮，直至“完成”。

图 2-32 安装完成

图 2-33 个性化设置-输入习惯

图 2-34 个性化设置-皮肤

图 2-35 个性化设置-词库

7. 输入法的切换

输入法安装完成后，在任务栏右侧通知区会出现图标，单击可显示目前已安装的输入法，如图 2-36 所示。用户可根据需要选择自己习惯的输入法。

除了可将鼠标移至任务栏右侧单击输入法按钮在弹出的菜单栏上选择中文输入法外，还可按组合键，在不同输入法之间进行切换。

- 中/英文切换：【Ctrl+空格】。
- 中文输入法切换：【Ctrl+Shift】。
- 全角/半角切换：【Shift+空格】。
- 中文/英文标点切换：【Ctrl+.】。

桌面上会显示当前的输入法及其状态，如图 2-37 所示。

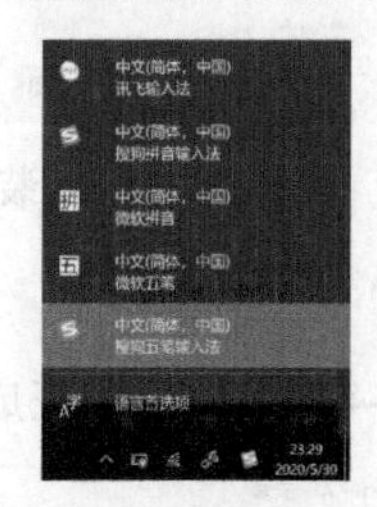

图 2-36 输入法切换

图 2-37 输入法状态

步骤 3：PDF 浏览器 Adobe Reader 的安装与使用

PDF（Portable Document Format）文件格式是电子发行文档事实上的标准，为查看 PDF 格式文件，需要安装 PDF 浏览器，Adobe Reader 是一个查看、阅读和打印 PDF 文件的最佳工具。由于公司管理文件多为 PDF 格式，小王需要安装常用应用软件 Adobe Reader。

1. 启动安装向导

打开“SOFTware\文件管理”文件夹，找到图 2-38 所示应用程序图标 Adobe Reader XI_zh_CN，双击该程序图标，启动安装向导（见图 2-39），准备安装文件。

图 2-38 Adobe Reader XI 安装程序

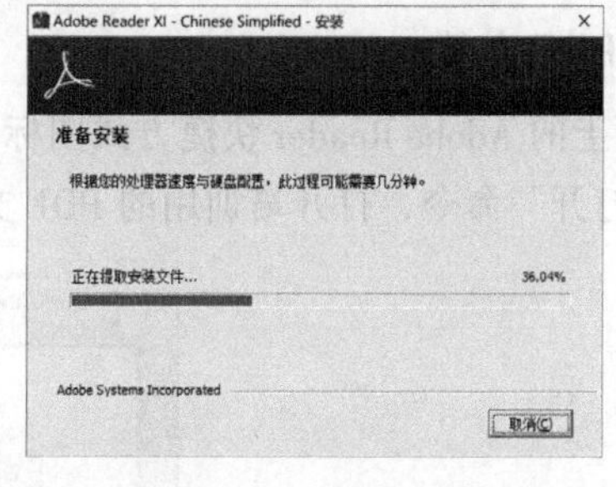

图 2-39 准备安装文件

2. 选择安装位置

完成文件准备后，在“选择目标文件夹”对话框（见图 2-40）中，选择更改目标文件夹（此处使用默认值）。单击“下一步”按钮（根据需要，可单击“更改目标文件夹”按钮，修改安装位置）。

3. 开始安装

在安装更新设置窗口（见图 2-41），选择默认值“自动安装更新”。单击“安装”按钮，系统开始安装（见图 2-42）。

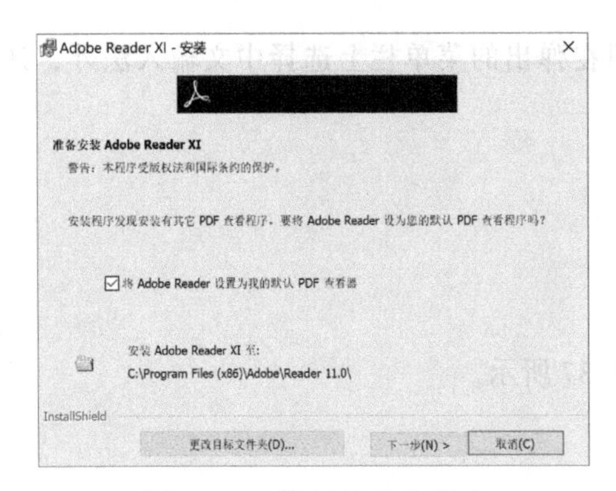

图 2-40　选择目标文件夹

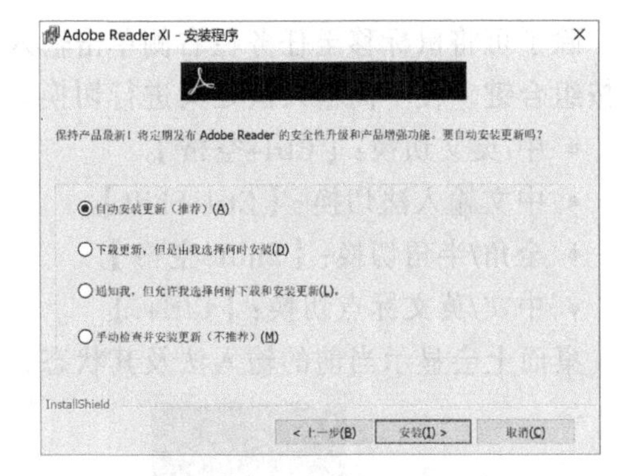

图 2-41　安装更新设置

4. 完成安装

当系统安装完成后，弹出“安装完成”对话框（见图 2-43），单击“完成”按钮结束安装。

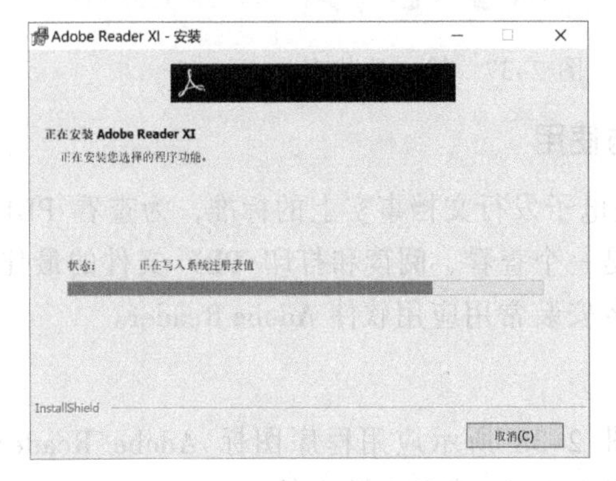

图 2-42　安装准备就绪

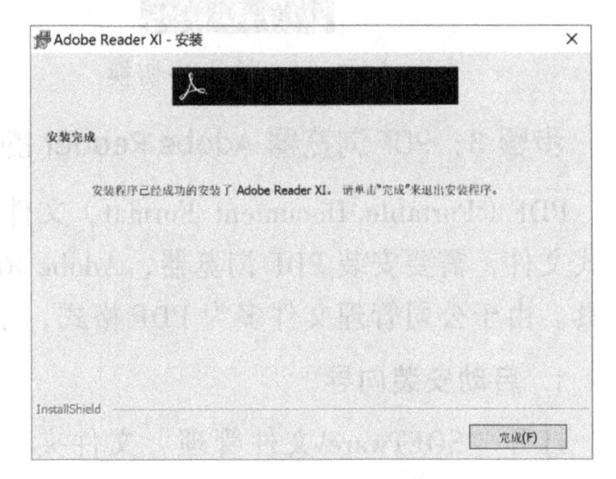

图 2-43　安装完成

5. 查看 PDF 文件

双击桌面上的 Adobe Reader 快捷方式图标（见图 2-44），打开 Adobe Reader 工作画面，选择“文件”→“打开”命令，打开培训用的 PDF 文档。图 2-45 所示为 Adobe Reader 工作画面。

图 2-44　Adobe Reader 快捷方式

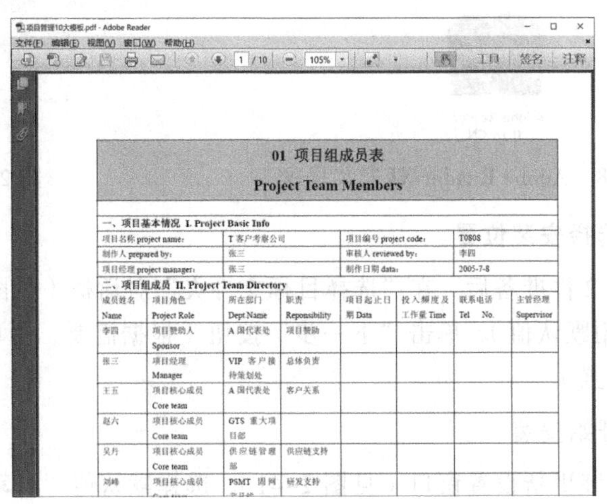

图 2-45　Adobe Reader 工作画面

2.1.3 Windows 10 个性化设置

Windows 10 允许用户设置个性化桌面背景、锁屏界面，“开始”菜单和任务栏。特别是 Windows 10 提供了一个从未见过的开始菜单，它是在 Windows 8 上首次看到的经典 Windows 开始菜单和现代 Metro 界面的混合。这个开始菜单非常独特，它可以根据每个用户的需求和偏好进行自定义。

“开始”菜单分为两个部分。左侧部分包括快速访问最常用的应用程序、设置、电源、所有应用程序选项或用户可以单独选择的其他文件夹或程序。右侧是用来固定应用磁贴或图标的区域，方便快速打开应用。 用户可以取消固定不必要的应用并固定自己喜欢的应用，安排或重命名，并创建应用组。因此，用户可以个性化 Windows 10“开始”菜单，以简化计算机的工作。

步骤 1：个性化背景设置

单击“开始”菜单，单击“设置”按钮，打开“Windows 设置”窗口，单击“个性化”按钮，进入设置窗口，从左侧选择“背景”选项卡，如图 2-46 所示。从中选择背景类型“图片”，从下面的图片中选择，或单击下方“浏览”按钮选择要作为背景的图片即可。这里选择最右侧的图片。

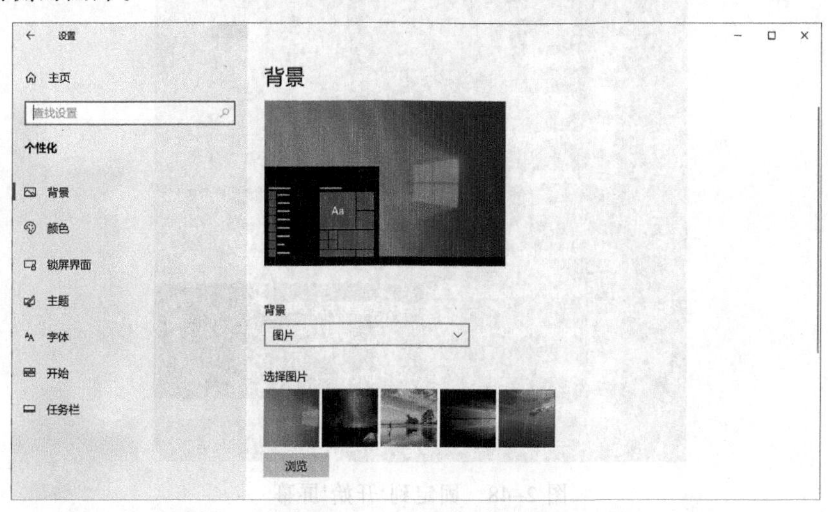

图 2-46 个性化背景设置

步骤 2：设置锁屏界面

在设置窗口左侧选择“锁屏界面”选项卡，如图 2-47 所示。从中选择背景类型“图片”，从下面的图片中选择图片，或单击下方“浏览”按钮选择要作为锁屏界面的图片即可。这里选择最左侧的图片。

步骤 3： 将常用应用固定到“开始”屏幕

从左侧所有应用程序选项中找到要固定的程序，如 Adobe Photoshop CC 2018，右击后选择“固定到‘开始’屏幕”命令，如图 2-48 所示，即可将该程序作为应用磁贴固定在右侧磁贴区。

图 2-47 锁屏界面设置

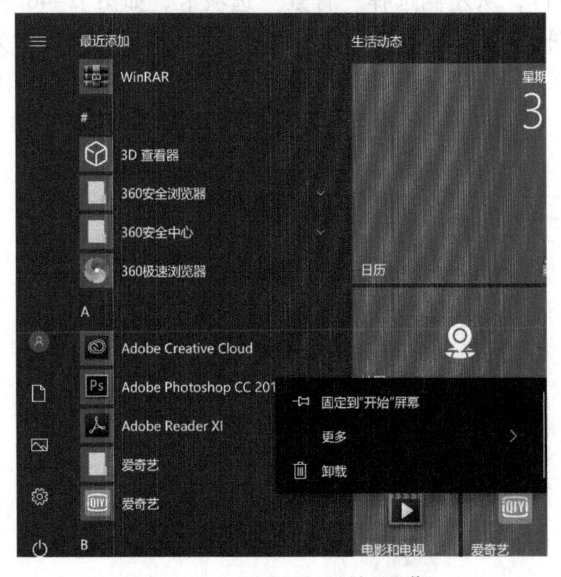

图 2-48 固定到'开始'屏幕

依次将微信、QQ、Adobe Reader、Word、Photoshop 等程序放在"开始"菜单右侧的磁贴区。

技巧与提示

本操作也可以使用拖动的方法，将左侧应用程序拖动到右侧磁贴区。

步骤 4：分组应用程序并命名

① 通过鼠标拖动分组标题调整位置，将与办公相关的文件拖动到一起。

② 单击标签右侧的按钮重新命名为"办公软件"，如图 2-49 所示。

图 2-49　组命名

步骤 5：调整“天气”磁贴大小

调整“天气”磁贴尺寸：选中“天气”磁贴并右击，选择“调整大小”命令，在级联菜单中选择相应命令（见图 2-50）。以同样的方法可调整其他图贴的大小。

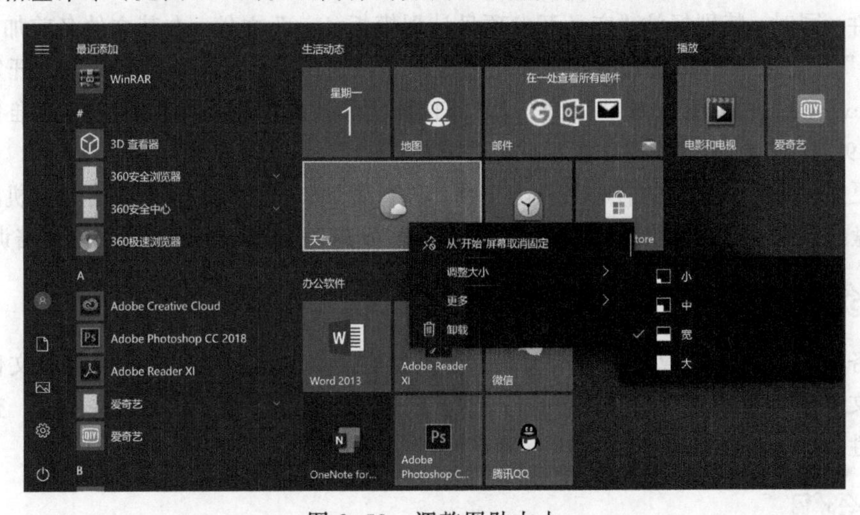

图 2-50　调整图贴大小

步骤 6：将“闹钟和时钟”从“开始”屏幕取消固定

将“闹钟和时钟”功能从“开始”屏幕取消，右击“闹钟和时钟”磁贴，选择“从‘开始’屏幕取消固定”命令，如图 2-51 所示。删除后，拖动组标题调整组位置达到满意的磁贴区效果。

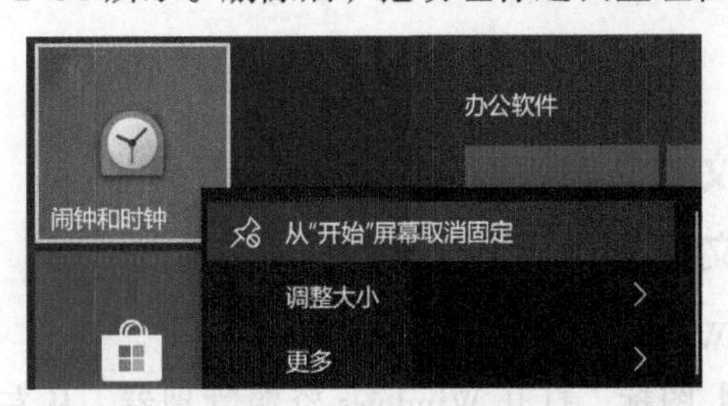

图 2-51　从“开始”屏幕取消固定

任务拓展

思维导图 MindManager 的安装与使用

在与老员工的交谈中，小王发现公司内部职员都喜欢用思维导图来辅助工作，思维导图不仅能够快速记录自己的想法和灵感，还可以帮助自己梳理工作、管理项目，提高工作效率。

小王决定安装思维导图程序 MindManager，并进行自学。

2.2 任务 2 Windows 10 的文件管理与磁盘管理

任务描述

小王入职培训后，被分配到人力资源部，负责配合部长进行日常培训的文档管理。本月中旬，进行项目经理参加的“2020 文档规范化”专题培训。为此小王需要准备一个培训资料电子文档包“2020-9 培训资料”，里面包括资料盘 Project 文件夹中所有文件名中含有“模板”字样的文件。同时，特别标注“产品开发项目计划模板.docx”文件，在其文件名前加上“2020 培训资料-”字样。为了防止误操作，小王还要将新改名的“2020 培训资料-产品开发项目计划模板.docx”的文件属性改成“只读”与“归档”。为让文件夹更加醒目，小王准备为文件夹“2020-9 培训资料”设置特殊图标。

为了更好地对新计算机的各种文件与软硬件进行管理，小王需要了解现有计算机的分区情况、各磁盘的磁盘容量、可用空间大小等，对单位配发的 U 盘重新格式化，以方便培训工作。

任务分析

本任务主要掌握文件管理的基本操作，包括创建文件和文件夹、移动文件和文件夹、复制文件和文件夹、重命名文件和文件夹、删除文件和文件夹、查找文件或文件夹、查看和设置文件属性等。同时，要求掌握磁盘查看与格式化等处理。

任务分解

本任务可以分解为以下 2 个子任务。

子任务 1：Windows 10 的文件管理

子任务 2：Windows 10 的磁盘管理

任务实现

2.2.1 Windows 10 的文件管理

步骤 1：打开文件与文件夹

打开 D 盘根目录下的 Win10 文件夹。

① 单击任务栏中的 图标，打开 Windows 资源管理器，从左侧快速访问区中选择“本

地磁盘（D:）”选项，如图 2-52 所示。

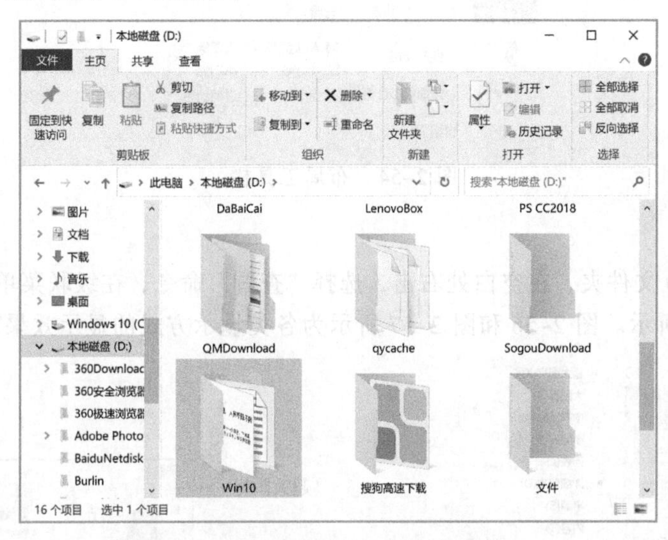

图 2-52 Windows 资源管理器

② 双击右侧的 Win10 文件夹，如图 2-53 所示，即可打开该文件夹。

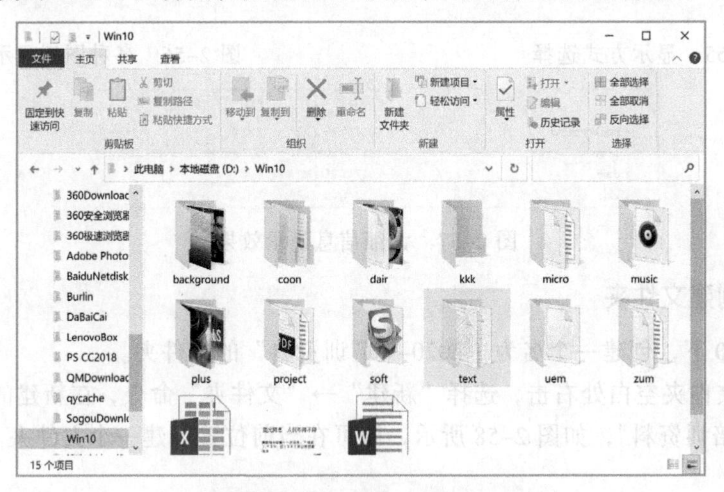

图 2-53 Win10 文件夹

步骤 2：更改文件和文件夹显示方式

Windows 10 提供多种文件与文件夹显示方式。

1. 通过资源管理器窗口右下角按钮切换显示方式

单击窗口右下角视图更改按钮，选择“ ”或“ ”，可在详细信息和大图标间切换显示效果。

2. 资源管理器窗口常用工具栏

使用布局工具框，选择相应的查看方式“超大图标”“大图标”“中图标”“小图标”“列表”“详细信息”等多种形式，如图 2-54 所示。

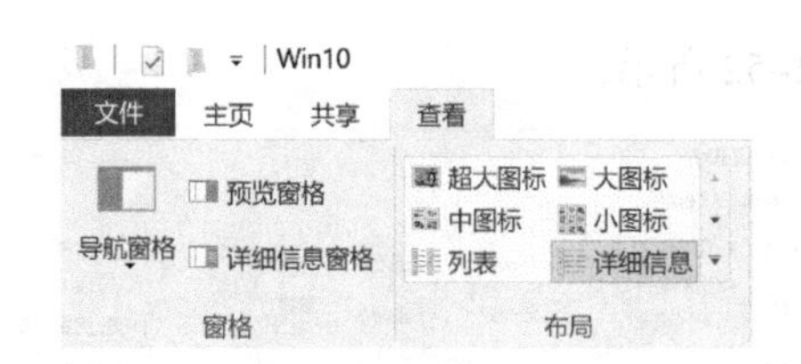

图 2-54　布局工具栏

3. 右键方式

打开 D:\Win10 文件夹，在空白处右击，选择“查看”命令，在级联菜单中选择预显示的形式，如图 2-55 所示。图 2-56 和图 2-57 所示为各类显示方式的显示效果对比。

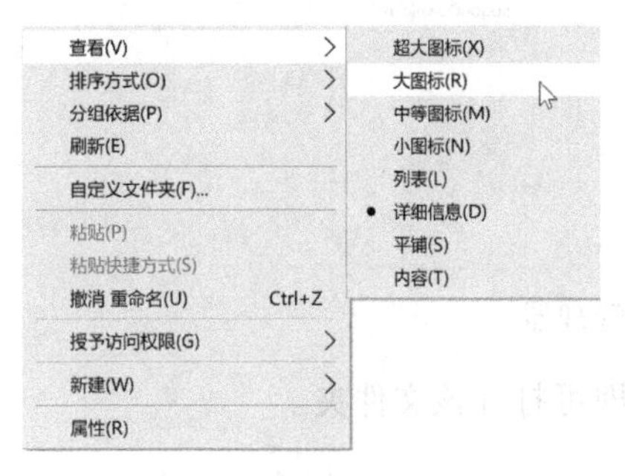

图 2-55　显示方式选择

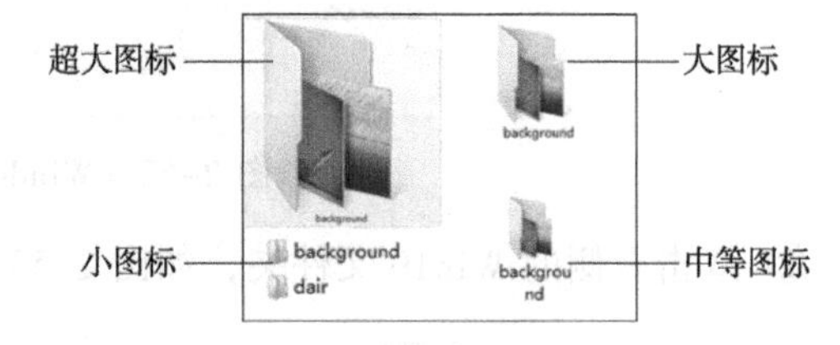

图 2-56　各种图标显示效果

名称	修改日期	类型	大小
background	2017/4/26 23:18	文件夹	
coon	2017/4/26 23:07	文件夹	
dair	2017/4/26 23:07	文件夹	
kkk	2017/4/26 23:30	文件夹	

图 2-57　详细信息显示效果

步骤 3：创建文件夹

在 D:\Win10 下，创建一个名为“2020-9 培训资料”的文件夹。

在 Win10 文件夹空白处右击，选择“新建”→“文件夹”命令，在新建的文件夹名称处输入“2020-9 培训资料”，如图 2-58 所示，即可在当前位置创建一个文件夹。

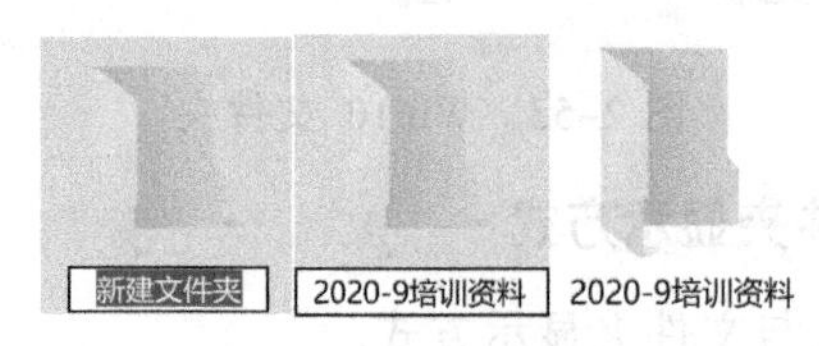

图 2-58　创建新文件夹

步骤 4：搜索文件或文件夹

在“D:\Win10”文件夹中，查找所有文件名中含有“模板”字样的文档。

① 打开“D:\Win10”文件夹。

② 在右侧搜索栏中输入要搜索的文件或文件夹名通配符，本例输入“模板”后按【Enter】键确认，如图 2-59 所示，搜索到 6 个相关文件。

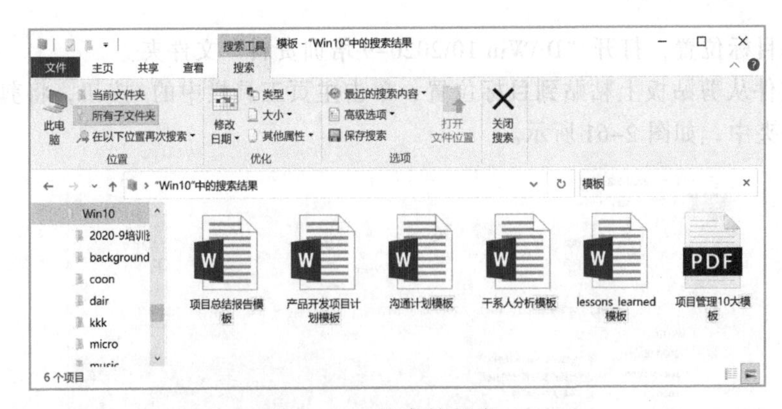

图 2-59　搜索结果窗口

步骤 5：选定文件或文件夹

选定步骤 4 查找的所有符合条件的文件。

Windows 10 中选择文件或文件夹的方法一般包括：

① 单击：选择单个文件或文件夹。

② Ctrl+单击：逐个选择多个相邻或不相邻的文件或文件夹。

③ Shift+单击：选择多个连续的文件或文件夹。

④ 框选：鼠标拖动选定多个文件或文件夹。

⑤【Ctrl+A】组合键：全选窗口中的所有文件或文件夹。

这里可使用框选方式，将查询结果文件全部选中。

步骤 6：复制文件或文件夹

将步骤 4 查找的所有符合条件的文件，复制到步骤 3 新建的“2020-9 培训资料”文件夹中。

Windows 10 通过“剪贴板”进行文件的移动或复制。“剪贴板”是内存中的一块区域，是专门用来暂时存储用户复制或剪切信息的工具。Windows 10 复制文件或文件夹的方法主要有以下几种：

① 将搜索结果窗口的文件，用鼠标拖动框选的方式全部选中。

② 单击主页工具栏中的 按钮，如图 2-60 所示，将选定的文件复制到“剪贴板”上。

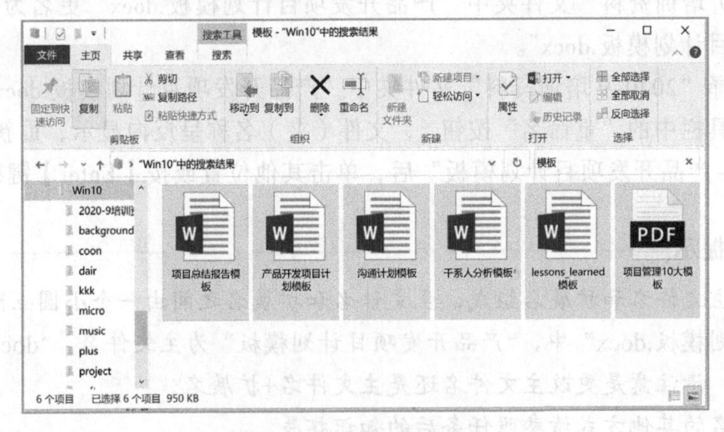

图 2-60　框选搜索结果

（3）选择目标位置，打开“D:\Win 10\2020-9 培训资料”文件夹。

（4）将文件从剪贴板上粘贴到目标位置，单击主页工具栏中的按钮，将剪贴板内容复制到目标文件夹中，如图 2-61 所示。

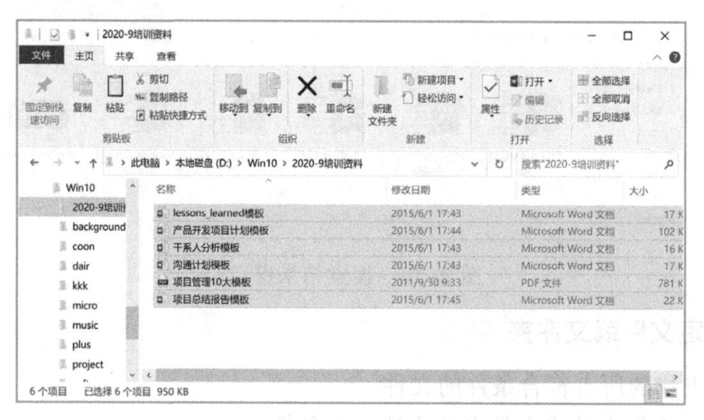

图 2-61　将搜索结果复制到新文件夹

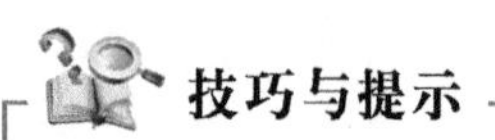

技巧与提示

文件的剪切、复制、粘贴操作，除用以上方法外，都可以利用右键菜单或快捷键【Ctrl+X】、【Ctrl+C】、【Ctrl+V】等多种方式完成。

步骤 7：移动文件或文件夹

将“D:\Win 10\background\bear.jpg”移动到“2020-9 培训资料”中。

① 打开“D:\Win 10\background”，单击选中“bear.jpg”文件。

② 单击主页工具栏中的剪切按钮，将选定的文件剪切到“剪贴板”上。

③ 选择目标位置文件夹，打开“D:\Win 10\2020-9 培训资料”文件夹。

④ 单击主页工具栏中的按钮，将剪贴板内容移动到目标文件夹位置。

步骤 8：重命名文件或文件夹

将“2020-9 培训资料”文件夹中“产品开发项目计划模板.docx”更名为“2020 培训资料-产品开发项目计划模板.docx”。

① 单击选择“2020-9 培训资料”文件夹中“产品开发项目计划模板.docx”

② 单击工具栏中的“重命名”按钮，文件（夹）名称呈反向显示，重新输入新文件名“2020 培训资料-产品开发项目计划模板”后，单击其他位置或按【Enter】键确定。

技巧与提示

文件名由主文件名和扩展名组成，主文件名和扩展名之间由一个小圆点隔开。如“产品开发项目计划模板.docx”中，“产品开发项目计划模板”为主文件名，“docx”为扩展名。更改文件名时，请注意是更改主文件名还是主文件名+扩展名。

文件重命名的其他方式请参照任务后的知识拓展。

步骤 9：删除文件或文件夹

将 Win 10 文件夹下的“qeen”文件夹删除。

① 单击选择“D:\Win 10\ qeen”文件夹。

② 单击工具栏中的 按钮即可。

技巧与提示

文件的删除在选中状态下，按【Del】键通过回收站删除，或按【Ctrl+Del】组合键不经过回收站彻底删除。

注意：通过 按钮或【Del】键删除，经过回收站，可以还原。通过【Ctrl+Del】组合键删除不经过回收站，为永久删除，无法还原。

步骤 10：更改文件和文件夹只读/归档/隐藏属性

查看并将“D:\Win 10\2019-9 培训资料”文件夹下的“2020 培训资料-产品开发项目计划模板.docx”文件的属性设置为“只读”和“归档”。

① 选定要更改属性的文件（D:\Win 10\2020-9 培训资料\2020 培训资料-产品开发项目计划模板.docx），单击工具上中的 按钮，打开属性对话框，选择“常规”选项卡（见图 2-62），用户在查看的同时，选中“只读”复选框。

② 单击“高级”按钮，在“高级属性”对话框（见图 2-63）中，选择“可以存档文件”复选框，单击“确定”按钮即可。

图 2-62　文件属性对话框

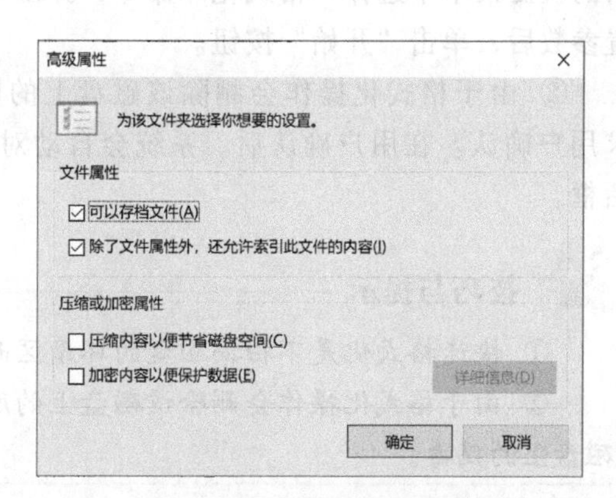

图 2-63　文件高级属性设置

技巧与提示

Windows 10 常用的文件属性有：只读、归档和隐藏。

- “只读”属性，该文件或文件夹不允许更改和删除。
- “隐藏”属性，该文件或文件夹在常规显示中将不被看到。
- “存档”属性，表示该文件或文件夹已存档，备份程序会认为此文件已经“备份过”，可以不用再备份了。

2.2.2 Windows 10 的磁盘管理

为了将来更好地对计算机的各种文件与软硬件进行管理，小王需要对现有计算机的分区情况、各磁盘的磁盘容量、可用空间大小等有一个初步了解，对手中的 U 盘重新格式化，以用于新的工作。

步骤 1：查看磁盘属性

① 在“此电脑”窗口的相应磁盘驱动器上右击，在弹出的快捷菜单中选择“属性”命令，打开属性对话框。

② 观察“常规”选项卡中的各属性值，如图 2-64 所示。从中可以查看磁盘的容量、已用空间和剩余空间。

技巧与提示

Windows 10 中的每个磁盘分区都有一组属性页面，用户可以在属性页面中查看磁盘空间，以了解磁盘当前状况。其常见属性包括：分区的卷标名、磁盘类型、文件系统、磁盘容量、已用空间和可用空间的大小等。

步骤 2：磁盘格式化

对 U 盘进行格式化。

① 将 U 盘插入 USB 口，在“此电脑”窗口中找到待格式化的磁盘驱动器并右击，在弹出的快捷菜单中选择“格式化”命令，弹出“格式化”对话框，如图 2-65 所示。在其中设置参数后，单击“开始”按钮。

② 由于格式化操作会删除该磁盘上的所有信息，所以系统会给出一个安全提示，要求用户确认。在用户确认后，系统会自动对磁盘进行格式化操作，并在结束后显示完毕对话框。

技巧与提示

① 快速格式化是不扫描磁盘的坏扇区而直接从磁盘上删除文件。

② 由于格式化操作会删除该磁盘上的所有信息，格式化从某一角度讲，能够彻底清除磁盘上的病毒。

图 2-64　D 盘“属性”对话框

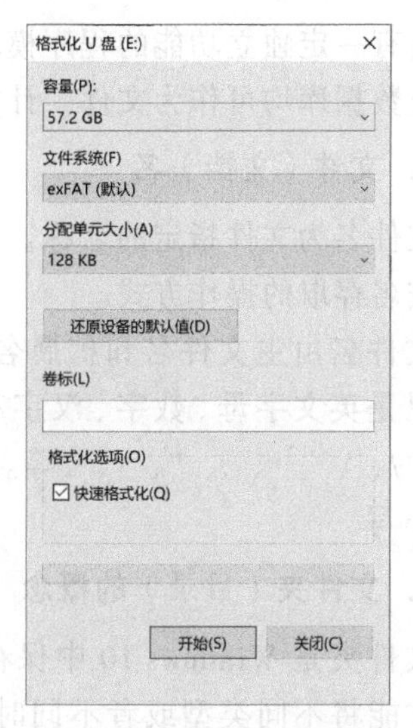

图 2-65　格式化对话框

任务拓展

任务：查看并管理个人资源

任务描述：建立相应的文件夹，对 Windows 10 下的音乐与图片文件进行分类存储与管理，并对当前计算机资源进行查看与管理。具体包括以下内容：

说明：以下操作所需的文件和文件夹均放在素材文件夹 Win 10 文件夹中。

① 将素材文件夹中的 Win 10 文件夹复制到本地计算机的 D 盘根目录下。

② 在 D 盘根目录上新建一个文件夹“娱乐”；并在“娱乐”文件夹下建立 Music、Image 两个子文件夹。

③ 查找 Win 10 文件夹中所有扩展名为 JPG 的文件，并将它们复制到第②步建立的 Image 文件夹中。

④ 查找 Win 10 文件夹中所有扩展名为 MP3 的文件，并将它们复制到第②步建立的 Music 文件夹中。

⑤ 删除 Win 10 文件夹中的 kkk 子文件夹。

⑥ 将“Face To Face.mp3”重命名为“You Raise Me Up.mp3”。

⑦ 将 Win 10\project\project_TEM 文件夹中的文件“项目章程.doc”设置为“只读”属性。

⑧ 在桌面上创建一个打开 Music 文件夹的快捷方式，以方便平时播放。

⑨ 查看现有计算机的分区情况、各磁盘的磁盘容量、可用空间大小情况，将其用【PrintScreen】键复制到一个 Word 文件中。

知识链接

1. 文件（文档）的概念

在计算机中，文件是指赋予名称并存储于介质上的一组相关信息的集合。文件的范围很广，具有一定独立功能的程序模块或者数据都可以作为文件。如应用程序、文字资料、图片资料或数据库均可作为文件。计算机中的数据及各种信息都是保存在文件中的。

2. 文件（文档）名

文件名为文件指定的名称。为了区分不同的文件，必须给每个文件命名，计算机对文件实行按名存取的操作方式。

文件名由主文件名和扩展名组成，主文件名和扩展名之间由一个小圆点隔开。具体组成可以是英文字母、数字、汉字和特殊符号等，但不允许使用下列字符（英文输入法状态）：<、>、/、\、→、:、"、*、?等。Windows 文件名最长可以使用 255 个字符，在使用时不区分大小写。

3. 文件夹（目录）的概念

文件夹是 Windows 10 中保存文件的基本单元，是用来放置各种类型文件的。有了文件夹，才能将不同类型或者不同时间创建的文件分别归类保存，在需要某个文件时可快速找到它。例如：可将文本、图像和音乐文件分别存放在“文档”“图片”“音乐”文件夹中。这些文件夹很容易在“开始”菜单的左侧列表中找到，而且这些文件夹会提供至经常执行任务的便利链接。

4. 文件夹（目录）树

在 Windows 10 中，文件的存储方式呈树状结构。其主要优点是结构层次分明，很容易让人们理解。文件夹树的最高层称为根文件夹，在根文件夹中建立的文件夹称为子文件夹，子文件夹还可再含子文件夹。如果在结构上加上许多子文件夹，它便形成一棵倒置的树，根向上，而树枝向下生长。这也称为多级文件夹结构。

5. 路径

平时使用计算机时要找到需要的文件就必须知道文件的位置，而表示文件位置的方式就是路径。一般来讲路径有绝对路径和相对路径之分。

① 绝对路径：是指从根目录开始查找一直到文件所在位置要经过的所有目录，目录名之间用反斜杠（\）隔开。如“d:\My Documents\My Pictures\photo1.jpg”就是绝对路径。

② 相对路径则包括从当前目录开始到文件所在位置之间的所有目录。其中“.”表示当前路径；“..”表示当前路径的上一级目录，如“..\photo1.jpg”即为相对路径，表示当前路径上级路径下的“photo1.jpg”。

6. 文件的属性

用户可以从文件的属性对话框中获得以下信息：文件或文件夹属性；文件类型；打开该文件的程序的名称；文件夹中所包含的文件和子文件夹的数量；最近一次修改或访问文件的时间等，可根据需要在查看属性的同时更改文件的属性。Windows 10 的文件属性有：只读、存档、隐藏等。

7. 驱动程序

虽然 Windows 操作系统具有“即插即用”的功能，但并不是所有外围设备 Windows 都可以直接使用，大多数外围设备仍然需要安装驱动程序后才可使用。当买来一些硬件设备（如打印机、扫描仪等）时，一般随机都会有一张驱动盘，提供驱动程序。对于一些常见的外围设备，Windows也提供一些标准设备驱动程序，可供用户选择安装。

8. 磁盘格式化

磁盘格式化是指对磁盘划分磁道、扇区，标记坏磁道、坏扇区，为文件的存入做准备。对已存放文件的磁盘进行格式化，会删除磁盘上所有信息，包括病毒文件，因此对磁盘进行格式化前，应确定磁盘上的文件已无用或已备份。

2.3　任务3　智能移动办公环境配置

任务描述

互联网颠覆了企业内部管理和工作模式，有效破除了地域限制，使信息流通更加自由，在提升办公效率与管理水平方面效果显著。新冠疫情加速了智能办公的普及与应用，智能办公与视频会议成为新业态。

小王接到公司通知，将在本月底全面启用钉钉进行智能办公，从下个月起包括考勤打卡、收文批阅、视频会议、项目评审等工作，均会在钉钉进行。届时，分公司的项目组例会，也将采用视频会议的形式召开。同时，定期岗位培训也将采取钉钉直播的形式开展。为此，小王需要对计算机进行远程智能办公环境配置，首先，小王需要为计算机添加办公室无线Wi-Fi，然后安装钉钉软件。为了在项目组例会时，能更好地展示目前正在开发的APP产品，小王还需要使用Windows 10的智能手机投幕功能，使手机画面投影到计算机上，以方便展示移动终端设备的运行效果。

此外，小王还要专门为移动办公购置的共享云设备——HP激光打印扫描机，完成进行远程无线打印。为对重要会议的内容进行录屏，小王还需要安装截屏与录屏软件。

任务分析

本任务主要掌握无线Wi-Fi的接入，智能移动办公平台的下载与安装，手机投幕是计算机的配置技巧，以及远程共享设备的安装与使用方法。同时，还要求掌握常用截屏与录屏软件的使用。

任务分解

本任务可以分解为以下5个子任务。

子任务1：无线Wi-Fi的接入

子任务2：智能移动办公平台钉钉（DingTalk）的下载与安装

子任务3：Windows 10的智能手机投幕到计算机配置方法

子任务4：远程共享设备的安装与使用方法

子任务5：截屏与录屏软件的使用

任务实现

2.3.1 无线 Wi-Fi 的接入

步骤 1：打开 WLAN

单击“开始”菜单，单击“设置”按钮，打开“Windows 设置”窗口，如图 2-66 所示，单击“网络和 Internet”按钮。

图 2-66　Windows 设置窗口

在新窗口左侧选择“WLAN”，并在右侧选择开，如图 2-67 所示，单击下方“显示可用网络”链接，则在右下角出现可用网络清单，如图 2-68 所示。

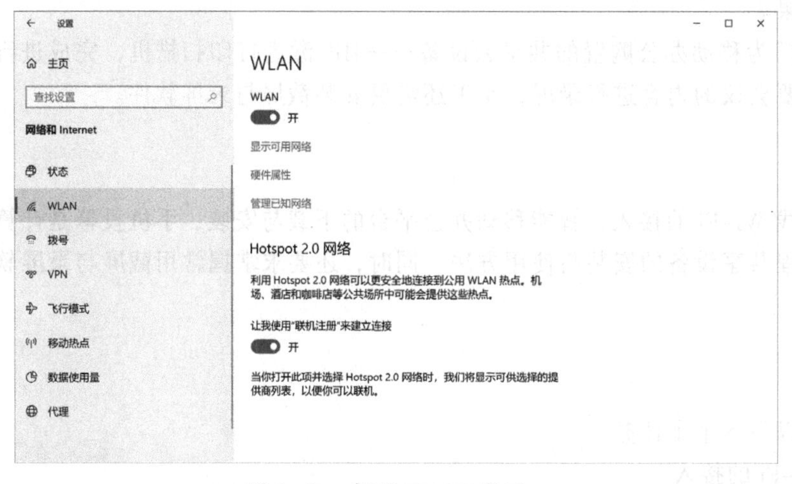

图 2-67　打开 WLAN 窗口

图 2-68　选择无线 WLAN

步骤 2：选择无线网络

在显示的可用无线网络列表中选择办公室新配置的无线 WLAN-apple2，单击“连接”按钮，进行连接。

步骤 3：输入网络安全密钥

在弹出的“输入网络安全密钥”窗口中输入密钥，如图 2-69 所示，单击“下一步”按钮。

步骤 4：完成无线 WLAN 的接入

系统在正常检查网络要求后，完成无线 WLAN 的接入，如图 2-70 所示。显示“已连接，安全”。此时，任务栏右侧通知区显示图 2-71 所示效果，显示 Wi-Fi 连入无线网络。

图 2-69 输入网络安全密钥

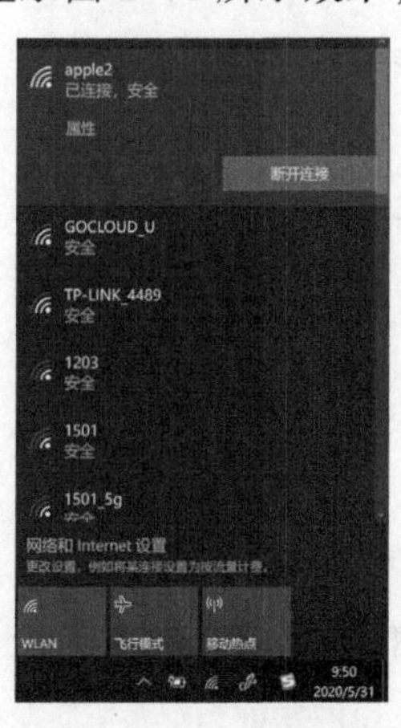

图 2-70 连接成功

图 2-71 通知栏显示连接成功

2.3.2 智能移动办公平台钉钉（DingTalk）的下载与安装

钉钉是中国领先的智能移动办公平台，由阿里巴巴集团开发，专为中小企业和团队免费打造的沟通协同多端平台。支持 iOS、Android、Windows、Mac 四大平台，完美适配 iPad、计算机和手机消息实时同步，并在云端保存，方便随时查找，同时支持手机和计算机间文件互传。为智能移动办公提供一种全新的工作体验。

步骤 1：登录钉钉官网（https://www.dingtalk.com/）

在浏览器地址栏中输入 www.dingtalk.com 后按【Enter】键确认，打开钉钉官网，如图 2-72 所示。

图 2-72 钉钉官网首页

步骤 2：下载钉钉客户端

单击图 2-73 所示钉钉官网首页右上方蓝色“下载钉钉”按钮，进入版本选择页面，如图 2-74 所示，从中选择 Windows 选项，下载钉钉客户端。将安装程序下载到桌面上，如图 2-75 所示。

图 2-73 下载钉钉页面

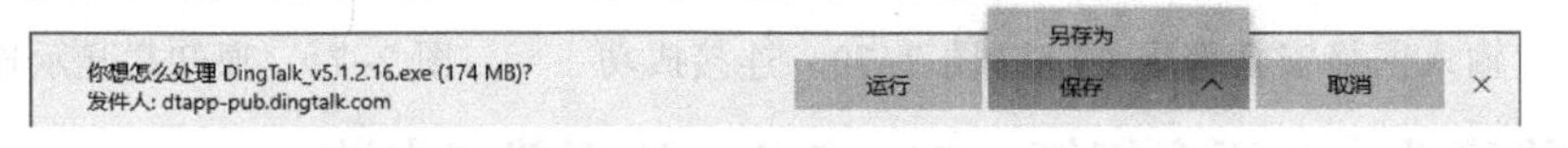

图 2-74 另存为选项

图 2-75 “另存为”窗口

步骤 3：安装钉钉客户端

双击钉钉安装程序（见图 2-76），启动安装向导（见图 2-77），选择安装位置（见图 2-78）自动安装（见图 2-79），完成安装，如图 2-80 所示。

图 2-76 钉钉安装程序

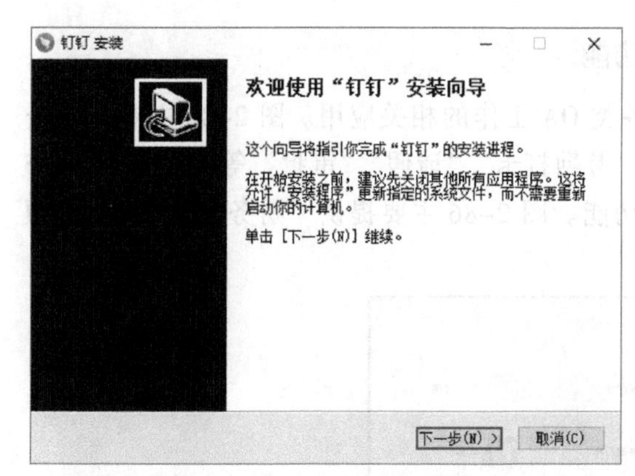

图 2-77 “钉钉”安装向导

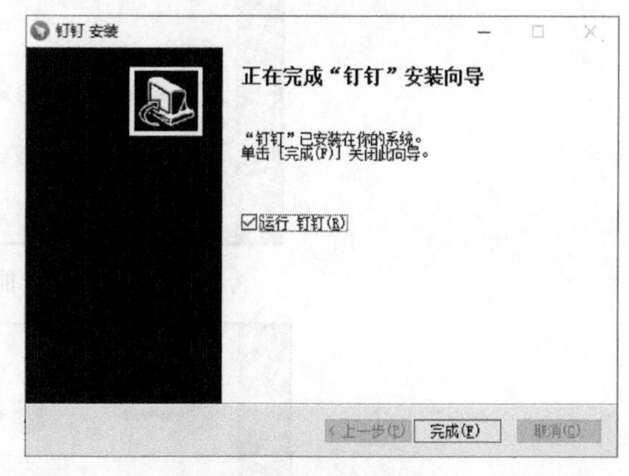

图 2-78 选择安装位置

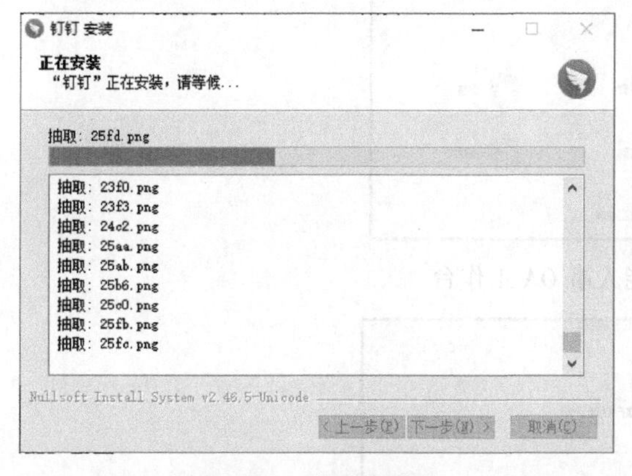

图 2-79 自动安装

图 2-80 安装完成

步骤 4：钉钉注册/登录

启动钉钉快捷图标（见图 2-81），打开“登录/注册”窗口，如图 2-82 所示。选择“新用户注册”选项，进行用户注册。钉钉只需手机验证码，即可完成注册工作，如图 2-83 所示，并进入钉钉程序。

图 2-81 钉钉快捷图标

图 2-82 “登录/注册”窗口

图 2-83 快速注册

步骤 5：查看钉钉 OA 工作台移动办公功能

在左侧列表中，选择图标，在右侧显示各类 OA 工作的相关应用。图 2-84 主要提供企业移动办公中最常用的“视频会议”“群直播”“考勤打卡”“请假”“审批”等功能。图 2-85 主要提供“客户管理”“智能填表”“日志”等功能。图 2-86 主要提供“财务报销”“物品领用”等功能。

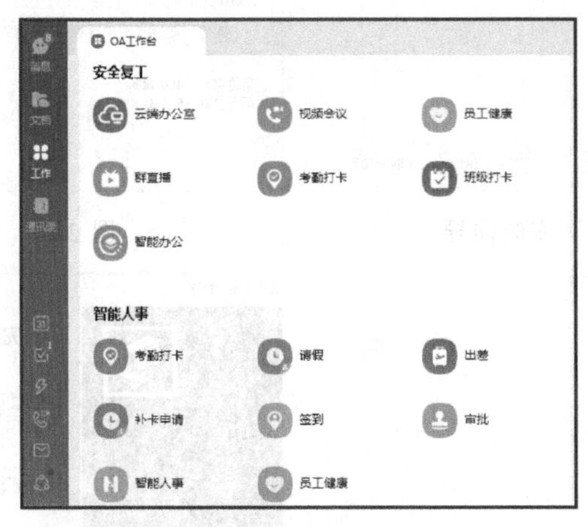

图 2-84 钉钉智能人事 OA 工作台

图 2-85 钉钉客户管理、协同效率 OA 工作台

图 2-86 钉钉账务管理、行政管理等 OA 工作台

2.3.3 Windows 10 的智能手机投幕到计算机配置方法

Windows 10 下无须其他软件即可通过 Wi-Fi 直连，将手机投影到计算机。具体方法如下：

步骤 1：计算机和智能手机连入同一个 Wi-Fi

打开计算机 WLAN 连接办公室 Wi-Fi，手机 WLAN 连入同一个 Wi-Fi。

步骤 2：计算机设置“投影到此电脑”

单击“开始”菜单，单击“设置”按钮，打开“Windows 设置”窗口，如图 2-87 所示，单击“系统”按钮。

在窗口左侧选择“投影到此电脑”，并在右侧选择“选择所有位置都可用”，如图 2-88 所示。

图 2-87 “Windows 设置”窗口

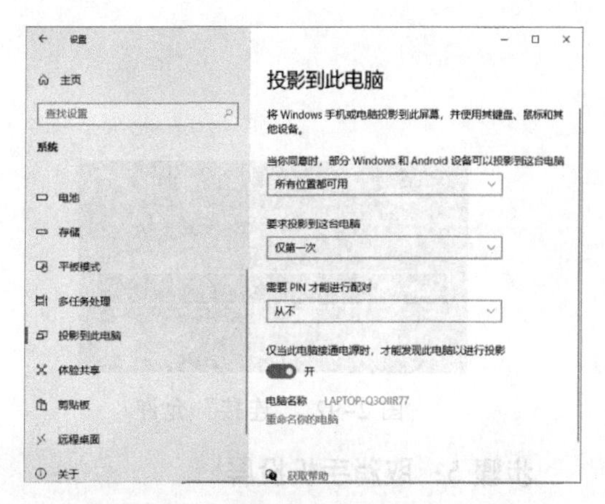

图 2-88 “投影到此电脑”窗口

步骤 3：智能手机选择“无线投屏”

智能手机选择“无线投屏”功能，如图 2-89 所示。手机会自动将可以投屏的设备列表显示出来供用户选择。选择投屏设备，这里选择“LAPTOP-Q3OIIR77”，即当前计算机，如图 2-90 所示。智能手机即自动连接该选定的设备，如图 2-91 所示。

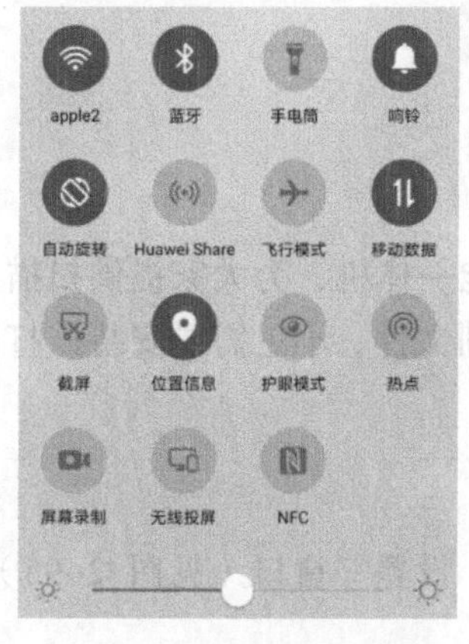

图 2-89 选择“无线投屏”

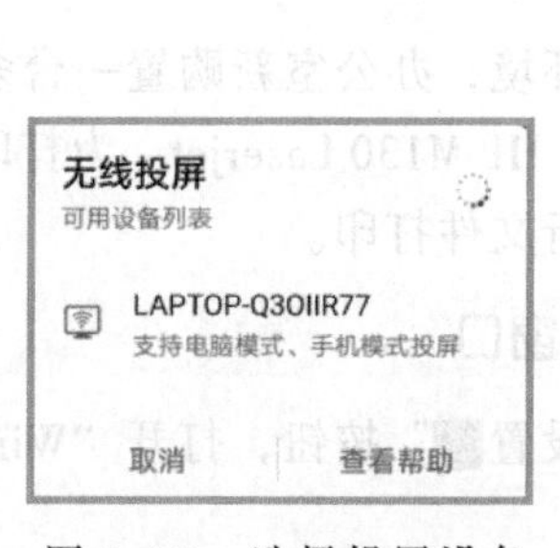

图 2-90 选择投屏设备

图 2-91 设备连接画面

步骤 4：计算机同意连接，完成手机投屏

计算机收到连接信号后，将弹出图 2-92 所示对话框，选择“允许一次”后，单击“确定”按钮，同意连接，屏幕即出现在计算机上，如图 2-93 所示。这时，用户即可进行手机投屏展示。

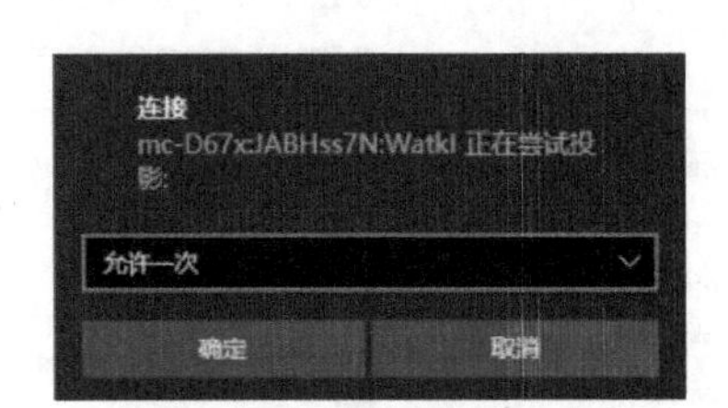

图 2-92 “连接”允许

图 2-93 “无线投屏”连接成功

步骤 5：取消手机投屏

当不需要手机投屏时，在手机通知信息中，找到图 2-94 所示状态，选择“断开连接”即可取消手机投屏，恢复正常计算机桌面。

图 2-94 “断开连接”选项

2.3.4 远程共享设备的安装与使用方法

为打造高效的智能移动办公环境，办公室新购置一台多功能一体机，为大家提供扫描、复印与打印服务。该设备型号为：HP M130 Laserjet。为打印培训文件，小王需要安装该打印机驱动程序，以便用该打印机进行文件打印。

步骤 1：打开 Windows 设置窗口

单击“开始”菜单，单击“设置”按钮，打开“Windows 设置”窗口（见图 2-95），单击“设备”按钮。

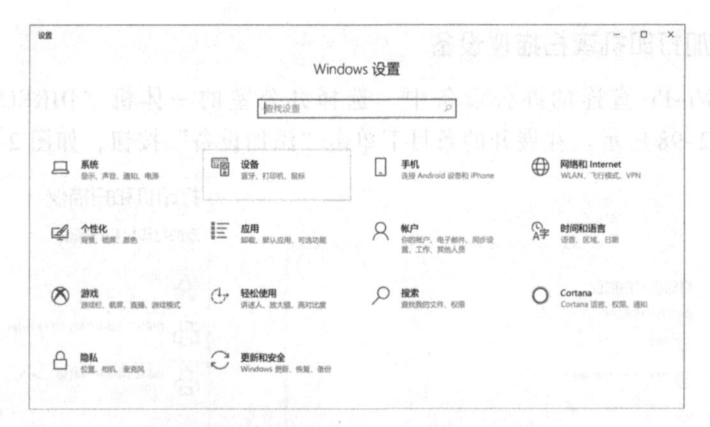

图 2-95　“Windows 设置”窗口

步骤 2：启动打印机和扫描仪安装向导

在“设备与打印机”窗口（见图 2-96）中，选择左侧的“打印机和扫描仪”选项，并在右侧窗口中单击“+添加打印机或扫描仪”按钮，启动安装向导。

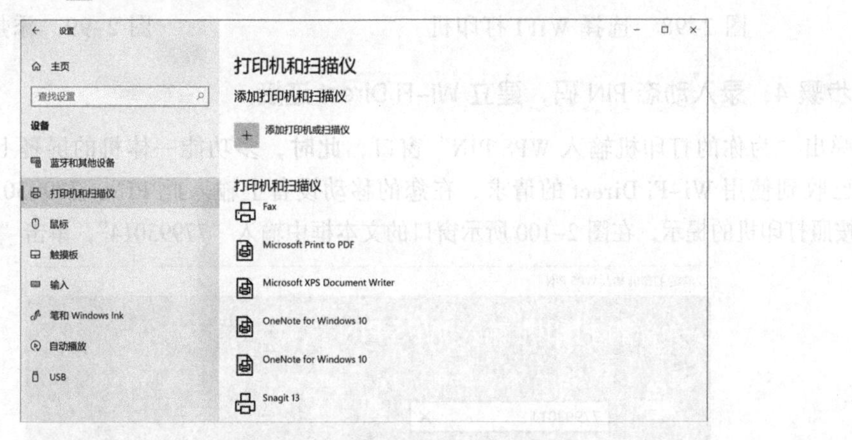

图 2-96　打印机和扫描仪

在刷新后的选项中，单击“显示 Wi-Fi Direct 打印机”项目，如图 2-97 所示。

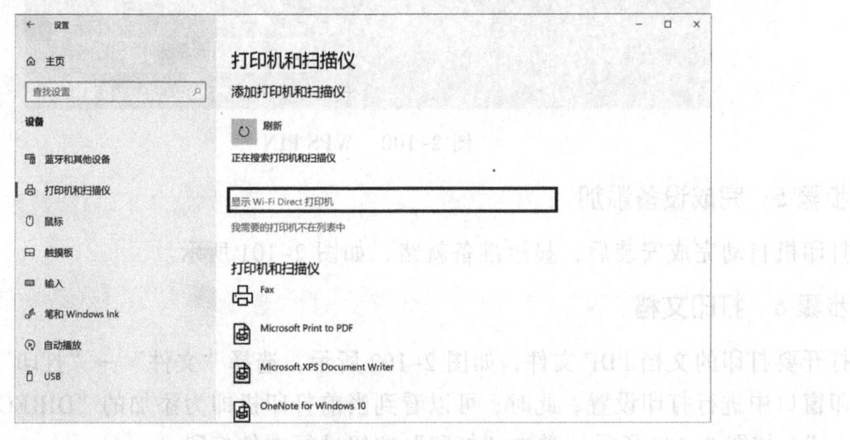

图 2-97　显示 Wi-Fi Direct 打印机

步骤 3：添加打印机或扫描仪设备

从计算机 Wi-Fi 直连的办公设备中，选择办公室的一体机“DIRECT-b4-HP M130 LaserJet”，如图 2-98 所示。在展开的条目下单击“添加设备”按钮，如图 2-99 所示。

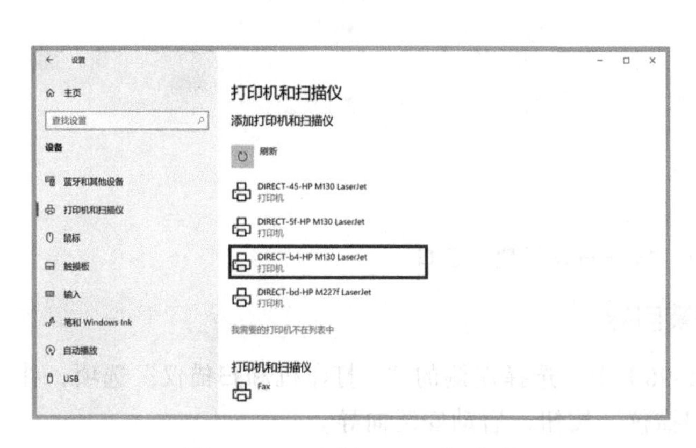

图 2-98　选择 WIFI 打印机

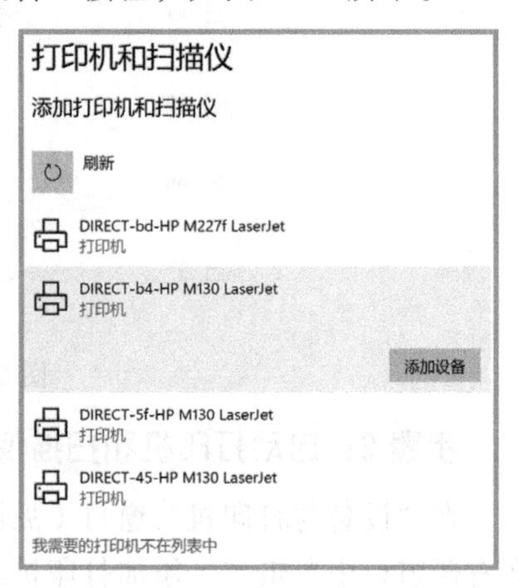

图 2-99　添加设备

步骤 4：录入动态 PIN 码，建立 Wi-Fi Direct 连接

弹出“为你的打印机输入 WPS PIN”窗口，此时，多功能一体机的屏幕上分屏显示“打印机已收到使用 Wi-Fi Direct 的请求，在您的移动设备上输入此 PIN：77993014”。

按照打印机的提示，在图 2-100 所示窗口的文本框中输入“77993014”，单击“下一步”按钮。

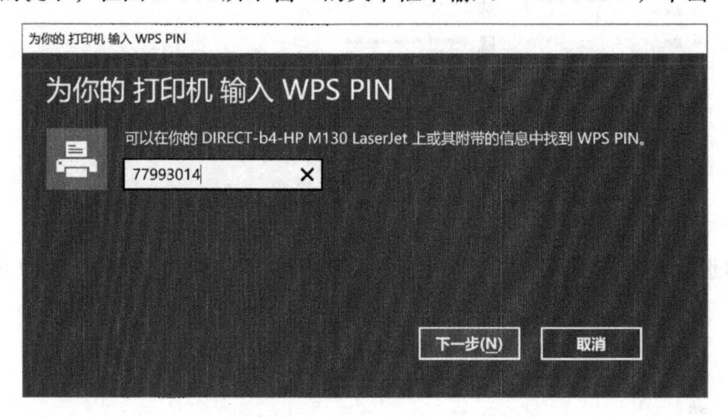

图 2-100　WPS PIN

步骤 5：完成设备添加

打印机自动完成安装后，显示准备就绪，如图 2-101 所示。

步骤 6：打印文档

打开要打印的文档 PDF 文件，如图 2-102 所示，选择“文件”→“打印”命令，在弹出的打印窗口中进行打印设置，此时，可以看到当前打印机即为添加的“DIRECT-b4-HP M130 LaserJet”，如图 2-103 所示。单击“打印”按钮进行文件打印。

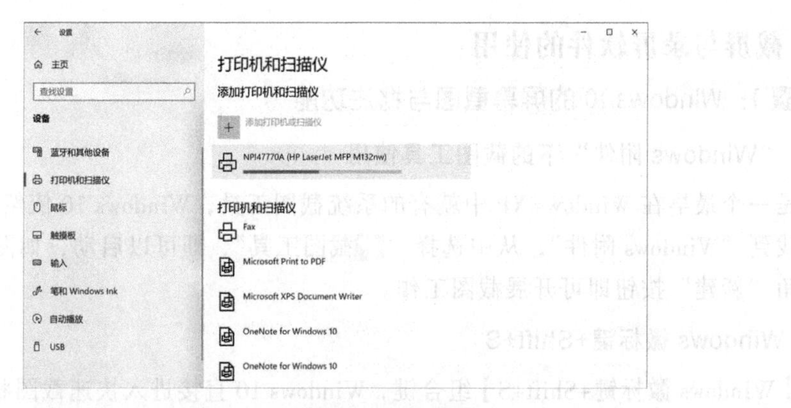

图 2-101 打印机准备就绪

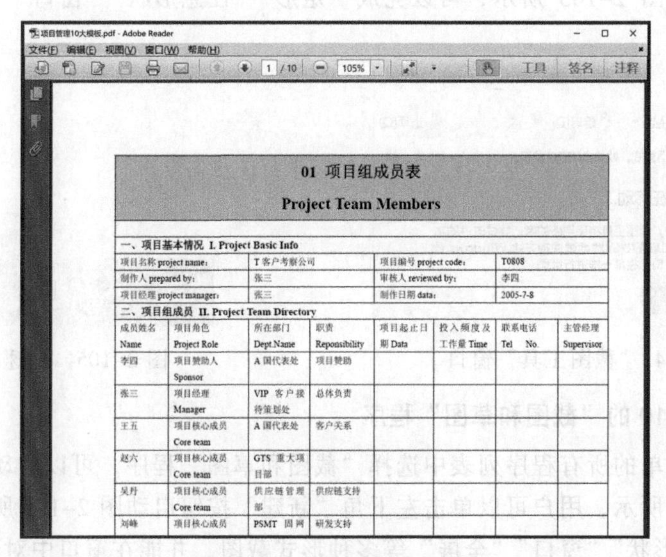

01 项目组成员表

Project Team Members

一、项目基本情况 I. Project Basic Info

项目名称 project name:	T客户考察公司	项目编号 project code:	T0808
制作人 prepared by:	张三	审核人 reviewed by:	李四
项目经理 project manager:	张三	制作日期 data:	2005-7-8

二、项目组成员 II. Project Team Directory

成员姓名 Name	项目角色 Project Role	所在部门 Dept.Name	职责 Reponsibility	项目起止日期 Data	投入频度及工作量 Time	联系电话 Tel No.	主管经理 Supervisor
李四	项目赞助人 Sponsor	A国代表处	项目赞助				
张三	项目经理 Manager	VIP 客户接待策划处	总体负责				
王五	项目核心成员 Core team	A国代表处	客户关系				
赵六	项目核心成员 Core team	GTS 重大项目部					
吴丹	项目核心成员 Core team	供应链管理部	供应链支持				
刘峰	项目核心成员	PSMT 固网	研发支持				

图 2-102 打开的 PDF 文件

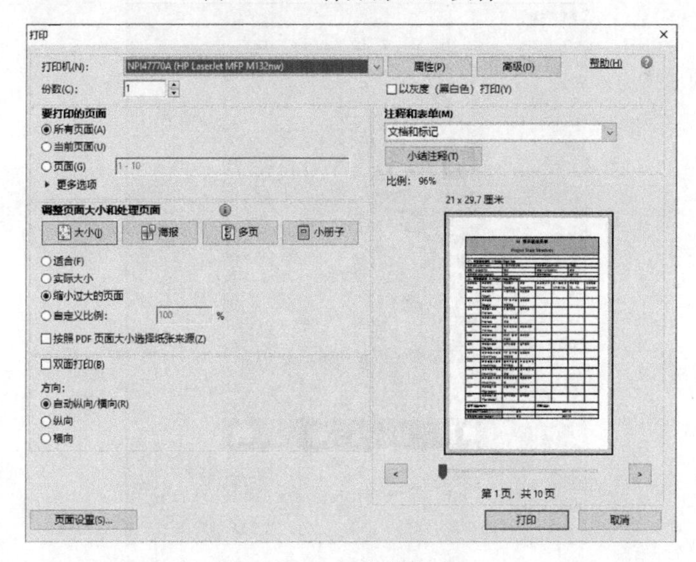

图 2-103 打印设置窗口

2.3.5　截屏与录屏软件的使用

步骤 1：Windows 10 的屏幕截图与批注功能

1．“Windows 附件”下的截图工具使用

这是一个最早在 Windows XP 中就有的系统截图工具，Windows 10 依然保留。从“开始”菜单中找到“Windows 附件”，从中选择“截图工具”，即可以启动，如图 2-104 所示，单击右上角“新建”按钮即可开展截图工作。

2．Windows 徽标键+Shift+S

按【Windows 徽标键+Shift+S】组合键，Windows 10 直接进入快速截图状态，可以在任何界面直接截图，如图 2-105 所示，可以完成“矩形”“任意形状”“窗口”“全屏”等多种形式截图。

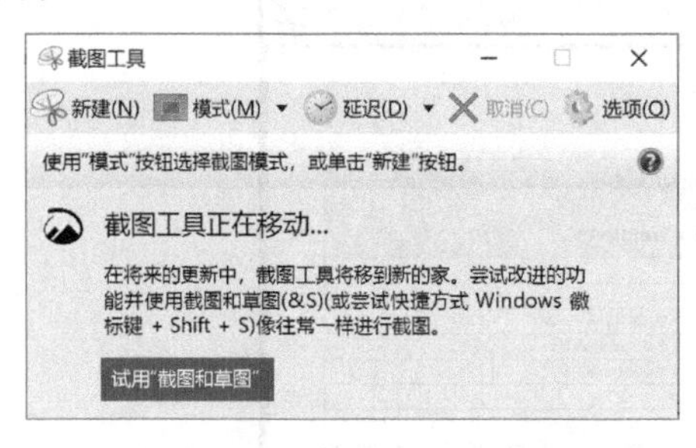

图 2-104　“截图工具”窗口

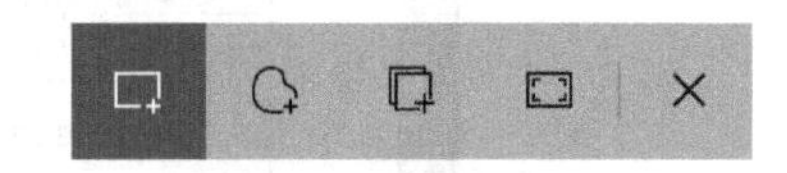

图 2-105　快速截图工具

3．Windows 10 的“截图和草图”程序

在“开始”菜单的所有程序列表中选择“截图和草图”程序，可以启动“截图与草图”功能，如图 2-106 所示，用户可以单击左下角“新建”按钮启动图 2-105 所示的截图工具完成“矩形”“任意形状”“窗口”“全屏”等多种形式截图，并能在窗口中对截图进行批注。

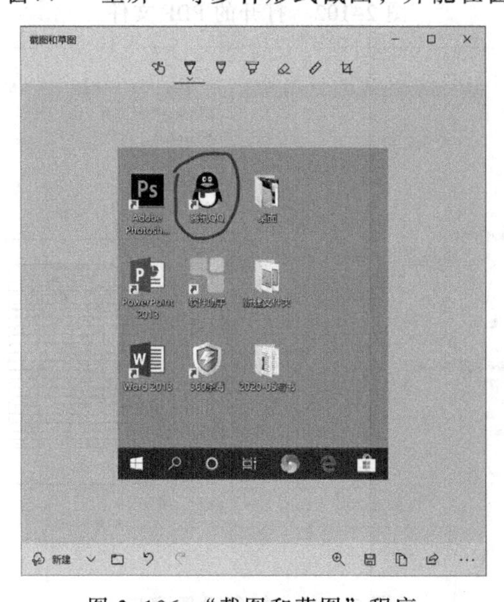

图 2-106　“截图和草图”程序

4．PrintScreen 快捷键

利用键盘上的【PrintScreen】键，可截取全屏到剪贴板。按【Alt+PrintScreen】组合键可以截取当前窗口到剪贴板。

步骤 2：EV 录屏工具的使用

EV 录屏软件是一款非常好用的免费高清录屏软件，可以帮助用户轻松录制计算机屏幕，并且功能全、无水印。可对于一些重要会议与项目反馈，进行屏幕动态录制。为避免重复，EV 录屏软件的安装不做重复说明，小王已在相关网站上下载并完成安装。

1．启动 EV 录屏程序

双击桌面上的“EV 录屏”快捷方式（见图 2-107），启动应用程序（见图 2-108）。

图 2-107　“EV 录屏”快捷方式

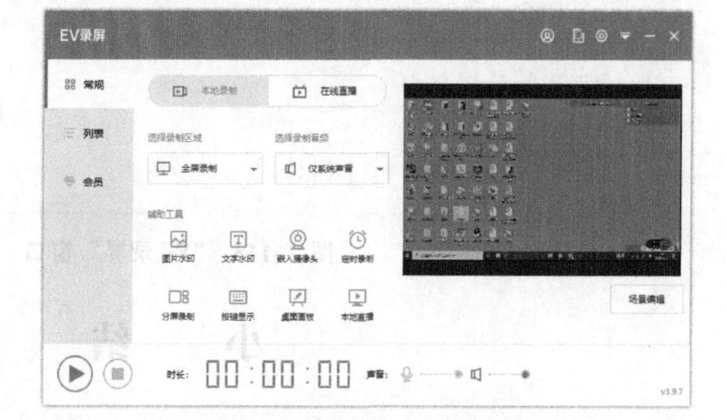

图 2-108　EV 录屏程序界面

2．配置录制选项

在 EV 录屏程序界面“常规”选项卡下，选择录制区域（见图 2-109），选择录制音频范围（见图 2-110），根据需要利用辅助工具（见图 2-111），进行“定时录制”“图片水印”等设置。

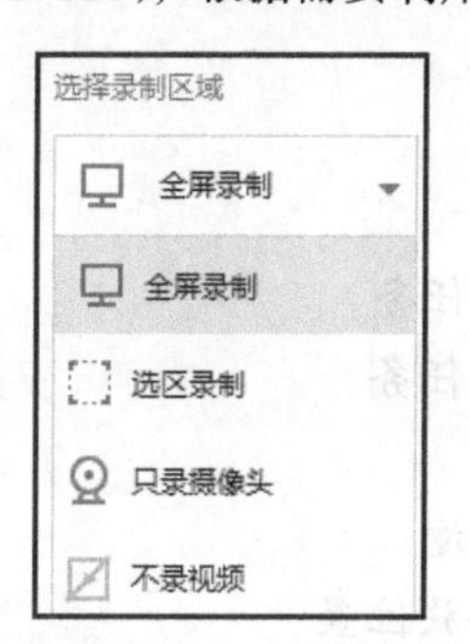

图 2-109　录制区域

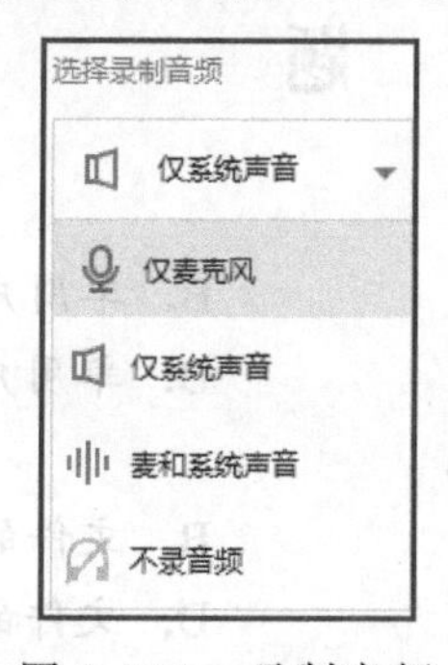

图 2-110　录制音频

图 2-111　辅助工具

3．开始录制

单击左下角的“开始”按钮⊙，开始录制。

4．结束录制

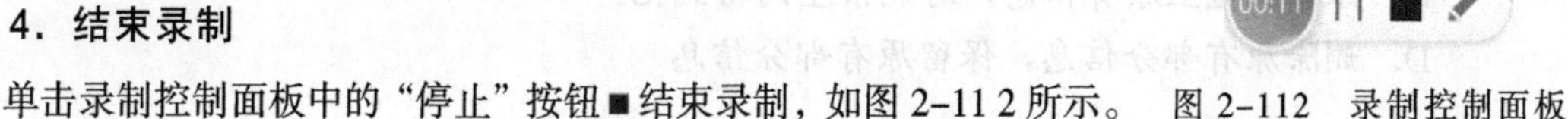

单击录制控制面板中的“停止”按钮■结束录制，如图 2-11 2 所示。

图 2-112　录制控制面板

5. 将录制视频备份

从列表选项卡下找到刚才录制的视频，一般在最后一个，如图 2-113 所示。单击该视频右侧的按钮，在弹出的菜单中选择“文件位置”命令，找到相关视频文件，将其复制重命名后，完成备份。

图 2-113 “Ev 录屏”窗口

小　　结

本单元主要介绍了 Windows 10 操作系统的基本概念和常用术语；Windows 10 的桌面环境与开始菜单；Windows 10 的个性化设置；Windows 10 常用软件的安装与使用；Windows 10 的文件管理与磁盘管理；Windows 10 的智能移动办公环境配置；Windows 10 的硬件安装与使用；Windows 10 的智能手机投幕功能等。

习　　题

1. Windows 10 是（　　）操作系统。

   A. 多用户多任务　　B. 单用户多任务

   C. 多用户单任务　　D. 单用户单任务

2. 文件的类型可以根据（　　）来识别。

   A. 文件的扩展名　　B. 文件的用途

   C. 文件的大小　　D. 文件的存放位置

3. 格式化磁盘即（　　）。

   A. 删除磁盘上原信息，在磁盘上建立一种系统能识别的格式

   B. 可删除原有信息，也可不删除

   C. 保留磁盘上原有信息，对剩余空间格式化

   D. 删除原有部分信息，保留原有部分信息

4. 选定要移动的文件或文件夹，按（　　）组合键剪切到剪贴板中，在目标文件夹窗口中按【Ctrl+V】组合键进行粘贴，即可实现文件或文件夹的移动。

A. Ctrl+A　　B. Ctrl+C　　C. Ctrl+X　　D. Ctrl+S

5. 按（　　）组合键可以在中文输入法和英文输入法之间快速切换。

A. Ctrl+ Tab　　B. Shift+Tab　　C. Ctrl+Space　　D. Ctrl+Shift

6. 以下有关 Windows 10 删除操作的说法，不正确的是（　　）。

A. 从网络位置删除的项目不能恢复

B. 从移动磁盘上删除的项目不能恢复

C. 超过回收站存储容量的项目不能恢复

D. 直接用鼠标拖入回收站的项目不能恢复

7. 在 Windows 10 中，将整个屏幕的全部信息送入剪贴板的快捷键是（　　）。

A. Alt+Insert　　B. Ctrl+Insert　　C. PrintScreen　　D. Alt+Esc

8. 以下有关 Windows 10 中快捷方式的说法，不正确的是（　　）。

A. 删除快捷方式将删除相应的程序

B. 可以在文件夹中为应用程序创建快捷方式

C. 删除快捷方式将不影响相应的程序

D. 可以在桌面上为应用程序创建快捷方式

9. Windows 10 中直接调出“Windows 任务管理器”窗口的组合键是（　　）。

A. Ctrl+Alt+Delete　　B. Ctrl+Shift+Delete

C. Ctrl+Shift+Esc　　D. Ctrl+Esc

10. Windows 10 的常用文件属性不包括（　　）。

A. 存档属性　　B. 只读属性　　C. 隐藏属性　　D. 解密属性

单元 3 Word 2016 的应用

【学习目标】

Microsoft Office Word 2016（以下简称 Word 2016）的主要功能是文字处理、文档编辑、插入多媒体素材、图文混排以及邮件合并处理。Word 2016 提供了强大的新功能和工具，能方便用户快速定位查找文档内容、向文本添加视觉效果、图片表格美化和多种文档模板应用，提高用户的工作效率。Word 2016 是办公行政人员的得力助手，在商业、教育等行业得到了广泛应用。

通过本单元的学习，你将掌握以下知识：

- Word 的启动和退出
- 文档的基本操作
- 文本的编辑操作
- 字符及段落格式化
- 样式和模板
- 项目符号和编号
- 边框和底纹设置
- 页眉和页脚
- Word 的相关术语解释
- 页面设置与文档打印
- 表格处理
- 插入图片、艺术字、文本框及形状
- 美化图片和表格
- 文档拆分、合并及保护
- 插入批注、脚注及尾注
- 邮件合并

3.1 任务 1 制作活动邀请

任务描述

在元宵佳节来临之际，幼儿园的老师为了让孩子们能够度过一个开心快乐的节日，精心准备了一场丰富多彩的亲子活动，需要委托你制作一份活动邀请，如图 3-1 所示。请利用你的专业知识和技能帮助幼儿园的老师完成这项工作。

任务分析

活动邀请是一种文本与表格混排的文档，需要进行文本编辑和段落设置，对文档中的标题进行字体设置、颜色设置和效果处理。根据样图所示，需要在文档中插入相关的表格，对表格的单元格进行设置，并利用表格工具美化表格。

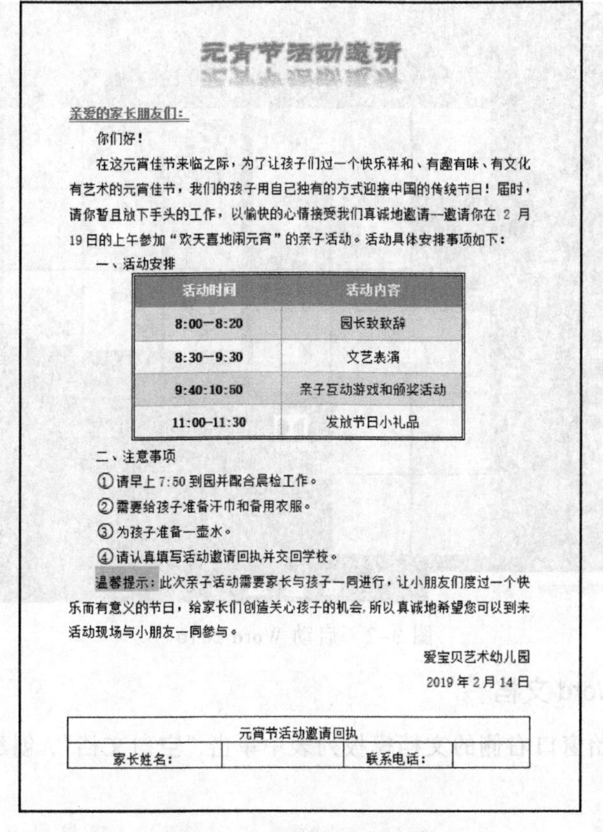

元宵节活动邀请

亲爱的家长朋友们：

你们好！

在这元宵佳节来临之际，为了让孩子们过一个快乐祥和、有趣有味、有文化有艺术的元宵佳节，我们的孩子用自己独有的方式迎接中国的传统节日！届时，请你暂且放下手头的工作，以愉快的心情接受我们真诚地邀请—邀请你在 2 月 19 日的上午参加“欢天喜地闹元宵”的亲子活动。活动具体安排事项如下：

一、活动安排

活动时间	活动内容
8:00—8:20	园长致致辞
8:30—9:30	文艺表演
9:40:10:50	亲子互动游戏和颁奖活动
11:00—11:30	发放节日小礼品

二、注意事项

①请早上 7:50 到园并配合晨检工作。

②需要给孩子准备汗巾和备用衣服。

③为孩子准备一壶水。

④请认真填写活动邀请回执并交回学校。

温馨提示：此次亲子活动需要家长与孩子一同进行，让小朋友们度过一个快乐而有意义的节日，给家长们创造关心孩子的机会，所以真诚地希望您可以到来活动现场与小朋友一同参与。

爱宝贝艺术幼儿园

2019 年 2 月 14 日

元宵节活动邀请回执			
家长姓名：		联系电话：	

图 3-1　元宵节活动邀请

任务分解

本任务可以分解为以下 7 个子任务。

子任务 1：文档创建与保存

子任务 2：文本录入

子任务 3：文本编辑

子任务 4：设置文字格式

子任务 5：段落设置

子任务 6：制作表格

子任务 7：美化表格

任务实现

3.1.1　文档创建与保存

步骤 1：启动 Word 2016

单击 Windows 任务栏中的 Windows 按钮，打开开始菜单，选择 Word 2016 命令，如图 3-2

所示，启动 Word 程序。

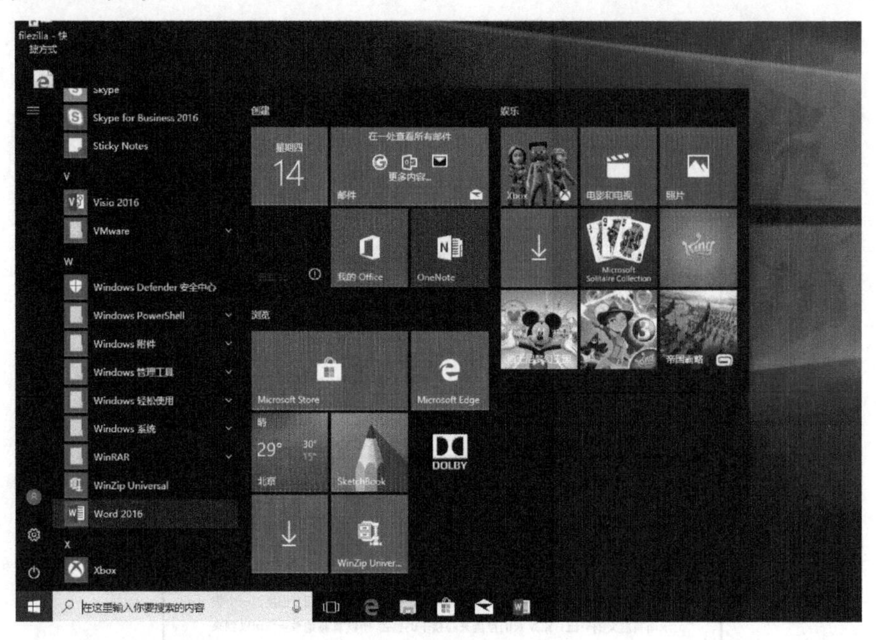

图 3-2　启动 Word 2016

步骤 2：创建 Word 文档

在 Word 程序开始窗口右侧的文档模板列表中单击“空白文档”，创建一个新 Word 文档，如图 3-3 所示。

图 3-3　新建窗口

技巧与提示

打开 Word 2016 的其他方法有:

1. 在桌面空白处右击，在弹出的快捷菜单中选择“新建”命令，并在文件类型中选择“Microsoft Word 文档”命令。

2. 历史记录中保存着用户最近 25 次使用过的文档，要想启动相关应用并同时打开这些文档，只需单击 Word 2016“文件”菜单，在切换出来的文件窗口中单击“打开”命令，在默认“最近”打开的历史记录列表中选择相应的文件名并单击即可。

步骤 3：认识 Word 2016 的编辑主窗口

创建 Word 文档后进入 Word 2016 编辑主窗口，如图 3-4 所示。

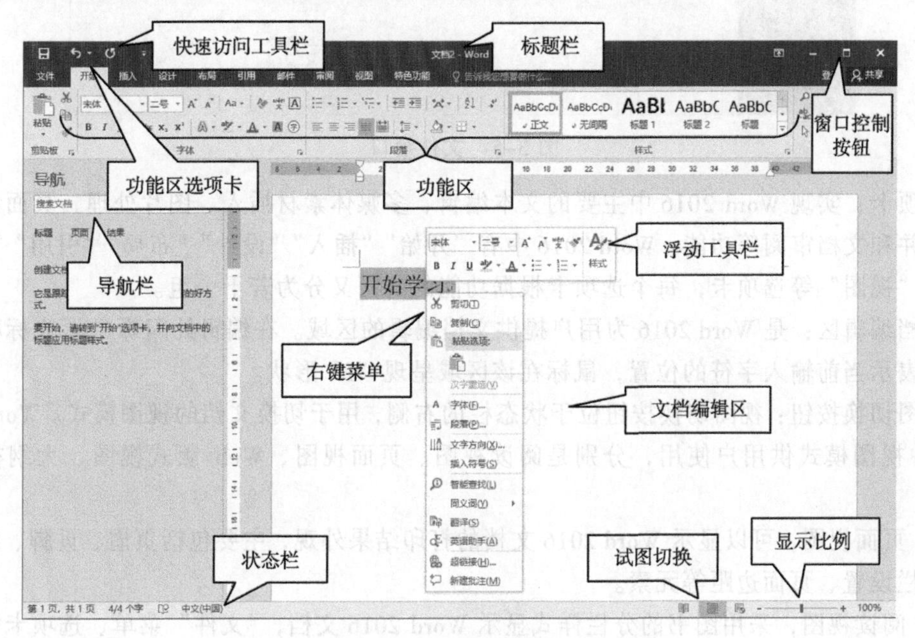

图 3-4 Word 2016 窗口

Word 2016 的窗口主要由以下几部分组成：快速访问工具栏、标题栏、窗口控制按钮、“文件”按钮、功能区、标尺、滚动条、文档编辑区、状态栏等。

标题栏：显示当前打开的 Word 2016 文档的文件名和模式。

快速访问工具栏：Word 2016 文档窗口中用于放置命令按钮，使用户快速启动经常使用的命令，例如：“保存”“撤销”“重复”“新建”等命令。

“文件”按钮：类似于 Word 2007 的 Office 按钮，Word 2016 中的“文件”按钮方便用户快速适应到 Word 2016。“文件”按钮位于 Word 2016 窗口左上角。单击“文件”按钮可以打开“文件”窗口，包含“信息”“新建”“打开”“保持”“另存为”“打印”“共享”“导出”等常用命令，如图 3-5 所示。

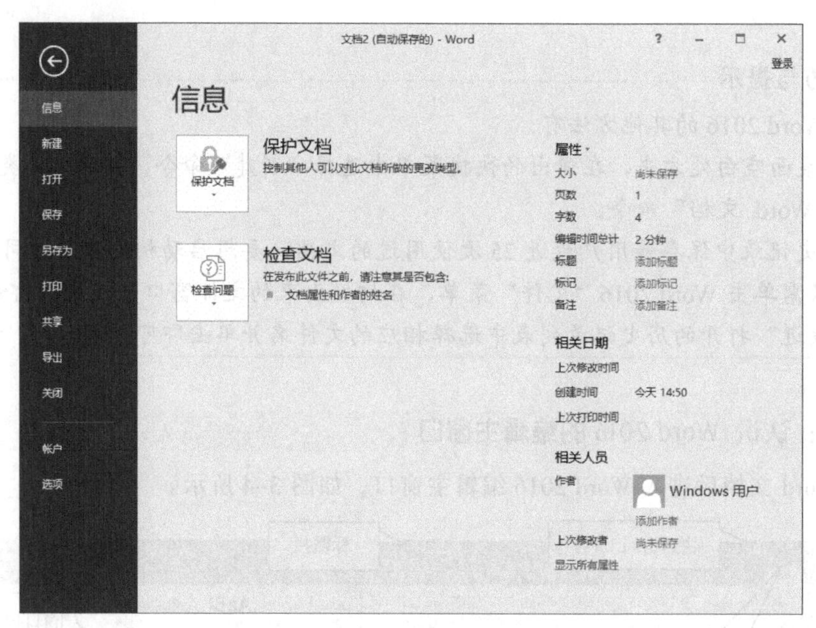

图 3-5　文件窗口

选项卡：实现 Word 2016 中主要的文本编辑、多媒体素材插入、图片处理、页面设置、邮件合并和文档审阅等功能。Word 2016 中有“开始”“插入”“设计”“布局”“引用”“邮件”“审阅”“视图”等选项卡，每个选项卡根据功能的不同又分为若干个组。

文档编辑区：是 Word 2016 为用户提供文档编辑的区域。在编辑处闪烁“|”光标称为插入点，表示当前输入字符的位置，鼠标在该区域呈现“I”形状。

视图切换按钮：视图切换按钮位于状态栏的右侧，用于切换文档的视图模式。Word 提供了 5 种视图模式供用户使用，分别是阅读视图、页面视图、Web 版式视图、大纲视图和草稿。

① 页面视图，可以显示 Word 2016 文档的打印结果外观，主要包括页眉、页脚、图形对象、分栏设置、页面边距等元素。

② 阅读视图，采用图书的分栏样式显示 Word 2016 文档，“文件”菜单、选项卡等窗口元素被隐藏起来。在阅读版式视图中，用户还可以单击“工具”按钮选择各种阅读工具。

③ Web 版式视图，采用网页的形式显示 Word 2016 文档，Web 版式视图适用于发送电子邮件和创建网页。

④ 大纲视图，用来设置和显示 Word 2016 文档的标题层级结构，并可以方便地折叠和展开各种层级的文档。

⑤ 草稿，取消了页面边距、分栏、页眉页脚和图片等元素，仅显示标题和正文，是最节省计算机系统硬件资源的视图方式。

滚动条：Word 2016 提供了垂直滚动条和水平滚动条，垂直滚动条位于工作区的右侧，水平滚动条位于工作区的下方。当文档的内容高度或宽度超过工作区的高度或宽度时，使用垂直滚动条或水平滚动条可以显示更多的文档内容。

缩放滑块：用来设置工作区文档内容的显示比例。

状态栏：状态栏位于 Word 2016 窗口最下方，用于显示当前文档的页数、字数、语言等状态信息。

搜索框：Word 2016 新增功能，可以帮助用户搜索需要使用 Word 的各项功能，比如：添加批注、编辑页眉、打印、共享文档等。

步骤 4：文档保存

单击快速访问工具栏中的“保存”按钮，弹出“另存为”对话框，如图 3-6 所示，先选择文档保存的磁盘和文件夹，然后在“文件名”组合框中输入“元宵节活动邀请”，在“保存类型”下拉列表框中选择“Word 文档”，最后单击“保存”按钮。

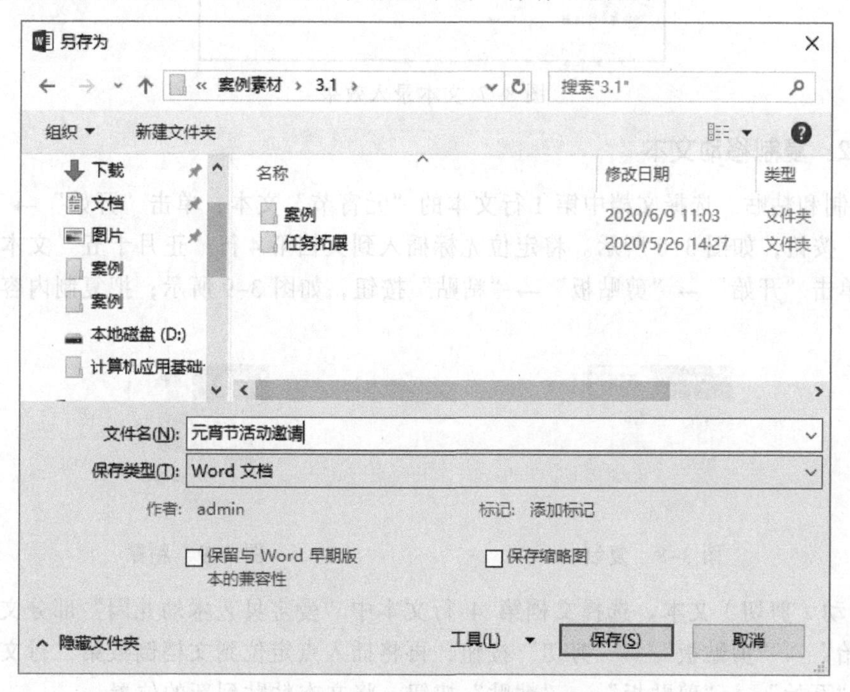

图 3-6 “另存为”对话框

技巧与提示

保存文档的其他方法：

① 单击“文件”按钮，在文件窗口中选择 “保存”或“另存为”命令保存文档。

② 按【Ctrl+S】组合键保存文档。

3.1.2 文本录入

步骤 1：文字录入

在 Word 2016 窗口工作区的文档默认的定位点录入元宵节活动邀请文本信息，如图 3-7 所示。

元宵节活动邀请函
亲爱的家长朋友们：
你们好！
在正月十五来临之际，爱宝贝艺术幼儿园为了让孩子们过一个快乐祥和、有趣有味、有文化有艺术的元宵节，在这个欢乐的日子里，我们的孩子用自己独有的方式迎接中国的传统节日！届时，请你暂且放下手头的工作，以愉快的心情接受我们真诚地邀请--邀请你在 2 月 19 日的上午参加"欢天喜地闹元宵"的亲子活动。活动具体安排事项如下：
一、活动安排
活动时间　活动内容
8:00—8:20　园长致致辞
8:30—9:30　文艺表演
9:40:10:50　亲子互动游戏和颁奖活动
11:00-11:30　教师发放节日小礼品
二、注意事项
1 请早上 7:50 到园并配合晨检工作。
2 需要给孩子准备汗巾和备用衣服。
3 为孩子准备一壶水。
4 请认真填写活动邀请回执并交回学校。
温馨提示：此次亲子活动需要家长与孩子一同进行，让小朋友们度过一个快乐而有意义的节日，给家长们创造关心孩子的机会，所以真诚地希望您可以到来活动现场与小朋友一同参与。

2019 年 2 月 14 日

图 3-7 文本录入效果

步骤 2：复制移动文本

① 复制和粘贴。选择文档中第 1 行文本的"元宵节"文本，单击"开始"→"剪贴板"→"复制"按钮，如图 3-8 所示。将定位光标插入到文档第 4 行"正月十五"文本的"五"字后面，单击"开始"→"剪贴板"→"粘贴"按钮，如图 3-9 所示；把复制内容粘贴到该文本后面。

图 3-8　复制

图 3-9　粘贴

② 移动（剪切）文本。选择文档第 4 行文本中"爱宝贝艺术幼儿园"部分文字信息，单击"开始"→"剪贴板"→"剪切"按钮，再将插入点定位到文档倒数第二行文本的起始处，单击"开始"→"剪贴板"→"粘贴"按钮，将文本粘贴到新的位置。

③ 删除文本。选中文档中第 1 行文本中的"函"字，并按【Backspace】键或【Del】键删除。

技巧与提示

1. 复制文本的其他方法

① 使用鼠标右键快捷菜单中的"复制"和"粘贴选项"命令。

② 按住【Ctrl】键，同时用鼠标将选定文本拖动到目标位置再释放鼠标。

③ 按【Ctrl+C】组合键复制，然后按【Ctrl+V】组合键粘贴。

2. 移动文本的其他方法

① 使用鼠标右键快捷菜单中的"剪切"和"粘贴选项"命令。

② 用鼠标左键直接将选定文本拖动到目标位置再释放鼠标。

③ 按【F2】键，然后将插入点定位于目标位置，再按【Enter】键。

④ 按【Ctrl+X】组合键剪切，然后按【Ctrl+V】组合键粘贴。

3.1.3　文本编辑

步骤 1：查找文本

单击“开始”→“编辑”→“查找”下拉按钮，在下拉列表中选择“高级查找”选项，弹出“查找和替换”对话框，如图 3-10 所示。选择“查找”选项卡，在“查找内容”文本框中输入要查找的文本“正月十五”，然后单击“查找下一处”按钮，光标即可定位到被查找内容处。完成查找后，单击“取消”按钮关闭对话框。将“正月十五”四个字删除。

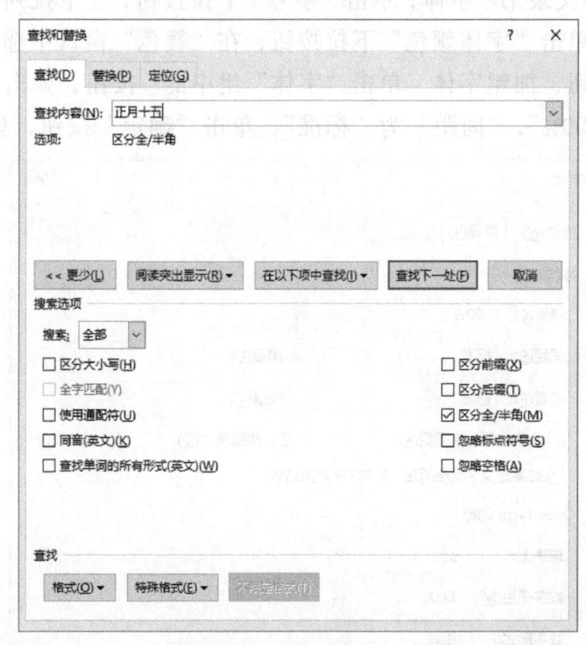

图 3-10　“查找和替换”对话框的“查找”选项卡

步骤 2：替换文本

插入点定位在文档开始出，单击“开始”→“编辑”→“替换”按钮，弹出“查找和替换”对话框，选择“替换”选项卡，在“查找内容”文本框中输入“元宵节”，在“替换为”文本框中输入“元宵佳节”，单击“全部替换”按钮，如图 3-11 所示。在提示对话框中单击“确定”按钮，完成文本替换操作，如图 3-12 所示。

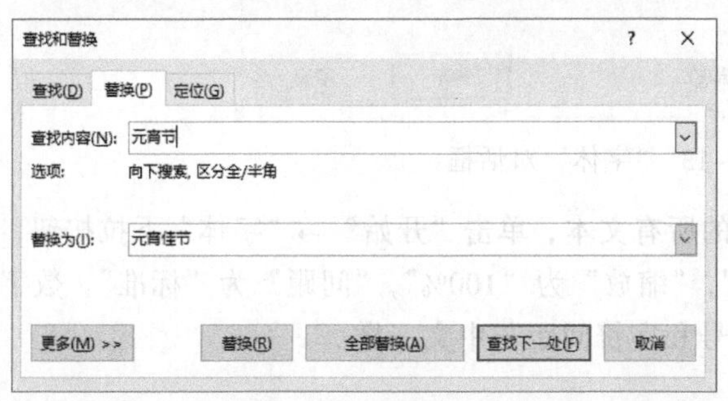

图 3-11　“查找和替换”对话框的“替换”选项卡

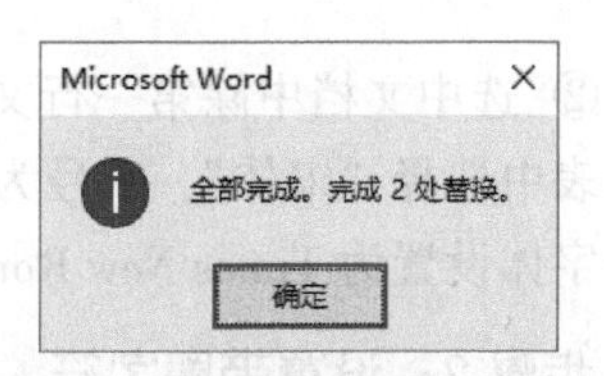

图 3-12　提示对话框

在“查找”和“替换”的过程中，还可以设定一些“高级”选项，例如：是否勾选“区分大小写”，是否选择“使用通配符”等。

3.1.4 设置文字格式

步骤 1：设置字体格式

① 选中文档中第一行“元宵节活动邀请函”文字，单击“开始”→“字体”下拉按钮，在下拉列表中选择“华文隶书”字体，单击“字号”下拉按钮，在下拉列表中选择字号为“一号”。设置字体颜色，单击“字体颜色”下拉按钮，在“颜色”窗口中选择“标准色”的“浅蓝”；单击“加粗”按钮，加粗字体。单击“字体”组中的 按钮，弹出“字体”对话框，设置字体“缩放”为“100%”，“间距”为“标准”，单击“确定”按钮，如图 3-13 所示。

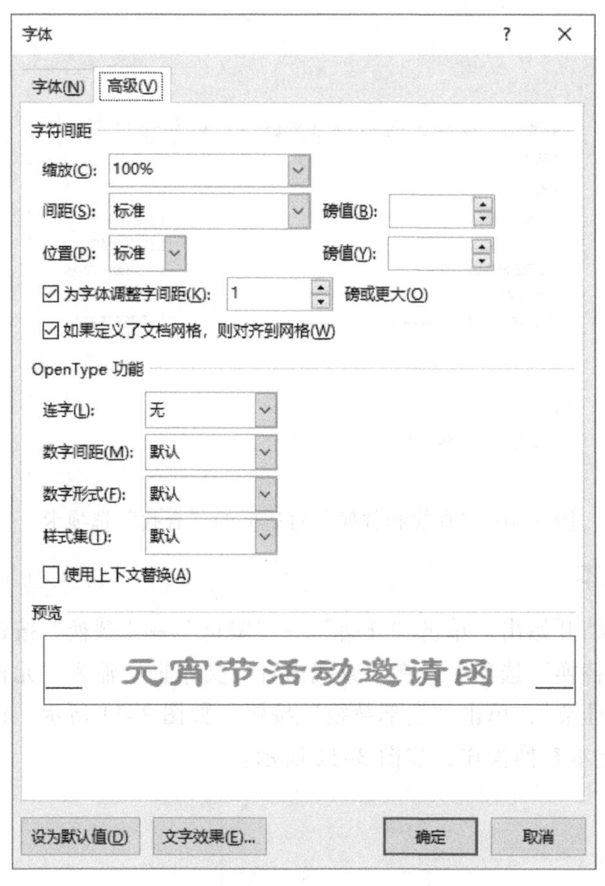

图 3-13 “字体”对话框

② 选中文档中除第一行文本以外的所有文本，单击“开始”→“字体”下拉按钮，在下拉列表中选择“宋体”，字号为“小四”，“缩放”为“100%”，“间距”为“标准”。数字和英文的字体设置为 Times New Roman，字号和字符间距与中文一样。

步骤 2：设置带圈字符

选中“请早上 7:50 到园并配合晨检工作”前的数字“1”，单击“开始”→“字体”

→“带圈字符”按钮，弹出“带圈字符”对话框，“样式”选择“增大圈号”、“圈号”选择“圆圈”，设置数字“1”为带圈字符，如图3-14所示。采用同样的方法设置“需要给孩子准备汗巾和备用衣服”前的数字“2”为带圈字符，设置“为孩子准备一壶水”前的数字“3”为带圈字符，设置“请认真填写活动邀请回执并交回学校”前的数字“4”为带圈字符。

步骤3：设置字体颜色、着重号及下画线

选中文档中第二行“亲爱的家长朋友们：”文本，单击“开始”→“字体”→按钮，弹出“字体”对话框，在“字形”下拉列表框中选择“加粗”效果；在“字体颜色”下拉列表框中选择字体颜色为“水绿色，个性色5，深色25%”，为字体添加颜色；在“下画线线型”下拉列表框中选择“双直线”；在“下画线颜色”下拉列表中选择“红色，个性色2”为所选文本添加下画线效果。具体设置效果如图3-15所示。

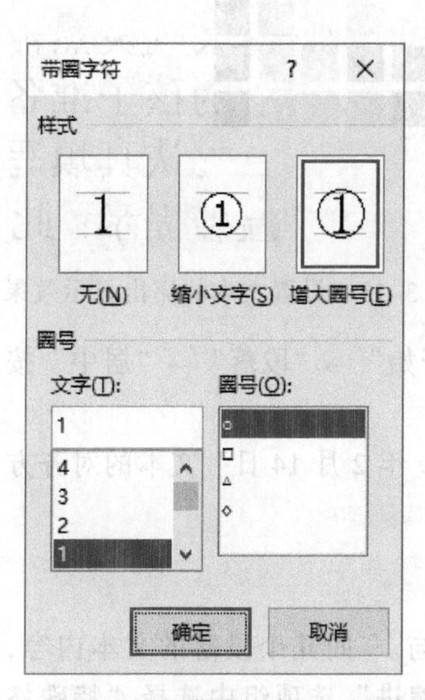

图3-14 “带圈字符”对话框

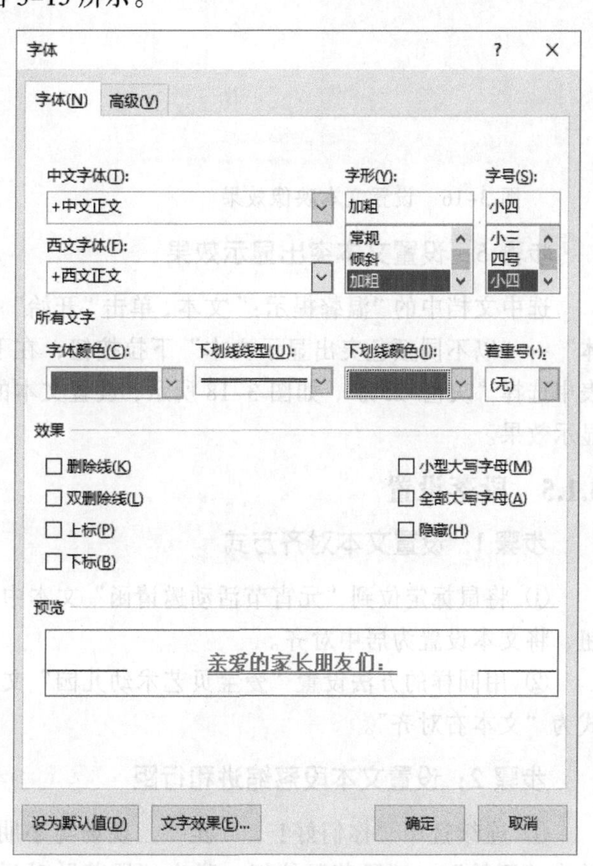

图3-15 “字体”对话框

步骤4：设置文本效果

选中文档中第一行“元宵节活动邀请函”文字，单击“开始”→“字体”→“文本效果”下拉按钮，在下拉列表中选择“映像”→“映像变体”→“4pt偏移量”，如图3-16所示，为文字添加映像效果。在“文本效果”下拉列表中选择“发光”→“发光体”→“橙色，5pt

发光，个性色 6”，如图 3-17 所示，为文字添加发光效果。

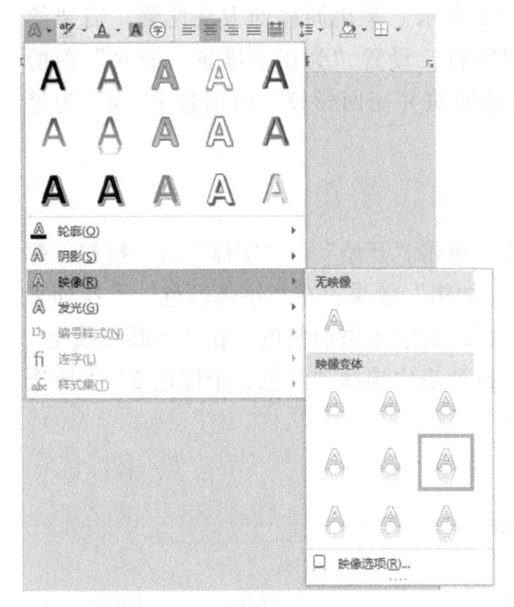

图 3-16　设置文本映像效果

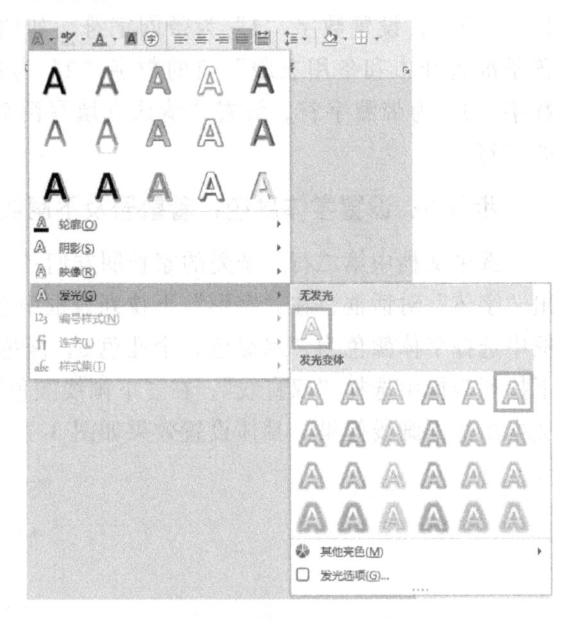

图 3-17　设置文本发光效果

步骤 5：设置文本突出显示效果

选中文档中的“温馨提示：”文本，单击“开始”→“字体”→“以不同颜色突出显示文本”下拉按钮，在下拉列表中选择“灰色-25%”，如图 3-18 所示，设置文本的突出显示效果。

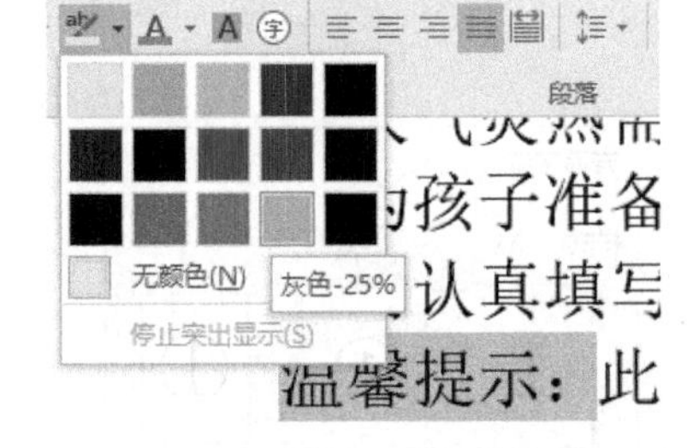

图 3-18　设置文本的突出显示效果

3.1.5　段落设置

步骤 1：设置文本对齐方式

① 将鼠标定位到“元宵节活动邀请函”文本中，单击“开始”→“段落”→“居中”按钮，将文本设置为居中对齐。

② 用同样的方法设置“爱宝贝艺术幼儿园”文本和“2019 年 2 月 14 日”文本的对齐方式为“文本右对齐”。

步骤 2：设置文本段落缩进和行距

① 连续选中“你们好！...”至“...现场与小朋友一同参与。”间几个段落的文本内容，单击“开始”→“段落”按钮，弹出“段落”对话框，在“缩进”选项组中选择“特殊格式”下拉列表框中的“首行缩进”，并设置“磅值”为“2 字符”，如图 3-19 所示。

② 除了文档的第 1 行“元宵节活动邀请函”文本外，拖动鼠标选中其余所有文本内容，单击“开始”→“段落”按钮，弹出“段落”对话框，在“间距”选项组中选择“行距”下拉列表框中的“固定值”，并设置值为“22 磅”，如图 3-20 所示。

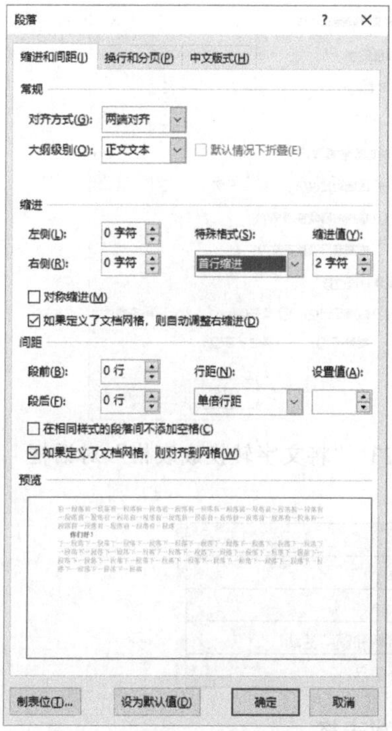

图 3-19 设置首行缩进

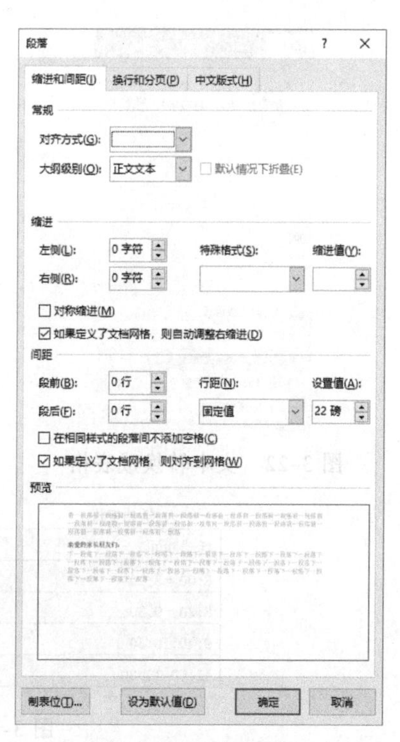

图 3-20 设置行距

技巧与提示

当你需要连续使用已有的格式时，将光标放至你所要复制的格式中，然后双击“格式刷”按钮 格式刷，这样就能连续复制格式，要取消只需单击“格式刷”按钮即可。

3.1.6 制作表格

步骤 1：将文本转换成表格

① 将光标定位到“活动时间”文本前面，拖动鼠标连续选中 5 行文本，如图 3-21 所示。

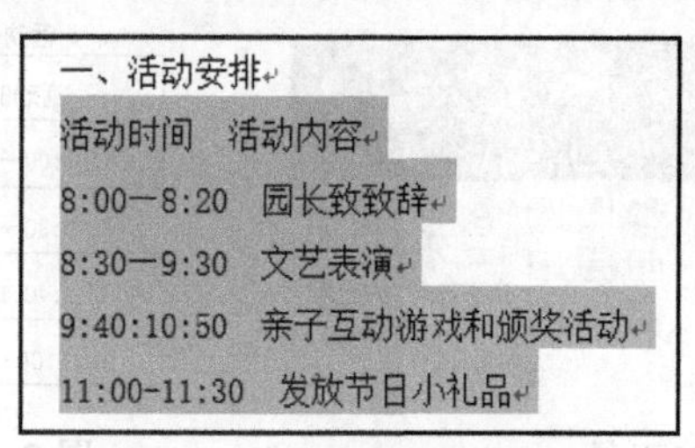

一、活动安排

活动时间　活动内容

8:00—8:20　园长致致辞

8:30—9:30　文艺表演

9:40:10:50　亲子互动游戏和颁奖活动

11:00-11:30　发放节日小礼品

图 3-21 选择多行文本

② 单击“插入”→“表格”→“插入表格”下拉按钮，在下拉列表中选择“文本转换成表格”命令（见图 3-22），弹出“将文字转换成表格”对话框，单击“确定”按钮，如图 3-23 所示。实现将选中文本转换成一个 2 列 5 行的表格，如图 3-24 所示。

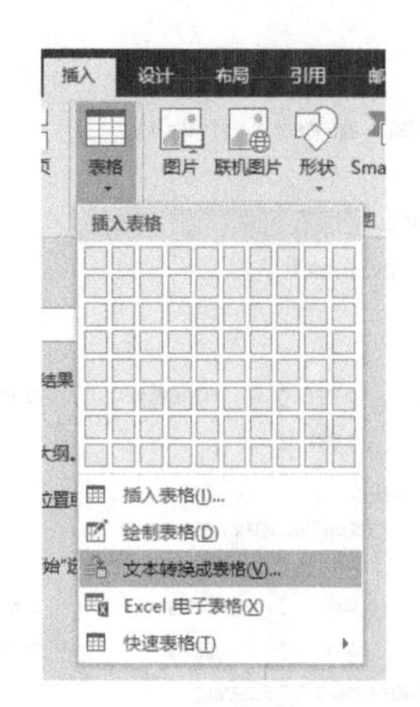

图 3-22 文本转换成表格

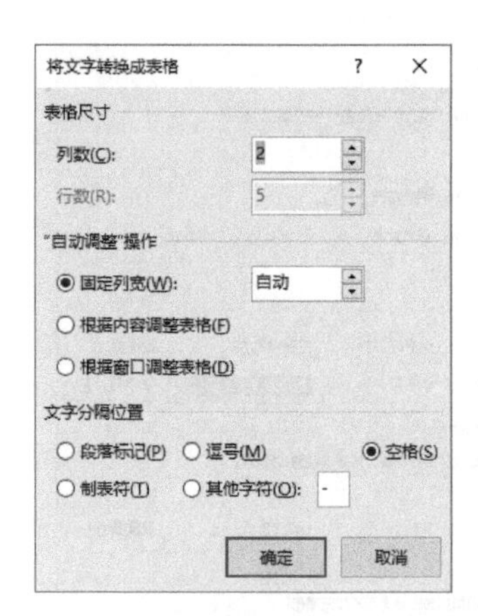

图 3-23 “将文字转换成表格”对话框

一、活动安排

活动时间	活动内容
8:00—8:20	园长致致辞
8:30—9:30	文艺表演
9:40:10:50	亲子互动游戏和颁奖活动
11:00-11:30	发放节日小礼品

图 3-24 文字转换成表格

步骤 2：调整表格行列格式及表格对齐方式

① 将鼠标定位到表格区域内的任一单元格，当表格左上角出现⊞图标时单击该图标可选中整个表格。

② 在“表格工具/布局”→“单元格大小”组中，设置“高度”为“1 厘米”，“宽度”为“5.25 厘米”，在“对齐方式”组中单击“水平居中”按钮，如图 3-25 所示。

③ 利用鼠标调整表格列的宽度。将鼠标移动到表格第一列的边界，当鼠标形状变成“+||+”时，按住鼠标左键向右拖动边界线，调整第一列的宽度。调整后的表格列宽效果如图 3-26 所示。

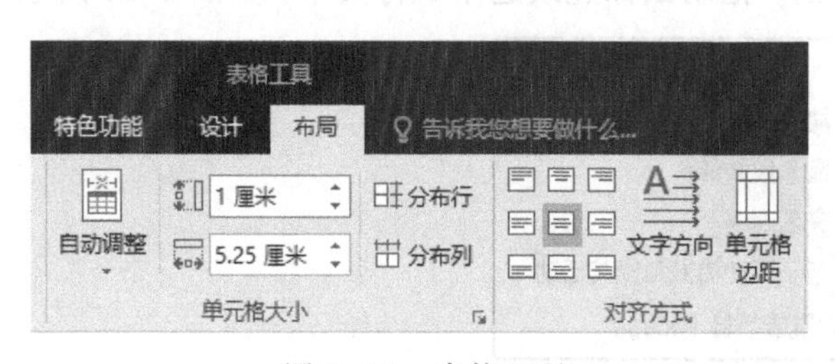

图 3-25 表格工具

一、活动安排

活动时间	活动内容
8:00—8:20	园长致致辞
8:30—9:30	文艺表演
9:40:10:50	亲子互动游戏和颁奖活动
11:00-11:30	发放节日小礼品

图 3-26 调整后的表格列宽效果

步骤 3：插入新表格

① 将鼠标定位到“2019 年 2 月 14 日”后面，单击“插入”→“表格”→“插入表格”下拉按钮，移动鼠标，利用鼠标光标在“表格”上拉出一个 3×3 的表格，然后在右下角最后一格上单击，如图 3-27 所示。Word 即在选定位置插入了一个 3 列 3 行的表格。

② 在新表格中录入文本信息，并选中表格，设置单元格文本内容的对齐方式为“水平居中”，如图 3-28 所示。

图 3-27　插入表格

元宵节活动邀请回执		
家长姓名：		联系电话：

图 3-28　在表格中录入文本并设置对齐方式

③ 合并单元格。拖动鼠标选中“元宵节活动邀请回执”单元格所在一行的所有单元格，单击“表格工具/布局”→“合并”→“合并单元格”按钮，进行单元格合并，合并结果如图 3-29 所示。

元宵节活动邀请回执		
家长姓名：		联系电话：

图 3-29　合并单元格

④ 拆分单元格，选中“联系电话：”单元格并右击，在弹出的快捷菜单中选择“拆分单元格”命令，弹出“拆分单元格”对话框，设置“列数”为“2”、“行数”为“1”，单击“确定”按钮，如图 3-30 所示。拆分后利用鼠标调整两个单元格的高度，如图 3-31 所示。

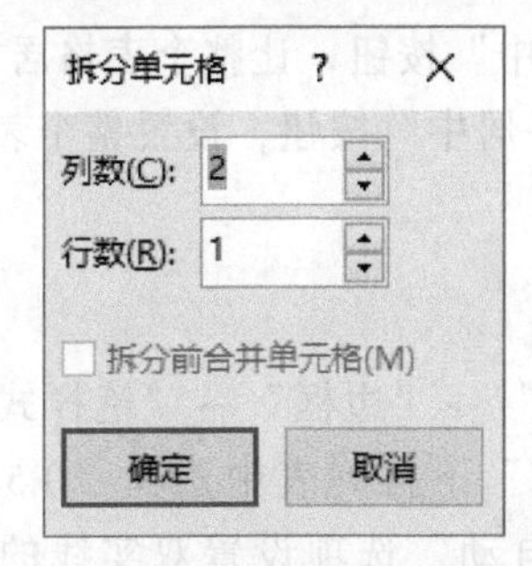

图 3-30　“拆分单元格”对话框

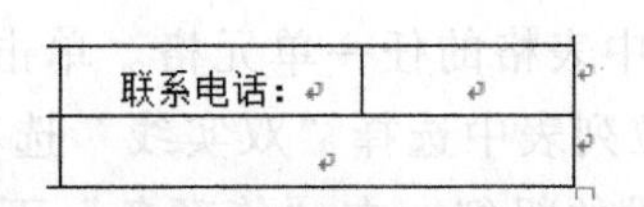

联系电话：	

图 3-31　拆分后单元格文本效果

技巧与提示

插入表格除了以上方法外还有下面3种方法：

① 单击“插入”→“表格”→“表格”按钮，在下拉列表中选择“插入表格”命令，弹出“插入表格”对话框，设置表格的列数和行数，单击“确定”按钮插入新表格。

② 单击“插入”→“表格”→“表格”按钮，在下拉列表中选择“绘制表格”命令，在Word文档中绘制新表格。

③ 单击“插入”→“表格”→“表格”按钮，在下拉列表中选择“快速表格”命令，在弹出的“内置”列表中选择相关样式的表格插入到Word文档。

步骤4：擦除表格

选中表格的任一单元格，单击“表格工具/布局”→“绘图”→“橡皮擦”按钮，光标变成橡皮擦形状。将鼠标移动到表格最后一行的单元格边框线上单击，将最后一行的所有单元格的边框擦除，擦除后效果如图3-32所示。

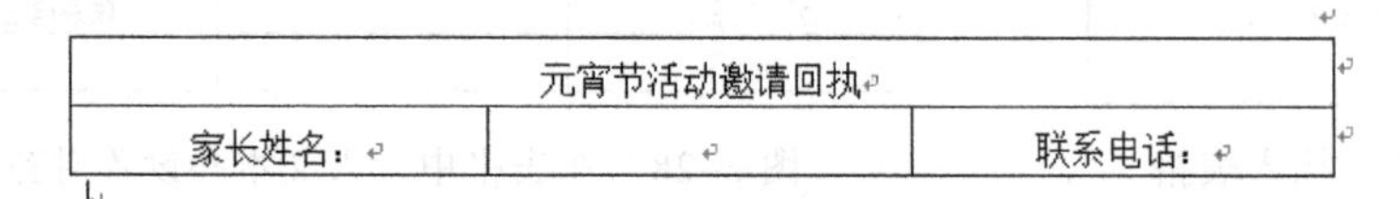

图3-32　擦除表格效果

技巧与提示

除了采用擦除边框的方法进行删除单元格或整行整列外，还可以选中该单元格并右击，在弹出的快捷菜单中选择“删除单元格”命令，删除单元格或整行整列。

3.1.7　美化表格

步骤1：套用表格样式

① 选中“活动安排”表格，单击“表格工具/设计”→“表格样式”→“其他”下拉按钮，如图3-33所示。在下拉列表中选择“网格表”→“网格表4-着色5”选项，设置表格样式，如图3-34所示。

② 选中整个表格，单击“开始”→“段落”→“居中”按钮，让整个表格居中对齐。

③ 单击“表格工具/布局”→“对齐方式”→“水平居中”按钮，设置整个表格的单元格文本内容水平居中。

步骤2：设置表格边框

① 选中表格的任一单元格。单击“表格工具/设计”→“边框”→“笔样式”下拉按钮，在下拉列表中选择“双实线”选项。在“笔画粗细”下拉列表中选择“0.5磅”选项设置双实线的粗细。在“笔颜色”下拉列表中选择“自动”选项设置双实线的颜色，如图3-35所示。

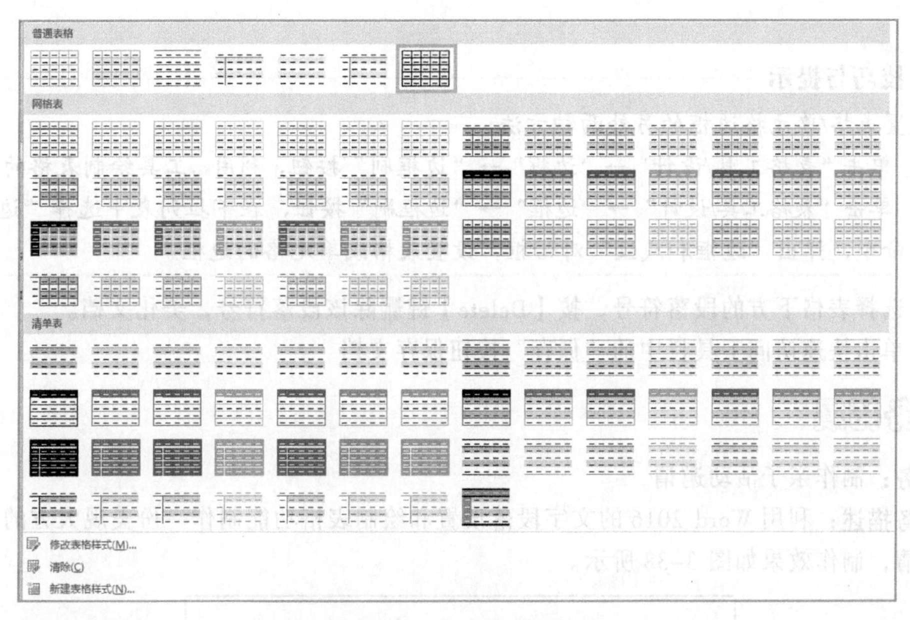

图 3-33　表格样式窗口

一、活动安排

活动时间	活动内容
8:00—8:20	园长致致辞
8:30—9:30	文艺表演
9:40:10:50	亲子互动游戏和颁奖活动
11:00–11:30	发放节日小礼品

图 3-34　“活动安排”表格样式设置效果

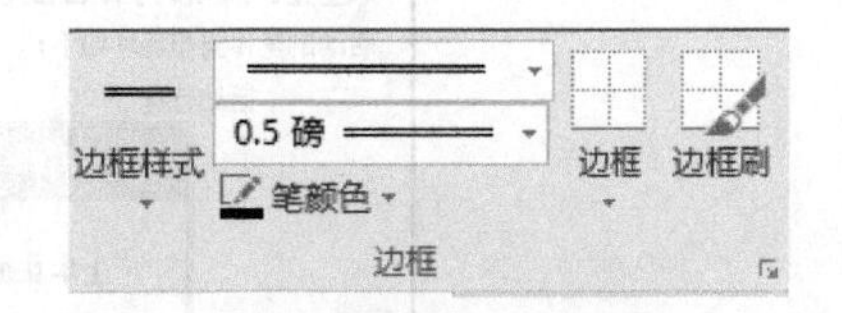

图 3-35　设置边框线条

② 选中整个表格。单击“表格工具/设计”→“边框”→“边框”下拉按钮，在下拉列表中选择“外侧边框”选项，如图 3-36 所示。设置后表格效果如图 3-37 所示。

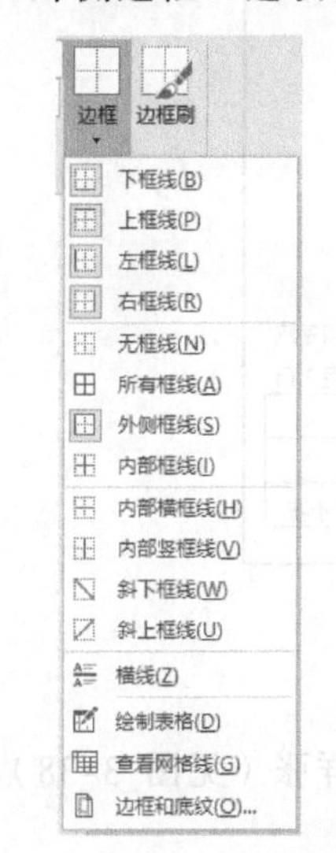

图 3-36　“边框”下拉列表

活动时间	活动内容
8:00—8:20	园长致致辞
8:30—9:30	文艺表演
9:40:10:50	亲子互动游戏和颁奖活动
11:00–11:30	发放节日小礼品

图 3-37　添加表格边框效果

技巧与提示

设置表格/单元格边框的另外两种方法：

① 单击“表格工具/设计”→“边框”→“边框刷”按钮，利用工具绘制表格的边框。

② 单击“表格工具/设计”→“边框”→“边框刷”按钮，在下拉列表中选择“边框和底纹”命令，弹出“边框和底纹”对话框，设置表格或单元格的边框。

③ 选择表格下方的段落符号，按【Delete】键删除该段落符号，美化文档。

④ 单击快速访问工具栏中的“保存”按钮保存文档

任务拓展

任务：制作亲子活动邀请

任务描述：利用 Word 2016 的文字段落设置和绘制表格功能制作一份美观大方的教师节活动邀请，制作效果如图 3-38 所示。

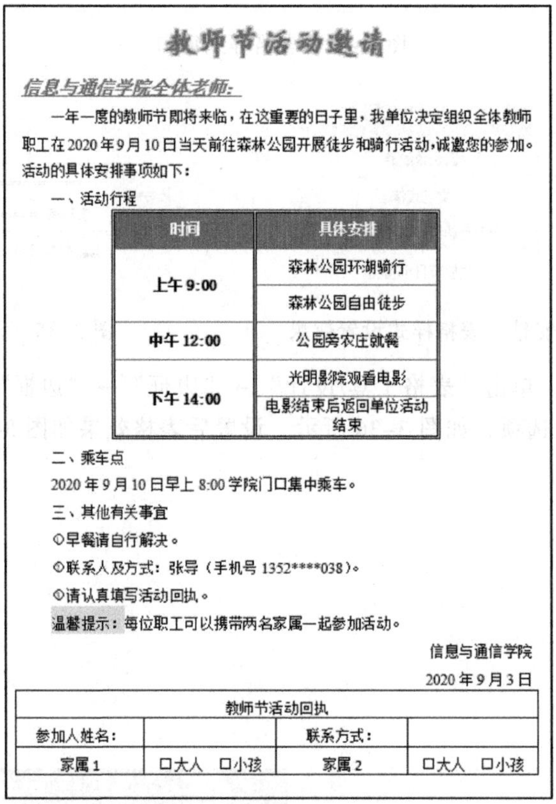

教师节活动邀请

信息与通信学院全体老师:

一年一度的教师节即将来临，在这重要的日子里，我单位决定组织全体教师职工在2020年9月10日当天前往森林公园开展徒步和骑行活动，诚邀您的参加。活动的具体安排事项如下：

一、活动行程

时间	具体安排
上午 9:00	森林公园环湖骑行
	森林公园自由徒步
中午 12:00	公园旁农庄就餐
下午 14:00	光明影院观看电影
	电影结束后返回单位活动结束

二、乘车点

2020年9月10日早上8:00学院门口集中乘车。

三、其他有关事宜

◎早餐请自行解决。

◎联系人及方式：张导（手机号 1352****038）。

◎请认真填写活动回执。

温馨提示：每位职工可以携带两名家属一起参加活动。

信息与通信学院

2020年9月3日

教师节活动回执			
参加人姓名:		联系方式:	
家属 1	□大人 □小孩	家属 2	□大人 □小孩

图 3-38 教师节活动邀请

具体制作要求如下：

① 打开“教师节活动邀请文字素材”文件，根据制作效果样张（见图 3-38）编辑素材文档的文字内容。

② 设置标题“教师节活动邀请”的字体为“华文新魏”，字号为“一号”，加粗字体，颜色为“红色”，文本效果：发光为“橄榄色，5pt 发光，个性色 3”，映像为“全映像，4pt 偏移量”。将文档中“信息与通信学院全体老师：”的文本设置下画线，字体为“宋体”“斜体”，字体颜色为“水绿色，个性色 5，深色 25%”。其他正文文本的字体设置为“宋体”，字号为“小四”。

③ 整个文档的段落行距设置为“固定值 22 磅”，将文档中的“一年一度的...”至“温馨提示：...”段落的首行缩进设置为“2 字符”。文档最后的“信息与通信学院”和“2020 年 9 月 3 日”的文本对齐方式设置为“文本右对齐”。

④ 将文档中的“三、其他有关事宜”文本下面的三行文本信息添加带圈字符“缩小文字”效果。为“温馨提醒...”该段文本添加“突出显示文本”效果，颜色设置为“黄色”。

⑤ 将素材文档中“一、活动行程”下方“时间...”至“...电影结束后返回单位活动结束”部分文本转换为表格。表格的样式套用“浅色列表-着色 2”，按照样张图片绘制表格边框和内部竖框线，表格边框粗细为“0.5 磅”，表格的单元格设置如图 3-38 所示。在文档末尾日期下方插入一个表格，表格单元格格式按图 3-38 进行设置。

知识链接

1. 理解 Word 2016 中几个相关概念

① 文本：文本包括英文字母、汉字、数字和符号等内容。

② 插入点：在文档窗口的文本编辑区中有个闪烁的竖线，称为“插入点”。插入点的位置就是文本输入的位置。一般新建文档后，插入点默认处于页面左上角。

2. “文件”窗口下几个面板的主要功能

①“信息”面板：在默认打开的“信息”面板中，用户可以进行 Word 文档的版本格式转换、设置保护文档（如设置用密码加密、限制编辑、限制访问等）、检查问题和管理自动保存的版本，还可以设置当前文档的相关属性，如标题信息、添加作者、添加单位信息等。

② “新建”面板：打开“新建”面板，用户可以看到丰富的 Word 2016 文档模板类型，包括“空白文档”“书法字帖”“求职信”“简历”等 Word 2016 内置的文档类型。用户还可以通过“搜索框”联机搜索 Office.com 提供的模板，新建诸如“业务”“卡”“传单”“信函”等实用的 Word 文档。

③ “打印”面板：打开“打印”面板，在该面板中可以详细设置多种打印参数，如双面打印、指定打印页等参数，并可以预览 Word 2016 文档的打印效果。

④ “共享”面板：打开“共享”面板，用户在面板中可以将 Word 2016 文档保存到云、发送电子邮件、联机演示和发布至博客。

⑤ “选项”面板：可以打开“Word 选项”对话框。在“Word 选项”对话框中可以开启或关闭 Word 2016 中的许多功能或设置参数，如图 3-39 所示。在“Word 选项”对话框中可以根据需要更改 Word 的用户名、Office 主题、设置文档编辑区的各种格式标记的显示与隐藏等，方便设置个性的用户编辑环境。

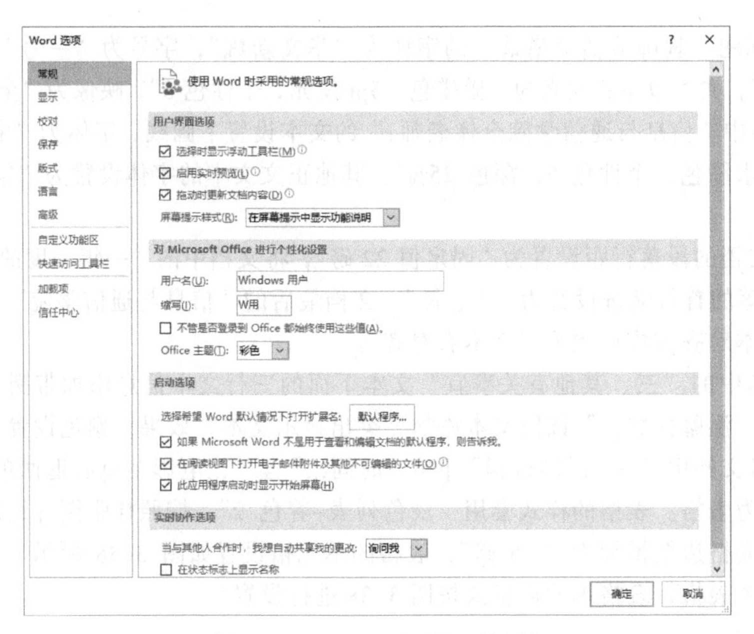

图 3-39 “Word 选项”对话框

3. 认识 Word 2016 功能区

从 Word 2007 开始，在文档编辑区的上方设置了功能区，取消了传统的菜单操作方式，将 Word 常用的命令展示出来，方便用户使用。每个选项卡根据功能的不同又分为若干个组，每个组的右下角有一个按钮，单击可以打开传统的分组设置对话框（例如：单击“字体”组中的按钮，弹出“字体”对话框）。

① “开始”选项卡。该选项卡中包括剪贴板、字体、段落、样式、编辑 5 个组。该选项卡主要用于帮助用户对 Word 2016 文档进行文字编辑和格式设置，是用户最常用的选项卡，如图 3-40 所示。

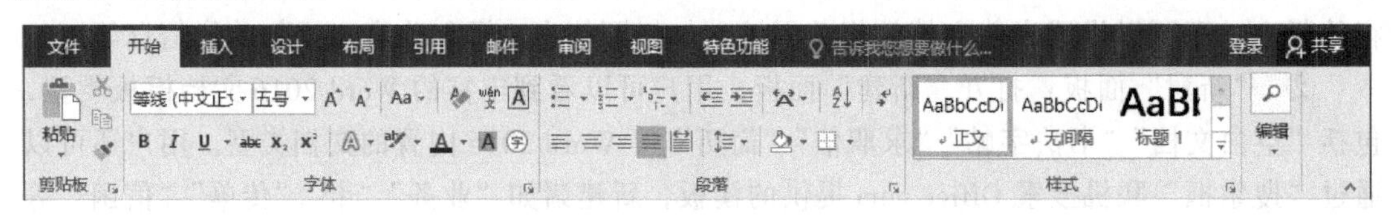

图 3-40 “开始”选项卡

② “插入”选项卡。该选项卡包括页面、表格、插图、加载项、媒体、链接、批注、页眉和页脚、文本、符号 10 个组，主要用于在 Word 2016 文档中插入各种元素，如图 3-41 所示。

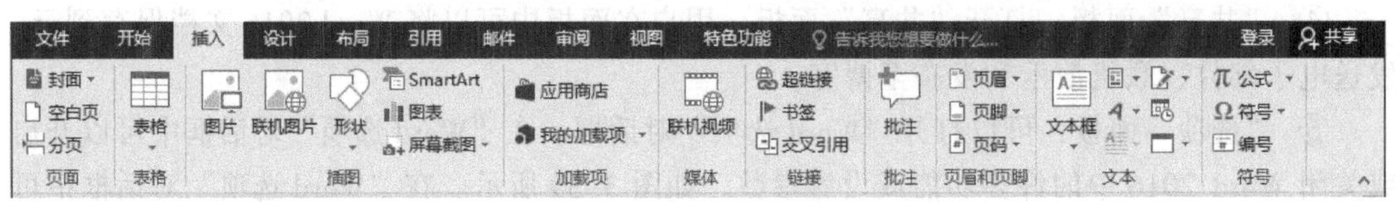

图 3-41 “插入”选项卡

③ “设计”选项卡。该选项卡包括文档格式、页面背景两个组，用于帮助用户设置 Word 2016 文档页面样式、修改背景和主题更改等，如图 3-42 所示。

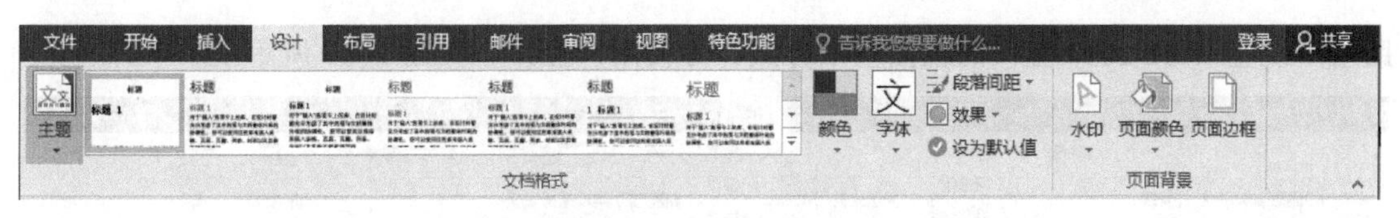

图 3-42 “设计”选项卡

④ “布局”选项卡。该选项卡包括页面设置、稿纸、段落、排列 4 个组，用于实现在 Word 2016 文档的纸张类型设置，段落控制，文档中的图片、图形、公式等元素的排版对齐方式设置，如图 3-43 所示。

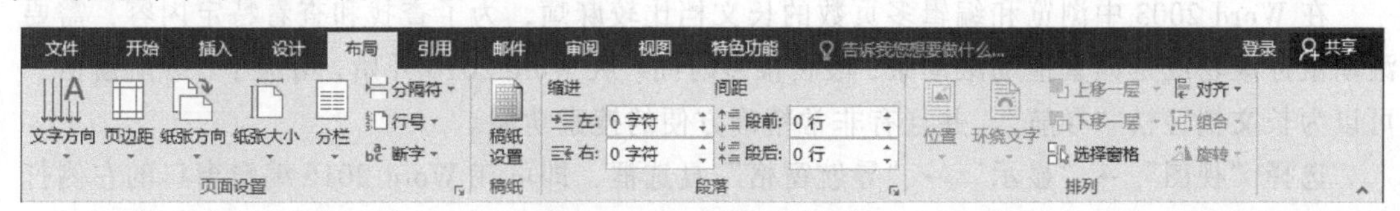

图 3-43 “布局”选项卡

⑤ “引用”选项卡。该选项卡包括了目录、脚注、引文与书目、题注、索引、引文目录 6 个组，专门用于 Word 2016 长文档的编辑处理，如图 3-44 所示。

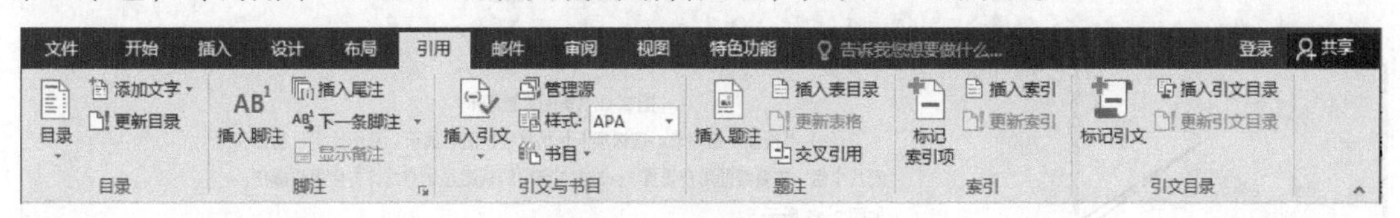

图 3-44 “引用”选项卡

⑥ “邮件”选项卡。该选项卡包括创建、开始邮件合并、编写和插入域、预览结果、完成 5 个组，该选项卡的作用比较单一，专门用于在 Word 2016 文档中进行邮件合并方面的操作，如图 3-45 所示。

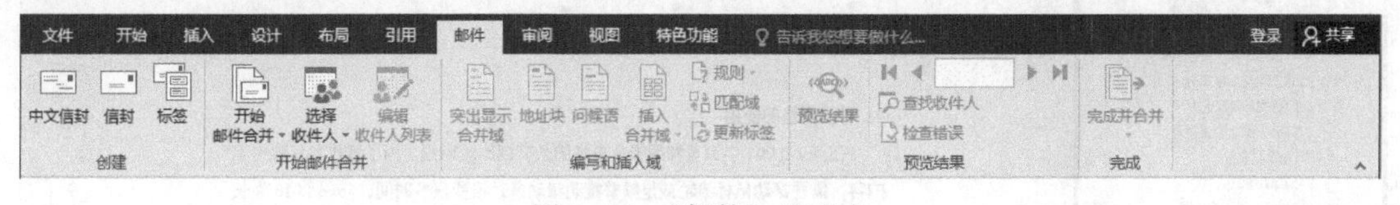

图 3-45 “邮件”选项卡

⑦ “审阅”选项卡。该选项卡包括校对、见解、语言、中文简繁转换、批注、修订、更改、比较和保护 9 个组，主要用于对 Word 2016 文档进行校对和修订等操作，适用于多人协作处理 Word 2016 长文档，如图 3-46 所示。

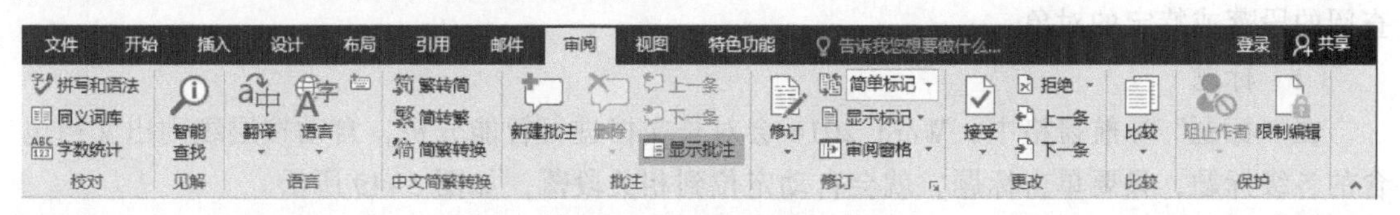

图 3-46 “审阅”选项卡

⑧ “视图”选项卡。该选项卡包括视图、显示、显示比例、窗口、宏 5 个组，主要帮

助用户设置 Word 2010 窗口的视图显示方式，方便用户操作，如图 3-47 所示。

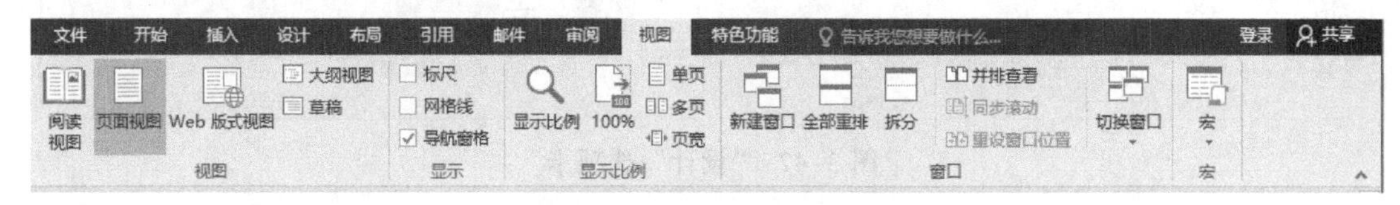

图 3-47 “视图”选项卡

4. 导航窗格的使用

在 Word 2003 中浏览和编辑多页数的长文档比较麻烦，为了查找和查看特定内容，需要滚动鼠标滚轮或是频繁拖动滚动条，浪费很多时间。从 Word 2010 开始，增加了“导航窗格”，可以为长文档轻松“导航”，并且有非常精确方便的搜索功能。

选择“视图”→“显示”→“导航窗格”复选框，即可在 Word 2016 编辑窗口的左侧打开“导航”窗格，如图 3-48 所示。在默认启动 Word 2016 程序时会同时显示“导航”窗格。

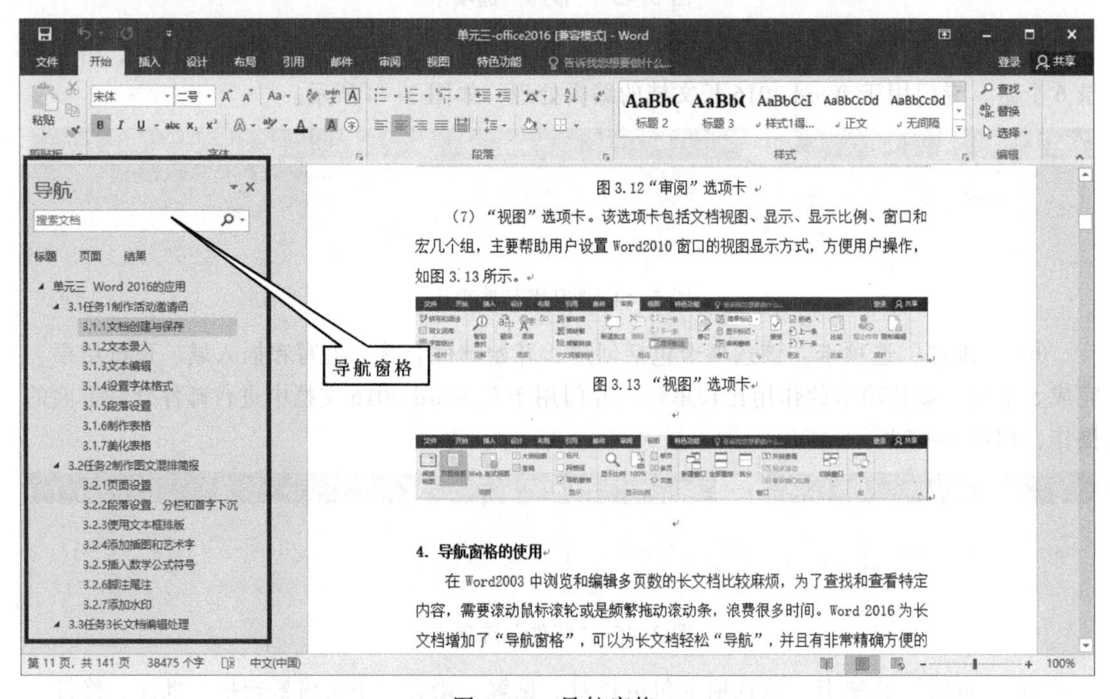

图 3-48 导航窗格

Word 的文档导航功能的导航方式有 标题 页面 结果 3 个标签。用户可以轻松查找、定位到想查阅的段落或特定的对象。

（1）标题

在“标题”导航窗格中，Word 2016 会对长文档进行智能分析，自动按层级列出文档包含的各级标题，只要单击标题，就会自动定位到相关段落，如图 3-49 所示。

（2）页面

在“页面”导航窗格中，Word 2016 会以缩略图形式列出文档分页，只要单击分页缩略图，就可以定位到相关页面查阅，如图 3-50 所示。

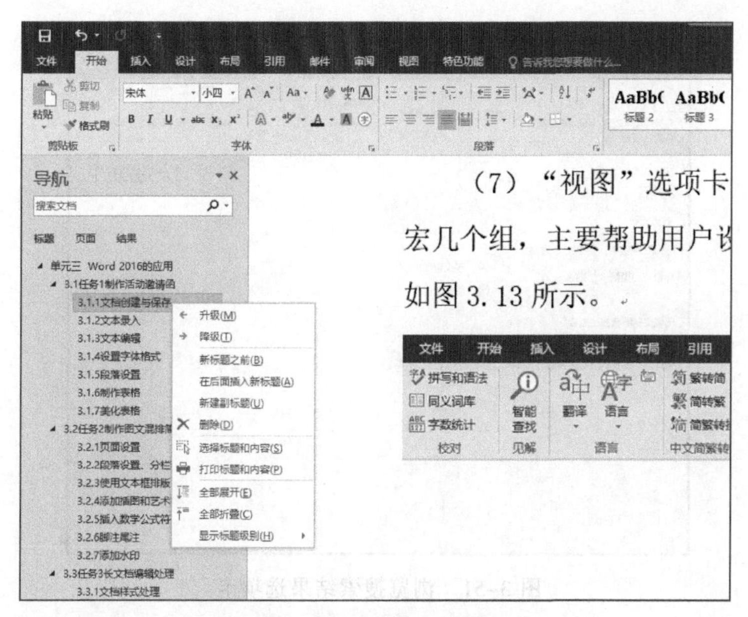

图 3-49　浏览文档标题选项卡

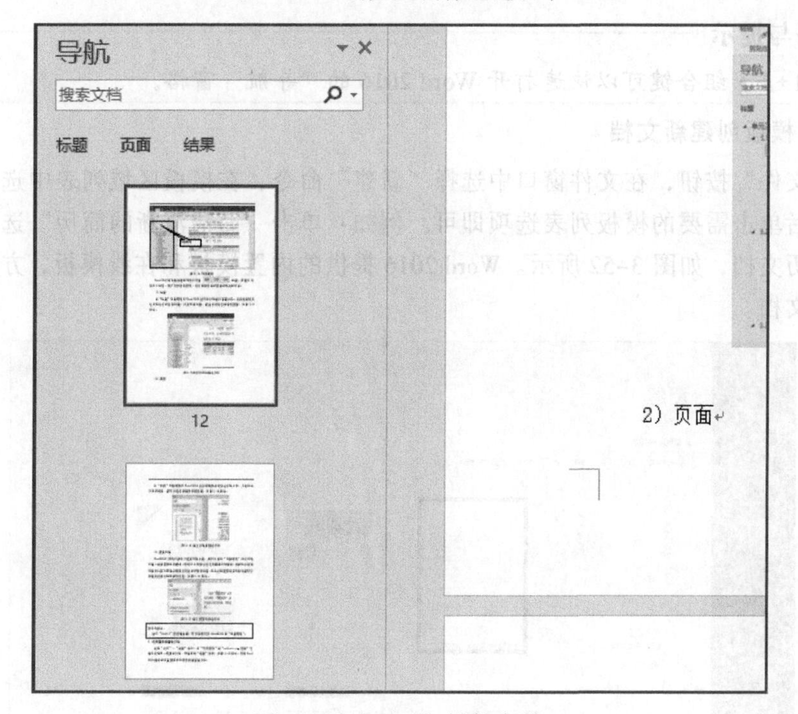

图 3-50　“页面”导航窗格

(3) 结果

Word 2016 为用户提供了搜索文档功能，用户只要在“导航”窗格的搜索框中输入想要搜索的关键词，或者单击搜索框的按钮，在弹出的下拉列表中选择查找“图形”“表格”“公式”等内容，在窗格中将列出文档中包含的所有查找对象的结果，通过单击按钮可以直接定位到所查找内容的上一个对象或下一个对象，如图 3-51 所示。

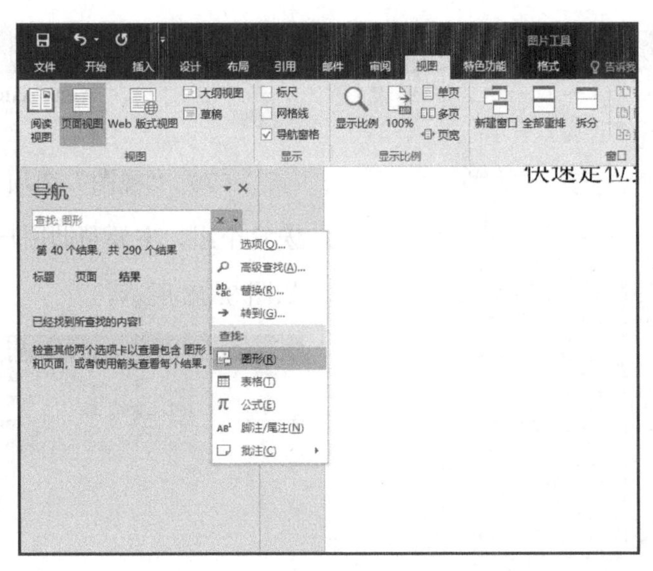

图 3-51　浏览搜索结果选项卡

技巧与提示

按【Ctrl + F】组合键可以快速打开 Word 2016 的“导航”窗格。

5．使用模板创建新文档

单击“文件”按钮，在文件窗口中选择“新建”命令，在模板区域列表中选择某一类型的文档，然后单击需要的模板列表选项即可。例如：单击“简洁清晰的简历”选项即可创建一份新的简历文档，如图 3-52 所示。Word 2016 提供的内置模板和在线模板，方便用户创建各种类型的文档。

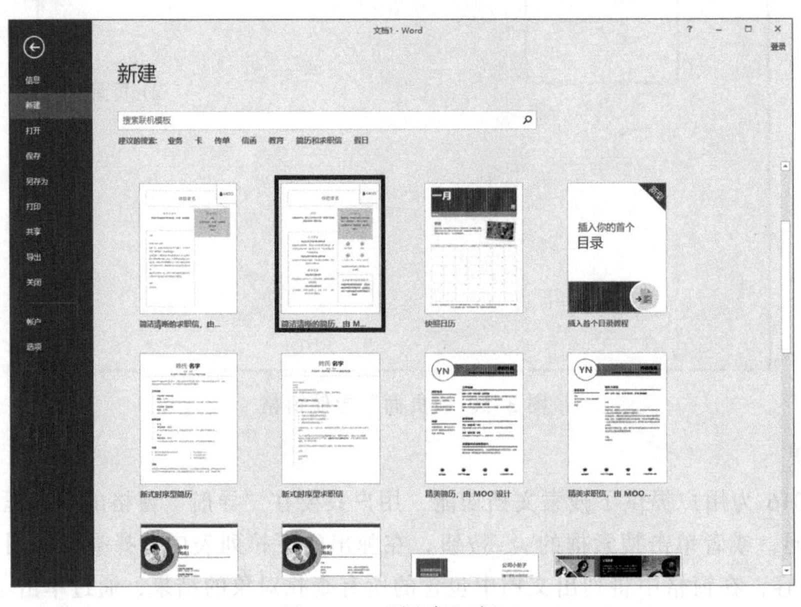

图 3-52　“新建”窗口

6．文档内容定位

用鼠标进行定位时，可采取以下方法：

① 单击并移动文档窗口右侧和下方的垂直或水平滚动条，可快速纵向或横向滚动文本；单击“对象浏览按钮组”中的“▲”或“▼”按钮，可向上或向下滚动一行。

② 右击滚动条，在弹出的快捷菜单中选择“向上翻页”/“向下翻页”命令可快速定位到相关文档位置，如图 3-53 所示。

③ 按【Ctrl+H】组合键，弹出“查找和替换”对话框，在“定位目标”列表框中，可按页、行、节、书签等在文档中进行快速定位，如图 3-54 所示。如果用键盘进行定位，方法如表 3-1 所示。

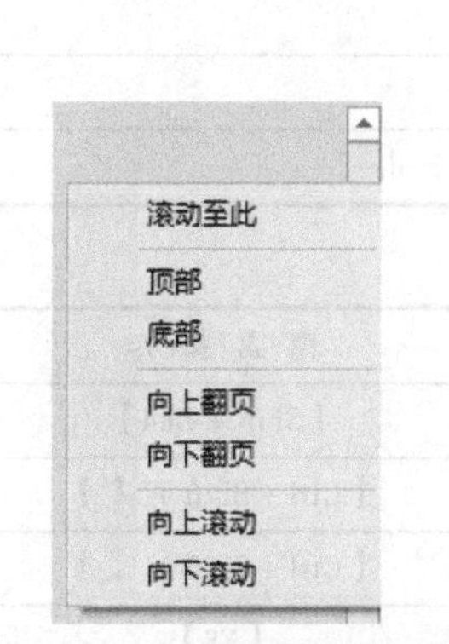

图 3-53　滚动条快捷菜单

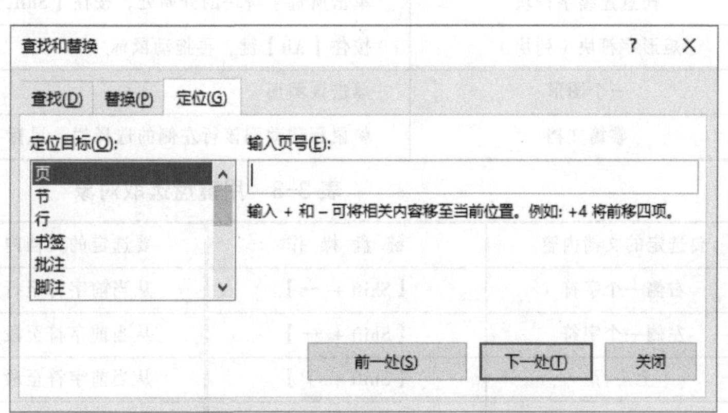

图 3-54　“查找和替换”对话框

表 3-1　用键盘进行快速定位

操 作 键	实 现 功 能
↑、↓、←、→	上移、下移、左移、右移一行
【Home】/【End】	移至行尾 / 行首
【Page Up】/【Page Down】	上移一屏 / 下移一屏
【Ctrl+↑】/【Ctrl+↓】	上移一段 / 下移一段
【Ctrl+←】/【Ctrl+→】	左移一个词 / 右移一个词
【Ctrl+Home】/【Ctrl+End】	移至文档首 / 尾
【Alt+Ctrl+Page Up】/【Alt+Ctrl+Page Down】	移至本页开始处 / 结尾处
【Tab】/【Shift+Tab】	右移 / 左移一个单元格（制表位）
【Shift+F5】	移至前一编辑处

7．选取对象

找到选取目标后，接下来可以用键盘或鼠标对文本进行选取。操作方法如表 3-2 和表 3-3 所示。

表 3-2 用鼠标选取对象

要选定的文档内容	鼠 标 操 作
一个单词或一个中文词语	双击该单词或词语
一个句子	按住【Ctrl】键，单击该句子任何地方
一行	将鼠标移动到该行左侧的选择栏，鼠标指针变为↗时单击
多行	先选择一行（方法同上），再按住左键向上或向下拖动鼠标
一个段落	在段落选择栏处双击；或在段落上任意处三击
多个段落	先选择一段落，在击最后一键的同时往上或往下拖动鼠标
任意连续字符块	单击所选字符块的开始处，按住【Shift】键，单击字符块尾
矩形字符块（列块）	按住【Alt】键，再拖动鼠标
一个图形	单击该图形
整篇文档	将鼠标移动到该行左侧的选择栏，鼠标变为↗时三击

表 3-3 用键盘选取对象

要选定的文档内容	键 盘 操 作	要选定的文档内容	键 盘 操 作
右侧一个字符	【Shift + →】	从当前字符至行尾	【Shift + End】
左侧一个字符	【Shift + ←】	从当前字符至段首	【Ctrl + Shift + ↑】
上一行	【Shift + ↑】	从当前字符至段尾	【Ctrl + Shift + ↓】
下一行	【Shift + ↓】	扩展选择	【F8】
从当前字符至行首	【Shift + Home】	缩减选择	【Shift + F8】

8. 粘贴选项

当用户执行“复制”或“剪切”操作后，单击“粘贴”命令会出现“粘贴选项”命令窗口，包括“保留源格式”“合并格式”“仅保留文本”3 个选项，还有“选择性粘贴”和“设置默认粘贴”2 个命令。其中“保留源格式”命令用来将被粘贴内容保留原始内容的格式；“合并格式”命令用来将被粘贴内容保留原始内容的格式，并且合并应用目标位置的格式；“仅保留文本”命令用来将被粘贴内容清除原始内容和目标位置的所有格式，仅保留文本。

选择“选择性粘贴”命令，弹出“选择性粘贴”对话框，如图 3-55 所示，用户可以进行粘贴操作或粘贴链接操作。

选择“设置默认粘贴”命令，弹出“Word 选项”对话框的“高级”设置窗口，设置 Word 2016 文档的“编辑选项”“复制、剪贴和粘贴”“图像大小和质量”“显示”“打印”等选项。

技巧与提示

每次执行完“粘贴”命令后，在被粘贴的文本信息的右下角会出现(Ctrl)快捷命令，单击该命令的“▼”按钮，打开“粘贴选项”命令浮动窗口，可以选择相关粘贴操作。

9. 剪贴板

通过 Office 剪贴板，用户可以有选择地粘贴暂存于 Office 剪贴板中的内容，使粘贴操作更加灵活。单击“开始”→“剪贴板”组右下角的“显示‘剪贴板’任务窗格”按钮，打开“剪贴板”任务窗格，如图 3-56 所示。可以看到暂存在剪贴板中的项目列表，用户只要单击需要的某一选项即可。如果需要删除剪贴板中的其中一项内容或几项内容，可以单击该项目右侧的下拉按钮，在打开的下拉菜单中选择“删除”命令。当需要删除剪贴板中的所有内容时，可以单击“剪贴板”任务窗格顶部的“全部清空”按钮。

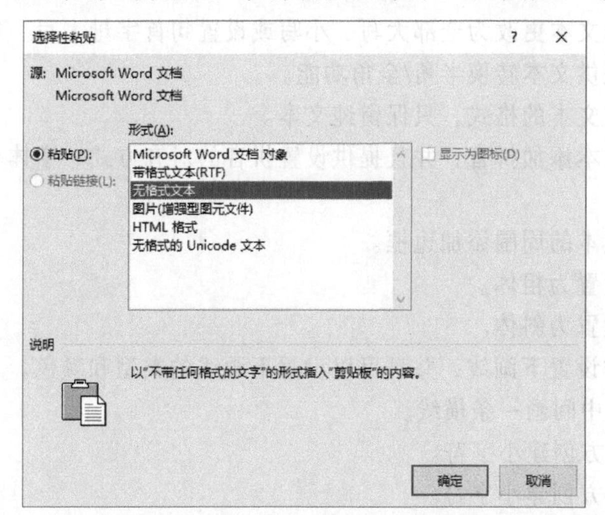

图 3-55 “选择性粘贴”对话框

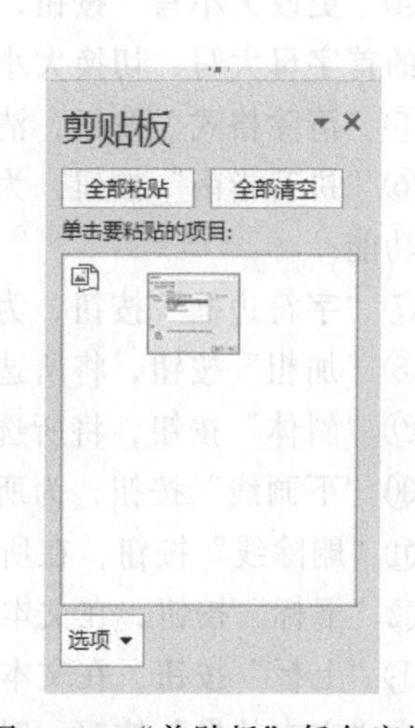

图 3-56 “剪贴板”任务窗格

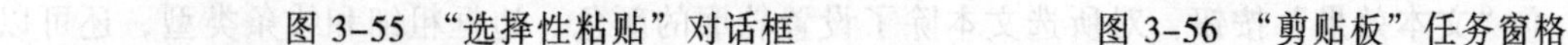

10. 带格式的查找替换

例如：“儿童节”文本替换为“Children's day”文本，并且同时将“Children's day”的字体设置为“BatangChe”、颜色为“深蓝、文字 2”、字号为“三号”和添加下画线为例进行介绍，具体实现方法如下：

选择“儿童节”，单击“开始”→“编辑”→“替换”按钮，弹出“查找和替换”对话框，在“查找内容”文本框中输入“儿童节”，在“替换为”文本框中输入“Children's day”，单击“更多”按钮，在“查找和替换”对话框中单击“格式”按钮，在弹出菜单中选择“字体”命令，在弹出的“字体”对话框中设置“字体颜色”为“深蓝、文字 2”，西文字体为“BatangChe”，“下画线线型”为“实线”，“字号”为“三号”，单击“确定”按钮返回“查找和替换”对话框，单击“全部替换”按钮。

11. 撤销和恢复

“撤销”功能可以保留最近执行的操作记录，用户可以按照从后到前的顺序撤销若干步骤，但不能有选择地撤销不连续的操作。用户可以按【Alt+Backspace】或【Ctrl+Z】组合键执行撤销操作，也可以单击快速访问工具栏中的“撤销键入”按钮。当用户执行一次“撤销”操作后，用户可以按【Ctrl+Y】组合键执行恢复操作，也可以单击快速访问工具栏中的“恢复键入”按钮。

12．“字体”组

该组提供了常用的字体设置功能，如图 3-57 所示，具体功能如下：

① 字体下拉列表框用于设置字体类型。

② 字号下拉列表框用于设置字体大小，默认五号，也可以输入数值，最大为 1638，最小为 1。

③“增大字体”/“减小字体”按钮，控制字体的大小。

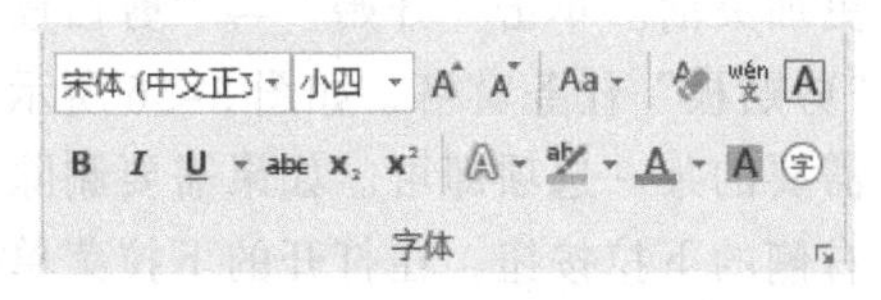

图 3-57 “字体”组

④“更改大小写”按钮，将所选文本更改为全部大写、小写或设置句首字母大写、每个单词的首字母大写、切换大小写和提供文本转换半角/全角功能。

⑤“清除格式”按钮，清除选定文本的格式，只保留纯文本。

⑥“拼音指南”按钮，为所选文本添加拼音，并且提供设置拼音的对齐方式、字体、字号等功能。

⑦“字符边框”按钮，为所选文本的周围添加边框。

⑧“加粗”按钮，将所选文本设置为粗体。

⑨“斜体”按钮，将所选文本设置为斜体。

⑩“下画线”按钮，为所选文本设置下画线，并且可以设置下画线的类型和颜色。

⑪“删除线”按钮，在所选文本中间画一条横线。

⑫“下标”按钮，在文本基线下方创建小字符。

⑬“上标”按钮，在文本基线上方创建小字符。

⑭“文本效果”按钮，对所选文本除了设置轮廓的颜色、边框粗细和线条类型，还可以设置阴影、映像和发光效果。

⑮“突出显示文本”按钮，对所选文本设置各种突出显示的颜色效果。

⑯“字体颜色”，更改所选文本的文字颜色。

⑰“字符底纹”，为所选文本的所在行添加底纹背景。

⑱“带圈字符”按钮，为所选文本周围添加圆圈（或方框、三角形框和菱形框）或边框加以强调。

13．“字体”对话框中的选项卡

“字体”对话框中包括“字体”和“高级”两个选项卡。

（1）“字体”选项卡

在“字体”选项卡中，可以设置文字的字体、字形、字号以及颜色等效果。

字形包括粗体、斜体和下画线。设置字形可突出显示某些文本。可在“字体”选项卡的“字形”列表框中选择各种字形；也可用“字体”组的“B”“I”“U”按钮来设置。单击“U”右侧的“▼”按钮可选择下画线的样式。

字号用来表示文字的大小。Word 2016 默认的字号为五号。可在“字体”选项卡的“字号”列表框或“字体”组的“字号”下拉列表框中选择字号。字号有两种形式：一种是中文字号，其中“初号”最大，“八号”最小；另外，字号也可用数字表示，其单位为磅，Word 2016 可用的字号最大为 1638，最小为 1。用户也可直接在“字号”列表框中输入数字设置字号。

其他一些字体效果例如“上下标”，可以输入 x^2+y^2 或 O_2 这样的式子；“阴影”，可以在文字后添加阴影，增强文字的立体效果；“空心”，只显示字符笔画的边线，等等。

（2）“高级”选项卡

在“缩放”列表框中设置字体缩放的比例，模式是“100%”。“间距”列表框中选择“加宽”或“紧缩”，或在该框后面的“磅值”微调框中输入具体数值，改变字符间距。此外，在“位置”列表框中也可设置字符在水平位置上“提升”或“降低”，或在该框后面的“磅值”微调框中输入具体数值，改变字符位置。

14. 段落设置

“段落”对话框中的设置可控制整个段落的外观，包括段落的缩进、段前距、段后距、行距、对齐方式等，可在预览框中查看所设置段落格式组合的效果。

段落缩进是指段落内容和页边距之间的距离。段落缩进包括首行缩进、左缩进、右缩进和悬挂缩进。其中首行缩进和悬挂缩进可在“特殊格式”列表框中选择。首行缩进是指只缩进选定段落的第一行，默认为 2 字符，这是中文写作的传统格式；悬挂缩进是指缩进选定段落中除第一行外的所有行。

在“段落”对话框中还可设置行距和段落间距。设置行距时，先选定文本，然后在“行距”下拉列表框中选择“单倍行距”“1.5 倍行距”“2 倍行距”“最小值”“固定值”“多倍行距”；如果选择了“最小值”“固定值”“多倍行距”，则须在“设置值”文本框中输入一个介于 0～1584 的值。设置段落间距时，先选定段落，然后在“段前”和“段后”中输入数值，再单击“确定”按钮即可。

对齐方式则包括左对齐、居中、右对齐、两端对齐和分散对齐，均可在“段落”对话框中设置，或者直接单击“段落”组中的相应按钮。每种对齐方式都要考虑左右页边距及缩进情况。

15. 表格工具

当用户将光标定位到表格的任意单元格或选择表格时，窗口选项卡显示为“表格工具”，该选项卡下提供了“设计”和“布局”两个子选项卡，如图 3-58 和图 3-59 所示。

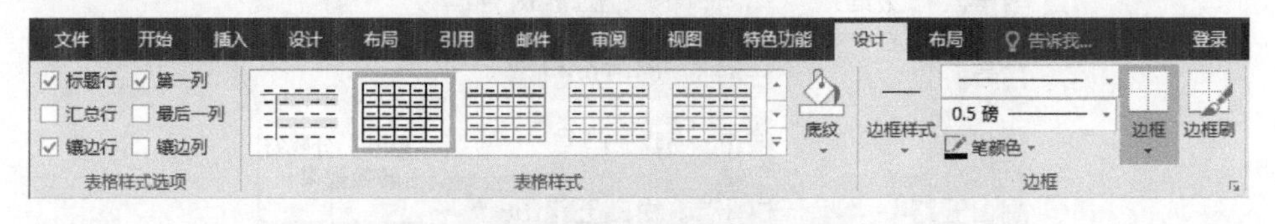

图 3-58 “表格工具/设计”选项卡

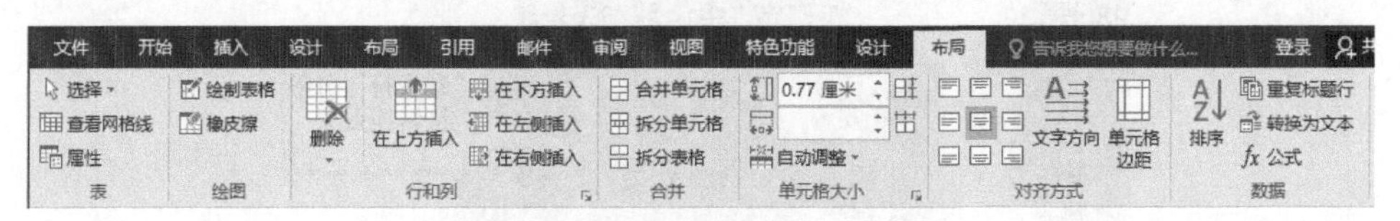

图 3-59 “表格工具/布局”选项卡

①“设计”子选项卡提供了“表格样式选项”“表格样式”“边框”3 个组，方便用户进行表格的样式应用、边框底纹设置、表格边框绘制等操作。

②“布局”子选项卡提供了“表”“绘图”“行和列”“合并”“单元格大小”“对齐方式”

“数据”7个组，方便用户进行表格属性设置、行列插入删除、单元格合并、单元格大小设置、单元格文字方向设置、单元格内容对齐格式、调整单元格边距、表格数据排序和计算等操作。

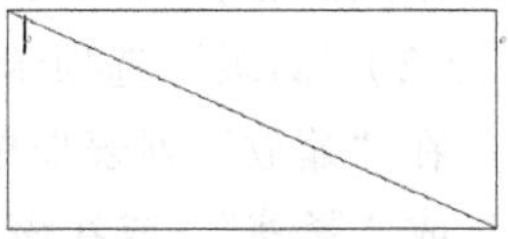

16. 表格绘制与擦除

Word 2016 的绘制表格功能可以利用鼠标在文档中自由绘制表格，并且可以在表格单元格中绘制斜线，如图 3-60 所示。

图 3-60　绘制单元格斜线

将光标定位在表格的任一单元格中，单击“表格工具/布局”→“绘图”→“绘制表格”按钮，光标变成笔的形状后即可开始绘制表格。

17. 表格与文字转换

Word 2016 提供了表格与文本互相转换的功能，可以将表格转换成文本。选中表格的任一单元格，单击“表格工具/布局”→“数据”→“转换为文本”按钮，弹出“表格转换成文本”对话框，在“文字分隔符”中选择“制表符”单选按钮，如图 3-61 所示，单击“确定”按钮。采用不同的文字分隔符转换后的效果如图 3-62 所示。

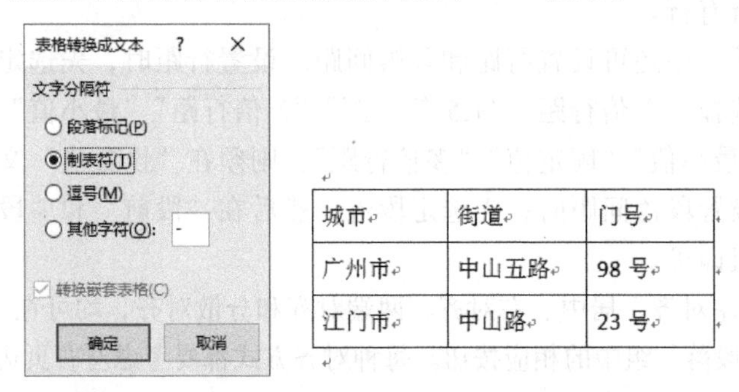

城市	街道	门号
广州市	中山五路	98 号
江门市	中山路	23 号

图 3-61　“表格转成文本”对话框和转换后效果

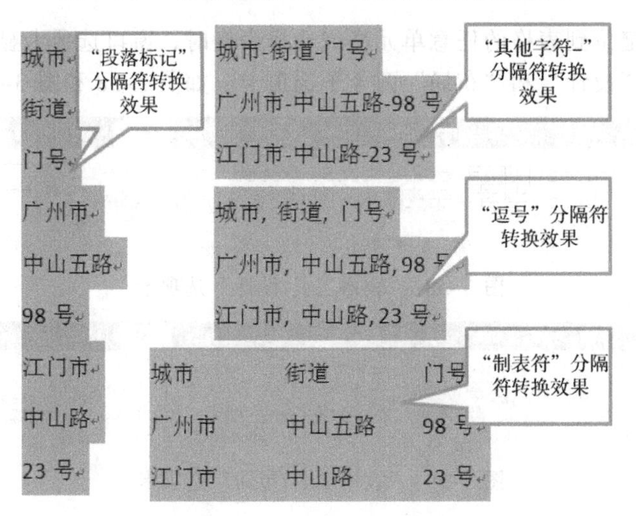

图 3-62　使用不同文字分隔符转换效果

18. 设置表格底纹和颜色

选择需要设置的单元格或整个表格，单击“表格工具/设计”→“边框”→“边框”→“边框和底纹”选项，弹出“边框和底纹”对话框，如图 3-63 所示，在“底纹”选项卡中设置填充颜色，设置填充的图案样式等。

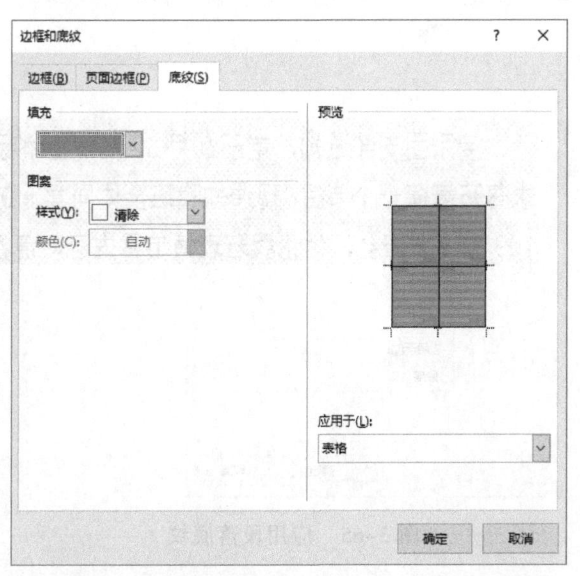

图 3-63　“边框和底纹”对话框的“底纹”选项卡

19. 填充底纹和颜色的应用

利用“边框和底纹”对话框对被选中的文本进行填充底纹和颜色，具体可以分为两种方式：第一种，是只对所选文本的文字部分填充底纹和颜色，效果如图 3-64 所示；另一种，是对所选文本的整个段落区域填充底纹和颜色，效果如图 3-65 所示。应用文字和应用段落两种效果可以叠加，文字效果在上面而段落效果在下面。

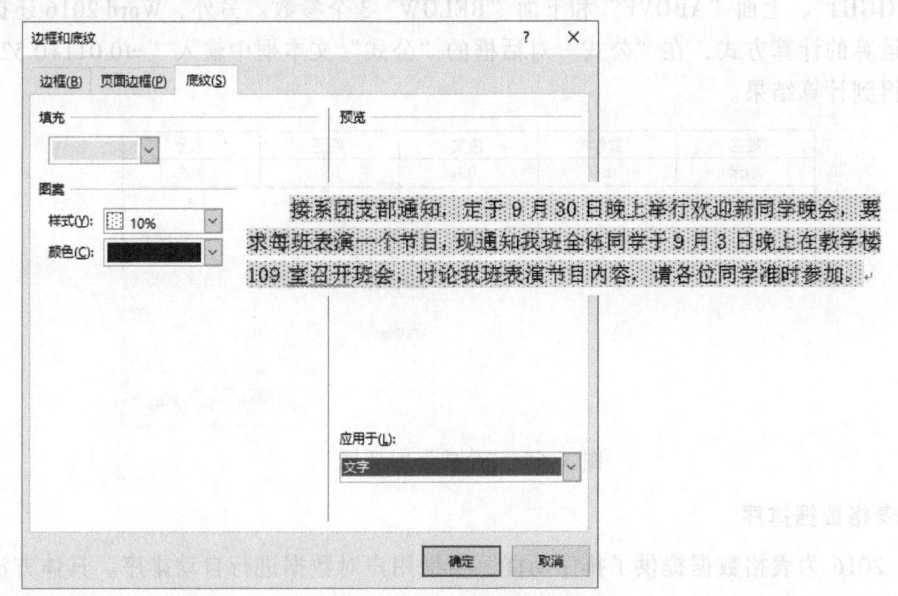

图 3-64　应用文字底纹

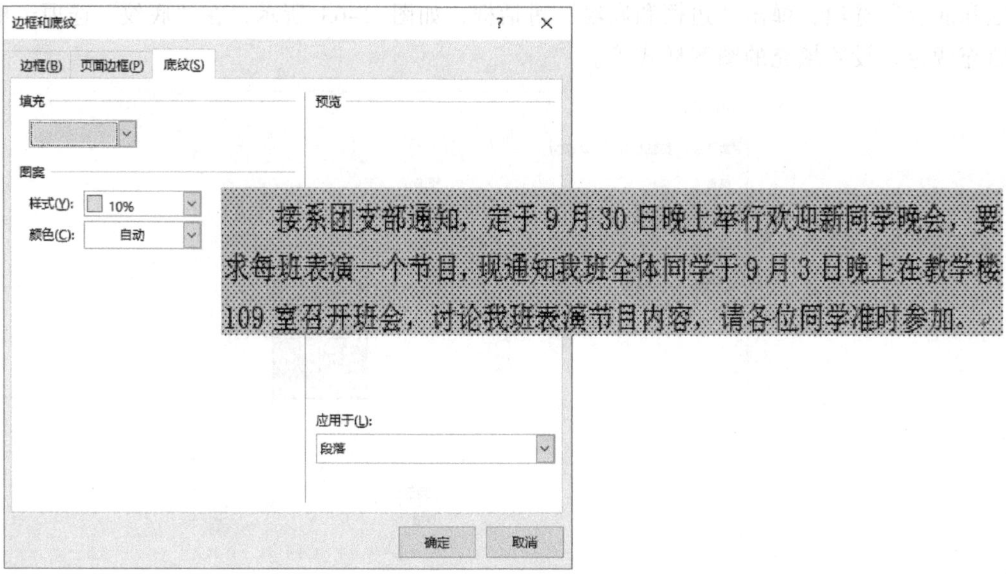

图 3-65　应用段落底纹

20. 表格数据计算

光标定位到表格中需要计算的单元格中，单击“表格工具/布局”→“数据”→“公式”按钮，弹出“公式”对话框，如图 3-66 所示。在“公式”对话框的“公式”文本框中输入“=”号，然后在“粘贴函数”下拉列表框中选择“SUM()”函数，“公式”文本框中的内容自动更新为“=SUM ()”，在函数中输入“LEFT”参数，单击“确定”按钮得到计算结果。“SUM(LEFT)”函数中的“LEFT”参数代表求值单元格所在行的左侧其他单元格，除此之外还有右侧“RIGHT”、上面“ABOVE”和下面“BELOW”3 个参数。另外，Word 2016 还提供使用数字和运算的计算方式，在“公式”对话框的“公式”文本框中输入“=(0.011+0.521)/2”同样可以得到计算结果。

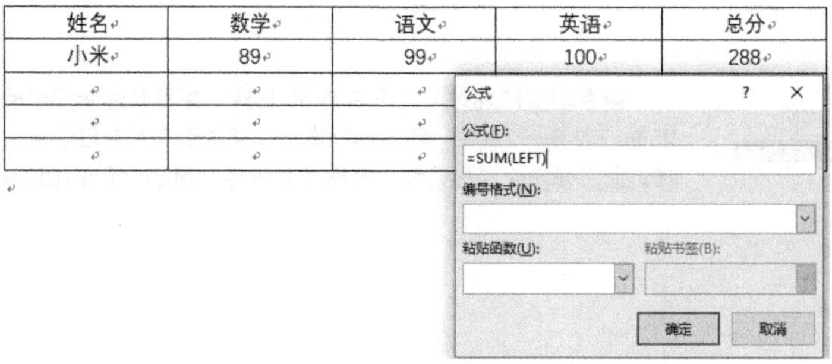

图 3-66　“公式”对话框

21. 表格数据排序

Word 2016 为表格数据提供了排序功能，帮助用户对数据进行自动排序。具体方法是：将光标定位到表格的任意一个单元格中，单击“表格工具/布局”→“数据”→“排序”按钮，弹出“排序”对话框，如图 3-67 所示。在“排序”对话框中，“主要关键字”选择“数学”，

“类型”选择“数字”，“使用”选择“段落数”，选择“升序”选项，单击“确定”按钮，实现表格的数据排序。

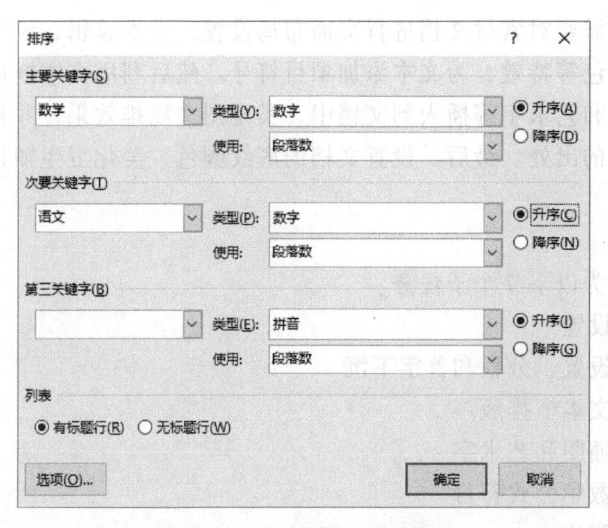

图 3-67　“排序”对话框

3.2　任务 2　制作图文混排简报

任务描述

今年的全国爱国卫生运动月即将到来，学院社团联盟委托你制作一份与爱国卫生相关的知识简报帮助开展宣传工作，具体制作效果图如图 3-68 所示。

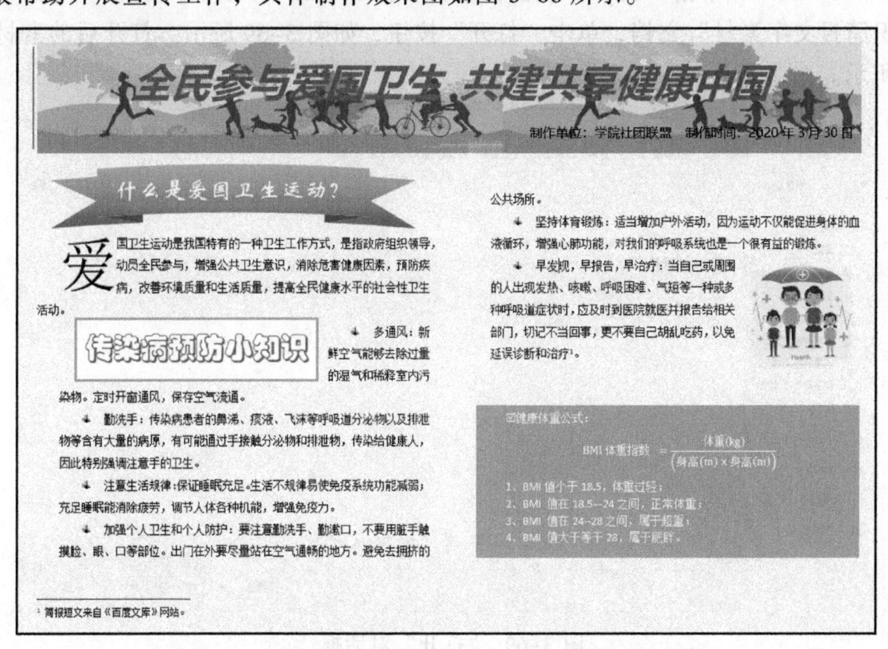

图 3-68　爱国卫生知识简报效果图

任务分析

实现本案例首先需要对素材文档进行页面布局设置，文本编辑，段落格式化，设置文字下沉、字形、字符颜色等特效，为文本添加项目符号。然后利用文本框进行版面排版设计，将公式、图片、形状和艺术字等插入到文档中，实现图文混排效果，并且在文档的末尾添加脚注，注明简报短文的出处。最后，设置文档的底纹颜色，美化卫生知识简报，完成制作。

任务分解

本任务可以分解为以下 7 个子任务。

子任务 1：布局设置

子任务 2：段落设置、分栏和首字下沉

子任务 3：使用文本框排版

子任务 4：添加插图和艺术字

子任务 5：插入数学公式符号

子任务 6：添加脚注

子任务 7：页面背景设计

任务实现

3.2.1 布局设置

步骤 1：打开素材文档

启动 Word 2016，单击“文件”按钮，单击“打开”命令，弹出“打开”对话框，选择“卫生知识简报文字素材”文档，单击“打开”按钮，如图 3-69 所示。打开后的素材样张如图 3-70 所示。

图 3-69 “打开”对话框

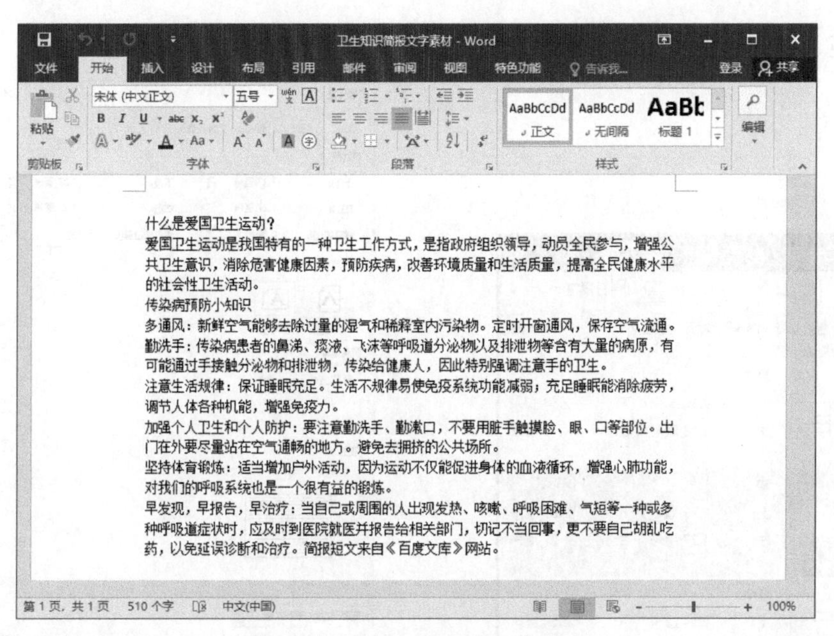

图 3-70　卫生知识简报文字素材

步骤 2：设置纸张大小、方向和边距

① 设置页面大小。单击“布局”→“页面设置”→“纸张大小”下拉按钮，在下拉列表中选择纸张为“A4”，设置文档纸张大小，如图 3-71 所示。

② 设置纸张方向。单击“布局”→“页面设置”→“纸张方向”下拉按钮，在下拉列表中选择纸张方向为“横向”，如图 3-72 所示，Word 2016 中默认的纸张方向为“纵向”。

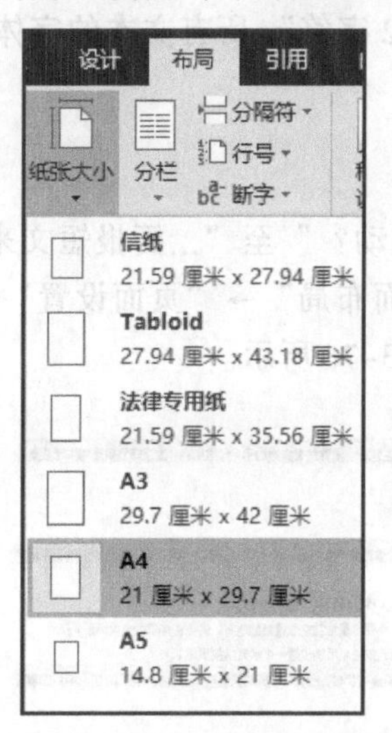

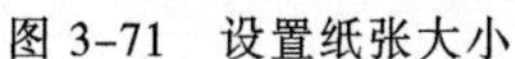

图 3-71　设置纸张大小

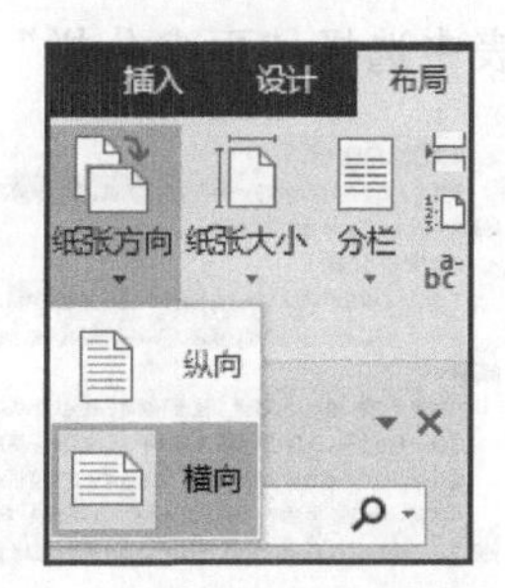

图 3-72　设置纸张方向

③ 设置页边距。单击“布局”→“页面设置”→“页边距”下拉按钮，在下拉列表中选择“窄”选项，如图 3-73 所示。除了使用 Word 2010 提供的页边距样式进行设置之外，还可以利用“页边距”下拉列表中的“自定义边距”命令打开“页面设置”对话框进行更多的

文档页边距、纸张、版式和文档网格设置，如图 3-74 所示。

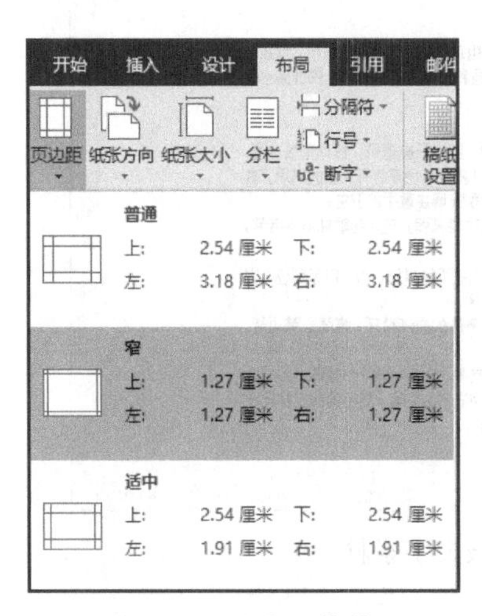

图 3-73　页边距菜单

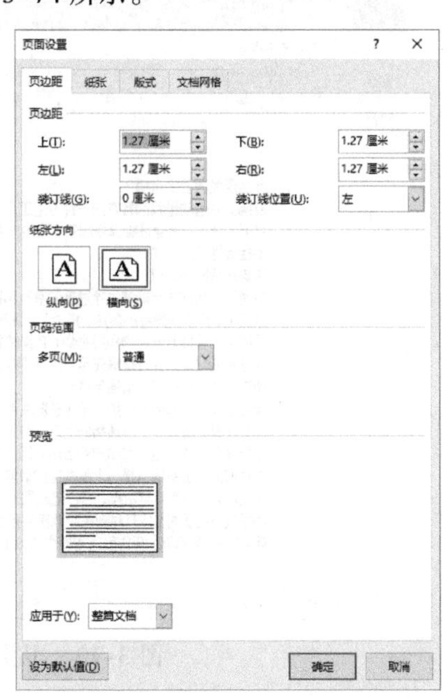

图 3-74　“页面设置”对话框

3.2.2　段落设置、分栏和首字下沉

步骤 1：段落设置和文本设置

选择文档中的所有文本内容，单击“开始”→“段落”→ 按钮，弹出“段落”对话框，设置段落的行距为固定值“20 磅”，“首行缩进”为“2 字符”。所有文本的字体设置为“宋体”，字号为“五号”。

步骤 2：设置文本分栏

① 拖动鼠标选中文档中从“什么是爱国卫生运动？”至“...简报短文来自《百度文库》网站。”为止所有段落，如图 3-75 所示。单击“页面布局”→“页面设置”→“分栏”下拉按钮，在下拉列表中选择“更多分栏”选项，如图 3-76 所示。

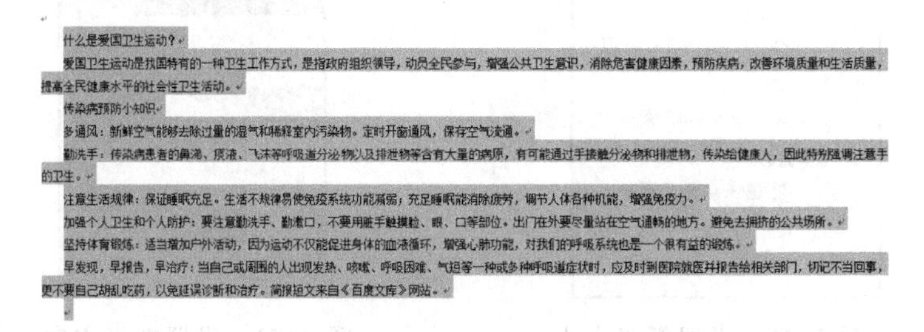

什么是爱国卫生运动？

爱国卫生运动是我国特有的一种卫生工作方式，是指政府组织领导，动员全民参与，增强公共卫生意识，消除危害健康因素，预防疾病，改善环境质量和生活质量，提高全民健康水平的社会性卫生活动。

传染病预防小知识

多通风：新鲜空气能够去除过量的湿气和稀释室内污染物。定时开窗通风，保存空气流通。

勤洗手：传染病患者的鼻涕、痰液、飞沫等呼吸道分泌物以及排泄物等含有大量的病原，有可能通过手接触分泌物和排泄物，传染给健康人，因此特别强调注意手的卫生。

注意生活规律：保证睡眠充足。生活不规律易使免疫系统功能减弱；充足睡眠能消除疲劳，调节人体各种机能，增强免疫力。

加强个人卫生和个人防护：要注意勤洗手、勤漱口，不要用脏手触摸脸、眼、口等部位。出门在外要尽量站在空气通畅的地方。避免去拥挤的公共场所。

坚持体育锻炼：适当增加户外活动，因为运动不仅能促进身体的血液循环，增强心肺功能，对我们的呼吸系统也是一个很有益的锻炼。

早发现，早报告，早治疗：当自己或周围的人出现发热、咳嗽、呼吸困难、气短等一种或多种呼吸道症状时，应及时到医院就医并报告给相关部门，切记不当回事，更不要自己胡乱吃药，以免延误诊断和治疗。简报短文来自《百度文库》网站。

图 3-75　选中文档中所有段落

② 在弹出的“分栏”对话框中，设置栏数为“2”，选中“栏宽相等”复选框，设置间距为“3.32 字符”，如图 3-77 所示，单击“确定”按钮，完成分栏设置，最终效果如图 3-78 所示。

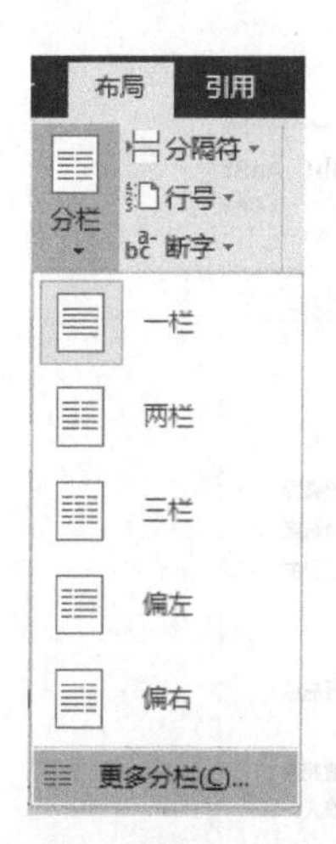

图 3-76　选择分栏命令

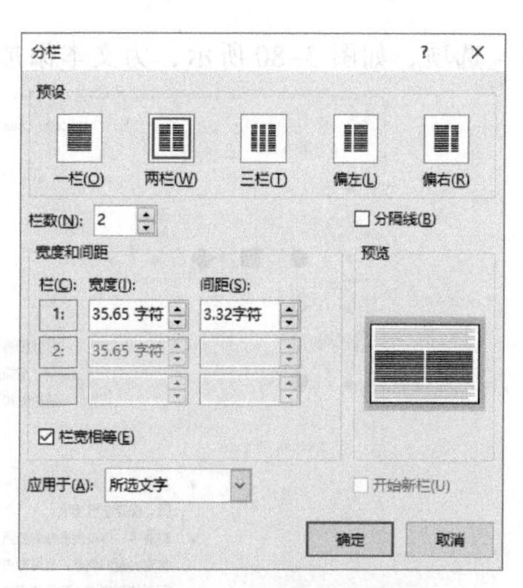

图 3-77　“分栏”对话框

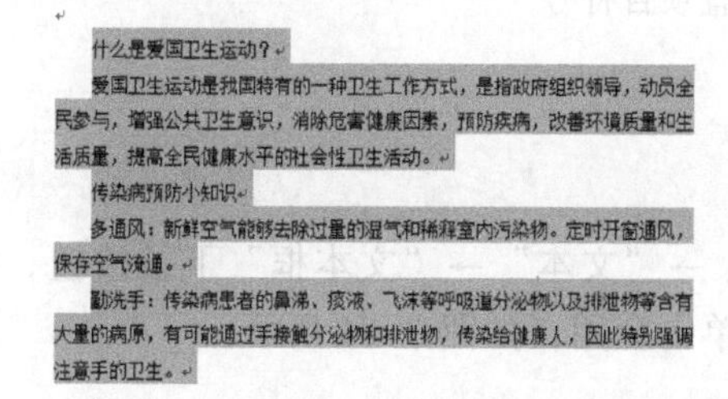

什么是爱国卫生运动？

爱国卫生运动是我国特有的一种卫生工作方式，是指政府组织领导，动员全民参与，增强公共卫生意识，消除危害健康因素，预防疾病，改善环境质量和生活质量，提高全民健康水平的社会性卫生活动。

传染病预防小知识

多通风：新鲜空气能够去除过量的湿气和稀释室内污染物。定时开窗通风，保存空气流通。

勤洗手：传染病患者的鼻涕、痰液、飞沫等呼吸道分泌物以及排泄物等含有大量的病原，有可能通过手接触分泌物和排泄物，传染给健康人，因此特别强调注意手的卫生。

注意生活规律：保证睡眠充足。生活不规律易使免疫系统功能减弱；充足睡眠能消除疲劳，调节人体各种机能，增强免疫力。

加强个人卫生和个人防护：要注意勤洗手、勤漱口，不要用脏手触摸脸、眼、口等部位。出门在外要尽量站在空气通畅的地方。避免去拥挤的公共场所。

坚持体育锻炼：适当增加户外活动，因为运动不仅能促进身体的血液循环，增强心肺功能，对我们的呼吸系统也是一个很有益的锻炼。

早发现，早报告，早治疗：当自己或周围的人出现发热、咳嗽、呼吸困难、气短等一种或多种呼吸道症状时，应及时到医院就医并报告给相关部门，切记不当回事，更不要自己胡乱吃药，以免延误诊断和治疗。简报短文来自《百度文库》网站。

图 3-78　段落分栏效果

步骤 3：设置首字下沉

选中文档中第二段文本，即“爱国卫生运动是...”整段文本，单击“插入”→“文本”→“首字下沉”下拉按钮，在下拉列表中选择“下沉”选项，如图 3-79 所示。

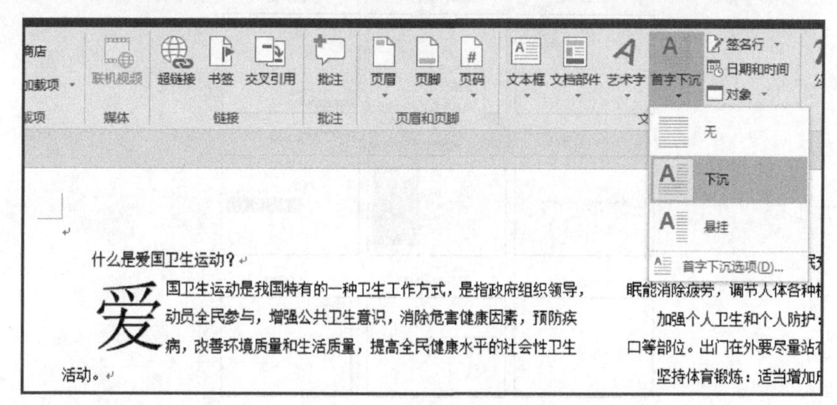

图 3-79　设置首字下沉

步骤 4：设置项目符号

选中文档中第三段“多通风...”至“...简报短文来自《百度文库》网站。”之间的所有段落文本，单击“开始”→“段落”→“项目符号”下拉按钮，在下拉列表中选择“项目符号库”→符号 选项，如图 3-80 所示，为文本添加项目符号。

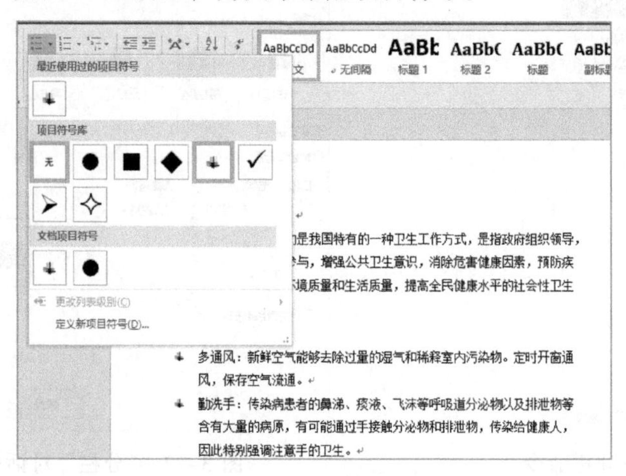

图 3-80 设置项目符号

3.2.3 使用文本框排版

步骤 1：插入内置文本框

① 光标定位到文档开始处，单击“插入”→“文本”→“文本框”下拉按钮，在下拉列表中选择“内置”→“边线型引述”选项并单击应用，如图 3-81 所示。

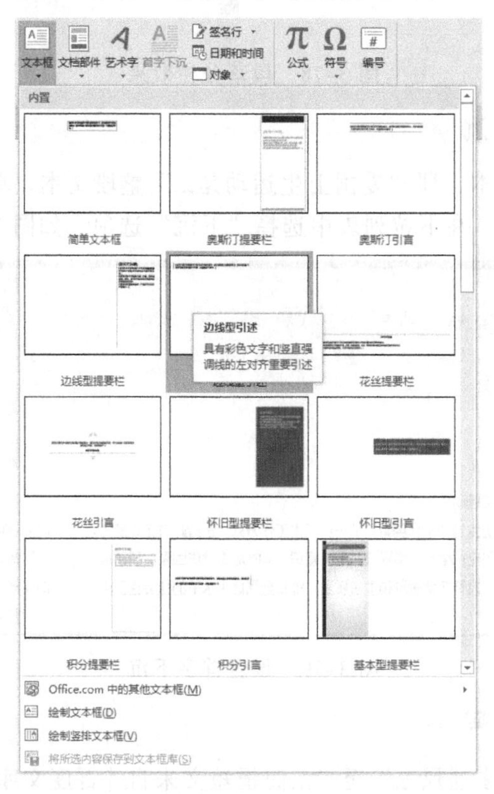

图 3-81 选择内置“文本框”样式

② 在“边线型引述”文本框的“[使用文档中的独特引言吸引读者的注意力，...]”域中，输入“全民参与爱国卫生 共建共享健康中国”文字信息，然后按【Enter】键换行输入“制作单位：学院社团联盟 制作时间：2020年3月30日”文字信息。

③ 将“全民参与爱国卫生 共建共享健康中国”文本设置字体为“微软雅黑”、字号为“小初”、加粗斜体，字体颜色为“红色，个性色2”；将“制作单位：学院社团联盟 制作时间：2020年3月30日”文本设置字体为“微软雅黑”、字号为“小四”、字体颜色为“黑色”；取消“斜体”，如图3-82所示。

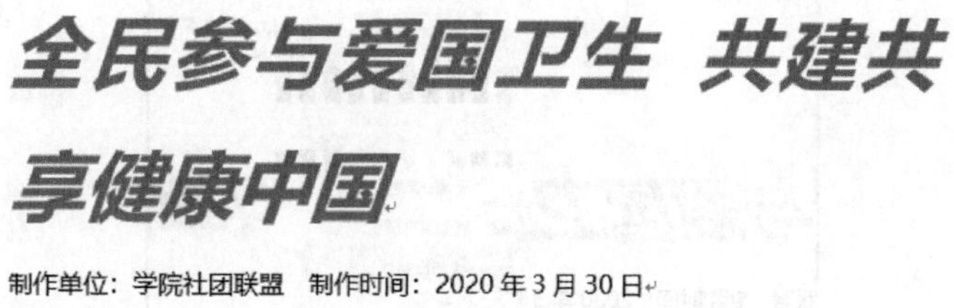

全民参与爱国卫生 共建共享健康中国

制作单位：学院社团联盟 制作时间：2020年3月30日

图3-82 设置文本样式

④ 选择文本框，在功能区选项卡中单击“绘图工具/格式”→“排列”→“位置”下拉按钮，在下拉列表中选择“文字环绕”方式为“顶端居左，四周型文字环绕”，设置效果如图3-83所示。

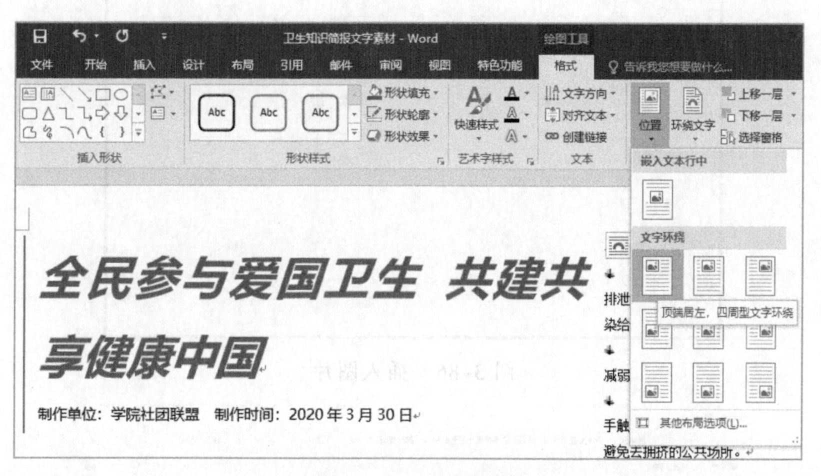

图3-83 文本框环绕设置

⑤ 选择文本框，在“绘图工具/格式”→“大小”组中设置文本框的高度为“3.56厘米”，宽带为“27.2厘米”，如图3-84所示。

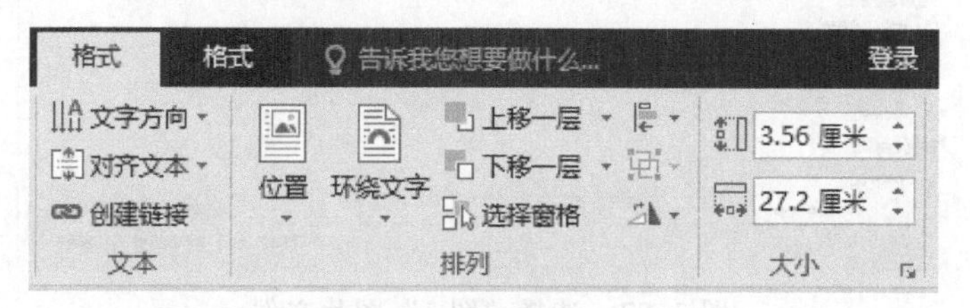

图3-84 设置文本框大小

⑥ 单击“绘图工具/格式”→“形状样式”→“形状填充”下拉按钮，在下拉列表中选择“图片”选项，如图 3-85 所示。在弹出的“插入图片”窗口中单击“从文件”的“浏览”按钮，如图 3-86 所示，打开“插入图片”对话框。在“插入图片”对话框中选择“案例”文件夹中的“图 1”图片文件，如图 3-87 所示，单击“插入”按钮，为文本框填充图片，效果如图 3-88 所示。

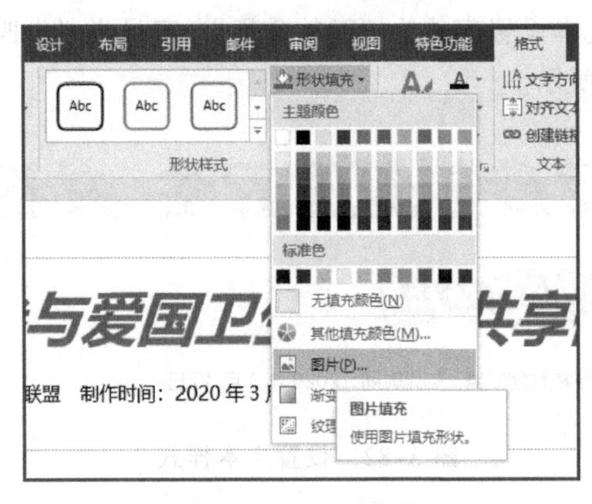

图 3-85　图片填充

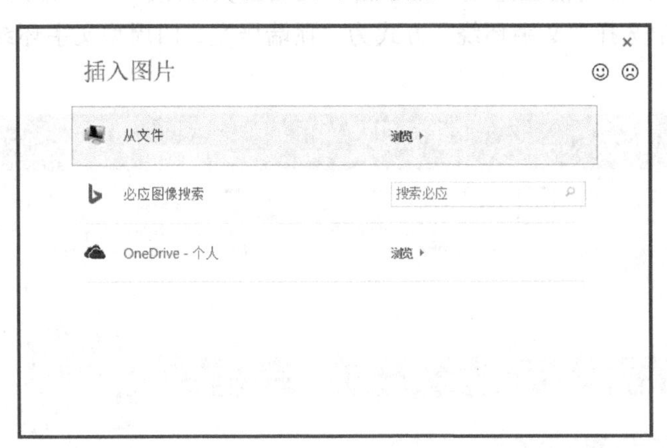

图 3-86　插入图片

图 3-87　选择“图 1”图片文件

图 3-88　文本框填充图片效果

⑦ 选择“全民参与爱国卫生 共建共享健康中国”文本，单击“开始”→“段落”→“居中”按钮，设置文本居中对齐。选择“制作单位：学院社团联盟　制作时间：2020 年 3 月 30 日”文本，单击“开始”→“段落”→“右对齐”按钮，设置文本右对齐，如图 3-89 所示。

图 3-89　设置文本框文本对齐方式

步骤 2：绘制文本框

① 单击“插入”→“文本”→“文本框”下拉按钮，在下拉列表中选择“绘制文本框”选项。拖动鼠标，在文档的右下方绘制一个文本框，并拖动文本框与文档右边距对齐，如图 3-90 所示。

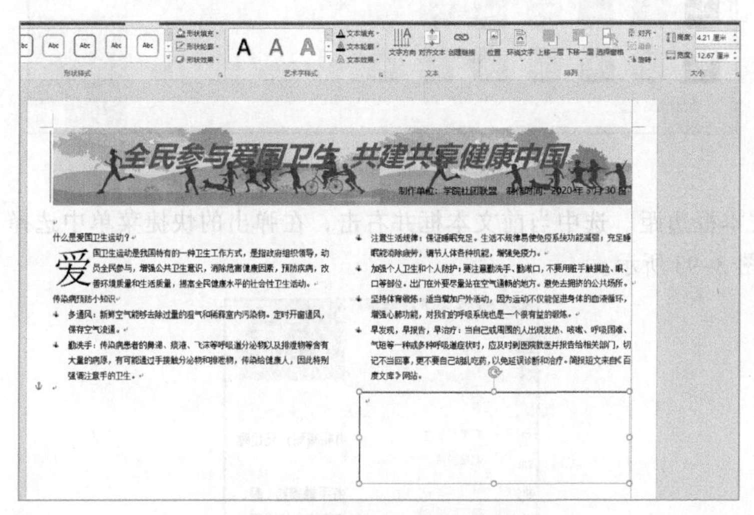

图 3-90　绘制文本框

② 将鼠标定位到文本框中，在文本框中输入相关的文本信息，如图 3-91 所示。

健康体重公式：

1、BMI 值小于 18.5，体重过轻；
2、BMI 值在 18.5—24 之间，正常体重；
3、BMI 值在 24–28 之间，属于超重；
4、BMI 值大于等于 28，属于肥胖。

图 3-91　为文本框添加文本信息

③ 选中文本框，单击“绘图工具/格式”→“形状样式”→“样式效果”下拉按钮，在下拉列表中选择 “半透明-红色，强调颜色 2，无轮廓”样式，设置效果如图 3-92 所示。

图 3-92 设置文本框形状样式

④ 设置文本框边距。选中当前文本框并右击，在弹出的快捷菜单中选择“设置形状格式”命令，如图 3-93 所示。

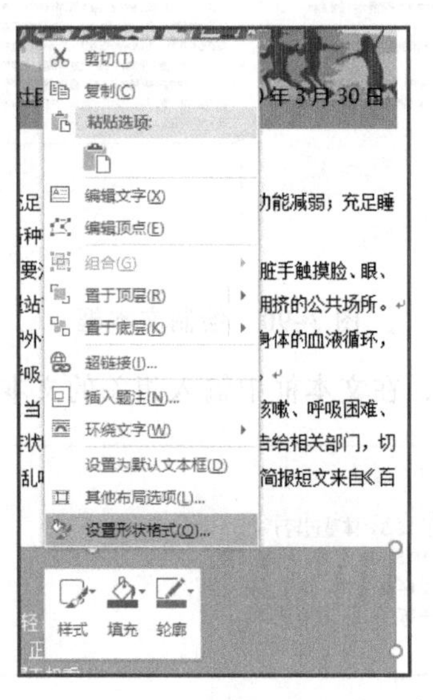

图 3-93 选择“设置形状格式”命令

⑤ 在打开的“设置形状格式”窗格中选择“文本选项”，单击“布局属性”按钮，设置文本框的左边距为“1 厘米”，如图 3-94 所示。

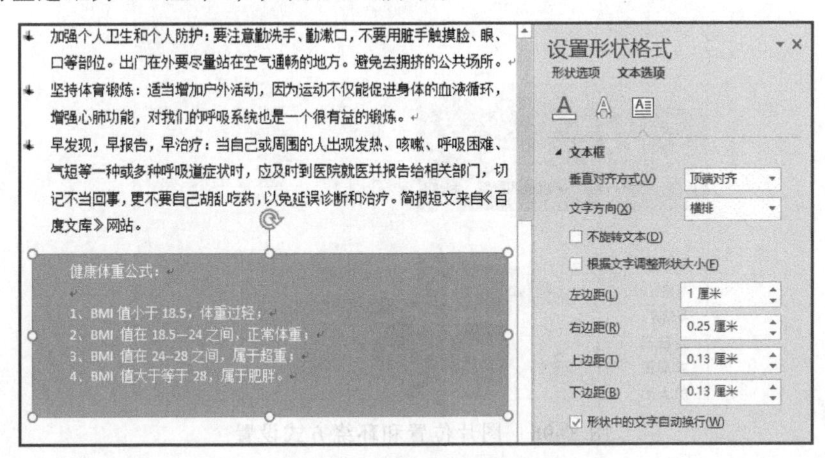

图 3-94　设置文本框边距

3.2.4　添加插图和艺术字

步骤 1：插入图片

① 光标定位到“加强个人卫生和个人防护：”文本后，单击“插入”→“插图”→“图片”按钮，弹出“插入图片”对话框，选择素材文件中名为“图 2”的图片，单击“插入”按钮，如图 3-95 所示。

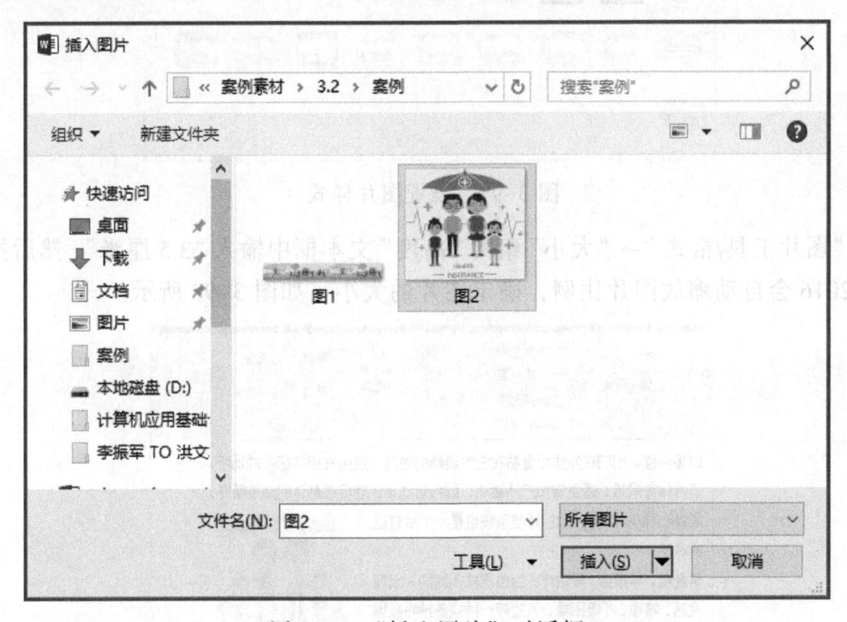

图 3-95　“插入图片”对话框

② 选择图片，单击“绘图工具/格式”→“排列”→“位置”下拉按钮，在下拉列表中选择“中间居右，四周型文字环绕”选项，设置图片的位置和环绕方式，如图 3-96 所示。

图 3-96 图片位置和环绕方式设置

③ 单击“图片工具/格式”→“图片样式”→“其他”下拉按钮，在下拉列表中选择“柔化边缘矩形”样式，如图 3-97 所示。

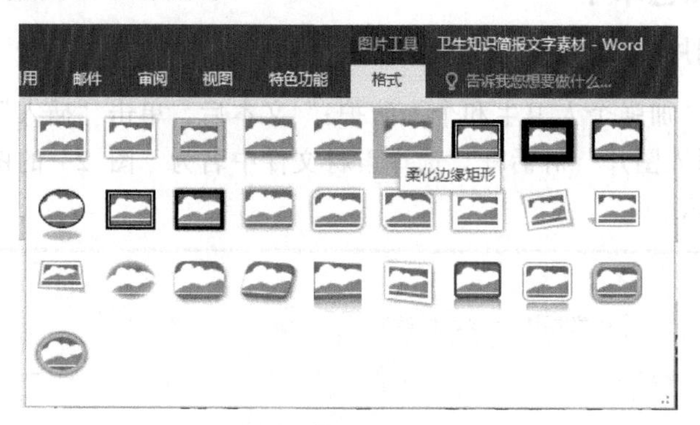

图 3-97 设置图片样式

④ 在“图片工具/格式”→“大小”组的“高度”文本框中输入“3.5 厘米”，然后按【Enter】键，Word 2016 会自动缩放图片比例，确定图片的大小，如图 3-98 所示。

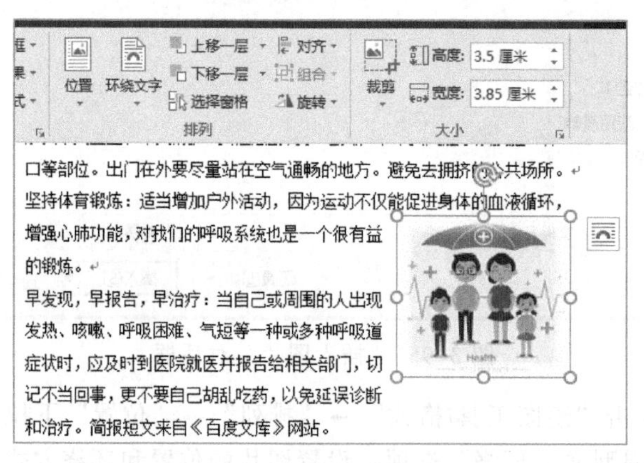

图 3-98 设置图片的大小

步骤 2：插入形状

① 光标定位到“什么是爱国卫生运动？”文本段落前，单击“插入”→“插图”→“形状”下拉按钮，在下拉列表中选择“星与旗帜”→“上凸弯带形”选项，如图 3-99 所示。

② 当光标变成十字形状时在段落中绘制一个“上凸弯带形”形状，用鼠标拖动形状调整其大小。单击“绘图工具/格式”→“形状样式”→“样式效果”下拉按钮，在下拉列表中选择“渐变填充-水绿色，强调颜色 5-无轮廓”样式，如图 3-100 所示。

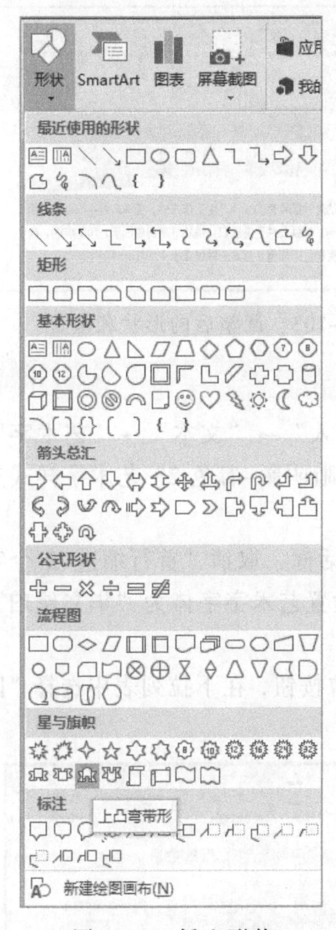

图 3-99　插入形状

图 3-100　“上凸弯带型”形状

③ 选中形状并右击，在弹出的快捷菜单中选择“添加文字”命令，将“什么是爱国卫生运动？”整行文本信息复制粘贴到形状中，并设置字体为“华文新魏”，字号为“二号”，如图 3-101 所示。

图 3-101　在形状中添加文字

④ 选中“什么是爱国卫生运动？”整行，按【Delete】键或【Backspace】键，删除行文本并按【Enter】键换行，删除后效果如图 3-102 所示。

⑤ 选中形状，利用鼠标拖动形状左边凸起的黄色编辑点，拉长凸弯带的文本编辑区，调整形状。单击“绘图工具/格式”→“排列”→“自动换行”下拉按钮，在下拉列表中选择“浮于文字上方”的形状排列效果，并拖动“上凸弯带形”形状到首字下沉的段落上方，如图 3-103 所示。

图 3-102　删除文本并换行

图 3-103　调整后的形状和位置

步骤 3：插入艺术字

① 选中文档中的“传染病预防小知识”文本，单击“插入”→“文本”→“艺术字”下拉按钮，在下拉列表中选择“填充-白色，轮廓-着色 2，清晰阴影-着色 2”艺术字样式选项，如图 3-104 所示。

② 选中“传染病预防小知识”艺术字，打开“段落”对话框，取消“首行缩进 2 个字符”，并将行距设置为“单倍”。在“开始”→“字体”组中设置艺术字字体为“华文琥珀”，字号为“一号”。

③ 单击“绘图工具/格式”→“排列”→“环绕文字”下拉按钮，在下拉列表中选择“四周型”选项，设置艺术字的环绕方式，如图 3-105 所示。

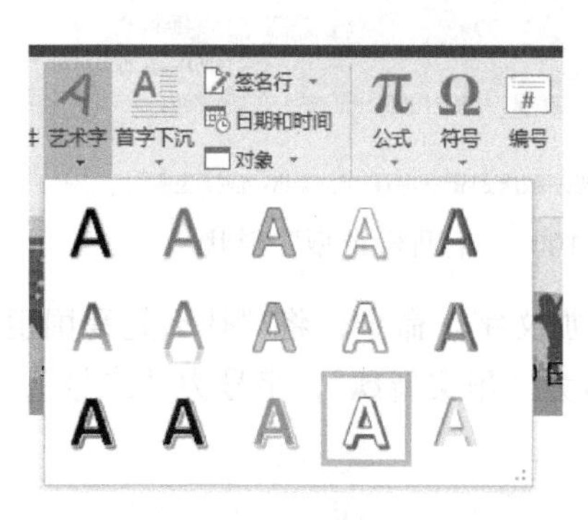

图 3-104　插入艺术字

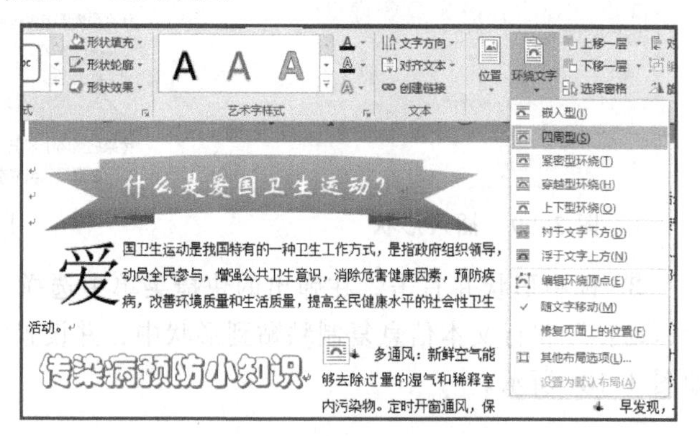

图 3-105　设置艺术字环绕方式

④ 选择艺术字，单击“绘图工具/格式” →“形状样式”下拉按钮，选择“彩色轮廓-橄榄色，强调颜色 3”，设置艺术字的边框样式，利用鼠标将艺术字拖动到合适位置，如图 3-106 所示。

图 3-106 设置艺术字的边框样式

3.2.5 插入数学公式符号

步骤 1：插入新公式

将光标定位到文档右下方文本框“健康体重公式：”的下一行，单击“插入”→“符号”→“公式”下拉按钮，在下拉列表中选择“插入新公式”命令，如图 3-107 所示。

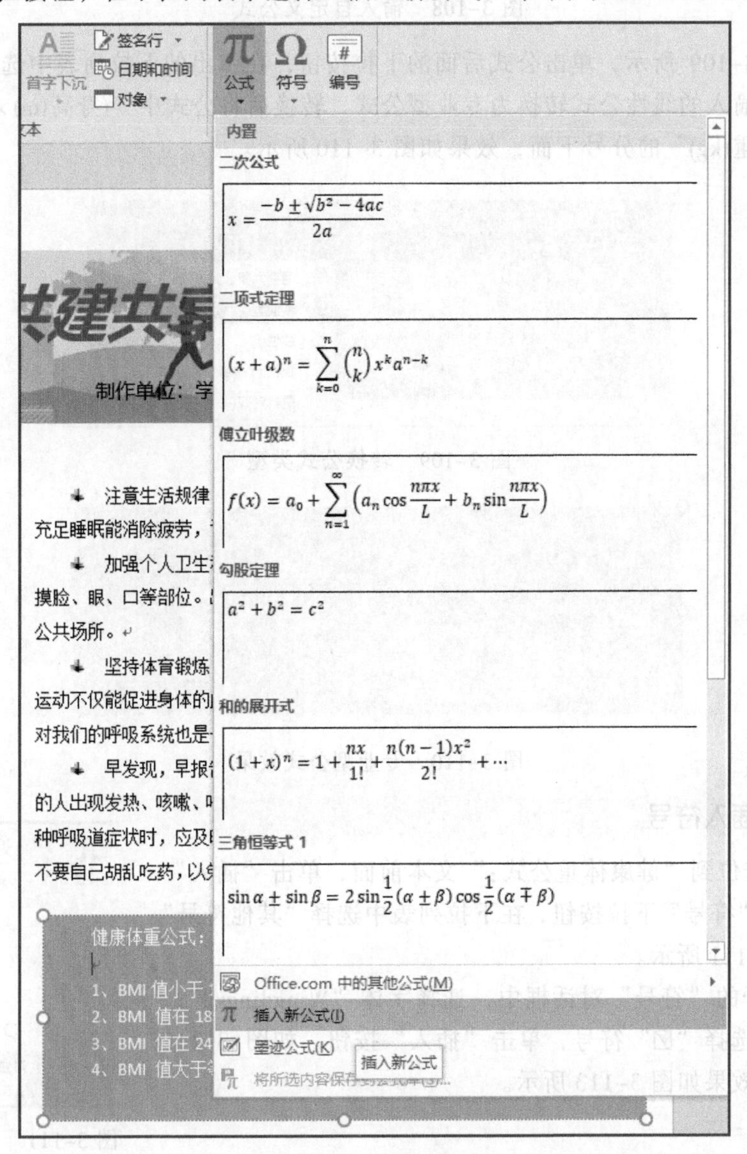

图 3-107 插入公式

步骤 2：编辑公式

① 在“在此处键入公式”域中输入自定义公式“BMI 体重指数 =体重(kg) / (身高(m) × 身高(m))”，如图 3-108 所示。

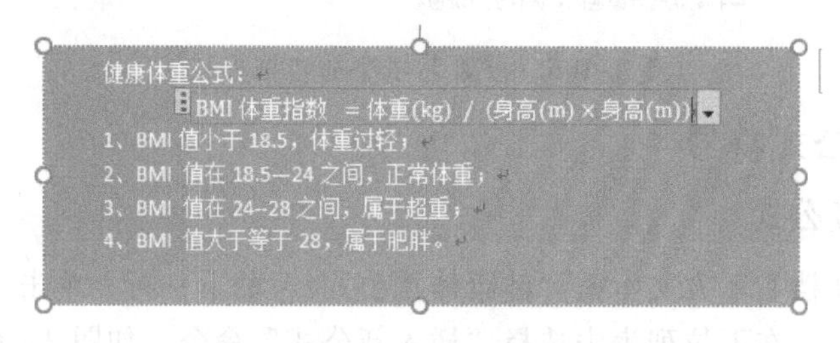

图 3-108 输入自定义公式

② 如图 3-109 所示，单击公式后面的下拉按钮，在弹出的下拉列表中选择“专业型”命令，将原来输入的线性公式转换为专业型公式，转换后将公式中“(身高(m) × 身高(m))”部分转移到“体重(kg)”的分号下面，效果如图 3-110 所示。

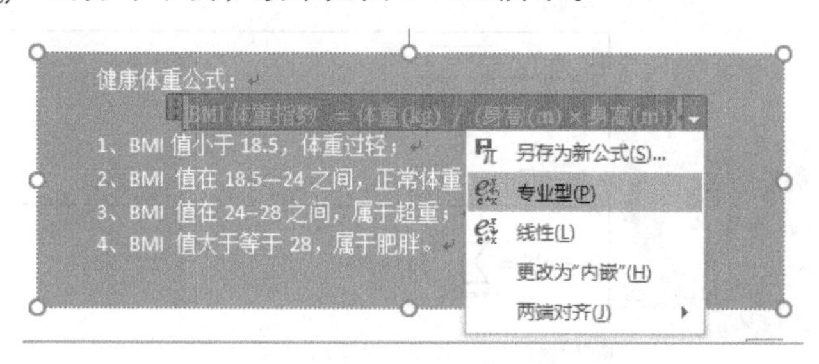

图 3-109 转换公式类型

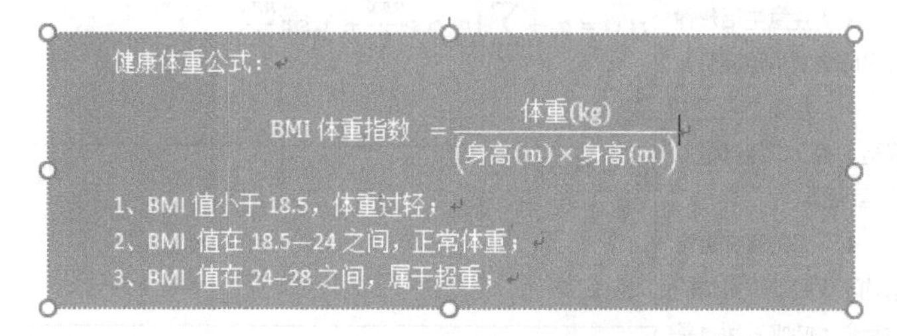

图 3-110 专业型公式效果

步骤 3：插入符号

① 光标定位到“健康体重公式：”文本前面，单击“插入”→“符号”→“符号”下拉按钮，在下拉列表中选择“其他符号”选项，如图 3-111 所示。

② 在打开的“符号”对话框中，选择字体“Wingdings2”，在符号列表中选择“☑”符号，单击“插入”按钮，如图 3-112 所示，插入后效果如图 3-113 所示。

图 3-111 插入其他符号

图 3-112 “符号”对话框

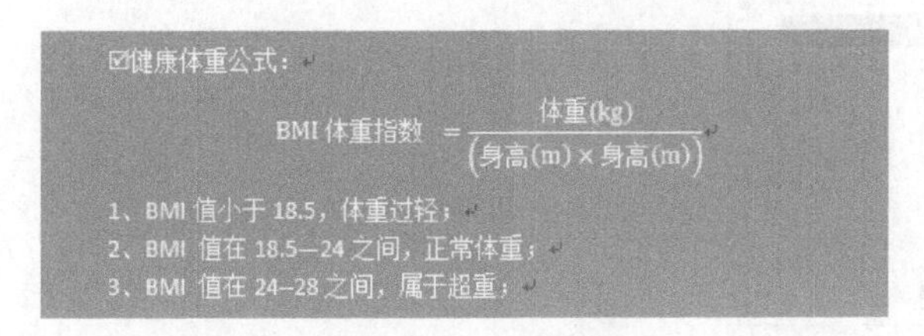

图 3-113 插入符合效果

技巧与提示

插入公式除了以上方法外还有下列 3 种方法：

① 使用 office.com 中提供的其他公式：单击“插入”→“符号”→“符号”下拉按钮，在下拉列表中选择“office.com 中的其他公式”选项，利用 office.com 提供的“传递性”“多项式展开”“分配律”等公式进行应用。

② 使用内置公式：单击“插入”→“符号”→“符号”下拉按钮，在下拉列表的“内置”公式栏目中选择常用类型的数学公式并加以编辑处理。

③ 使用墨迹公式：单击“插入”→“符号”→“符号”下拉按钮，在下拉列表中选择“墨迹公式”选项。在打开的窗口中，利用鼠标手动绘制需要的公式，如图 3-114 所示。

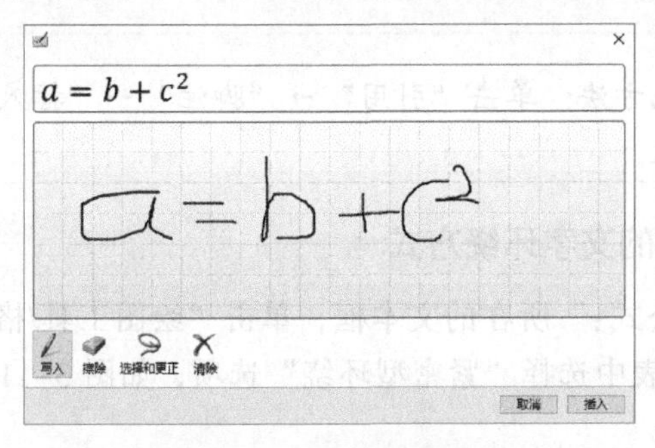

图 3-114 使用墨迹公式

3.2.6 添加脚注

步骤 1：插入脚注

① 选择素材文档中最后一段的“简报短文来自《百度文库》网站。”文本信息，单击“开始”→“剪贴板”→“剪切”按钮，将该部分文本信息剪切到 Word 2016 的剪贴板中。

② 将鼠标光标定位到素材文档最后一段的末尾“...诊断和治疗”后面，单击“引用”→“脚注”→ 按钮，弹出“脚注和尾注”对话框，选择“脚注”单选按钮，位置选择“页面底端”，单击“插入”按钮，如图 3-115 所示。

③ 在脚注中右击，在弹出的快捷菜单中选择“粘贴选项”→“只保留文本”命令，粘贴剪贴板中的“简报短文来自《百度文库》网站。”文本信息，插入效果如图 3-116 所示。

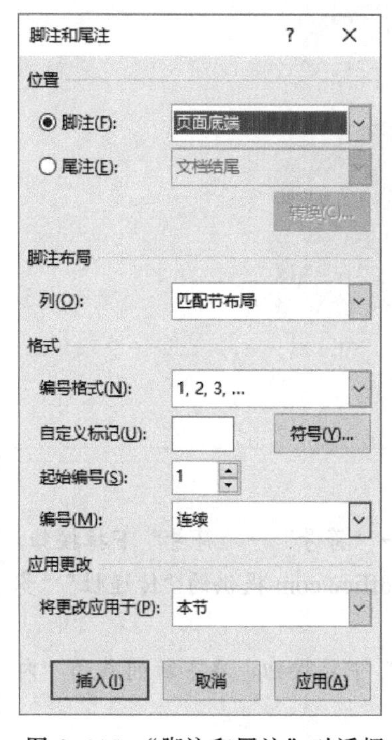

图 3-115 “脚注和尾注”对话框

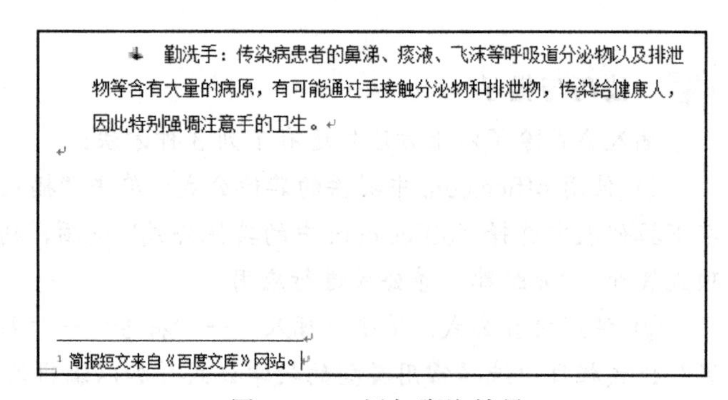

勤洗手：传染病患者的鼻涕、痰液、飞沫等呼吸道分泌物以及排泄物等含有大量的病原，有可能通过手接触分泌物和排泄物，传染给健康人，因此特别强调注意手的卫生。

1 简报短文来自《百度文库》网站。

图 3-116 添加脚注效果

技巧与提示

快速添加脚注的其他方法：单击“引用”→“脚注”→“插入脚注”按钮，可以在文档中直接插入需要的脚注。

步骤 2：调整文本框的文字环绕方式

① 选择“健康体重公式：”所在的文本框，单击“绘图工具/格式”→“排列”→“文字环绕”按钮，在下拉列表中选择“紧密型环绕”选项，如图 3-117 所示，设置文本框在文档排版时的环绕方式。

② 利用鼠标拖动当前文本框到文档的合适位置，如图 3-118 所示，调整文档的排版版面。

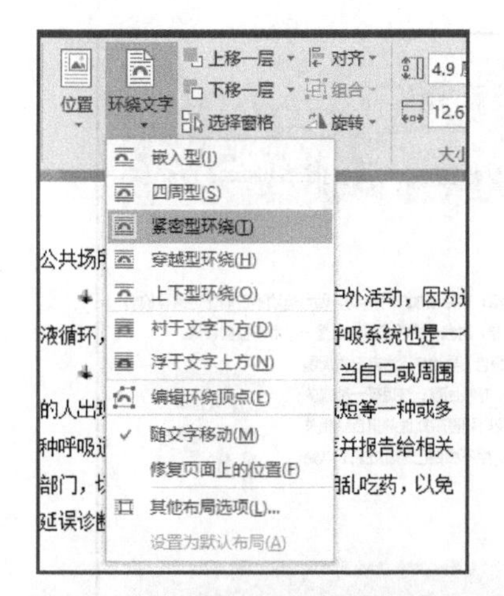

图 3-117　设置文本框文字环绕方式

图 3-118　调整文本框的排版位置

3.2.7　页面背景设计

步骤 1：添加页面颜色

① 将光标定位到文档中，单击“设置”→“页面背景”→“页面颜色”按钮，在下拉列表中选择“填充效果”命令，如图 3-119 所示。

② 在弹出的“填充效果”对话框中选择“图案”选项卡，在“图案”列表中选择“浅色下对角线”效果，在“前景”下拉列表中选择“橄榄色，个性色 3，淡色 80%”，单击“确定”按钮，如图 3-120 所示，最终素材文档效果如图 3-121 所示。

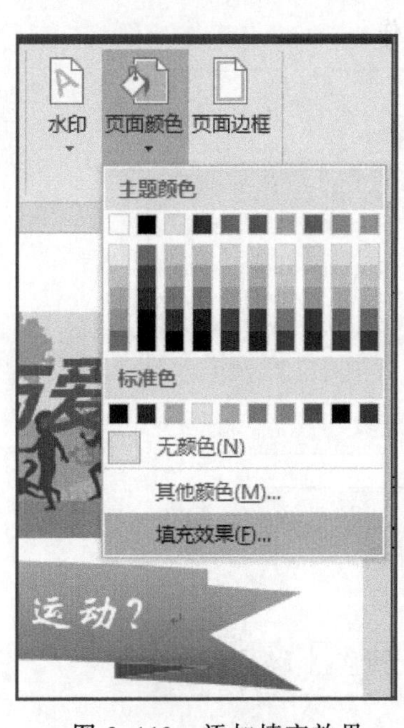

图 3-119　添加填充效果

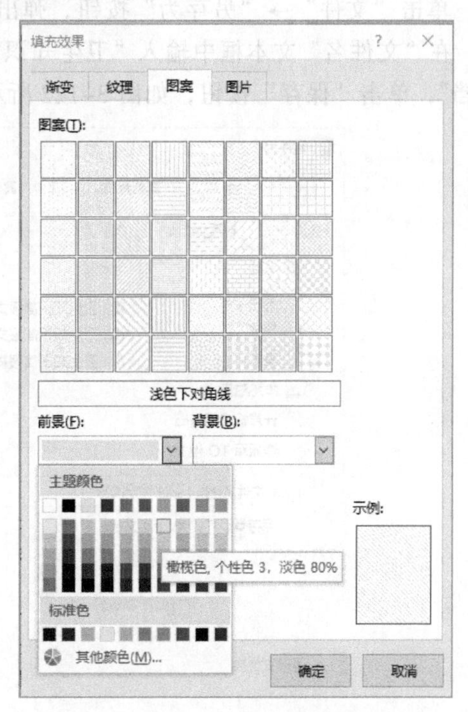

图 3-120　设置页面填充效果

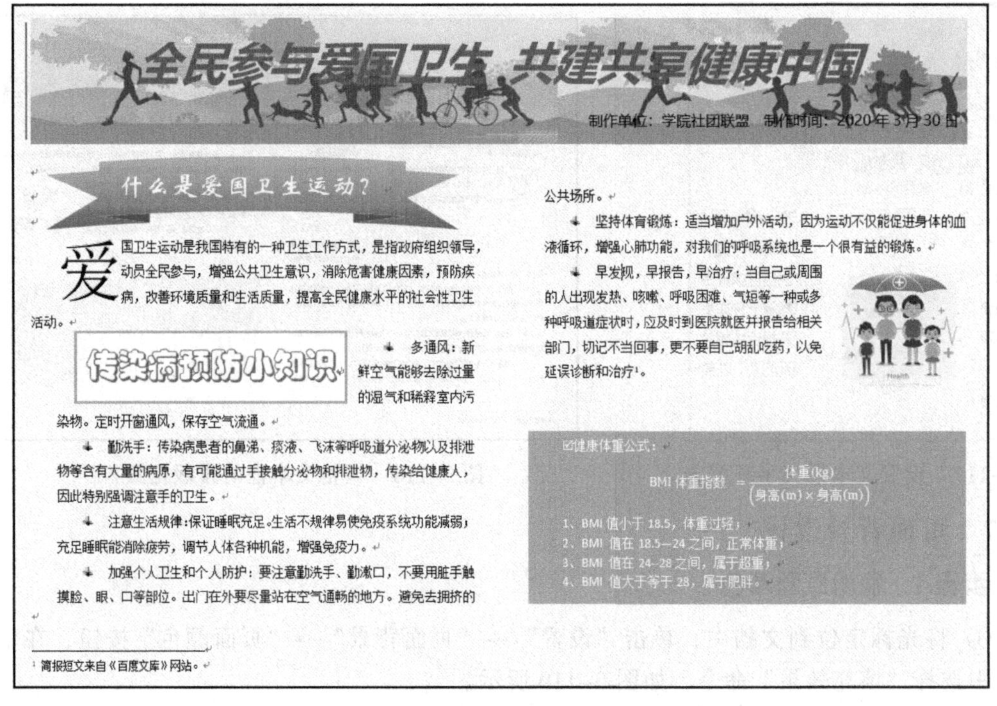

全民参与爱国卫生 共建共享健康中国

制作单位：学院社团联盟 制作时间：2020年3月30日

什么是爱国卫生运动？

爱国卫生运动是我国特有的一种卫生工作方式，是指政府组织领导，动员全民参与，增强公共卫生意识，消除危害健康因素，预防疾病，改善环境质量和生活质量，提高全民健康水平的社会性卫生活动。

传染病预防小知识

多通风：新鲜空气能够去除过量的湿气和稀释室内污染物。定时开窗通风，保存空气流通。

勤洗手：传染病患者的鼻涕、痰液、飞沫等呼吸道分泌物以及排泄物等含有大量的病原，有可能通过手接触分泌物和排泄物，传染给健康人，因此特别强调注意手的卫生。

注意生活规律：保证睡眠充足。生活不规律易使免疫系统功能减弱，充足睡眠能消除疲劳，调节人体各种机能，增强免疫力。

加强个人卫生和个人防护：要注意勤洗手、勤漱口，不要用脏手触摸脸、眼、口等部位。出门在外要尽量站在空气通畅的地方。避免去拥挤的公共场所。

坚持体育锻炼：适当增加户外活动，因为运动不仅能促进身体的血液循环，增强心肺功能，对我们的呼吸系统也是一个很有益的锻炼。

早发现，早报告，早治疗：当自己或周围的人出现发热、咳嗽、呼吸困难、气短等一种或多种呼吸道症状时，应及时到医院就医并报告给相关部门，切记不当回事，更不要自己胡乱吃药，以免延误诊断和治疗[1]。

健康体重公式：

$$\text{BMI 体重指数} = \frac{\text{体重(kg)}}{\text{身高(m)} \times \text{身高(m)}}$$

1、BMI 值小于 18.5，体重过轻；
2、BMI 值在 18.5—24 之间，正常体重；
3、BMI 值在 24-28 之间，属于超重；
4、BMI 值大于等于 28，属于肥胖。

[1] 简报短文来自《百度文库》网站。

图 3-121 文档添加页面填充效果

步骤 2：保存文档

单击“文件”→“另存为”按钮，弹出“另存为”对话框，选择文档保存的磁盘和文件夹，在“文件名”文本框中输入“卫生知识简报”，在“保存类型”下拉列表框中选择“Word 文档”，单击“保存”按钮，如图 3-122 所示，完成简报制作。

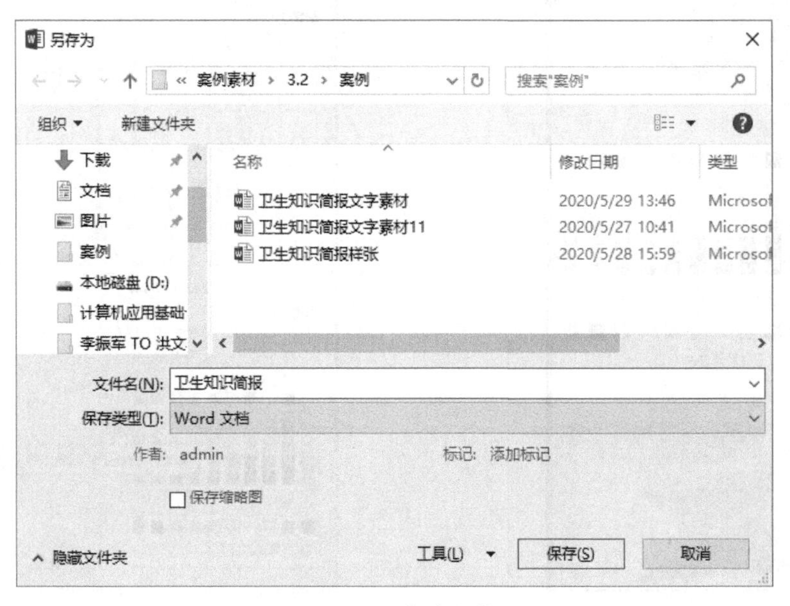

图 3-122 保存文档

任务拓展

任务：制作一份非洲自由行攻略简报

任务描述：利用 Word 2016 提供的形状、文本框、首字下沉和分栏等功能进行文档排版，通过插入艺术字、图片、符号和公式对文档进行修饰，美化文档，制作一份旅行攻略文档，效果如图 3-123 所示。

图 3-123 非洲自由行攻略

具体制作要求如下：

① 打开名为“非洲自由行攻略文字素材.docx”的素材文档。

② 设置页面效果。页面颜色填充效果：图案为“浅色横线”，前景为“金色，个性色 4，淡色 60%”，背景为“金色，个性色 4，淡色 80%”；设置纸张方向为“横向”，文档边距为“窄”。

③ 段落格式化。文档中所有段落的字体设置为“宋体”、字号为“五号”，行距为固定值“20 磅”，文档中第二段“非洲位于亚洲的西南面...”文本设置首字下沉，根据样张添加项目符号“➢”；将文档的所有段落设置分栏，分两栏，宽度为“35 字符”，无分隔线。

④ 文本框排版。插入文本框并设置效果。在文档的第一行插入内置文本框“怀旧型引言”，高度为“4 厘米”，宽度为“27 厘米”。添加文本信息“非洲自由行攻略”，设置文本的字体为“微软雅黑”、“初号”、加粗、斜体，文字效果为“填充-白色，轮廓-着色 2，清晰阴影-着色 2”。文本框形状填充效果为图片，选择素材文件中的图片“非洲自由行攻略.jpg”进行填充。在文档的右下方绘制一个文本框并添加文字信息、符号和自定义公式，如图 3-124 所示，并设置文本框的样式为“半透明-蓝色，强调颜色 1，无轮廓”，设置环绕效果为“紧密型环绕”。

⑤ 插入图片和形状。在文档的第五段文本中插入一幅名为“地图.jpg”的图片，设置图片的位置为“顶端居右，四周型环绕”，图片宽度为“5.24 厘米”、高度为“4.5 厘米”。在文档的“非洲自由行攻略”文本框下方绘制一个“上凸带形”形状，形状样式为“色彩填充-蓝色，强调颜色 1”，设置其文字环绕方式为“浮于文字上方”，按样张图片输入文本信息，字体“隶书”、字号“小一”。

⑥ 插入艺术字。选择文档中的“在肯尼亚，你可以用你的相机见证些什么？”文本，将文本转换为艺术字，设置艺术字样式为“渐变填充-蓝色，着色 1，反射”，字体为“华文琥珀”，字号为“二号”，环绕方式为“四周型”，并调整到文档中的合适位置，如图 3-123 所示。

⑦ 添加脚注，在文档的“...不可错过的去处”段落后面添加脚注“简报短文来自《马蜂窝》网站”，插入到“页面底端”。

⑧ 保持文档。

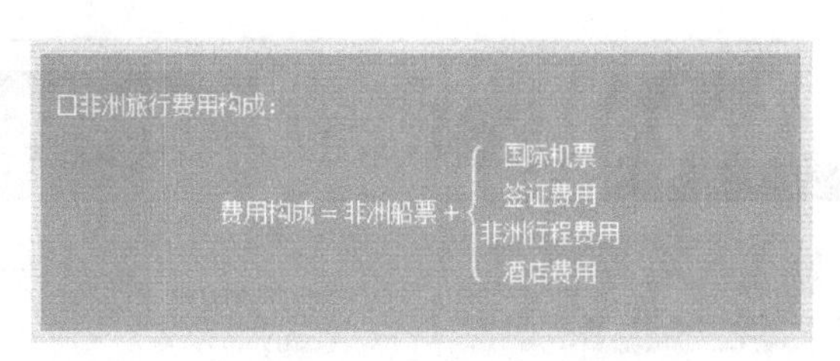

图 3-124 绘制文本框

知识链接

1. 绘图工具与文本框工具

使用 Word 2016 的文档模板绘制的文本框，在进行相关操作时“格式”选项卡上显示为“绘图工具”，可以使用 Word 2016 的新功能，如图 3-125 所示。如果当前文档是使用“Word 97-2003”类型的文档，在编辑文本框时功能区将显示“文本框工具”，不能使用 Word 2016 的新功能，如图 3-126 所示。

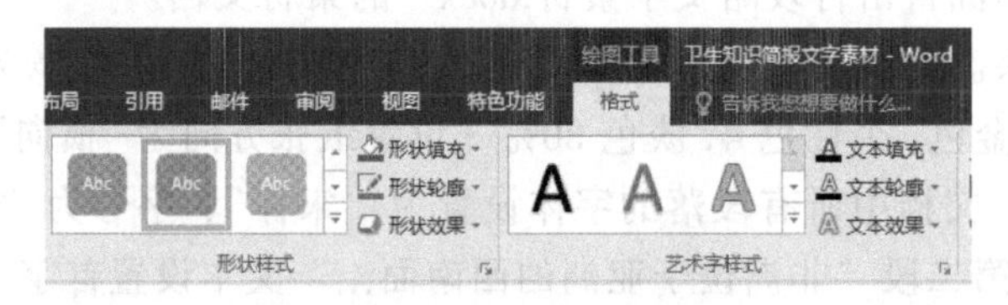

图 3-125 Word 2016 模式

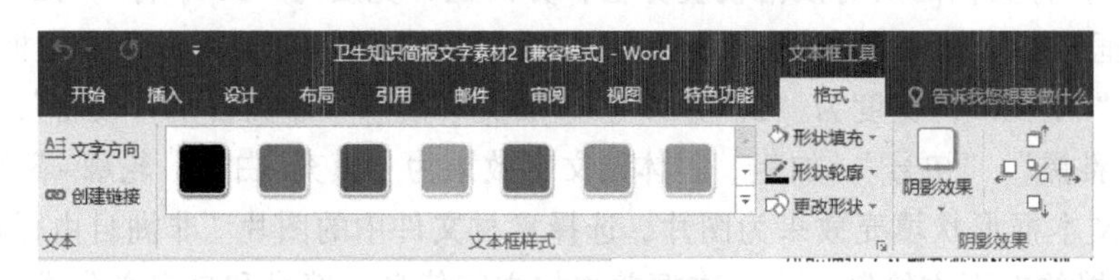

图 3-126 兼容模式

在 Word 2016 应用中，文本框与图形框可以互相转换，在编辑时，功能区都会显示“绘图工具/格式”选项卡。

2. “设置形状格式”窗格

Word 2016 为用户提供了“设置形状格式”窗格。利用“设置形状格式”窗格可以对文档中的文本框和形状进行编辑处理，美化文档的排版效果。如图 3-127 所示，窗格包含了“形状选项”和“文本选项”两个选项卡，能够对文本框和形状的填充与线条、形状效果、布局属性、文本填充与轮廓和文字效果进行详细设置。

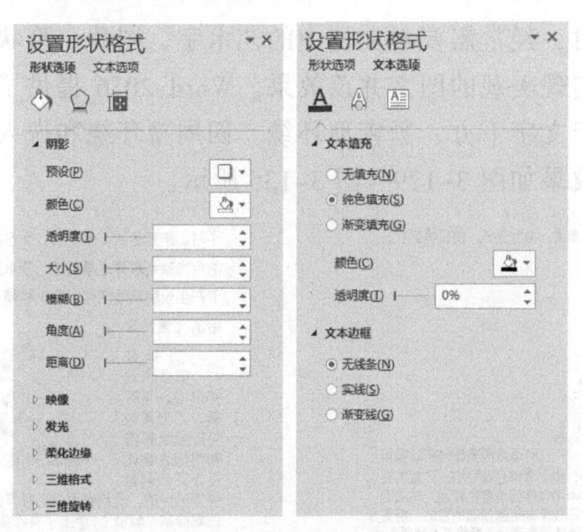

图 3-127　“设置形状格式”窗格

3. 自定义图片的大小

在 Word 2016 的默认设置中锁定了图片的纵横比，只要设置了图片的高度就能同时按比例设置图片的宽度。如果用户需要更改默认锁定，可以选择“布局”→“排列”→“位置”或“环绕文字”下拉列表中的“其他布局选项”命令，弹出“布局”对话框，在“大小”选项卡中进行设置。

除此之外，还可以利用鼠标右键快捷菜单提供的命令设置图片的大小，具体操作方法是：右击图片，在弹出的快捷菜单中选择“大小和位置”命令，弹出“布局”对话框，在“大小”选项卡中取消选择“锁定纵横比”复选框，单击“确定”按钮即可，如图 3-128 所示。

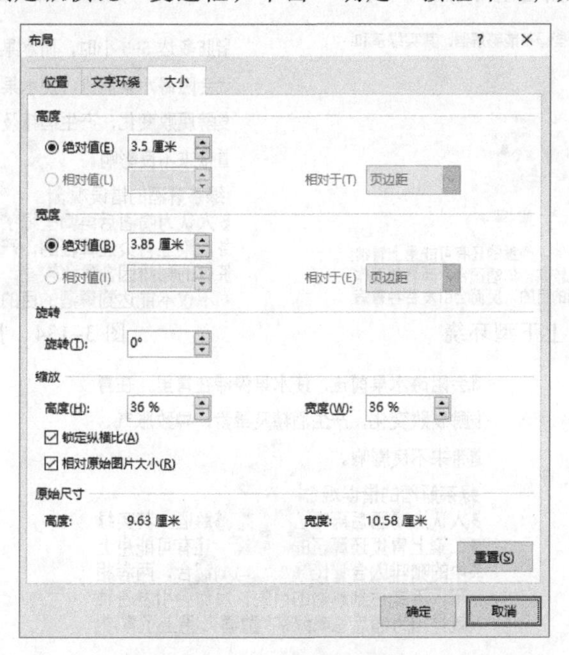

图 3-128　“布局”对话框

4．文字环绕方式

在编辑 Word 文档时，经常需要对文档中的艺术字、图片、形状或文本框与周围的文字进行环绕位置的调整，实现美观的图文并茂效果。Word 2016 提供了上下型环绕、穿越型环绕、衬于文字上方、衬于文字下方、紧密型环绕、四周型环绕和嵌入型 7 种类型的文字环绕方式，具体的文字环绕效果如图 3-129～图 3-135 所示。

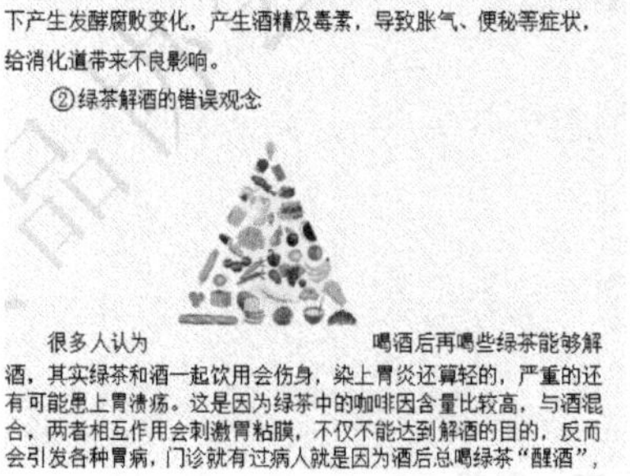

图 3-129　嵌入型

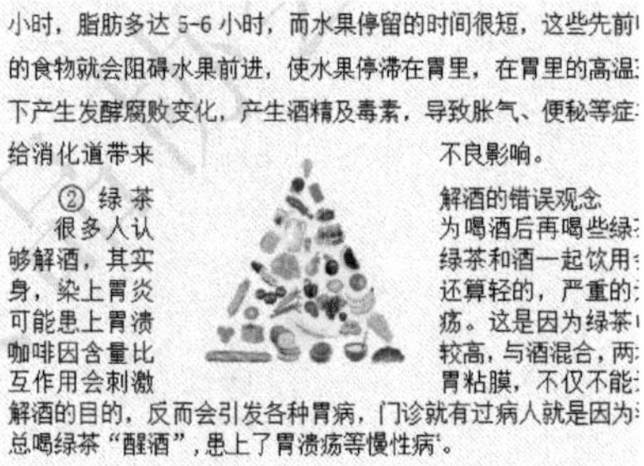

图 3-130　四周型

图 3-131　紧密型环绕

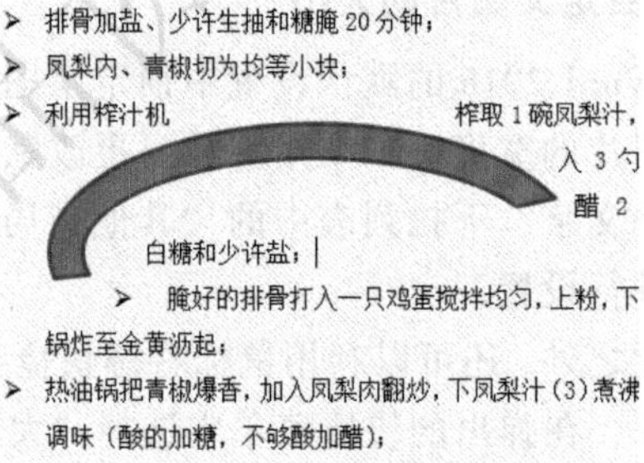

图 3-132　穿越型环绕

图 3-133　上下型环绕

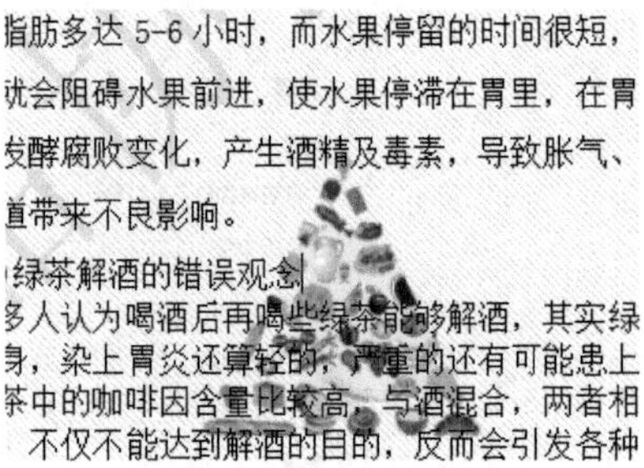

图 3-134　衬于文字下方

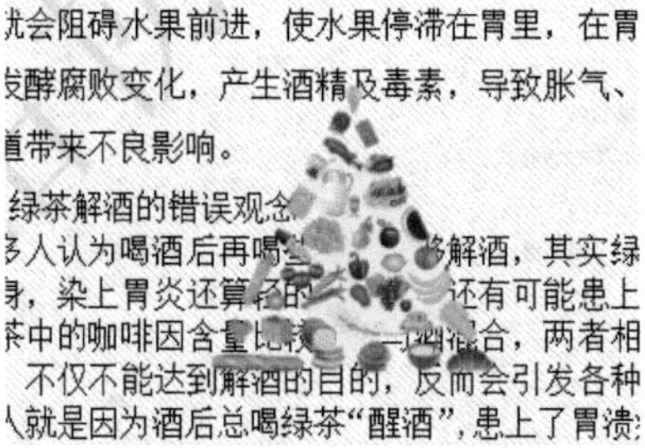

图 3-135　衬于文字上方

5. 公式工具

Word 2016 提供了功能强大的公式编辑工具，帮助用户进行公式的编辑和修改处理。只要用户选择已插入的公式， Word 2016 的功能区中将出现“公式工具”选项卡，为用户提供多种编辑公式的功能，如图 3-136 所示。

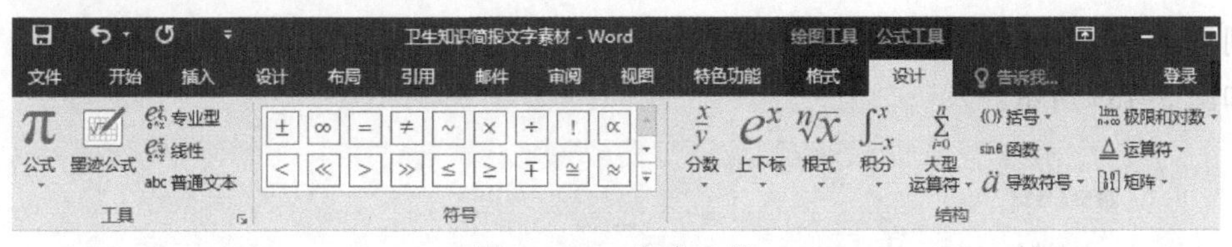

图 3-136　公式工具

“公式工具”选项卡提供了“工具”“符号”“结构”3 个组。“工具”提供了多种公式转换格式，例如：转换为专业型、线性和普通文本，可以将改变后的公式保存到公式库，方便用户对公式的使用。“符号”提供了多种数学运算、逻辑运算等需要的运算符号，如=、∞、×、≤、∀等。“结构”提供了多种数学公式结构，可用于表达多种数学公式形式，如分数、上下标、根式、积分、运算符、矩阵等。

6. 脚注与尾注

脚注和尾注都是对文本的补充说明，脚注是对文档中某些文字的说明，一般位于文档某页的底部；尾注的主要作用是用于添加注释，如备注和引文，一般位于文档的末尾，以对文档提供更多的信息。

插入尾注的方法：将光标定位到文档中需要添加尾注处，单击“引用”→“脚注”→“插入尾注”按钮，弹出“脚注和尾注”对话框，选择“尾注”单选按钮，位置选择“节的结尾”，单击“插入”按钮，如图 3-137 所示，在文档的相应位置插入需要的尾注。

脚注与尾注的转换：将光标定位到相应的脚注或尾注处，单击“引用”→“脚注”→ 按钮，弹出“脚注和尾注”对话框，单击“转换”按钮，弹出“转换注释”对话框，选择转换方式后单击“确定”按钮即可，如图 3-138 所示。

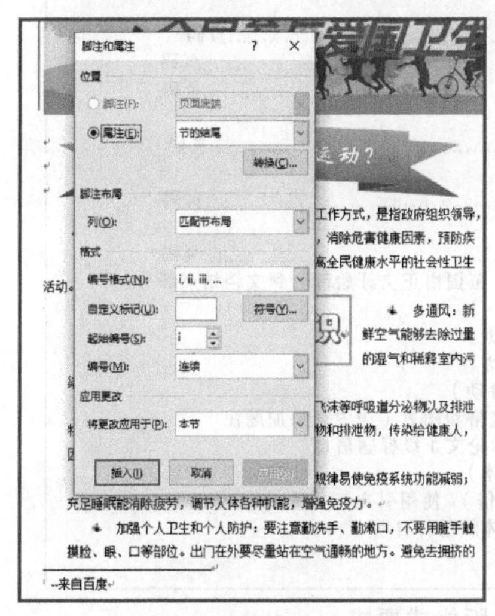

图 3-137　插入尾注

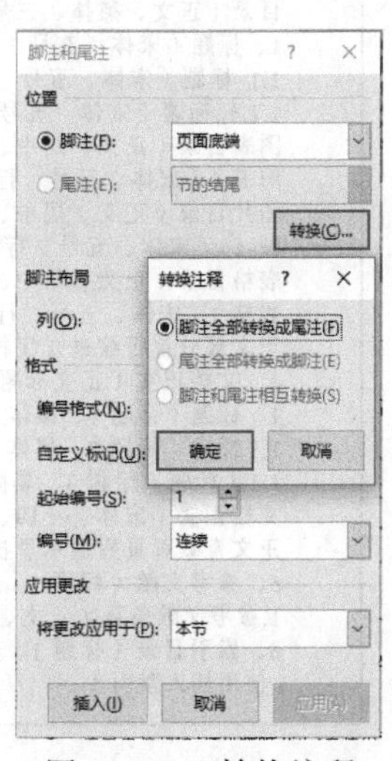

图 3-138　转换注释

3.3　任务 3　长文档编辑处理

任务描述

利用 Word 2016 对毕业论文进行排版编辑，制作出一份符合规范的毕业论文文档，具体效果如图 3-139 所示。

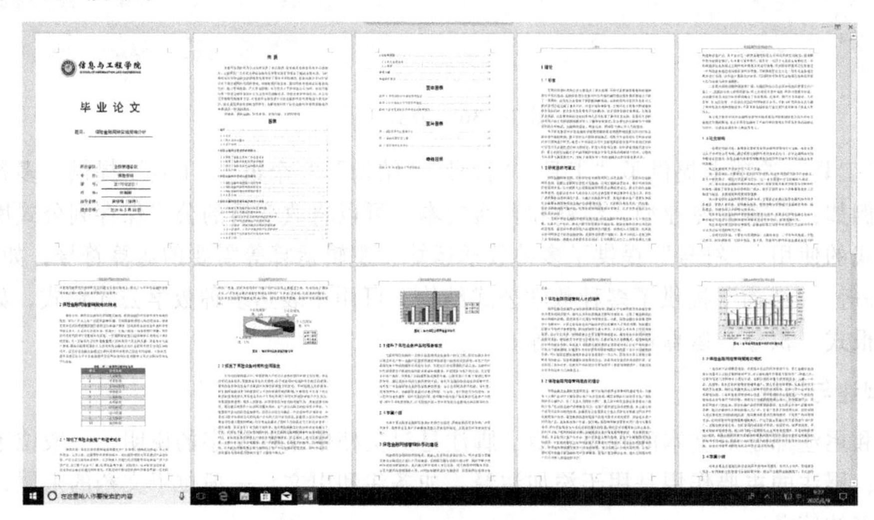

图 3-139　长文档编辑处理效果

毕业论文的规范格式要求如图 3-140 所示。

1、封面
内容包括：论文名称、班级、作者信息、图片、日期和学校名称。
2、摘要
插入一个"飞越型提要栏"文本框并添加摘要信息。
摘要（正文、居中、黑体、三号）
摘要内容和关键词（正文、宋体、小四、行距 1.2 倍）
3、目录
目录（正文、黑体、三号）
1、标题（宋体、五号、行距 1.2 倍）……………………………………………页码
1.1 标题（宋体、五号、行距 1.2 倍）…………………………………………页码
1.1.1 标题（宋体、五号、行距 1.2 倍）………………………………………页码
图表目录（正文、居中、黑体、三号）
图表 1（宋体、五号、行距 1.2 倍）…………………………………………页码
图片目录（正文、居中、黑体、三号）
图-1 （宋体、五号、行距 1.2 倍）…………………………………………页码
表格目录（正文、居中、黑体、三号）
表格 1（宋体、五号、行距 1.2 倍）…………………………………………页码
正文部分首行缩进 2 字符，页码从 1 开始编排，范围由正文开始部分到文档结束部分。
4、文档正文（正文标题分为三级）
1、标题（标题 1、黑体、三号、字体颜色：自动）
1.1 标题（标题 2、黑体、小三、字体颜色：自动）
1.1.1 标题（标题 3、黑体、四号、字体颜色：自动）
文档正文（宋体、小四、1.2 倍行距），图片、表格和图表（居中、添加题注）
正文奇数页页眉显示学校信息，偶数页页眉显示论文 1 级标题信息
5、参考文献（标题 1、正文、宋体、三号、粗体）
1.参考文献条目（正文、宋体、小四、行距 1.5 倍）（使用引文与书目）
6、索引目录（标题 1、黑体、三号、斜体、字体颜色：自动）
（使用插入索引）

图 3-140　文档排版格式要求

任务分析

进行毕业论文排版处理首先需要对素材文档中的各个章节标题、摘要、正文等文本进行样式处理和段落格式化。其次，需要对文档中使用的图表、表格和图片添加题注，通过编辑引文和书目为文档添加参考文献信息，选中文档的专业词汇设置索引。然后为文档插入分节符，分别设置文档正文部分奇偶页的页眉信息和插入页脚页码。最后为文档插入正文、图片、图表等目录，并插入封面页，添加图片和作者信息美化封面，完成排版编辑。

任务分解

本任务可以分解为以下 7 个子任务。

子任务 1：文档样式处理

子任务 2：添加图表题注

子任务 3：编辑引文与书目

子任务 4：设置专业词汇索引

子任务 5：插入分节符和页眉页脚

子任务 6：制作文档封面

子任务 7：插入目录

任务实现

3.3.1　文档样式处理

步骤 1：打开素材文档

启动 Word 2016，单击“文件”→“打开”按钮，弹出“打开”对话框，选择“毕业论文素材.docx”文档，单击“打开”按钮，如图 3-141 所示。

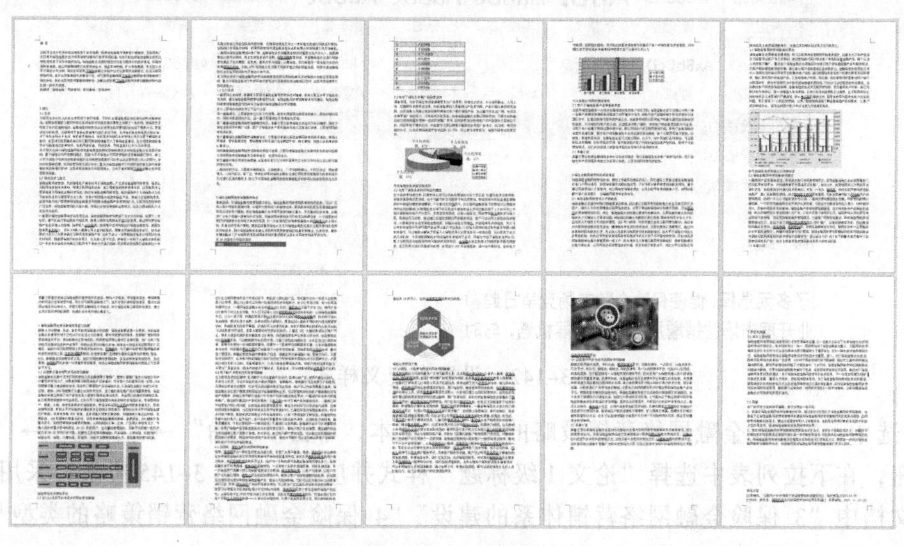

图 3-141　长文档素材

步骤 2：文档段落设置

① 选择整篇文档，单击“开始”→“段落”→按钮，弹出“段落”对话框，设置行距为“多倍行距”、设置值为“1.2 倍行距”，首行缩进“2 字符”，单击“确定”按钮。单击“开始”→“字体”→“字体”下拉按钮，设置整篇文档的字体为“宋体”，字号为“小四”。

② 选中文档的首行“摘要”文本，单击“开始”→“字体”→“字体”下拉按钮，设置字体为“黑体”，字号为“三号”，“居中”对齐。

步骤 3：设置图片、图表和表格的对齐方式

① 选中文档中的图片，单击“开始”→“段落”→“居中”按钮，设置图片的对齐方式。单击“图片工具/格式” →“排列”→“文字环绕”下拉按钮，在下拉列表中选择图片的“文字环绕”方式为“嵌入型”。

② 选中文档中的表格和图表，设置表格和图表的对齐方式为“居中”，“文字环绕”方式为“嵌入型”。

步骤 4：设置文档 1 级标题样式

① 选中“1 绪论”文本，设置字体为“黑体”、字号为“三号”、字体颜色为“自动”，取消首行缩进“2 字符”，设置文本左对齐。单击“开始”→“样式”→“其他”下拉按钮，在下拉列表中选择“创建样式”命令，如图 3-142 所示。在弹出的“根据格式设置创建新样式”对话框中输入样式名称为“论文 1 级标题”，并单击“修改”按钮，如图 3-143 所示。在弹出的“根据格式设置创建新样式”对话框中的“样式基准”选择“标题 1”，取消字体“加粗”，设置“文本左对齐”，单击“确定”按钮，如图 3-144 所示，创建新的“论文 1 级标题”样式。

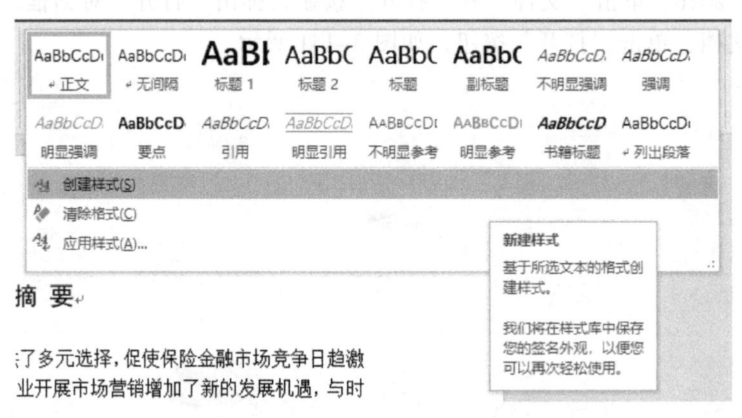

图 3-142 设置自定义样式

② 选中“2 保险金融网络营销策略的特点”文本，单击“开始”→“样式”→“其他”下拉按钮，在下拉列表中选择“论文 1 级标题”样式并应用，如图 3-145 所示。采用相同的方法将文档中“3 保险金融网络营销体系的建设”“4 保险金融网络营销策略的类型与选择”“总结和展望”文本设置为“论文 1 级标题”样式。

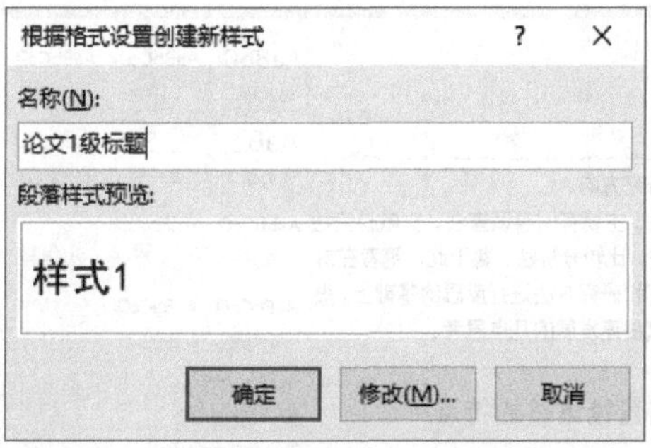

图 3-143　“根据格式设置创建新样式”对话框

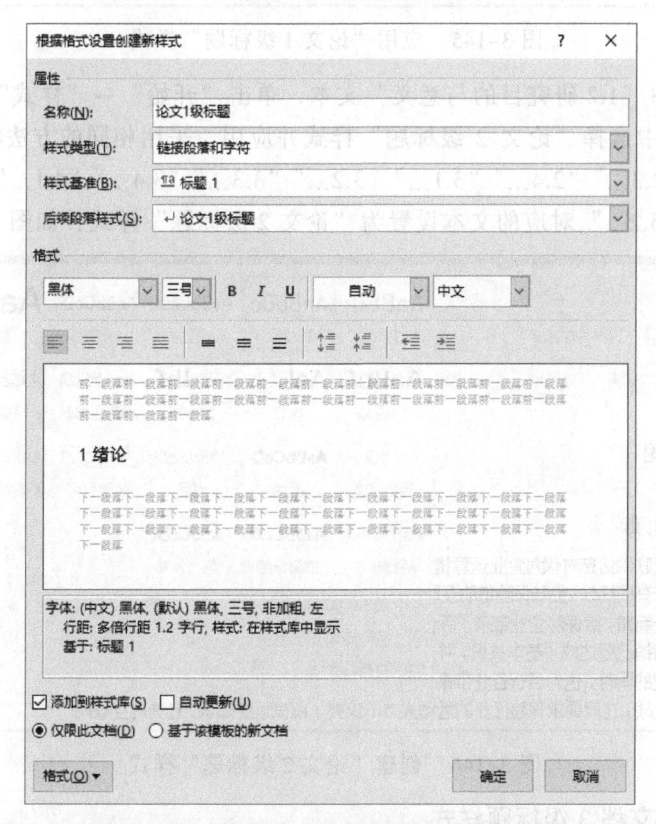

图 3-144　“根据格式设置创建新样式”窗口

步骤 5：设置文档 2 级标题样式

① 单击“导航”窗格中的“1 绪论”，快速定位到文档中的“1 绪论”部分，选中“1.1 引言”文本，设置字体为“黑体”、字号为“小三”、字体颜色为“自动”，取消首行缩进“2 字符”，设置文本左对齐。单击“开始”→“样式”→“其他”下拉按钮，在下拉列表中选择“创建样式”命令。在弹出的“根据格式设置创建新样式”对话框中输入样式名称为“论文 2 级标题”，并单击“修改”按钮。在弹出的“根据格式设置创建新样式”对话框中的“样式基准”选择“标题 2”，取消字体“加粗”，设置“文本左对齐”，单击“确定”按钮，创建新的“论文 2 级标题”样式。

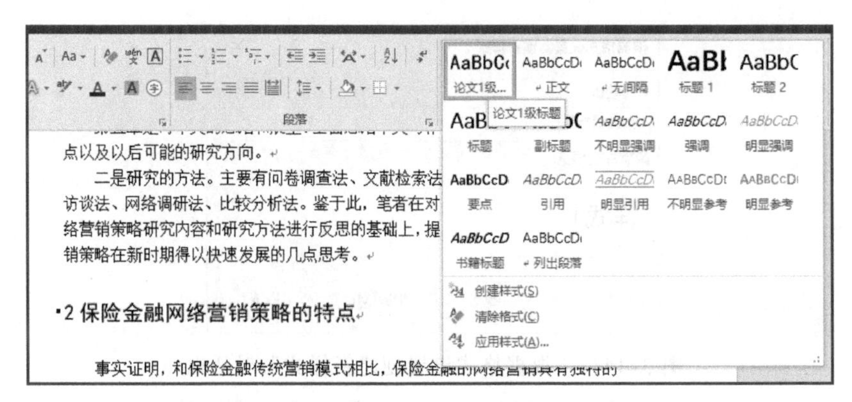

图 3-145 应用“论文 1 级标题”样式

② 选择文档中“1.2 研究目的与意义”文本，单击“开始”→“样式”→“样式效果”下拉按钮，在列表中选择“论文 2 级标题”样式并应用。采用相同的方法将文档中“1.3...”“2.1...”“2.2...”“2.3...”“2.4...”“3.1...”“3.2...”“3.3...”“3.4...”“4.1...”“4.2...”“4.3...”“4.4...”“5.1...”“5.2...”对应的文本设置为“论文 2 级标题”样式，如图 3-146 所示。

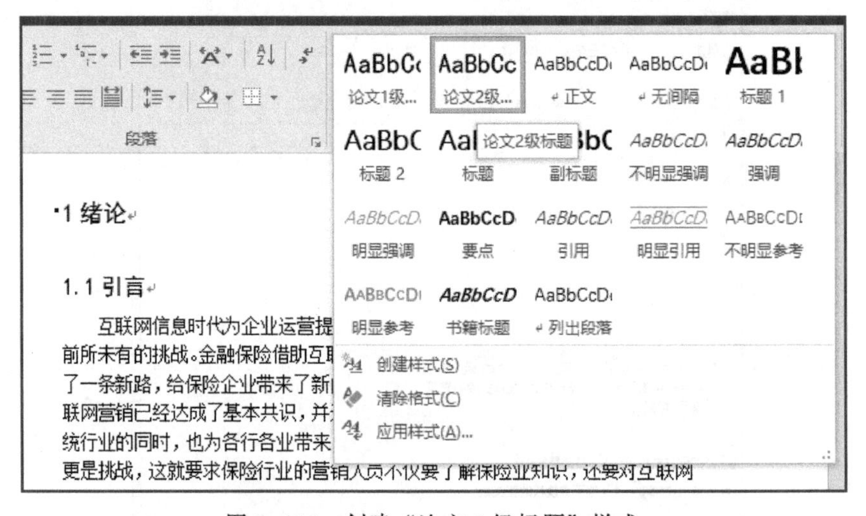

图 3-146 创建“论文 2 级标题”样式

步骤 6：设置文档 3 级标题样式

① 选中“4.2.1 以 QQ 社交平台为载体的网络营销策略”文本，设置字体为“黑体”、字号为“四号”、字体颜色为“自动”，取消首行缩进“2 字符”，设置文本左对齐。单击“开始”→“样式”→“其他”下拉按钮，在下拉列表中选择“创建样式”命令。在弹出的“根据格式设置创建新样式”对话框中输入样式名称为“论文 3 级标题”，并单击“修改”按钮。在弹出的“根据格式设置创建新样式”对话框中的“样式基准”选择“标题 3”，取消字体“加粗”，设置“文本左对齐”，单击“确定”按钮，创建新的“论文 3 级标题”样式。

② 选择文档中“4.2.2 电子邮件为载体的网络营销策略”文本，单击“开始”→“样式”→“其他”下拉按钮，在下拉列表中选择“论文 3 级标题”样式并应用。采用相同的方法将文档中“4.2.3...”和“4.2.4...”对应的文本设置为“论文 3 级标题”样式，如图 3-147 所示。

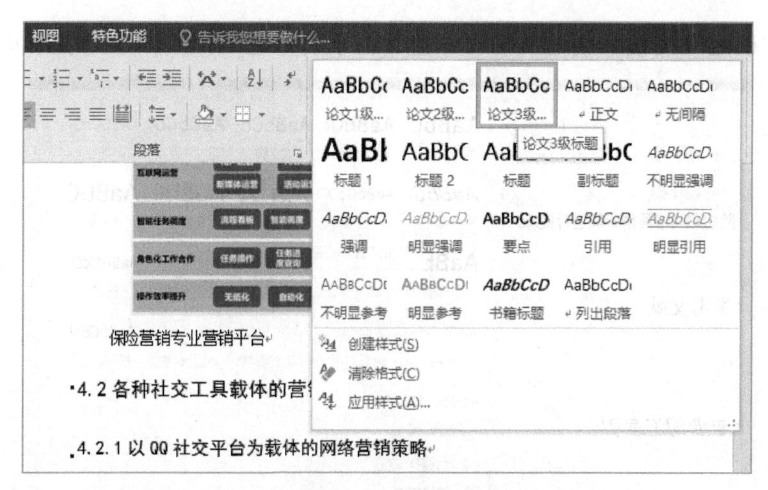

图 3-147　创建“论文 3 级标题”样式

步骤 7：设置文档参考文献标题样式

选中“参考文献”文本，设置字体为“宋体”、字号为“三号”“粗体”，取消首行缩进“2 字符”，字体颜色为“自动”，设置文本左对齐。单击“开始”→“样式”→“其他”下拉按钮，在下拉列表中选择“创建样式”命令。在弹出的“根据格式设置创建新样式”对话框中输入样式名称为“参考文献标题”，并单击“修改”按钮。在弹出的“根据格式设置创建新样式”对话框中的“样式基准”选择“标题 1”，字体“加粗”，设置“文本左对齐”，单击“确定”按钮，创建新的“参考文献标题”样式，如图 3-148 所示。

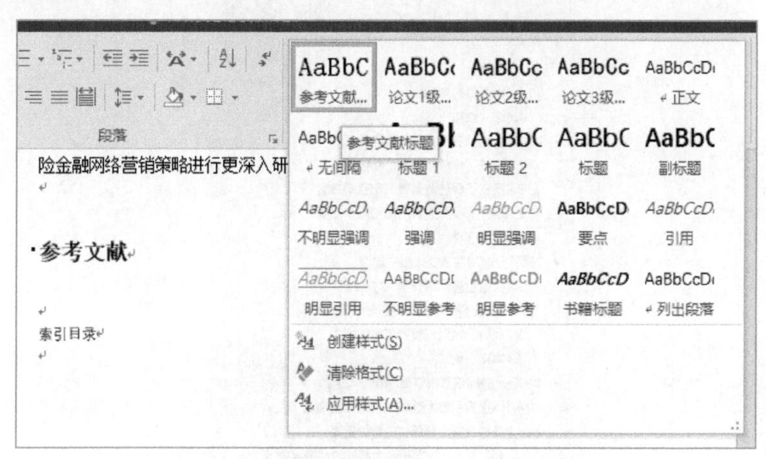

图 3-148　创建“参考文献标题”样式

步骤 8：设置文档专业词汇索引样式

选中“专业词汇索引”文本，设置字体为“黑体”、字号为“小二”“斜体”，取消首行缩进“2 字符”，字体颜色为“自动”，设置文本左对齐。单击“开始”→“样式”→“其他”下拉按钮，在下拉列表中选择“创建样式”命令。在弹出的“根据格式设置创建新样式”对话框中输入样式名称为“专业词汇索引标题”，并单击“修改”按钮。在弹出的“根据格式设置创建新样式”对话框中的“样式基准”选择“标题 1”，取消字体“加粗”，设置“文本左对齐”，单击“确定”按钮，创建新的“专业词汇索引标题”样式，如图 3-149 所示。

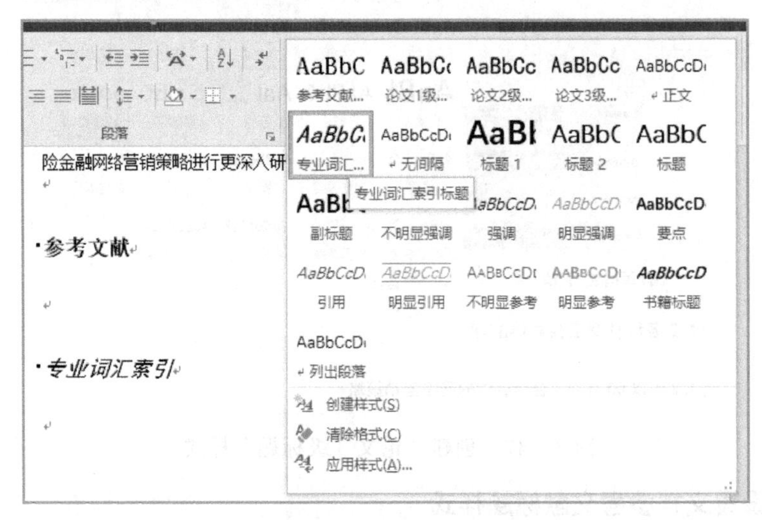

图 3-149　创建“专业词汇索引标题”样式

通过自定义标题样式完成文档中全部标题的样式设置和文档的大纲处理，在导航窗格中可以看到文档各级标题的分布情况，如图 3-150 所示。

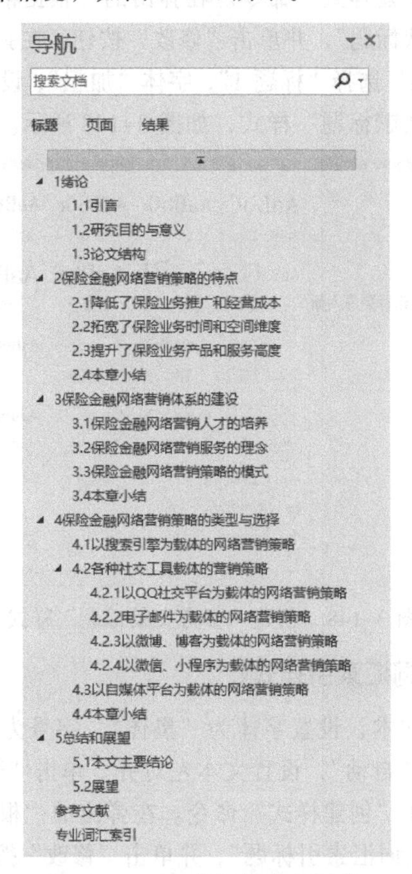

图 3-150　文档标题大纲结构

技巧与提示

文本的样式应用除了使用“样式”组中的“其他”下拉列表中提供的内置样式和自定义样式外，还可以通过“剪贴板”组中的“格式刷”按钮进行样式套用。

3.3.2 添加题注

步骤 1：添加图表题注

① 选择文档的第一张图表，取消“首行缩进 2 字符”段落格式，单击“引用”→“题注”→“插入题注”按钮，弹出“题注”对话框，如图 3-151 所示。

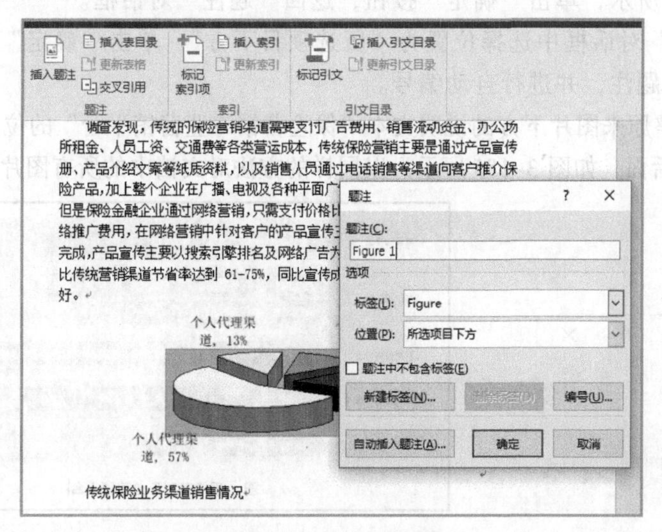

图 3-151 “题注”对话框

② 在“题注”对话框的“选项”区域单击“新建标签”按钮，弹出“新建标签”对话框，在“标签”文本框中输入“图表”，单击“确定”按钮，如图 3-152 所示。

③ 返回“题注”对话框，在“标签”下拉列表中选择“图表”，位置选择“所选项目下方”，单击“确定”按钮，Word 2016 将为图表自动插入题注信息，并进行自动编号。

④ 插入后调整原来图表下方的说明文本“传统保险业务渠道销售情况”的位置，将文本的位置调整到“图表 1”的后面，如图 3-153 所示。

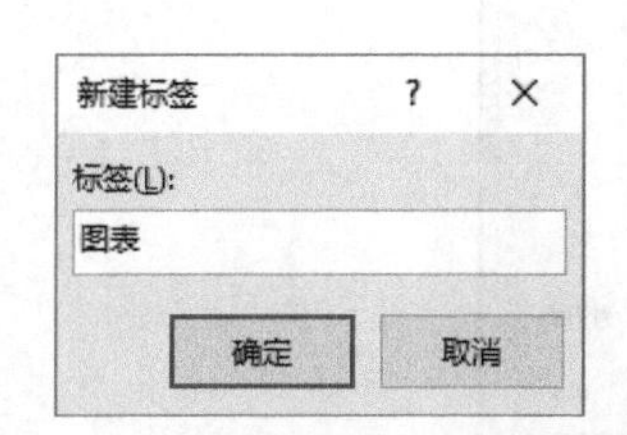

图 3-152 新建“图表”题注标签

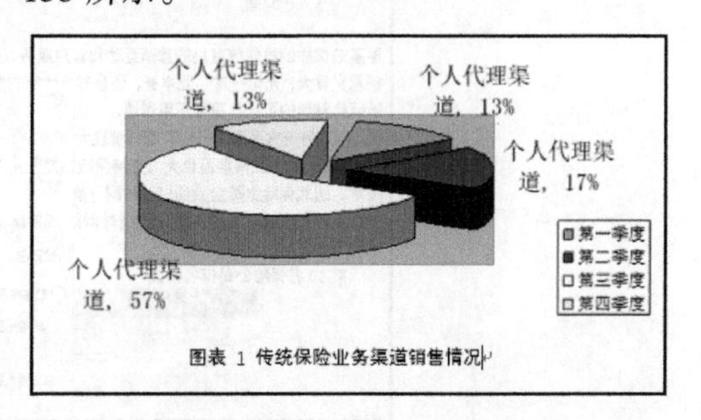

图 3-153 插入图表题注

⑤ 以同样的方法对文档中的所有图表添加题注信息。

技巧与提示

插入题注的另一种方法：选中图片、图表或表格并右击，在弹出的快捷菜单中选择“插入题注”命令，弹出“题注”对话框，设置相关参数插入题注。

步骤 2：添加图片题注

① 选中文档中的第一幅图片，单击“引用”→“题注”→“插入题注”按钮，弹出“题注”对话框，单击“新建标签”按钮，弹出“新建标签”对话框，在“标签”文本框中输入“图”，如图 3-154 所示，单击“确定”按钮，返回“题注”对话框。

② 在“题注”对话框中选择位置为“所选项目下方”，单击“确定”按钮，Word 2016 将为图片自动插入题注，并进行自动编号。

③ 插入后调整原来图片下方的说明文本“保险营销专业营销平台”的位置，将文本的位置调整到“图 1”的后面，如图 3-155 所示。以同样的方法对文档中的所有图片插入题注。

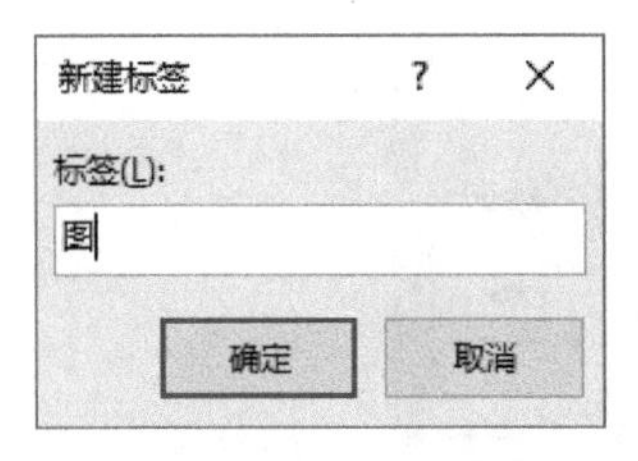

图 3-154 新建“图”图片题注

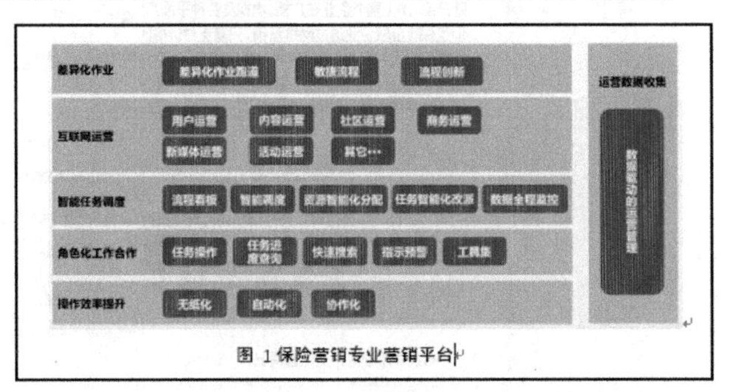

图 3-155 给图片添加题注

步骤 3：添加表格题注

① 选中文档中的第一幅表格，单击“引用”→“题注”→“插入题注”按钮，弹出“题注”对话框，单击“新建标签”按钮，弹出“新建标签”对话框，在“标签”文本框中输入“表格”，单击“确定”按钮，返回“题注”对话框，如图 3-156 所示。

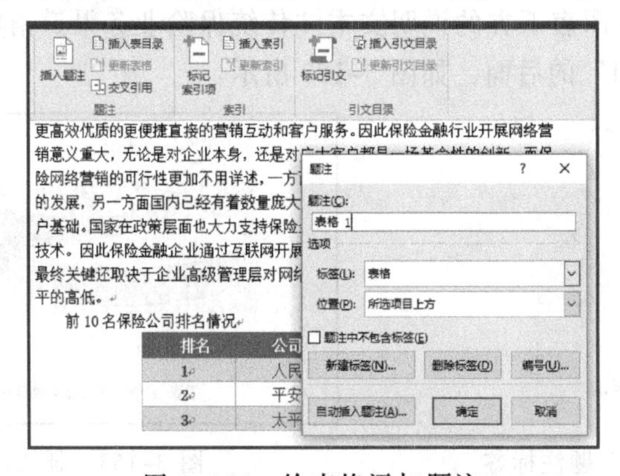

图 3-156 给表格添加题注

② 插入后调整原来表格上方的说明文本“前 10 名保险公司排名情况”的位置，将文本的位置调整到“表格 1”的后面，并将表格题注的对齐方式设置为“居中”，如图 3-157 所示。

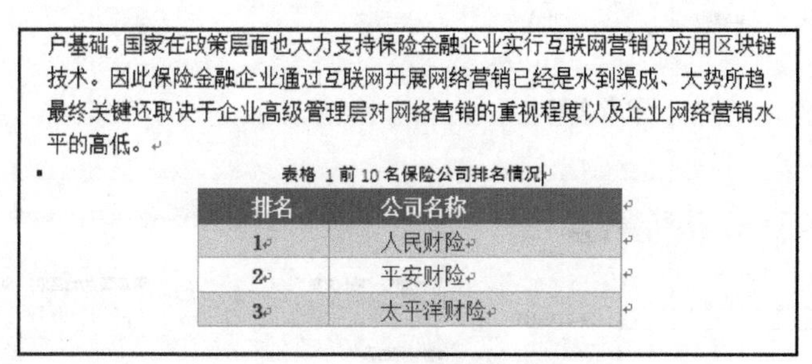

户基础。国家在政策层面也大力支持保险金融企业实行互联网营销及应用区块链技术。因此保险金融企业通过互联网开展网络营销已经是水到渠成、大势所趋，最终关键还取决于企业高级管理层对网络营销的重视程度以及企业网络营销水平的高低。

表格 1 前 10 名保险公司排名情况

排名	公司名称
1	人民财险
2	平安财险
3	太平洋财险

图 3-157 添加表格题注

技巧与提示

当用户删除了文档中的某一张图片、表格或图表以及它的题注后需要重新排列文档中其他图片、表格和图表的编号顺序时，只要选中整篇文档并按【F9】键，Word 2016 将自动更新文档中所有图片、表格和图表的题注编号顺序。

3.3.3 编辑引文与书目

步骤 1：打开“参考文献”素材文件

利用记事本软件打开“参考文献”素材文件，如图 3-158 所示。

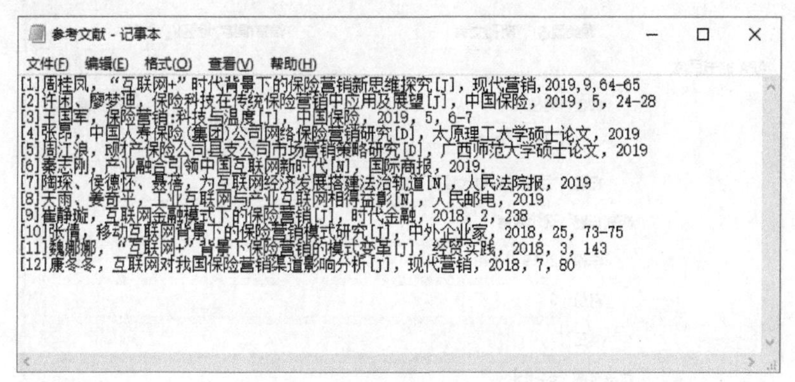

参考文献 - 记事本

文件(F) 编辑(E) 格式(O) 查看(V) 帮助(H)

[1]周桂凤，“互联网+”时代背景下的保险营销新思维探究[J]，现代营销,2019,9,64-65
[2]许闲、廖梦迪，保险科技在传统保险营销中应用及展望[J]，中国保险，2019，5，24-28
[3]王国军，保险营销:科技与温度[J]，中国保险，2019，5，6-7
[4]张昂，中国人寿保险(集团)公司网络保险营销研究[D]，太原理工大学硕士论文，2019
[5]周江浪，R财产保险公司县支公司市场营销策略研究[D]，广西师范大学硕士论文，2019
[6]秦志刚，产业融合引领中国互联网新时代[N]，国际商报，2019.
[7]陶琛、侯德怀、聂蓓，为互联网经济发展搭建法治轨道[N]，人民法院报，2019
[8]天雨、姜奇平，工业互联网与产业互联网相得益彰[N]，人民邮电，2019
[9]崔静璇，互联网金融模式下的保险营销[J]，时代金融，2018，2，238
[10]张倩，移动互联网背景下的保险营销模式研究[J]，中外企业家，2018，25，73-75
[11]魏娜娜，“互联网+”背景下保险营销的模式变革[J]，经贸实践，2018，3，143
[12]康冬冬，互联网对我国保险营销渠道影响分析[J]，现代营销，2018，7，80

图 3-158 参考文献素材

步骤 2：添加引文

① 将光标定位到长文档中的“参考文献”标题下方。单击“引用”→“引文与书目”→“管理源”按钮，弹出“源管理器”对话框，单击“新建”按钮，如图 3-159 所示。

② 在弹出的“创建源”对话框中单击“源类型”下拉按钮，选择“期刊文章”选项，根据打开的“参考文献”文件，将素材文件中第一条参考文献内容对应“创建源”对话框中的“作者”“标题”“期刊标题”“年”“月”“页码”文本框进行一一填入，如图 3-160 所示，

添加完毕后单击“确定”按钮完成添加引文信息。

引用 邮件 审阅 视图 特色功能 告诉我您想要做什么...
插入引文 管理源 样式: APA 书目 引文与书目
插入题注 插入表目录 更新表格 交叉引用 题注
标记索引项 插入索引 更新索引 索引
标记引文 插入引文目录 更新引文目录 引文目录
参考文献
源管理器
搜索(S):
按作者排序
来源位于(R):
主列表
预览(APA):
关闭
创建源
源类型(S) 期刊文章
语言(国家/地区)(L) 默认
APA 的书目域
作者 周桂凤
编辑
公司 作者
标题 "互联网+"时代背景下的保险营销新思维探究[J]
期刊标题 现代营销
年份 2019
月份 9
日
页码范围 64-65
显示所有书目域(A)
标记名称(T)
示例: 50-62
周桂凤19
确定
取消

图 3-159 “源管理器”对话框

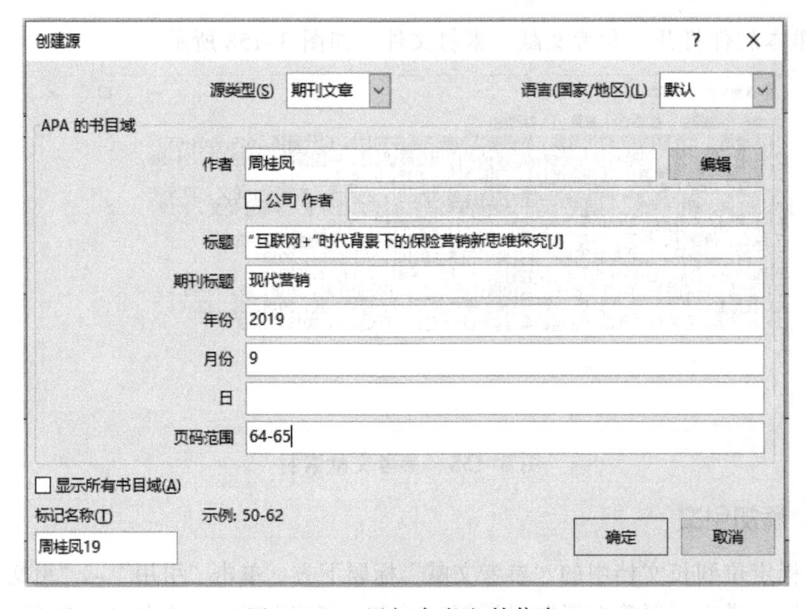

图 3-160 添加参考文献信息

③ 将“参考文献”文件提供的参考文献素材信息逐条添加到“源管理器”中。利用鼠标将“源管理器”中的“主列表”列表框的所有引文选中，单击“复制”按钮将所有引文复制到“当前列表”列表框中，选择“当前列表”上方的下拉列表框中的“按作者排序”选项，

单击“关闭”按钮，如图 3-161 所示。

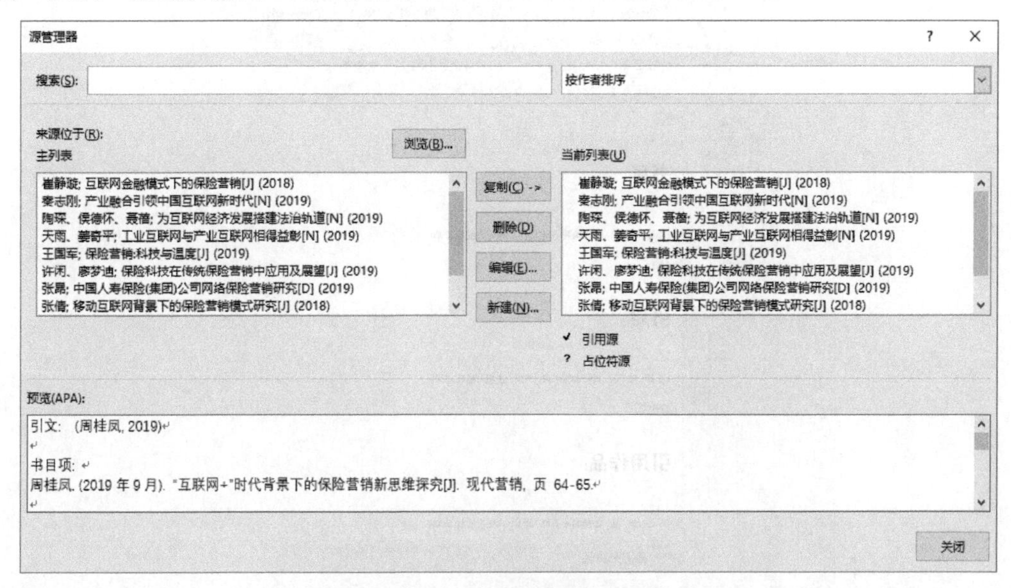

图 3-161 为添加的引文进行排序

步骤 3：插入引文

① 单击“引用”→“引文与书目”→“样式”下拉按钮，在下拉列表中选择“IEEE”选项，如图 3-162 所示。

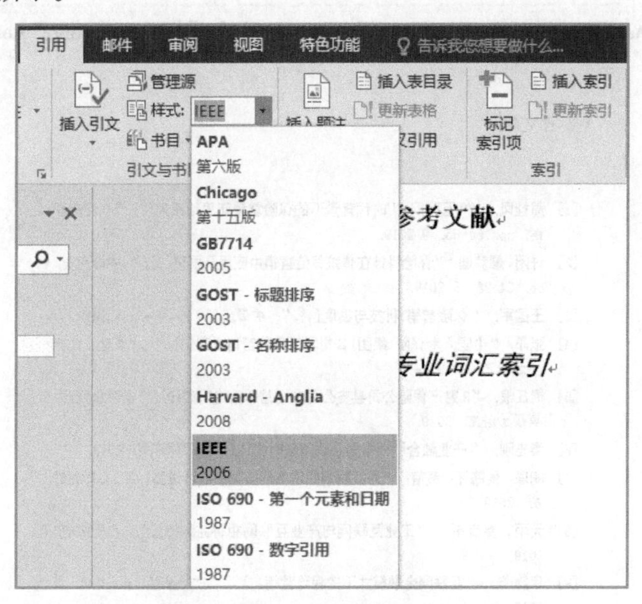

图 3-162 设置引文的样式

② 单击“引用”→“引文与书目”→“书目”下拉按钮，在下拉列表中选择“插入书目”命令，将“源管理器”中的参考文献信息插入到文档的“参考文献”标题下方，如图 3-163 所示。

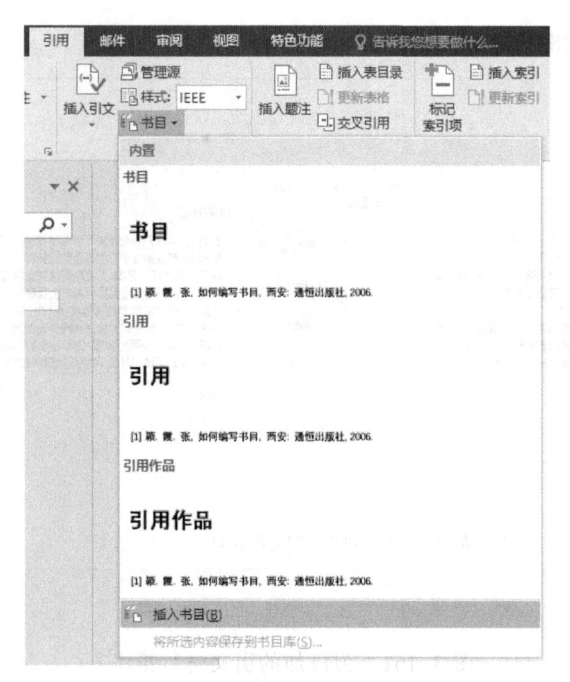

图 3-163 插入书目

③ 选中所有插入的参考文献条目，设置字体为“宋体”、字号为“小四”、段落行距为“1.2 倍行距”，如图 3-164 所示。

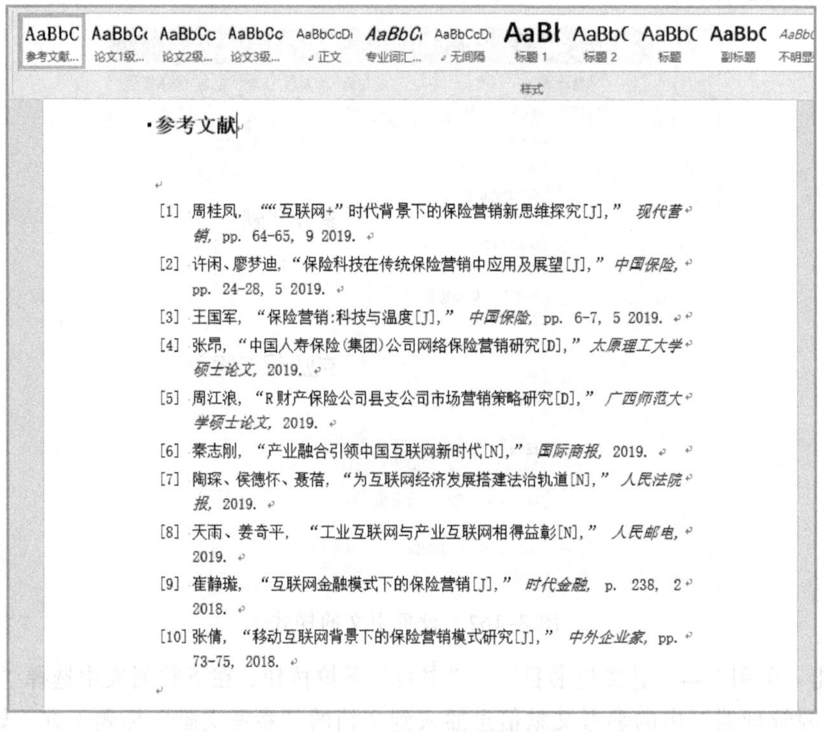

图 3-164 添加参考文献内容

步骤 4：设置参考文献的引用

① 将光标移动到文档 “1.2 研究目的与意义” 中的第一段 “...销售保险金融产品的营销行为” 后面，单击 “引用” → “引文与书目” → “插入引文” 下拉按钮，在下拉列表中插入第 1 条引文信息，如图 3-165 所示。

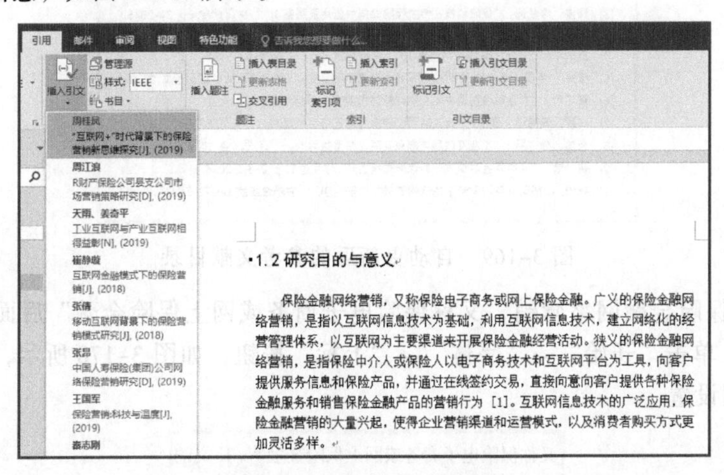

图 3-165　插入引文信息

② 将光标定位在 “保险金融网络营销，又称保险电子商务或网上保险金融。” 文本后面，单击 “引用” → “引文与书目” → “插入引文” 下拉按钮，在下拉列表中插入第 2 条引文信息，如图 3-166 所示。

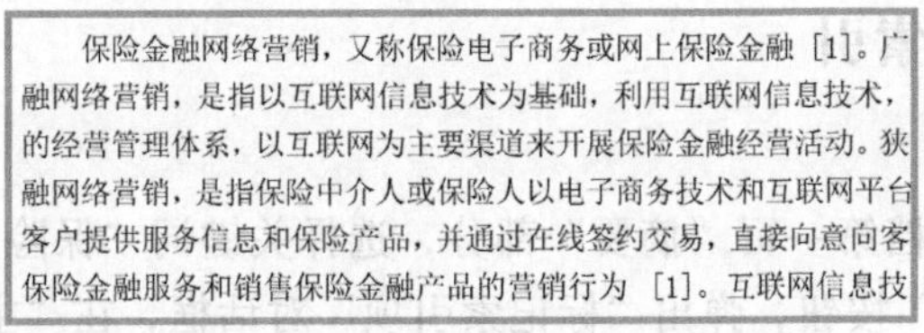

保险金融网络营销，又称保险电子商务或网上保险金融 [1]。广
融网络营销，是指以互联网信息技术为基础，利用互联网信息技术，
的经营管理体系，以互联网为主要渠道来开展保险金融经营活动。狭
融网络营销，是指保险中介人或保险人以电子商务技术和互联网平台
客户提供服务信息和保险产品，并通过在线签约交易，直接向意向客
保险金融服务和销售保险金融产品的营销行为 [1]。互联网信息技

图 3-166　插入第 2 条引文信息

步骤 5：更新参考文献的列表

① 选中 “保险金融网络营销，又称保险电子商务或网上保险金融。” 文本后面的引文选项 “[1]”，单击选项右侧的下拉按钮，在下拉列表中选择 “更新引文和书目” 选项，如图 3-167 所示。Word 2016 将为文档中插入的所有引文进行自动编号，如图 3-168 所示。更新引文后，毕业论文的参考文献部分的列表也随着进行自动更新，保持与插入引文的次序一致，如图 3-169 所示。

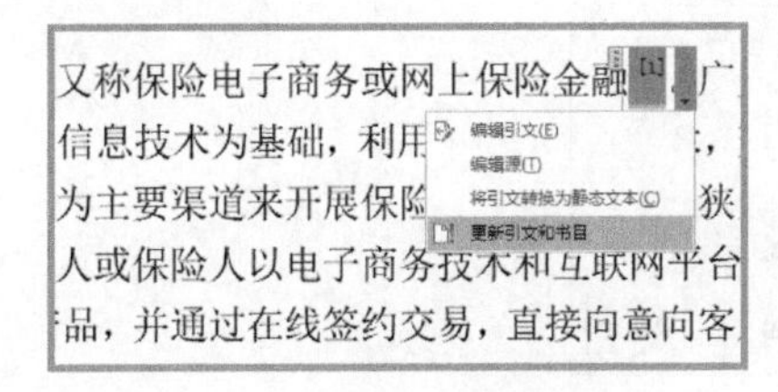

图 3-167　更新引文和书目

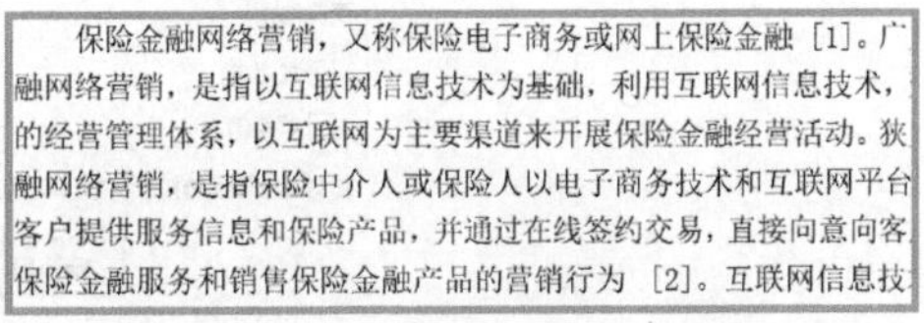

保险金融网络营销，又称保险电子商务或网上保险金融 [1]。广
融网络营销，是指以互联网信息技术为基础，利用互联网信息技术，
的经营管理体系，以互联网为主要渠道来开展保险金融经营活动。狭
融网络营销，是指保险中介人或保险人以电子商务技术和互联网平台
客户提供服务信息和保险产品，并通过在线签约交易，直接向意向客
保险金融服务和销售保险金融产品的营销行为 [2]。互联网信息技

图 3-168　引文自动编号后效果

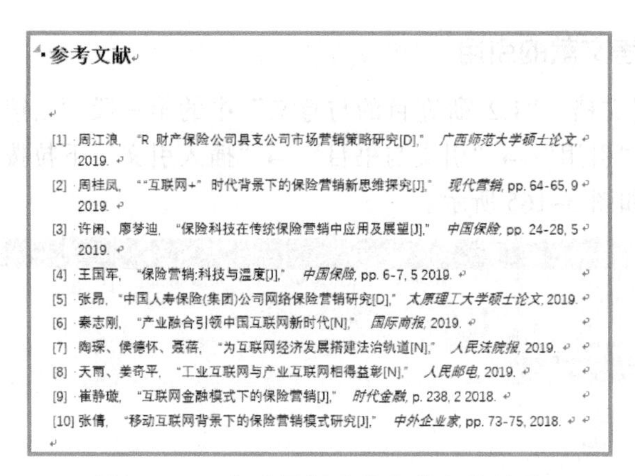
参考文献

[1] 周江浪, "R 财产保险公司县支公司市场营销策略研究[D]," 广西师范大学硕士论文, 2019.
[2] 周桂凤, ""互联网+" 时代背景下的保险营销新思维探究[J]," 现代营销, pp. 64-65, 9 2019.
[3] 许闲、廖梦迪, "保险科技在传统保险营销中应用及展望[J]," 中国保险, pp. 24-28, 5 2019.
[4] 王国军, "保险营销:科技与温度[J]," 中国保险, pp. 6-7, 5 2019.
[5] 张昂, "中国人寿保险(集团)公司网络保险营销研究[D]," 太原理工大学硕士论文, 2019.
[6] 秦志刚, "产业融合引领中国互联网新时代[N]," 国际商报, 2019.
[7] 陶琛、侯德怀、聂蓓, "为互联网经济发展搭建法治轨道[N]," 人民法院报, 2019.
[8] 天雨、姜奇平, "工业互联网与产业互联网相得益彰[N]," 人民邮电, 2019.
[9] 崔静璇, "互联网金融模式下的保险营销[J]," 时代金融, p. 238, 2 2018.
[10] 张倩, "移动互联网背景下的保险营销模式研究[J]," 中外企业家, pp. 73-75, 2018.

图 3-169 自动更新后的参考文献目录

② 选择“保险金融网络营销，又称保险电子商务或网上保险金融”后面的引文选项编号“[1]”文本，单击“开始”→“字体”→“上标”按钮，如图 3-170 所示，完成参考文献在文档中的引用设置。

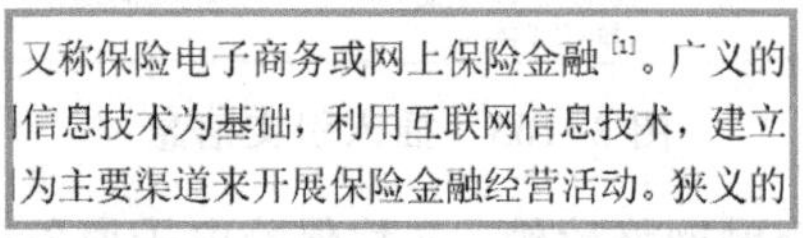

又称保险电子商务或网上保险金融[1]。广义的
信息技术为基础，利用互联网信息技术，建立
为主要渠道来开展保险金融经营活动。狭义的

图 3-170 设置参考文献的引用

③ 采用相同的方法，将文档中的其他引文选项编号都设置为“上标”效果。

3.3.4 设置专业词汇索引

步骤 1：添加索引

① 将光标移动到文档第一页“摘要”部分，选择关键词“保险金融”，单击“引用”→“索引”→“标记索引项”按钮，弹出“标记索引项”对话框，在“主索引项”的“所属拼音项”文本框中输入“B”，如图 3-171 所示，单击“标记全部”按钮。

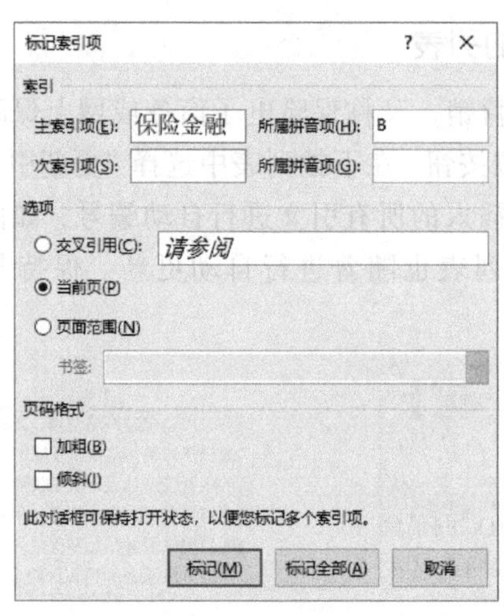

图 3-171 “标记索引项”对话框

② 采用相同的方法分别选中“网络营销”“营销策略”“互联网营销”三个关键词标记为索引项，并添加“所属拼音项”，分别是“W”“Y”“H”，并在整个文档中全部标记，标记后如图 3-172 所示。

关键词：保险金融{ XE "保险金融" }；网络营销{ XE "网络营销" \y "W" }；营销策略{ XE "营销策略" \y "Y" }；互联网营销{ XE "互联网营销" \y "H" }

图 3-172　为关键词标记索引

步骤 2：插入索引

① 移动光标定位到毕业论文文档的“专业词汇索引”下方，单击“引用”→“索引”→“插入索引”按钮，弹出“索引”对话框，如图 3-173 所示。

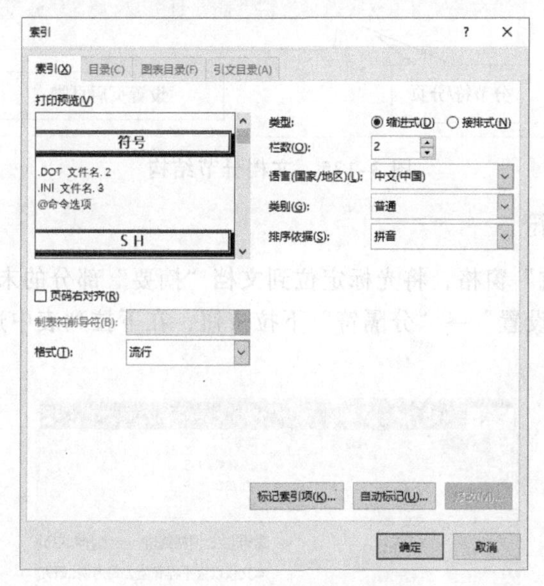

图 3-173　“索引”对话框

② 在“索引”对话框的“格式”下拉列表框中选择“流行”选项，在“排序依据”下拉列表框中选择“拼音”选项按拼音排序，在“栏数”微调框中输入“2”，单击“确定”按钮，插入效果如图 3-174 所示。

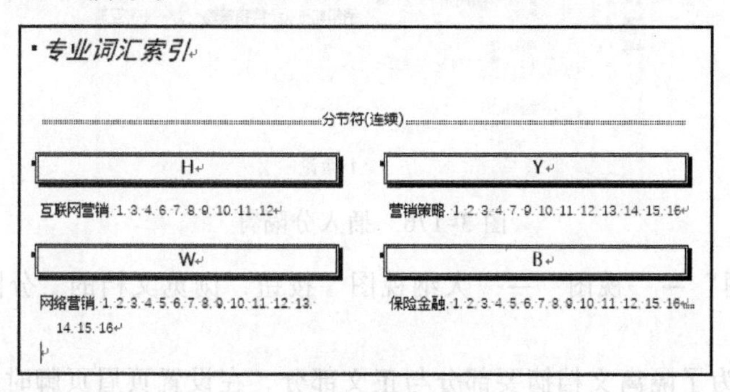

图 3-174　插入索引

3.3.5 设置页眉页脚

为了更好地处理长文档的页眉和页脚，需要对整篇素材文档进行分节处理，通过分节符将整篇文档划分为两部分，第一部分是封面页和摘要目录，第二部分是正文章节、参考文献和索引，如图 3-175 所示。

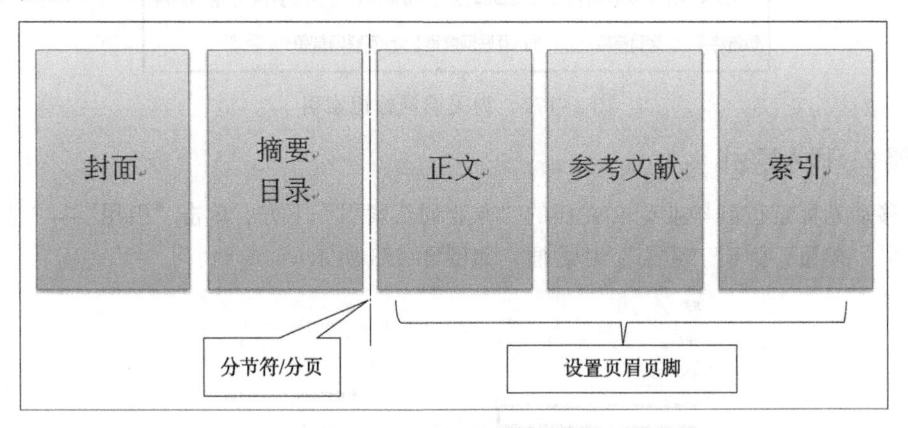

图 3-175 文档分节结构

步骤 1：插入分节符

① 利用文档“导航”窗格，将光标定位到文档“摘要”部分的末尾“关键词”的下方，单击“布局”→“页面设置”→“分隔符”下拉按钮，在下拉列表中选择“下一页”命令，如图 3-176 所示。

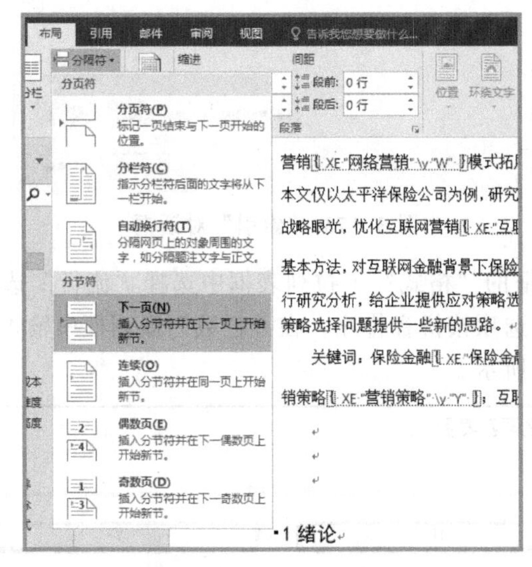

图 3-176 插入分隔符

② 单击“视图”→“视图”→“大纲视图”按钮，浏览文档的“分隔符”插入效果，如图 3-177 所示。

插入分节符是为了隔离文档摘要部分与正文部分，在设置页眉页脚时断开上下两节的链接，使摘要部分不显示页眉和页脚信息。

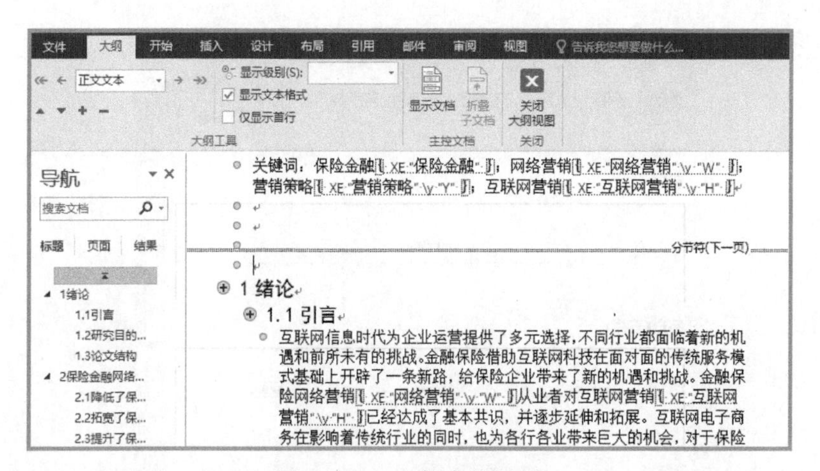

图 3-177 文档大纲视图

③ 查看完毕后，单击“大纲”→“关闭”→“关闭大纲视图”按钮，退出大纲视图模式，返回常用的“页面视图”模式。

步骤 2：设置文档标题信息

单击“文件”→“信息”按钮，在“标题”文本框中输入毕业论文题目：“保险金融网络营销策略分析”，如图 3-178 所示。输入标题信息是为了利用 Word 域插入页眉做准备。

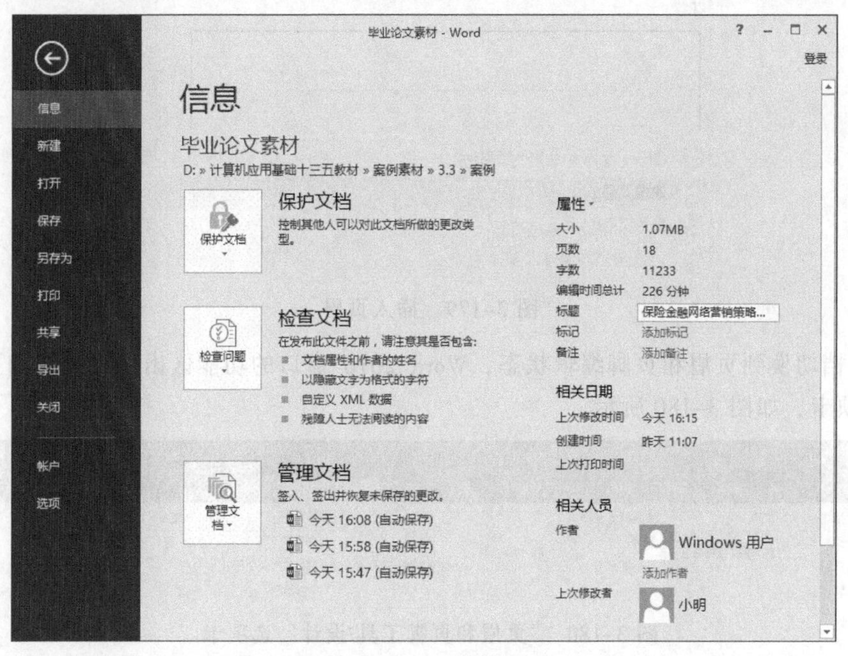

图 3-178 文件信息窗口

步骤 3：插入页眉

① 单击“插入”→“页眉和页脚”→“页眉”下拉按钮，在下拉列表中选择“编辑页眉”命令，如图 3-179 所示。

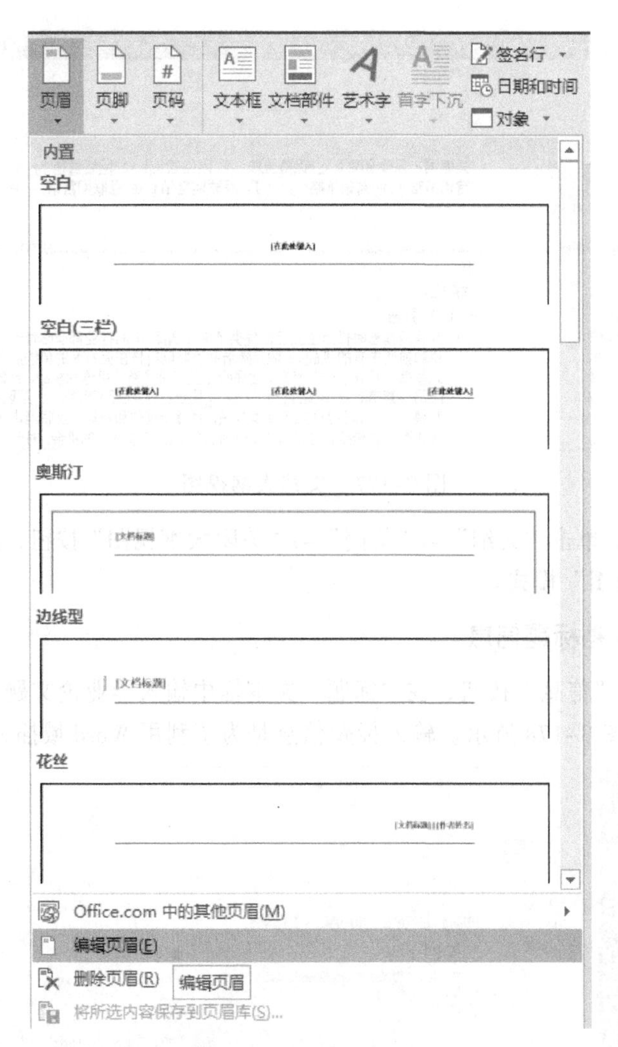

图 3-179 插入页眉

② 文档切换到页眉和页脚编辑状态，Word 2016 窗口的功能区出现“页眉和页脚工具/设计”选项卡，如图 3-180 所示。

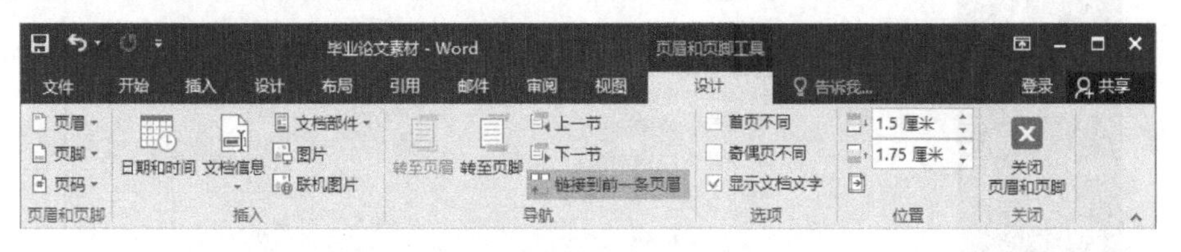

图 3-180 “页眉和页脚工具/设计”选项卡

③ 单击“页眉和页脚工具/设计”→“导航”→“下一节”按钮，切换到文档第 2 节“1 绪论”部分的页眉编辑处，如图 3-181 所示。

④ 单击“页眉和页脚工具/设计”→“选项”→“奇偶页不同”复选框，如图 3-182 所示，开启文档的奇数页与偶数页页眉不同的设置模式。

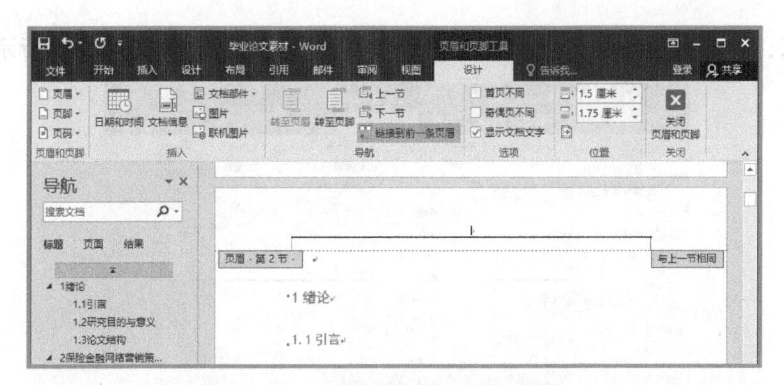

图 3-181　切换到第 2 节页眉编辑处

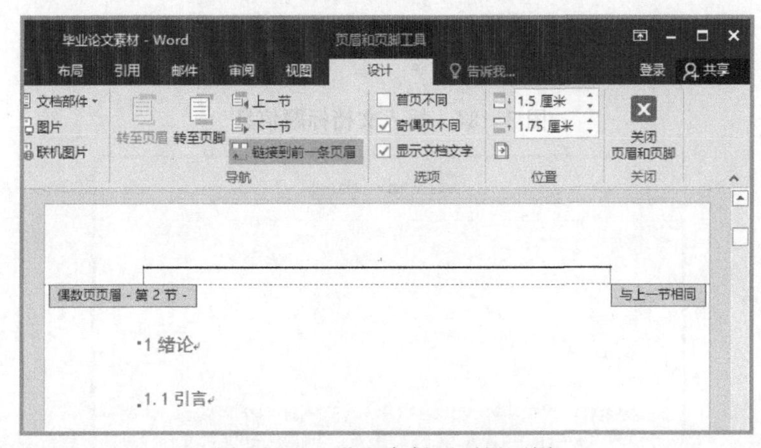

图 3-182　设置奇偶页页眉不同

⑤ 如图 3-182 所示，单击“页眉和页脚工具/设计”→“导航”→“链接到前一条页眉”按钮，断开“摘要”与“1 绪论”两个小节的页眉链接，如图 3-183 所示，此时“链接到前一条页眉”按钮处于未被选中状态。

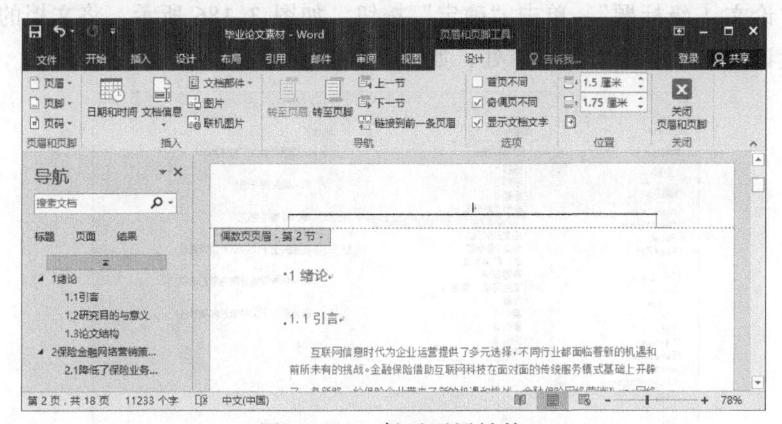

图 3-183　断开页眉链接

⑥ 将光标定位到“1 绪论”部分的第一页页眉编辑处，单击“页眉和页脚工具/设计”→“插入”→“文档部件”下拉按钮，在下拉列表中选择“文档属性”→“标题”选项，如

图 3-184 所示，将标题信息插入到毕业论文所有偶数页页眉处，如图 3-185 所示。

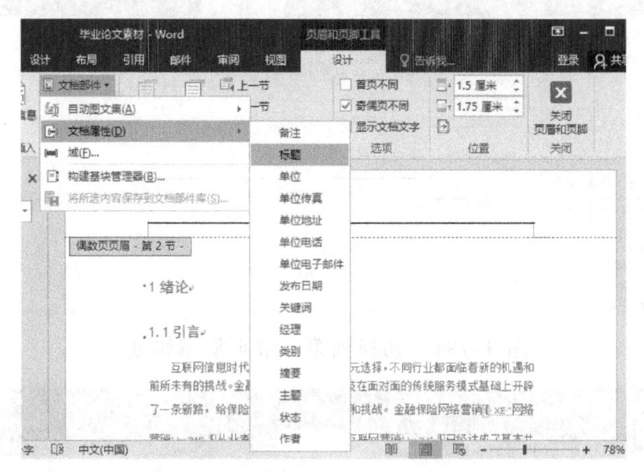

图 3-184 插入文档标题信息

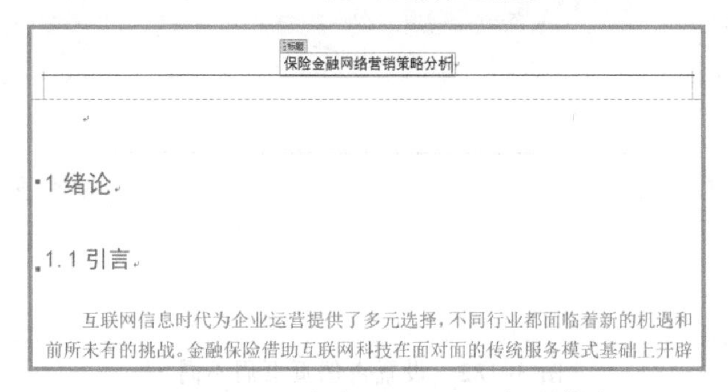

图 3-185 论文偶数页页眉显示标题信息

⑦ 将光标定位到“1 绪论”小节的第二页页眉编辑处，单击“页眉和页脚工具/设计”→“插入”→“文档部件”→“域”选项，打开“域”对话框，“类别”选择“StyleRef”，“样式名”选择“论文 1 级标题”，单击“确定”按钮，如图 3-186 所示。将文档的每个 1 级标题插入到毕业论文的所有奇数页页眉处，如图 3-187 所示。

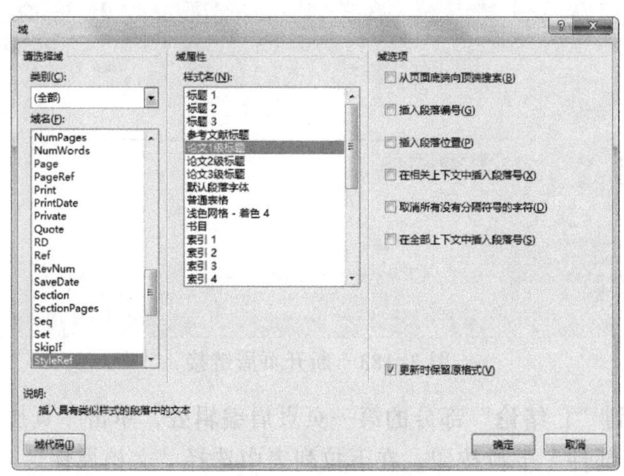

图 3-186 “域”对话框

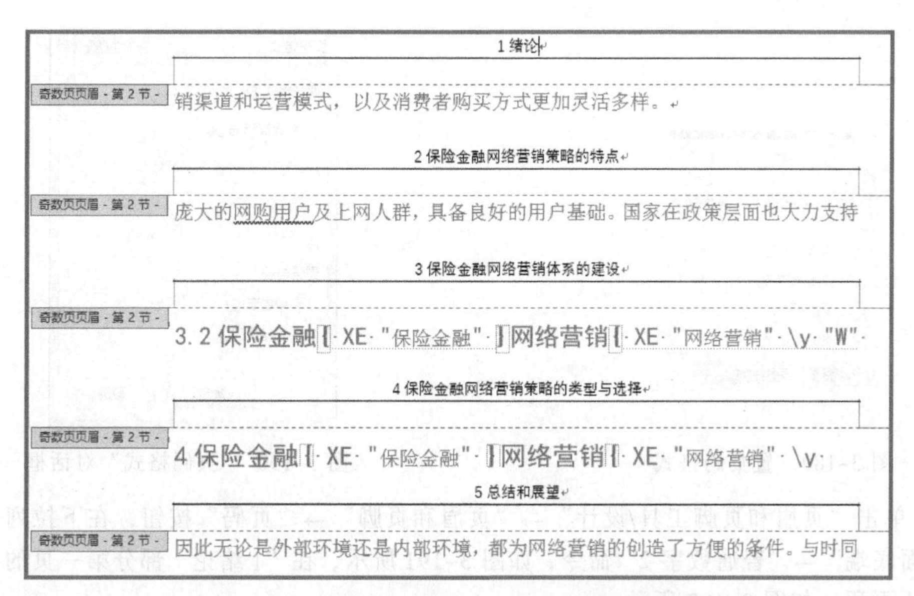

图 3-187　奇数页页眉添加论文 1 级标题信息

步骤 3：插入页码

① 单击“页眉和页脚工具/设计”→“导航”→“转至页脚”按钮，将光标定位到“1 绪论”小节第一页的页脚编辑处，单击“页眉和页脚工具/设计”→“导航”→“链接到前一条页眉”按钮，断开该小节与“摘要”小节的页脚链接，如图 3-188 所示。

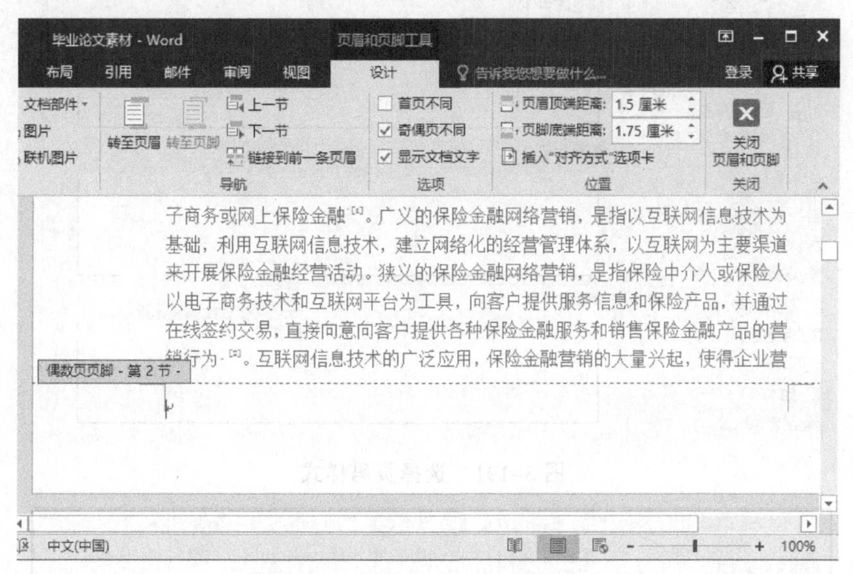

图 3-188　断开奇数页页脚链接

② 单击“页眉和页脚工具/设计”→“页眉和页脚”→“页码”下拉按钮，在下拉列表中选择“设置页码格式”选项，如图 3-189 所示。弹出“页码格式”对话框，页码编号选择“起始页码”单选按钮，输入框中输入“1”，如图 3-190 所示，单击“确定”按钮。

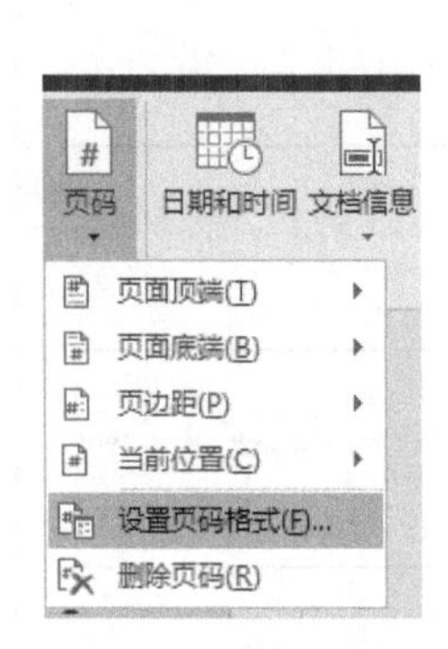

图 3-189　置页码格式

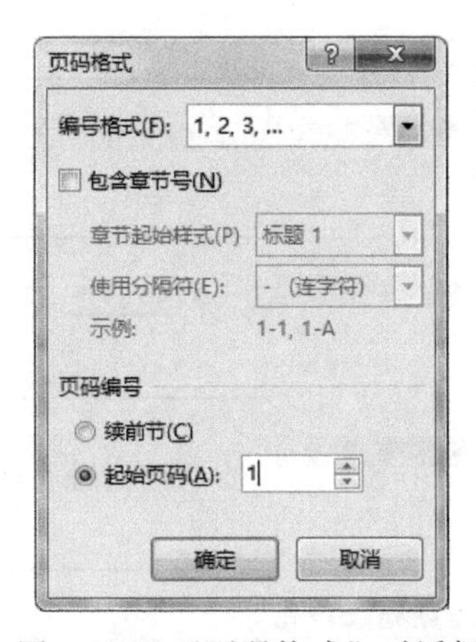

图 3-190　“页码格式”对话框

③ 单击“页眉和页脚工具/设计”→“页眉和页脚”→“页码”按钮，在下拉列表中选择“页面底端”→“普通数字 2”命令，如图 3-191 所示，在“1 绪论”部分第一页的页脚编辑处插入页码，如图 3-192 所示。

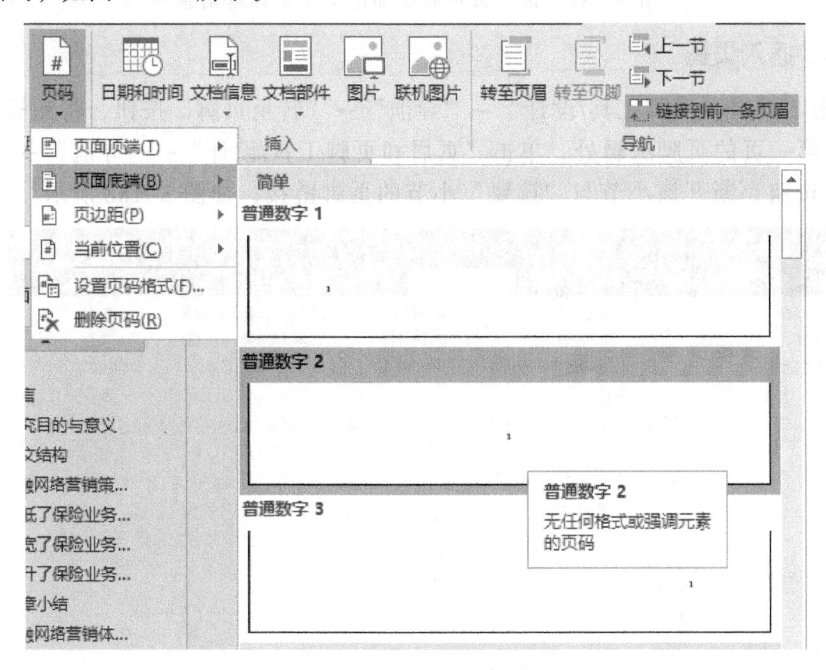

图 3-191　选择页码样式

在线签约交易，直接向意向客户提供各种保险金融服务和销售保险金融产品的营销行为[2]。互联网信息技术的广泛应用，保险金融营销的大量兴起，使得企业营

奇数页页脚 - 第 2 节 -

1

图 3-192　“1 绪论”部分第一页的页脚插入页码

④ 光标定位到“1 绪论”部分的第二页的页脚编辑处，检查当前“页眉和页脚工具/设计”→“导航”→“链接到前一条页眉”按钮是否处于未选中状态，如果处于被选中状态则

单击“链接到前一条页眉”按钮，断开“摘要”与“1 绪论”两个小节的页脚链接。

⑤ 单击“页眉和页脚工具/设计”→“页眉和页脚”→“页码”下拉按钮，在下拉列表中选择“页面底端”→“普通数字 2”选项。在“1 绪论”部分的第二页的页脚编辑处插入页码，如图 3-193 所示。

图 3-193　“1 绪论”部分的第二页的页脚插入页码

⑥ 利用“导航”窗格定位到文档的“摘要”页面，单击“插入”→“页眉和页脚”→“页眉”下拉按钮，在下拉列表中选择“编辑页眉”命令，对“摘要”页面的页眉进行编辑。选中“页眉和页脚工具/设计”→“选项”→“首页不同”复选框，如图 3-194 所示，设置摘要部分不显示页眉信息。

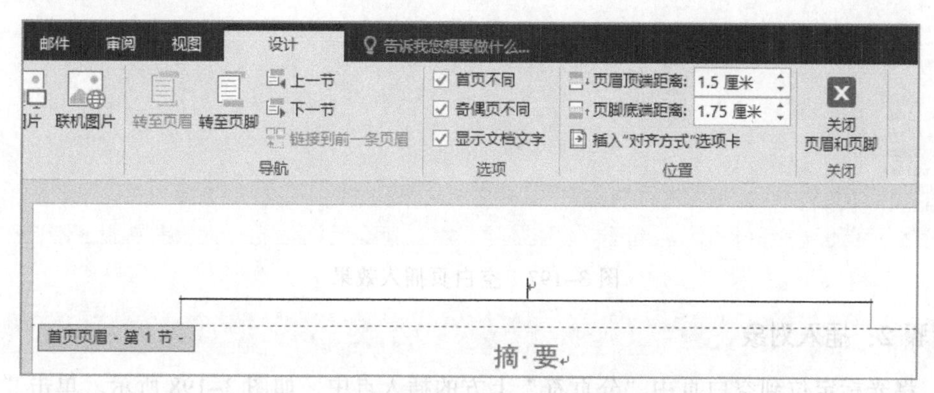

图 3-194　设置“摘要”页面的页眉信息不显示

3.3.6　添加文档封面

步骤 1：插入空白页

① 将光标定位到文档“摘要”页面的“摘”字前面，如图 3-195 所示。

② 单击“插入”→“页”→“空白页”下拉按钮，在摘要前面插入一页空白页，如图 3-196 所示。空白页插入效果如图 3-197 所示。

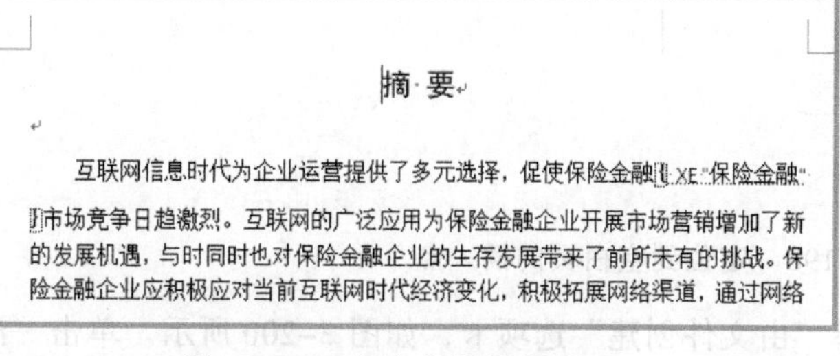

图 3-195　定位光标插入点

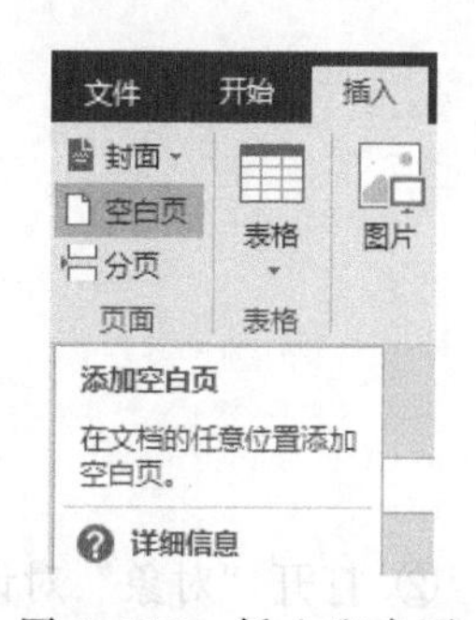

图 3-196　插入空白页

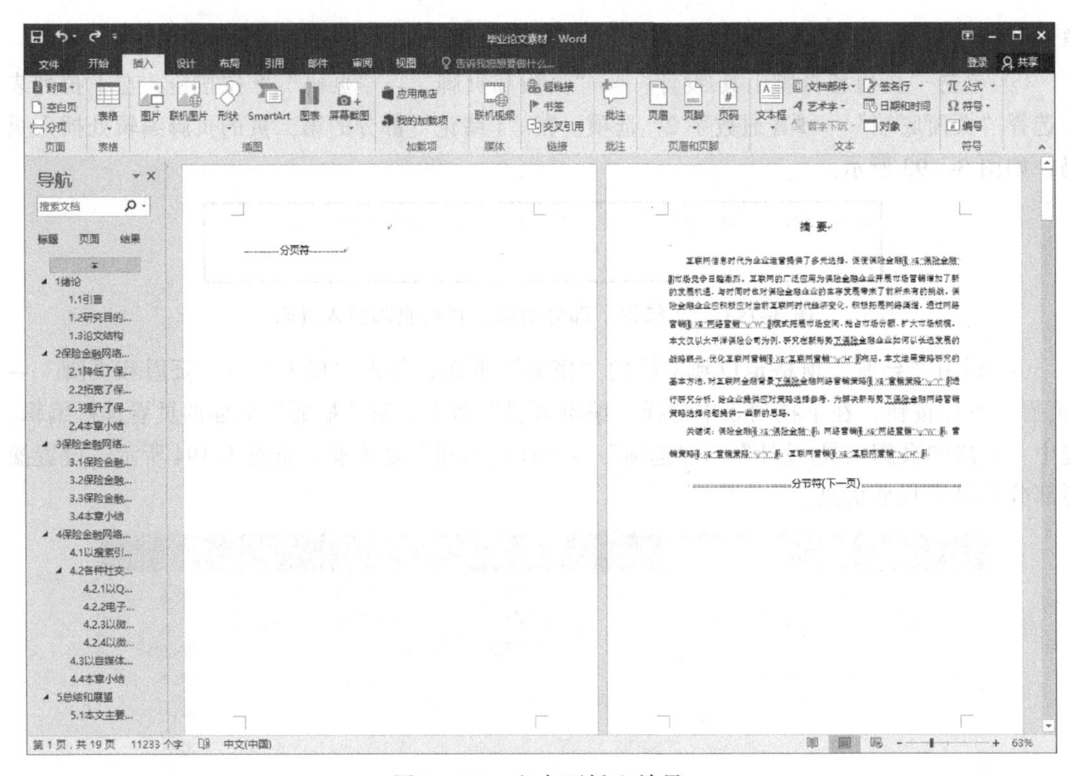

图 3-197 空白页插入效果

步骤 2：插入对象

① 将光标定位到空白页中“分页符”上方的插入点中，如图 3-198 所示。单击“插入”→“文本”→“对象”按钮，如图 3-199 所示。

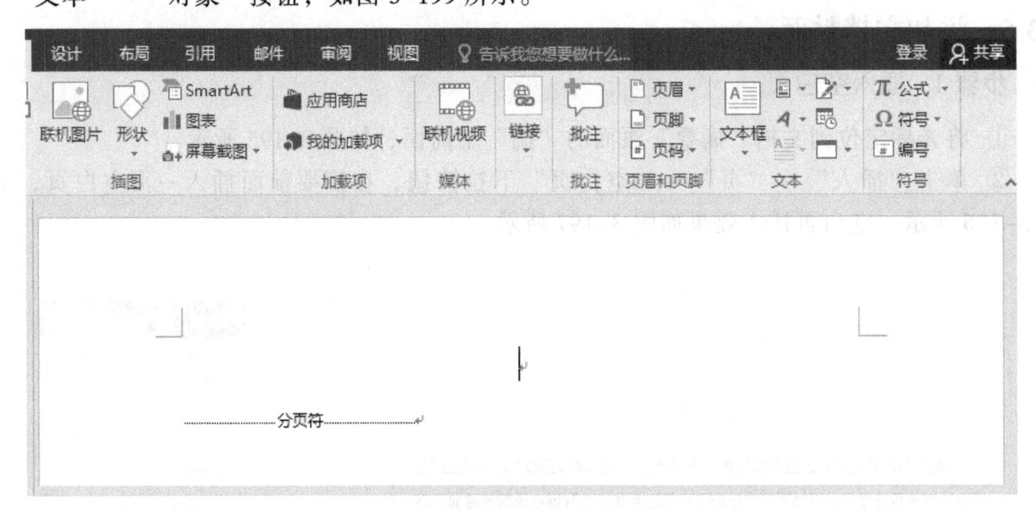

图 3-198 定位到空白页的插入点

② 打开“对象”对话框，选择“由文件创建”选项卡，如图 3-200 所示。单击“浏览”按钮，弹出“浏览”对话框，选择“论文封面”文档，如图 3-201 所示，单击“插入”按钮，

返回“对象”对话框，单击“确定”按钮，完成论文封面的插入，如图 3-202 所示。

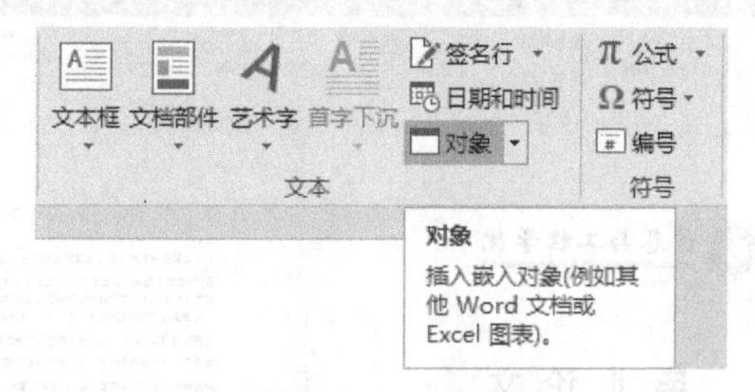

图 3-199　插入对象

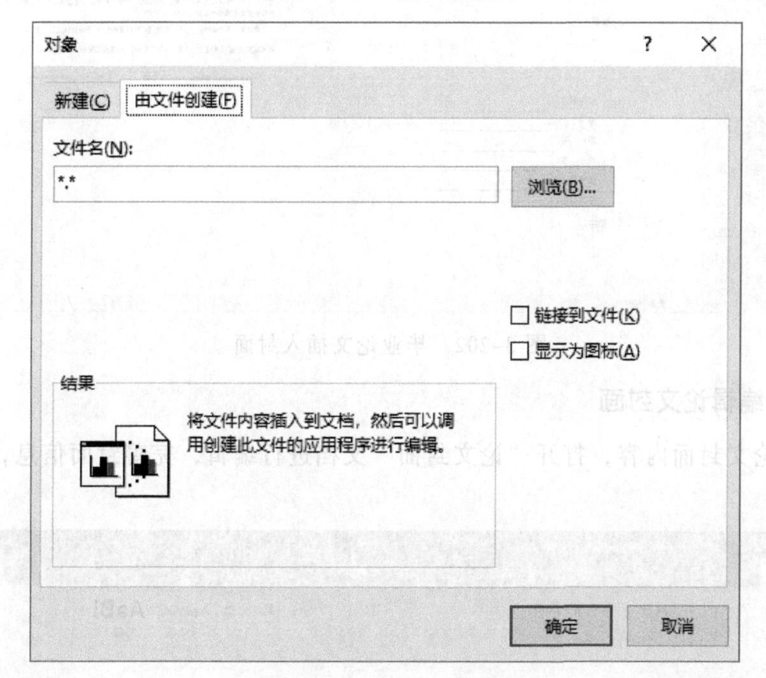

图 3-200　“对象”对话框

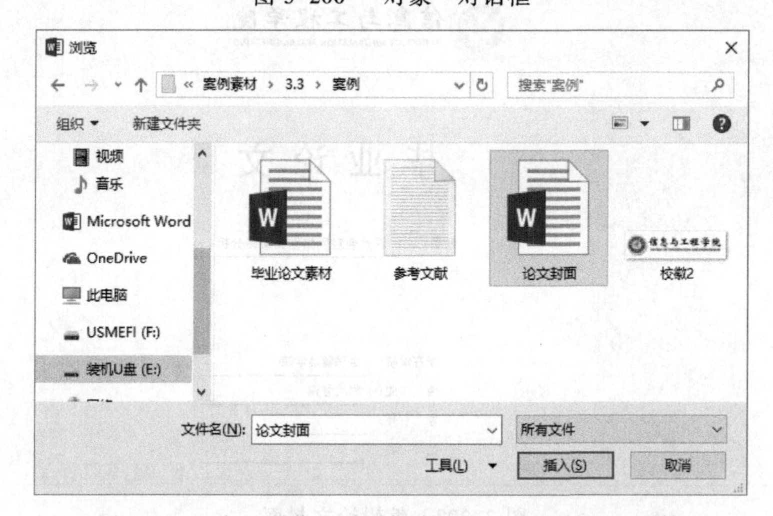

图 3-201　在“浏览”对话框中选择“论文封面”文档

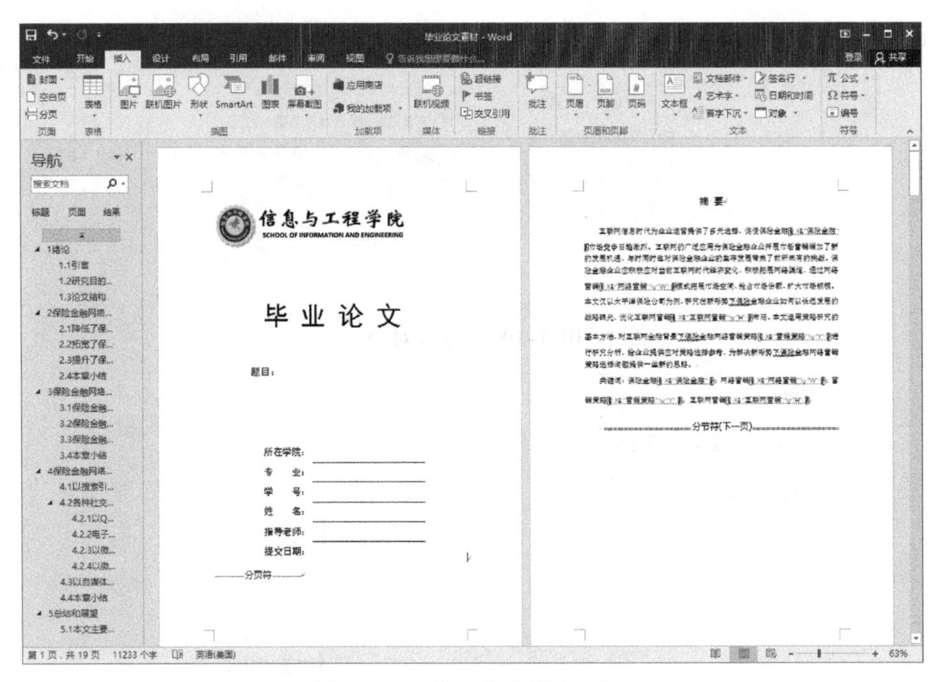

图 3-202　毕业论文插入封面

步骤 3：编辑论文封面

① 双击论文封面内容，打开“论文封面”文档进行编辑，完善封面信息，如图 3-203 所示。

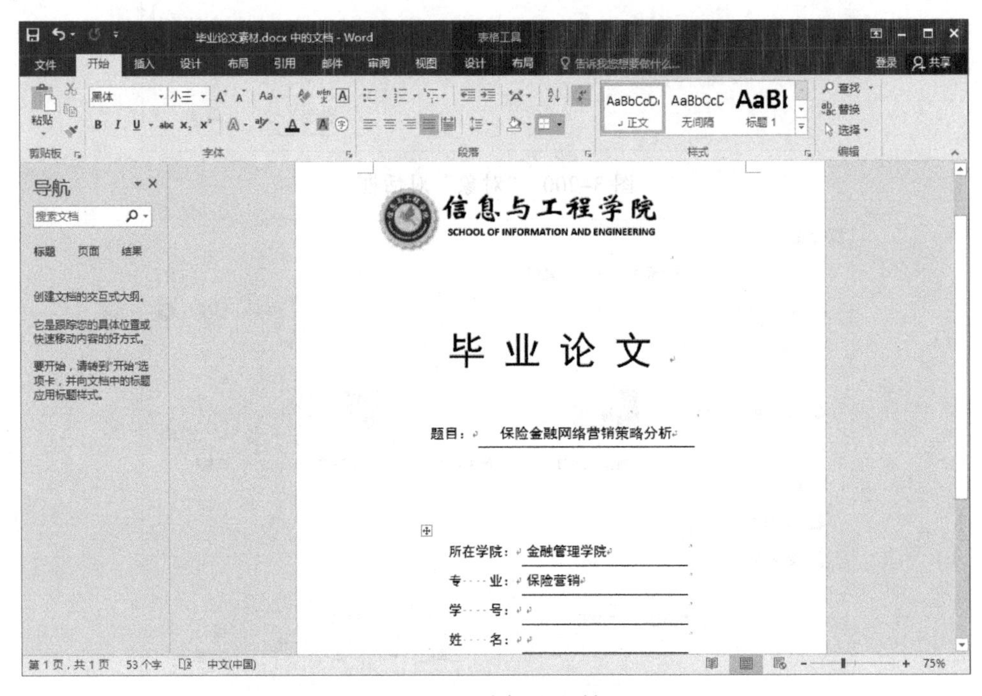

图 3-203　编辑论文封面

② 完成论文封面编辑，关闭当前“论文封面”文档，返回毕业论文文档，如图 3-204 所示。

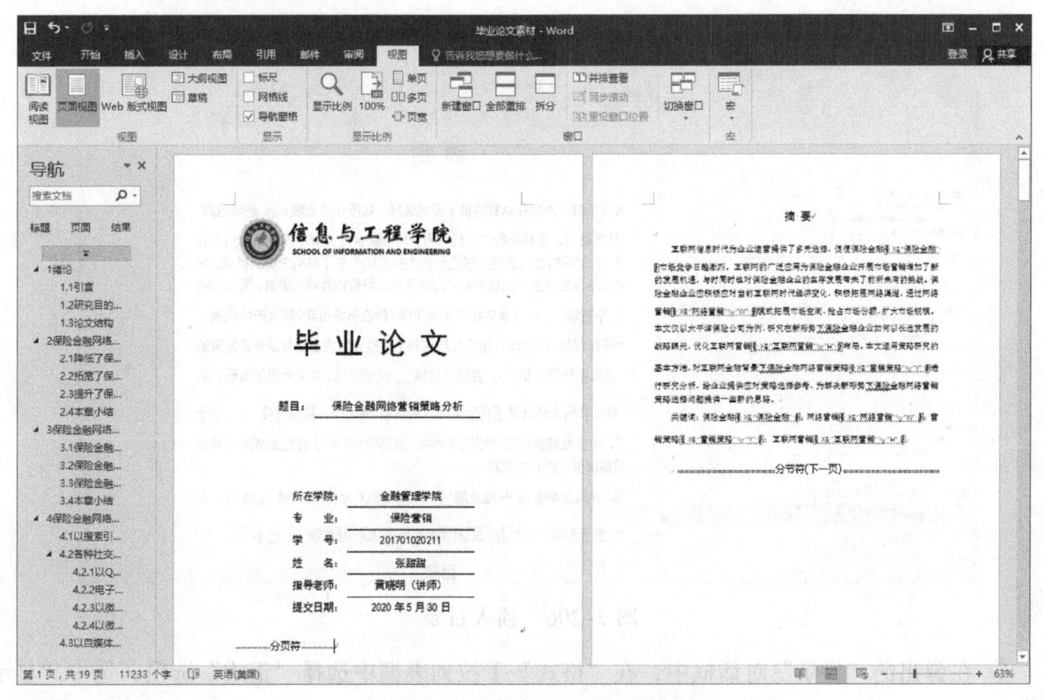

图 3-204 完成论文封面编辑

技巧与提示

在长文档的编辑过程中，封面页必须在完成页眉和页脚设置后才能插入。如果在文档的页眉和页脚还未编辑就提前插入封面，会影响文档的页眉和页脚设置，出现文档正文部分一些页面页眉设置效果有误。

3.3.7 插入目录

步骤 1：插入正文目录

① 光标定位到“摘要”的“关键词”下方，输入“目录”，设置字体为“黑体”、字号为“三号”、加粗，对齐方式为“居中”，按【Enter】键，如图 3-206 所示。

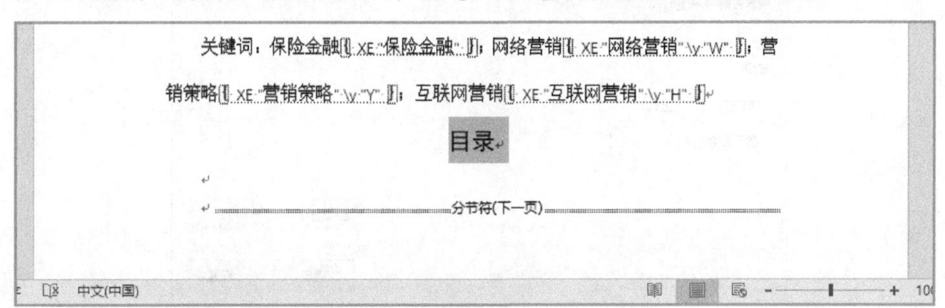

图 3-205 输入“目录”文本

② 单击“引用”→“目录”→“目录”下拉按钮，在下拉列表中选择“自定义目录”选项，如图 3-206 所示。

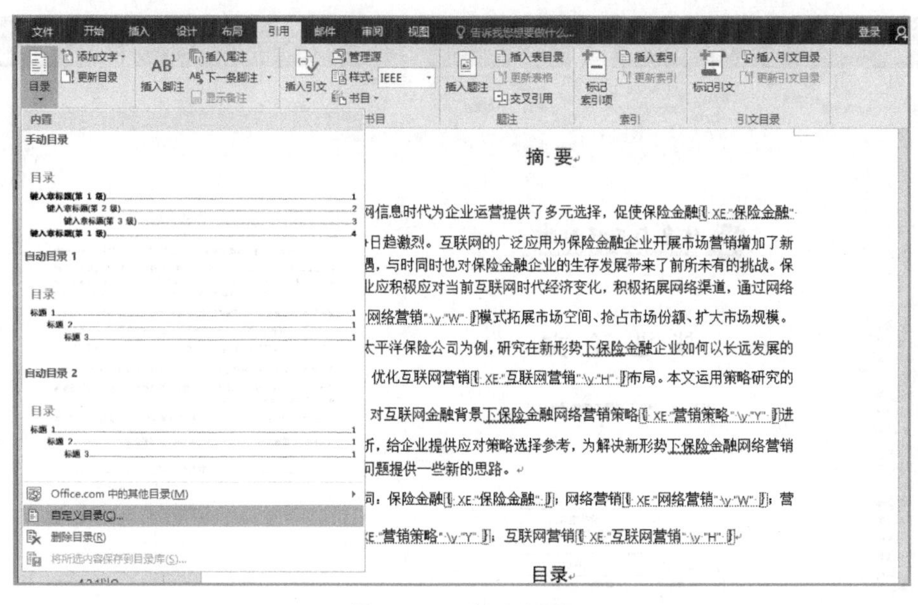

图 3-206 插入目录

③ 在弹出的“目录”对话框中，在“格式”下拉列表框中选择“正式”选项，选中“显示页码”复选框和“页码右对齐”复选框，其他选项采用默认设置，如图 3-207 所示，单击“确定”按钮，Word 2016 根据内置的各级标题样式为文档生成一个目录，如图 3-208 所示。

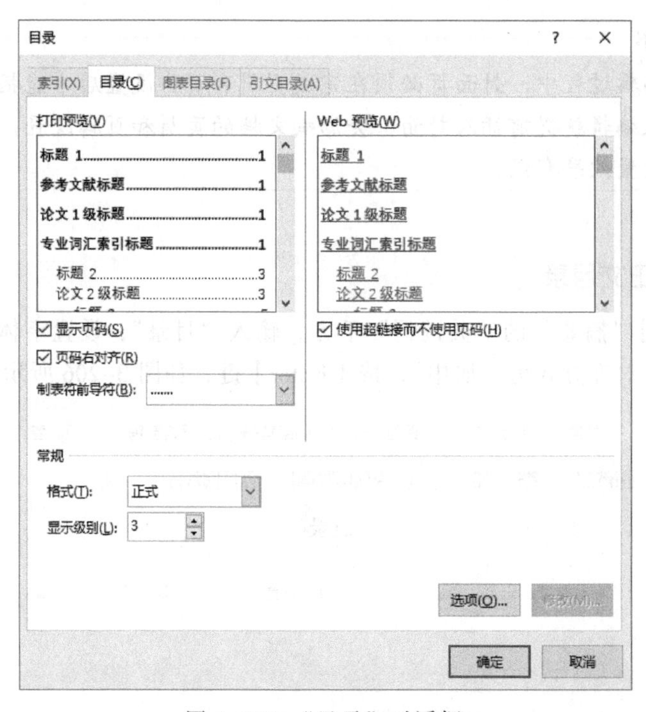

图 3-207 “目录”对话框

目录

图 3-208 插入正文目录

④ 选中“目录”标题至“目录”部分的全部内容，单击“开始”→“段落”→按钮，弹出“段落”对话框，设置行距为“1.2 倍行距”。单击“开始”→“字体”组，设置目录内容文本的字体为“宋体”，字号为“五号”。

步骤 2：插入图表目录

① 在正文目录下方输入“图表目录”“图片目录”“表格目录”三行文本，单击“开始”→“字体”组，设置字体为“黑体”、字号为“三号”，单击“开始”→“段落”组，设置“居中”对齐方式，如图 3-109 所示。

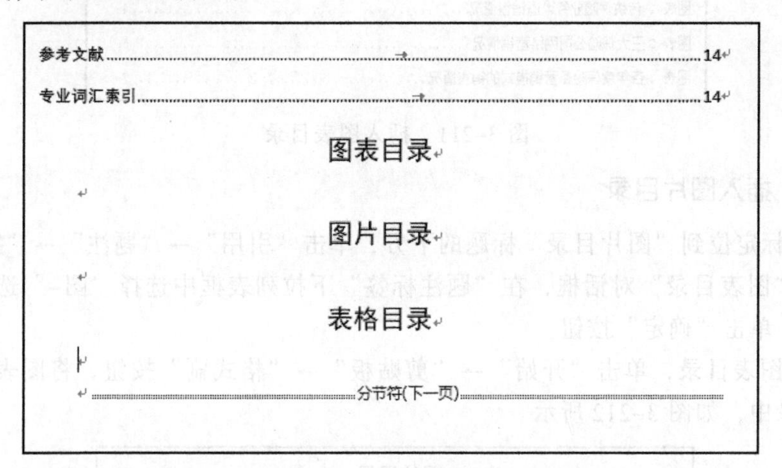

图 3-209 输入“图表目录”“图片目录”“表格目录”三行文本

② 将光标定位到“图表目录”文本的下方，单击“引用”→“题注”→“插入表目录”按钮，弹出“图表目录”对话框，在“题注标签”下拉列表框中选择“图表”选项，其他保持默认选项，单击“确定”按钮，如图 3-210 所示。

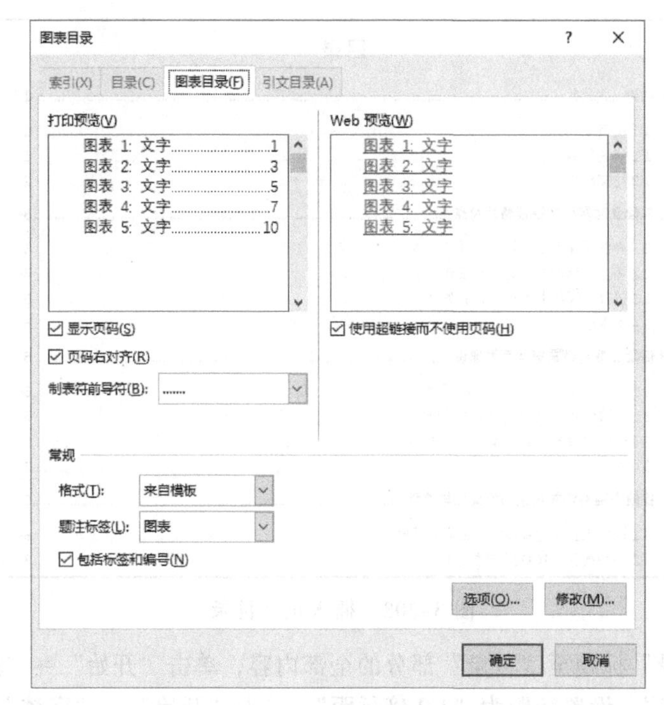

图 3-210 “图表目录”对话框

③ 选中正文目录，单击“开始”→“剪贴板”→“格式刷”按钮，将正文的目录格式应用到图表目录中。单击“开始”→“字体”组，取消“粗体”和“下画线”，如图 3-211 所示。

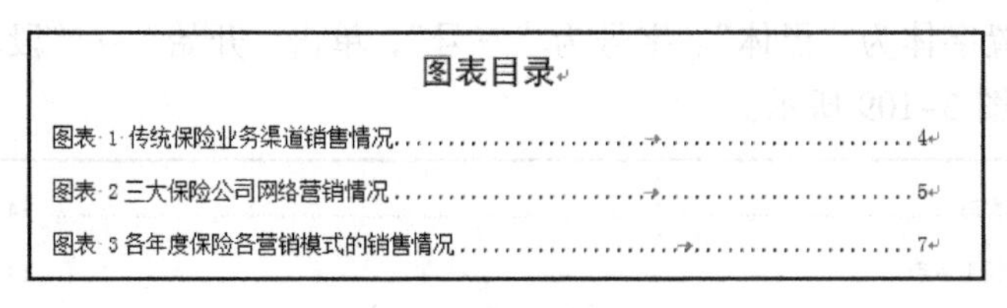
图表目录

图 3-211 插入图表目录

步骤 3：插入图片目录

① 将光标定位到“图片目录”标题的下方，单击“引用”→“题注”→“插入表目录”按钮，弹出“图表目录”对话框，在“题注标签”下拉列表框中选择“图-”选项，其他采用默认选项，单击“确定”按钮。

② 选中图表目录，单击“开始”→“剪贴板”→“格式刷”按钮，将图表目录格式应用到图片目录中，如图 3-212 所示。

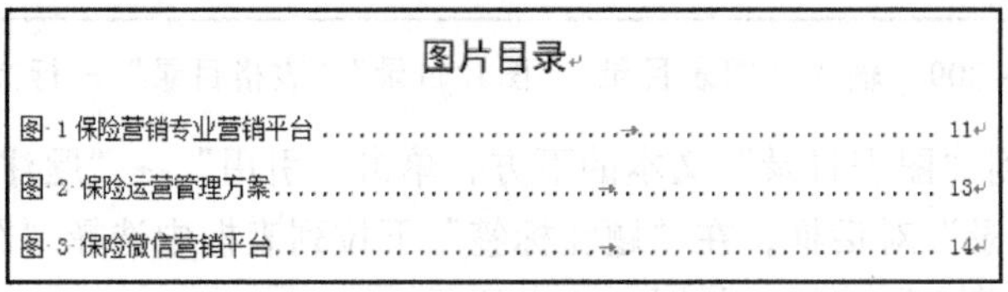

图片目录

图 3-212 插入图片目录

步骤 4：插入表格目录

① 将光标定位到“图片目录”标题的下方，单击“引用”→“题注”→“插入表目录”按钮，弹出“图表目录”对话框，在“题注标签”下拉列表框中选择“表格”选项，其他采用默认选项，单击“确定”按钮。

② 选中图表目录，单击“开始”→“剪贴板”→“格式刷”按钮，将图表目录格式应用到表格目录中，如图 3-213 所示。

表格目录

图 3-213　插入表格目录

任务拓展

任务：课业论文排版

任务描述：利用 Word 2016 提供文本样式处理、自动插入图表题注、页眉和页脚奇偶设置、自动生成目录、大纲视图等功能对课程大作业进行排版处理，文档的详细排版要求如图 3-214 所示，具体排版效果如图 3-215～图 3-223 所示。

1、封面
内容包括：学校名称、专业信息、论文名称、日期和作者信息。
2、摘要
插入“瓷砖型提要栏”文本框，并添加摘要信息
摘要（正文、居中、黑体三号、加粗、蓝色）
摘要内容（正文、宋体、小四、行距 1.5 倍）
3、目录
（1）目录（正文、居中、宋体、三号、粗体）
1、第一章（宋体、小四、加粗、行距 1.5 倍）……………………………………页码
1.1 小节（宋体、小四、行距 1.5 倍）……………………………………………页码
1.1.1 小节（宋体、小四、行距 1.5 倍）…………………………………………页码
正文部分首行缩进 2 字符，页码从 1 开始编排，范围由正文开始部分到结语部分
（2）图表目录（正文、居中、宋体、三号、粗体）
图表 1（宋体、小四、行距 1.5 倍）…………………………………………………页码
4、文档正文
正文标题分为三级
1、第一章（标题 1、居中、黑体三号、加粗、蓝色）
1.1 小节（标题 2、顶格书写、黑体四号、加粗、红色）
1.1.1 小节（标题 3、顶格书写、黑体小四、加粗、绿色）
文档正文（宋体、小四、1.5 倍行距），图片、表格和图表（居中、添加题注），阿拉伯数字和字母（Times New Roman，小四、1.5 倍行距）
正文奇数页页眉显示学校信息，偶数页页眉显示各个 1 标题信息
5、参考文献（标题 1、居中、黑体三号、加粗、蓝色）
[1]VS.NET 应用与开发（宋体、五号、1.5 倍行距）（使用引文与书目）
6、专业词汇索引（标题 1、居中、黑体三号、加粗、蓝色）
（插入索引）

图 3-214　文档排版格式要求

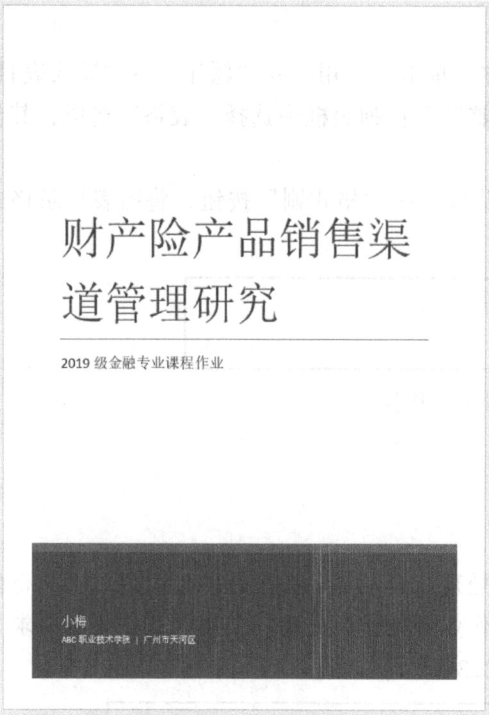

财产险产品销售渠道管理研究

2019级金融专业课程作业

图 3-215　封面页

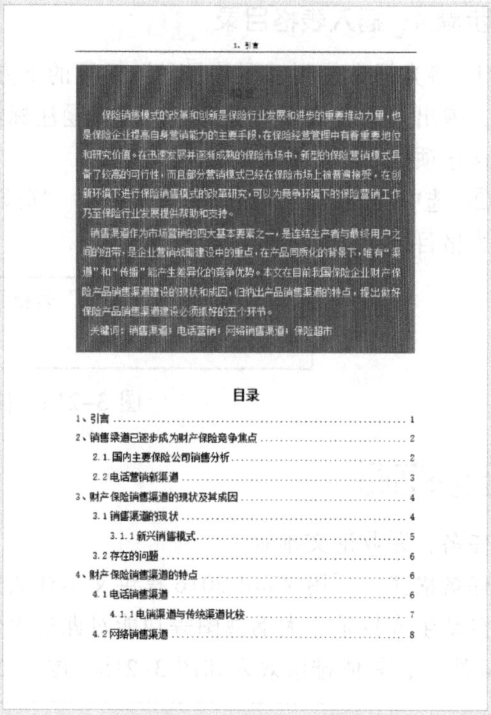

1、引言

保险销售模式的改革和创新是保险行业发展和进步的重要推动力量，也是保险企业提高自身营销能力的主要手段，在保险经营管理中有着重要地位和研究价值。在迅速发展并逐渐成熟的保险市场中，新型的保险营销模式具备了较高的可行性，而且部分营销模式已经在保险市场上被普遍接受，在创新环境下进行保险销售模式的改革研究，可以为竞争环境下的保险营销工作乃至保险行业发展提供帮助和支持。

销售渠道作为市场营销的四大基本要素之一，是连结生产者与最终用户之间的纽带，是企业营销战略建设中的重点，在产品同质化的背景下，唯有“渠道”和“传播”能产生差异化的竞争优势。本文在目前我国保险企业财产保险产品销售渠道建设的现状和成因，归纳出产品销售渠道的特点，提出做好保险产品销售渠道建设必须抓好的五个环节。

关键词：销售渠道；电话营销；网络销售渠道；保险超市

目录

图 3-216　摘要目录

1、引言

1、引言

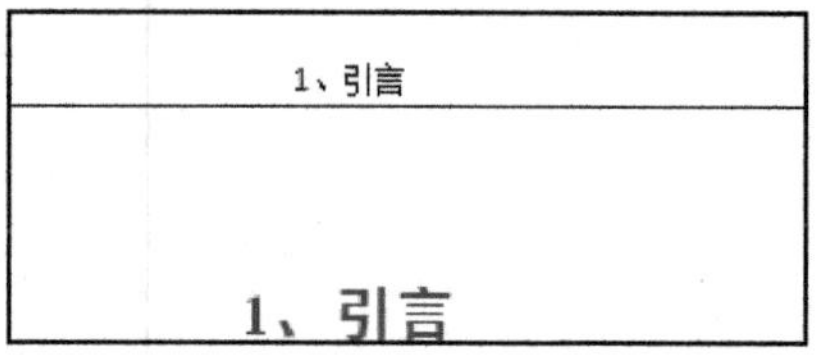

图 3-217　正文奇数页页眉

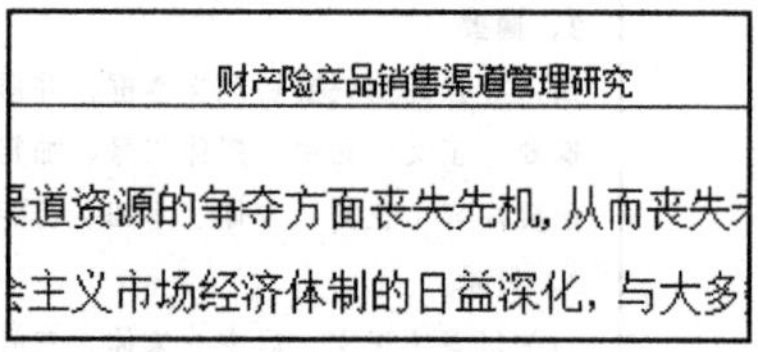

财产险产品销售渠道管理研究

渠道资源的争夺方面丧失先机，从而丧失未

会主义市场经济体制的日益深化，与大多

图 3-218　正文偶数页页眉

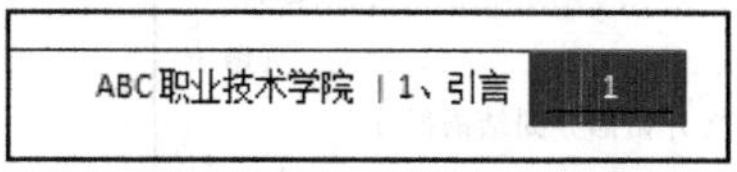

ABC职业技术学院 | 1、引言 1

图 3-219　正文奇数页页脚

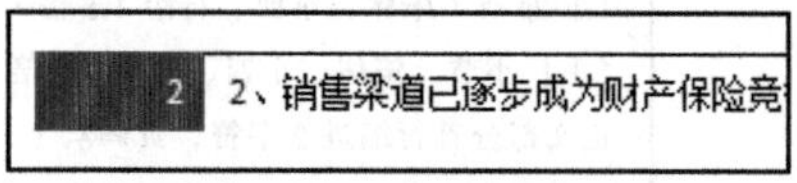

2 2、销售渠道已逐步成为财产保险竞

图 3-220　正文偶数页页脚

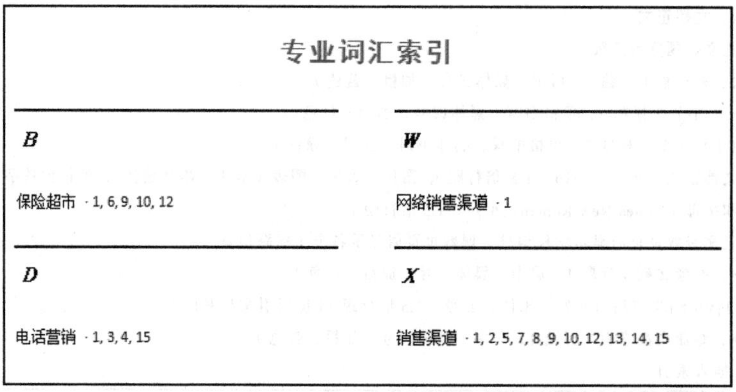

专业词汇索引

图 3-221　插入索引

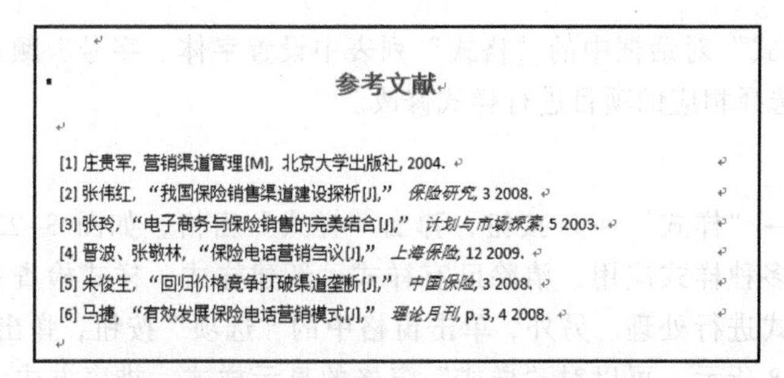

参考文献
[1] 庄贵军, 营销渠道管理[M], 北京大学出版社, 2004.
[2] 张伟红, “我国保险销售渠道建设探析[J],” 保险研究, 3 2008.
[3] 张玲, “电子商务与保险销售的完美结合[J],” 计划与市场探索, 5 2003.
[4] 晋波、张敬林, “保险电话营销刍议[J],” 上海保险, 12 2009.
[5] 朱俊生, “回归价格竞争打破渠道垄断[J],” 中国保险, 3 2008.
[6] 马捷, “有效发展保险电话营销模式[J],” 理论月刊, p. 3, 4 2008.

图 3-222　插入书目（添加参考文献）

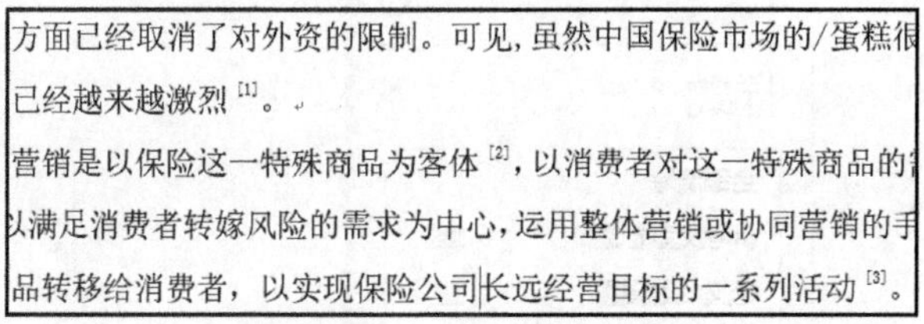

方面已经取消了对外资的限制。可见，虽然中国保险市场的/蛋糕很
已经越来越激烈 [1]。
营销是以保险这一特殊商品为客体 [2]，以消费者对这一特殊商品的
以满足消费者转嫁风险的需求为中心，运用整体营销或协同营销的手
品转移给消费者，以实现保险公司长远经营目标的一系列活动 [3]。

图 3-223　正文中插入引文

知识链接

1. 修改样式

① 单击“开始”→“样式”→“其他”下拉按钮，在下拉列表中选择“应用样式”选项，弹出“应用样式”窗格，如图 3-224 所示。在“样式名”下拉列表框中选择需要修改的样式，如“正文”，单击“修改”按钮，弹出“修改样式”对话框，如图 3-225 所示。

应用样式
样式名:
正文
重新应用
修改...
“记忆式键入”样式名

图 3-224　“应用样式”窗格

修改样式
属性
名称(N):
正文
样式类型(T):
段落
样式基准(B):
(无样式)
后续段落样式(S):
正文
格式
等线 (中文正文)
五号
自动
中文
字体: (中文) +中文正文 (等线), (默认) +西文正文 (等线), 两端对齐
行距: 单倍行距, 样式: 在样式库中显示
添加到样式库(S)
仅限此文档(D)
基于该模板的新文档
格式(O)
确定
取消

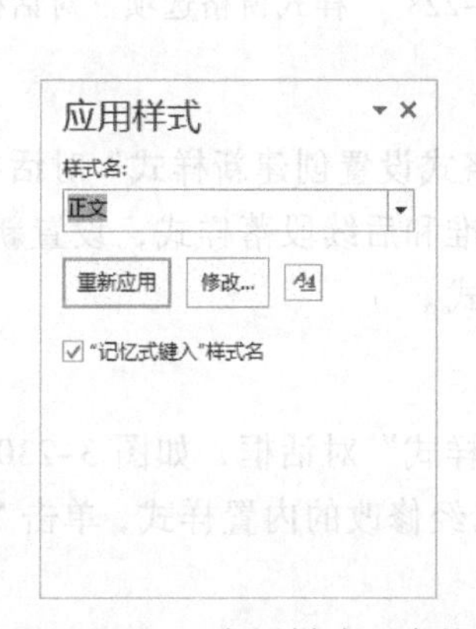

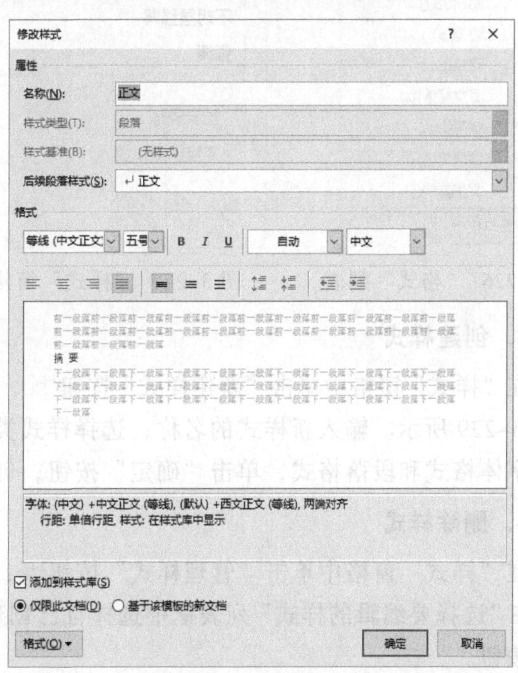

图 3-225　“修改样式”对话框

② 在“修改样式”对话框中的“格式”列表中设置字体、字号、颜色、对齐方式等，如图 3-226 所示，选择相应的项目进行样式修改。

2. 样式窗格

单击“开始”→“样式”→ 按钮，弹出“样式”窗格，如图 3-227 所示。“样式”窗格可为用户提供多种样式应用、清除已有样式、新建样式、样式检查和管理样式功能，方便用户对文档样式进行处理。另外，单击窗格中的“选项”按钮，弹出“样式窗格选项”对话框，如图 3-228 所示，可以对“样式”窗格的显示样式、排序方式、样式格式等进行设置。

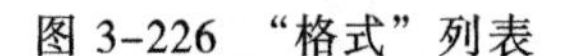

图 3-226 “格式”列表

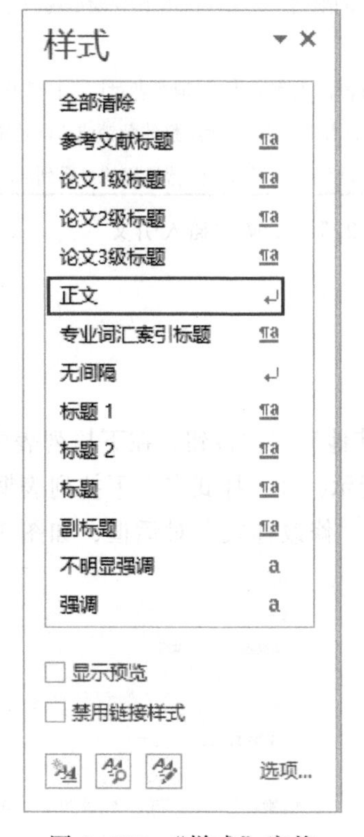

图 3-227 “样式”窗格

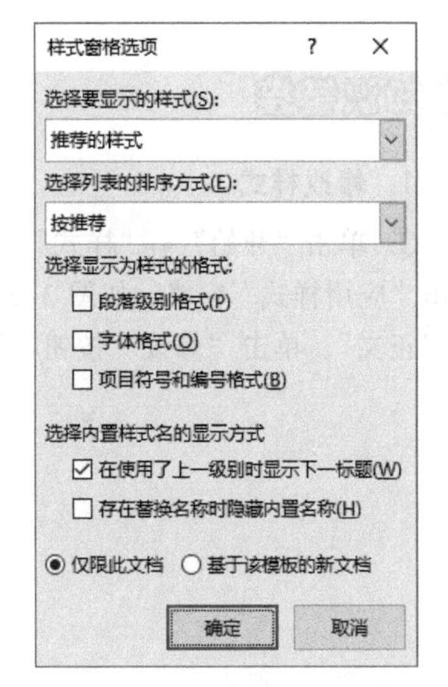

图 3-228 “样式窗格选项”对话框

3. 创建样式

在“样式”窗格中单击“新建样式”按钮 ，弹出“根据格式设置创建新样式”对话框，如图 3-229 所示。输入新样式的名称，选择样式类型、样式基准和后续段落样式，设置新样式的字体格式和段落格式，单击“确定”按钮，创建一个新样式。

4. 删除样式

在“样式”窗格中单击“管理样式”按钮 ，弹出“管理样式”对话框，如图 3-230 所示。在“选择要编辑的样式”列表框中选择自己创建的样式或已经修改的内置样式，单击“删除”按钮。

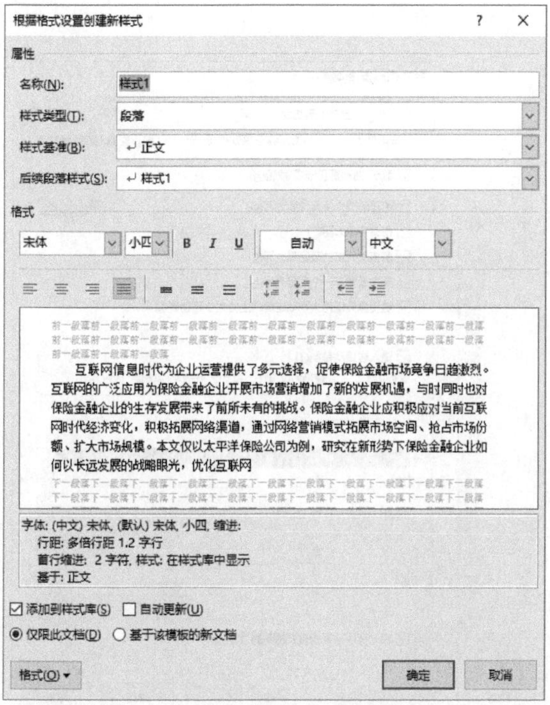

图 3-229 “根据格式设置创建新样式”对话框

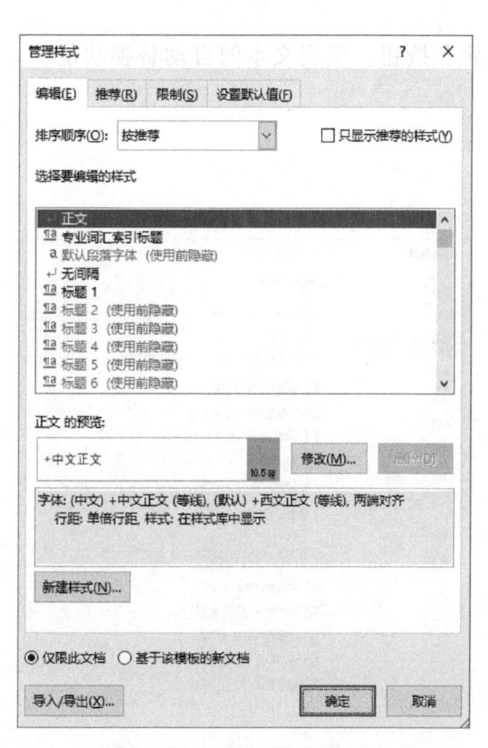

图 3-230 “管理样式”对话框

5. 清除样式

选中需要清除的文本，单击“开始”→“样式”→“其他”下拉按钮，在下拉列表中选择“清除格式”命令，清除文本样式。如果没有选择需要清除的文本，那么选择“清除样式”命令只清除插入点所在的行文本的样式。除此之外，使用“样式”窗格中“全部清除”命令可以清除文档中应用的样式。

6. 检查拼写和语法

利用鼠标选中文档中需要检查的部分文本，单击“审阅”→“校对”→“拼写和语法”按钮，Word 2016 将对文档中的单词进行自动检查。如果出现拼写错误，Word 2016 将打开“拼写检查”窗格，如图 3-231 所示。在“拼写检查”窗格中进行修改，然后单击“更改”按钮或“全部更改”按钮，完成拼写更正。

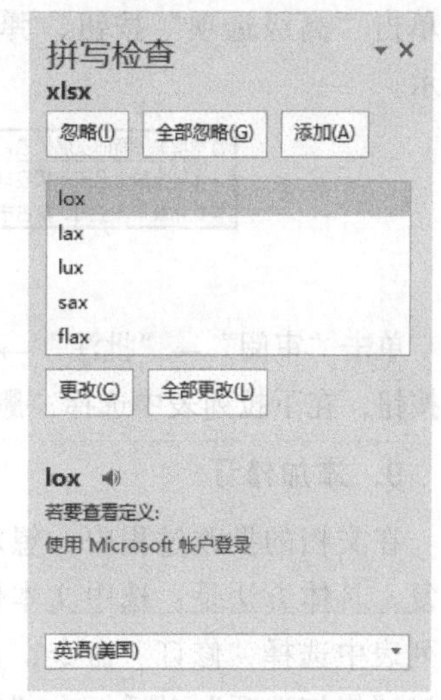

图 3-231 “拼写检查”窗格

7. 设置自动更正

单击“文件”→“选项”按钮，弹出“Word 选项”对话框，如图 3-232 所示。在“Word 选项”对话框中单击“校对”→“自动更正选项”按钮，弹出“自动更正”对话框，如图 3-233 所示。在“替换”文本框中输入需要替换的文本内容，在“替换为”文本框中输入替换后的文本，单击“确定”按钮，实现文本的自动替换功能。

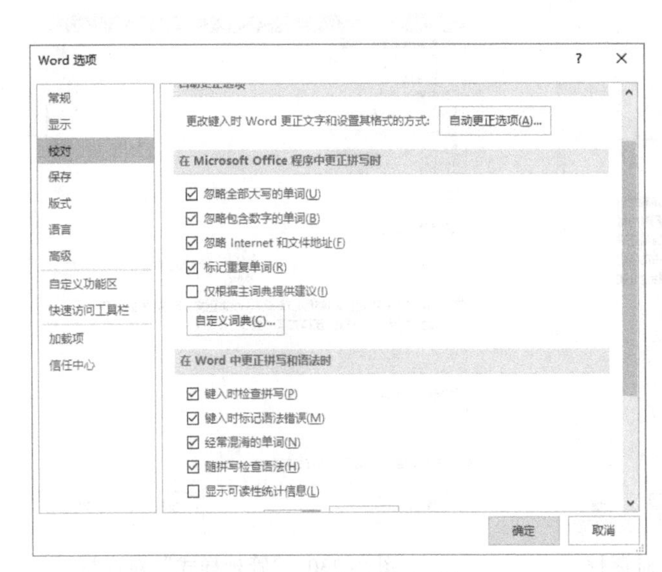

图 3-232 “Word 选项”对话框

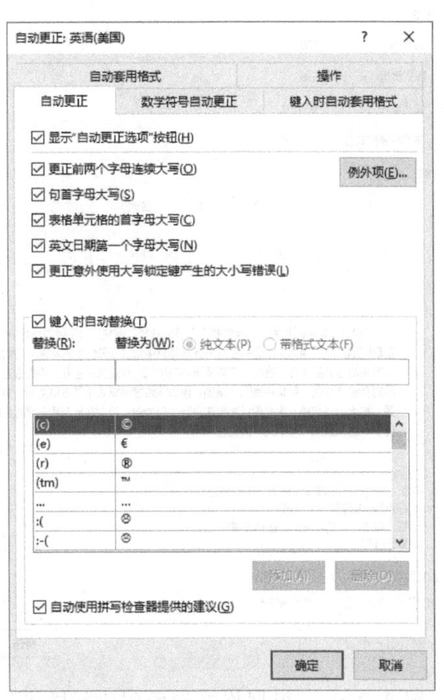

图 3-233 “自动更正”对话框

8. 添加批注

利用添加批注功能对文档撰写有错误的地方进行标记和注释。具体方法是：选中有错误的文本内容，然后单击“审阅”→“批注”→“新建批注”按钮，如图 3-234 所示，在文档中插入一条批注。根据用户的需要，可以在 Word 2016 的“修订选项”对话框（见图 3-235）中单击“高级选项”按钮，弹出“高级修订选项”对话框，修改批注的颜色，如图 3-236 所示。

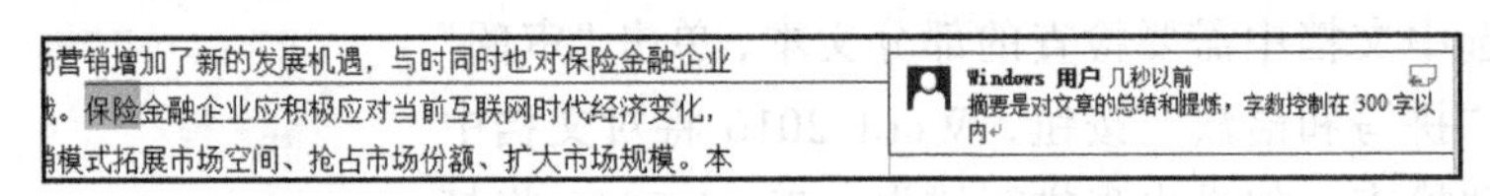

图 3-234 添加批注

单击“审阅”→“批注”→“删除”按钮，可以删除文档中所有批注信息，单击“删除”下拉按钮，在下拉列表中选择“删除文档中的所有批注”命令删除批注。

9. 添加修订

在文档的批改过程中，想对修改过的地方进行恢复只要在修改处添加修订标记即可进行恢复。具体方法是：选中文本修改处，单击“审阅”→“修订”→“修订”下拉按钮，在下拉列表中选择“修订”命令，为文本添加修订内容，如图 3-237 所示。对于修订的格式可以通过“修订选项”对话框中“标记”区域提供的功能进行设置。Word 2016 增加了“审阅窗格”，用户可以通过设置“水平审阅窗格”或“垂直审阅窗格”编辑修订的内容。

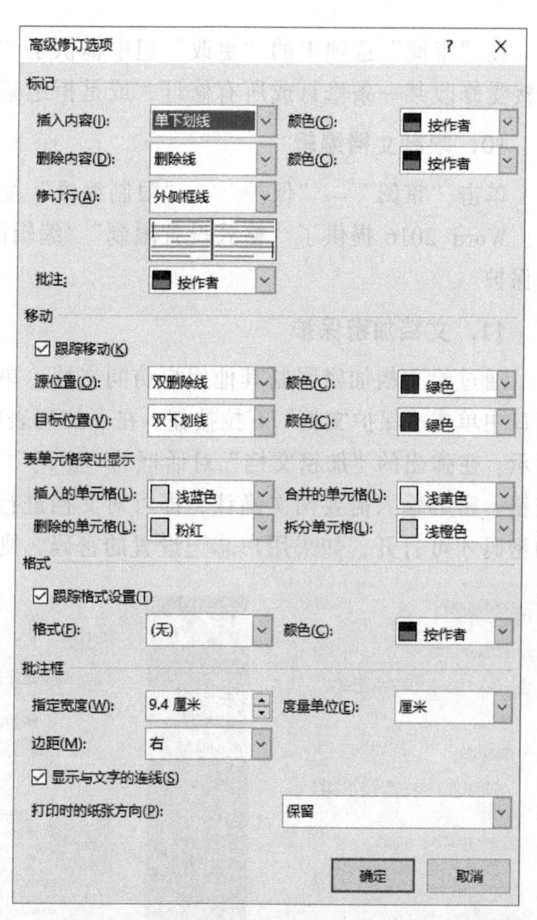

图 3-235 “修订选项”对话框

图 3-236 “高级修订选项”对话框

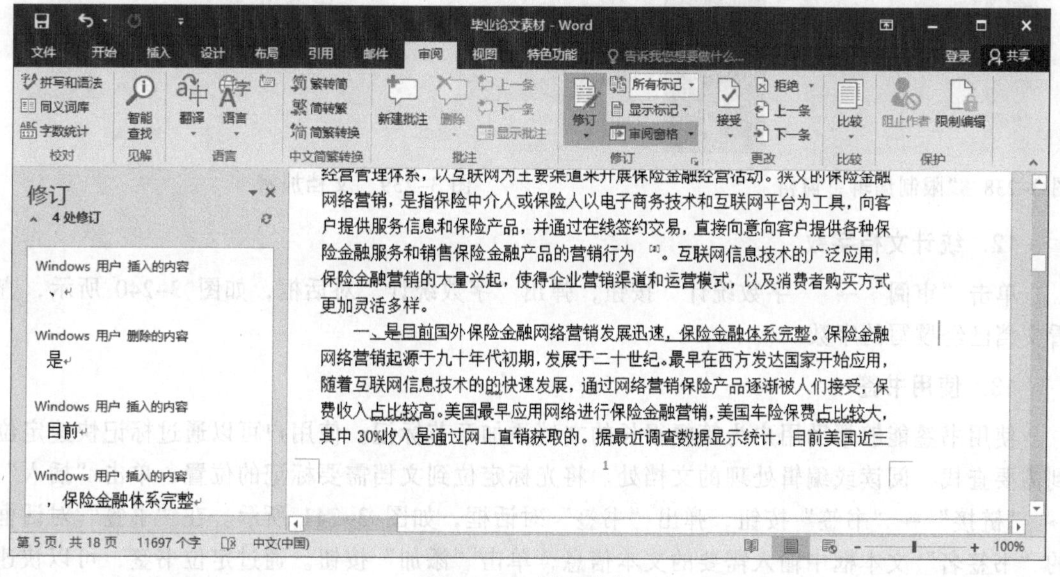

图 3-237　添加修订

在“审阅”选项卡的“更改”组中提供了“接受”和“拒绝”修订的功能，用于帮助用户接受修改某一条修订或所有修订，或是拒绝某一条修订或所有修订。

10．限制文档编辑

单击“审阅”→“保护”→“限制编辑”按钮，弹出“限制编辑”窗格，如图 3-238 所示。Word 2016 提供了“格式设置限制”“编辑限制”“启动强制保护”三种功能进行文档编辑保护。

11．文档加密保护

通过给文档加密限制其他用户访问文档。单击“文件”→“信息”按钮，在 Word 2016 窗口中单击“保护文档”下拉按钮，在下拉列表中选择“用密码进行加密”命令，如图 3-239 所示。在弹出的“加密文档”对话框的“密码”文本框中设置访问文档的密码，单击“确定”按钮。密码输入需要两次确认，即可对文档进行保护。当用户访问该文档时，需要输入设置的密码才可打开，如果用户忘记设置的密码，则无法访问。

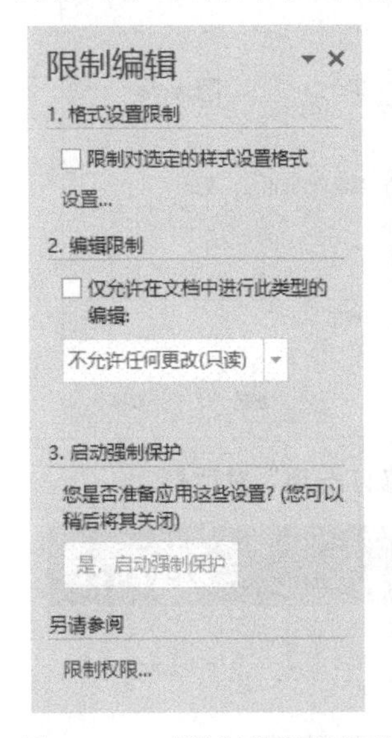

图 3-238 “限制编辑”窗格

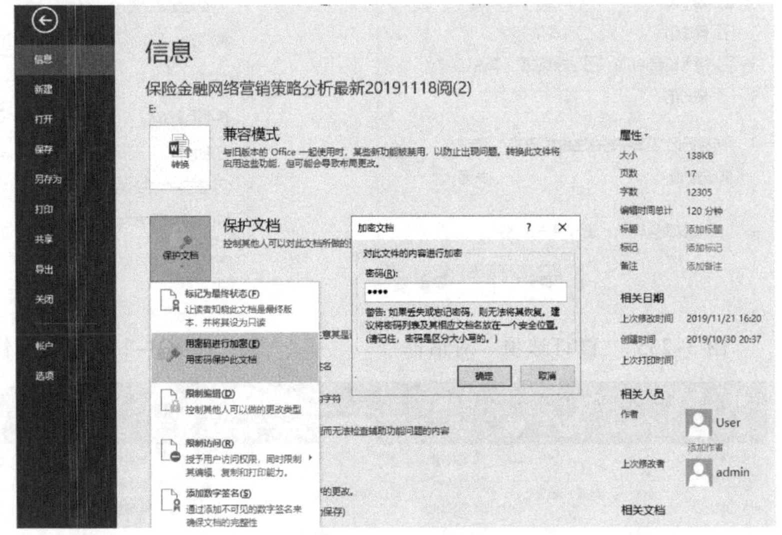

图 3-239 文档加密

12．统计文档字数

单击“审阅”→“字数统计”按钮，弹出“字数统计”对话框，如图 3-240 所示，查看文档已经撰写的字数。

13．使用书签

使用书签能够帮助用户为篇幅很长的文档添加章节标记，使用户可以通过标记快速定位到需要查找、阅读或编辑处理的文档处。将光标定位到文档需要标记的位置，单击“插入”→“链接”→“书签”按钮，弹出“书签”对话框，如图 3-241 所示。在“书签”对话框的“书签名”文本框中输入需要的文本信息，单击“添加”按钮。通过定位书签，可以快速跳转到文档相关的标签页面。

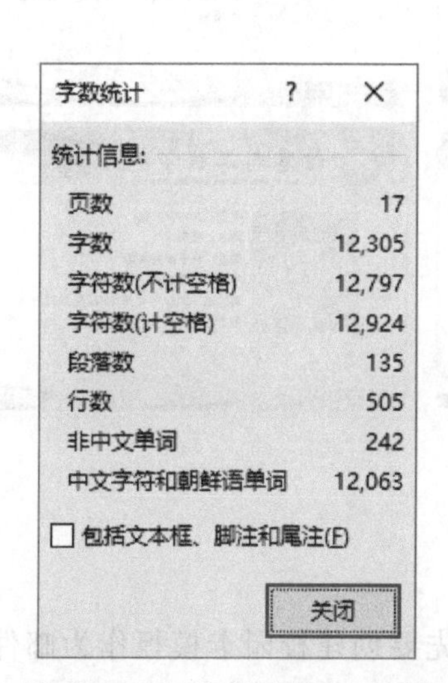

图 3-240 “字数统计”对话框

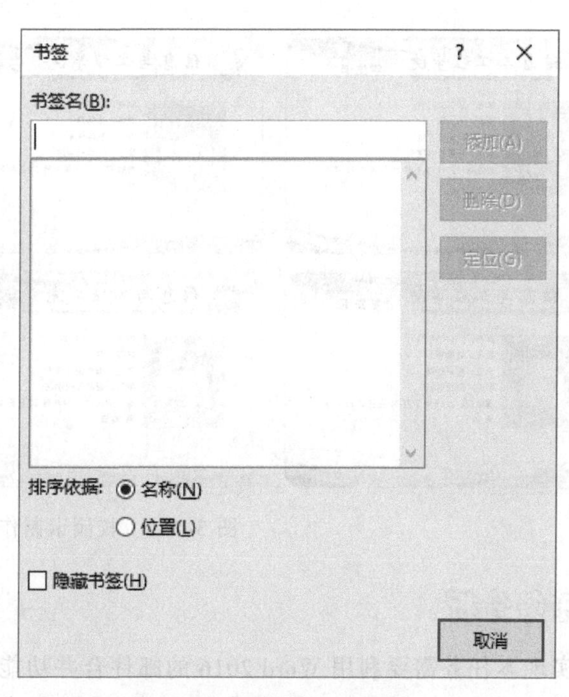

图 3-241 “书签”对话框

3.4　任务 4　制作电子校园卡

任务描述

利用前面所学的 Word 知识和应用技能为信息与工程学院的同学们设计一张精美的电子校园卡并进行批量制作，效果如图 3-242 和图 3-243 所示。

图 3-242　校园卡样张

图 3-243　校园卡制作效果

任务分析

实现本任务需要利用 Word 2016 的邮件合并功能。首先要创建校园卡模板作为邮件合并的主文档，然后把数据源文档中的学号信息、姓名信息、专业信息、二级学院信息和照片作为邮件合并的插入合并域进行编辑处理，最后通过邮件合并命令完成批量的电子校园卡制作。

任务分解

本任务可以分解为以下 2 个子任务。

子任务 1：创建主文档

子任务 2：邮件合并

任务实现

3.4.1　创建主文档

步骤 1：设置文档页面

① 创建一个新文档，命名为“校园卡主文档”，作为邮件合并主文档。“纸张方向”采用默认的“纵向”，单击“布局”→“页面设置”→“纸张大小”下拉按钮，在下拉列表中选择“其他页面大小”命令，弹出“页面设置”对话框。

② 在“页面设置”对话框中选择“纸张”选项卡，在“纸张大小”列表框中选择“自定义大小”选项，设置“宽度”为“17.2 厘米”、“高度”为“10.8 厘米”，如图 3-244 所示。选择“页边距”选项卡，设置页边距“上”为“3 厘米”、“下”为“1.5 厘米”，“左”“右”为“2 厘米”，单击“确定”按钮完成设置，如图 3-245 所示，单击“确定”按钮完成设置。

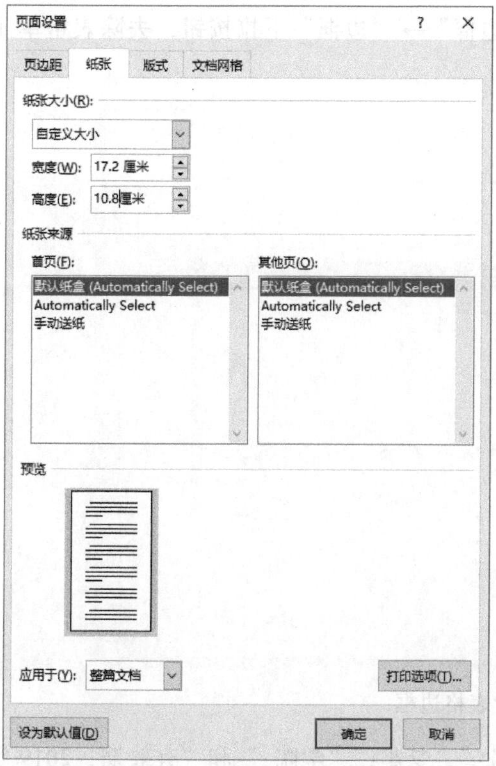

图 3-244　设置纸张大小 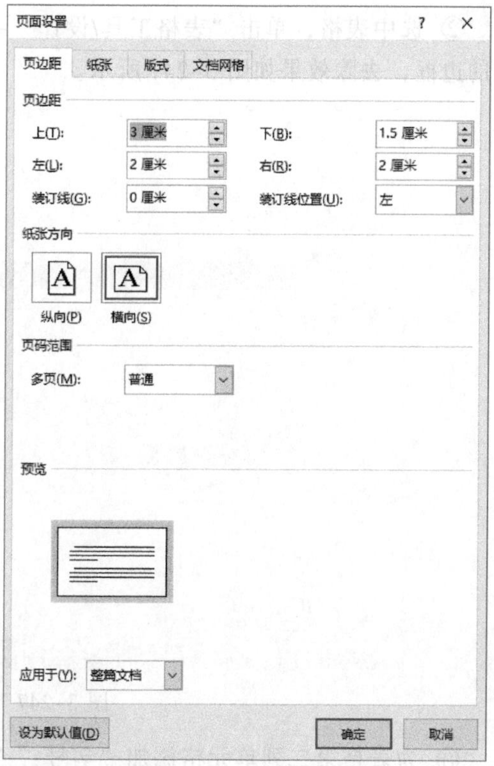　　　图 3-245　设置页边距

步骤 2：插入表格排版

① 单击“插入”→“表格”下拉按钮，在下拉列表中选择“插入表格”命令，弹出“插入表格”对话框，设置表格的列数为“2”、行数为“1”，通过拖动鼠标的方式，调整表格大小，设置效果如图 3-246 所示。

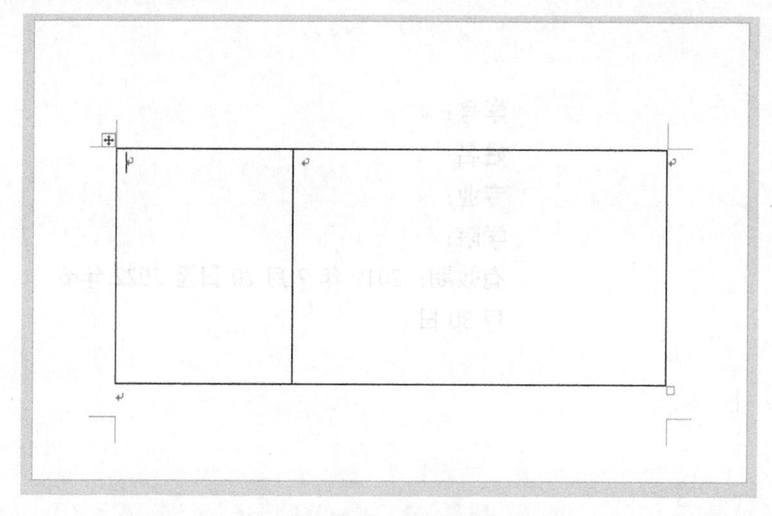

图 3-246　插入表格

② 选中表格，单击“表格工具/设计”→“边框”→“边框”下拉按钮，去除表格单元格的边框，去除效果如图 3-247 所示。

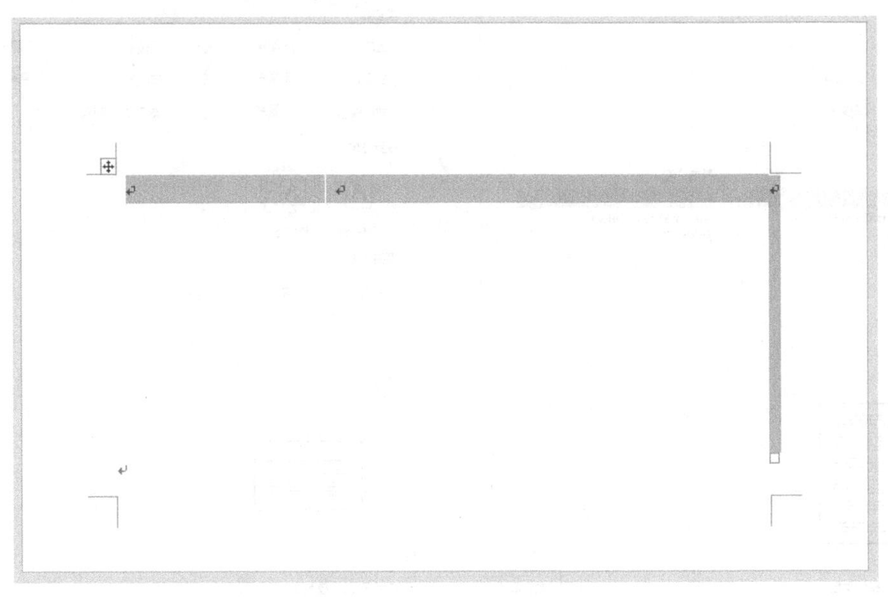

图 3-247 设置表格边框

③ 为表格第二列单元格添加“学号:”“姓名:”“专业:”“学院:”和“有效期：2019 年 9 月 20 日至 2022 年 6 月 30 日”文本信息，设置字体为“黑体”、字号为“四号”、字体颜色为“黑色”。选中当前表格单元格的所有文本信息，单击“开始”→“段落”→“段落设置”按钮，在段落设置对话框中设置段落的行距为“固定值”“22 磅”，效果如图 3-248 所示。

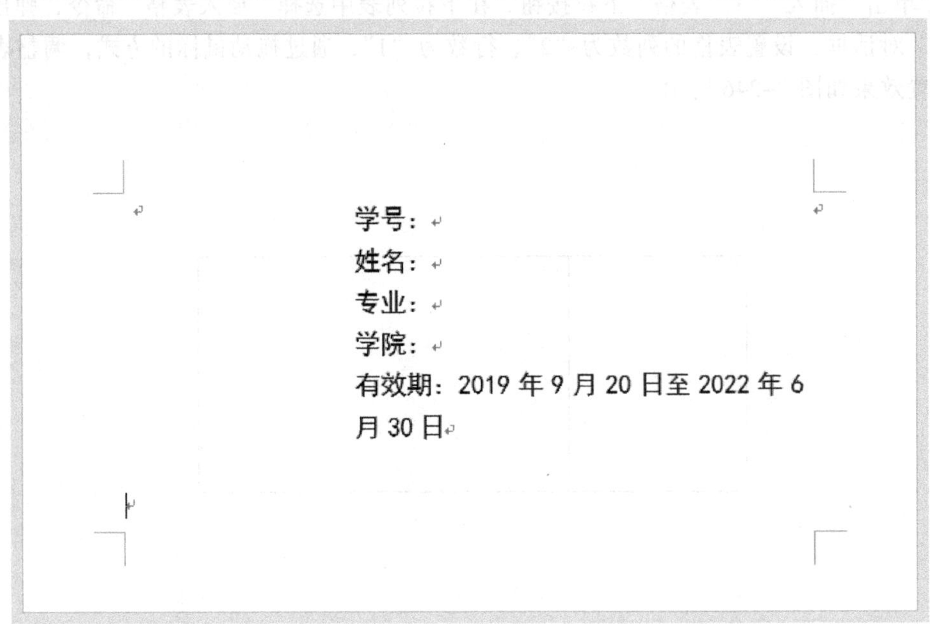

图 3-248 表格文本信息录入

步骤 3：插入背景图片

① 将光标定位到表格下方。单击“插入”→“插图”→“图片”按钮，弹出“插入图片”对话框，选择“校园一卡通图片.jpg”图片，单击“插入”按钮。

② 选中图片，单击“图片工具/格式”→“排列”→“环绕文字”下拉按钮，在下拉列表中选择“衬于文字下方”选项，将图片衬于文本的下方。通过鼠标拖拉图片，让图片充满整个文档，与文档纸张大小接近即可，如图 3-249 所示。

图 3-249　插入图片效果

3.4.2　邮件合并

步骤 1：激活邮件合并

① 单击“邮件”→“开始邮件合并”→“开始邮件合并”下拉按钮，在下拉列表中选择“信函”选项，如图 3-250 所示。

② 单击“邮件”→“开始邮件合并”→“选择收件人”下拉按钮，在下拉列表中选择“使用现有列表”选项，如图 3-251 所示。弹出“选取数据源”对话框，如图 3-252 所示，选择已有的“数据源”文档作为数据源，单击“打开”按钮，弹出“选择表格”对话框，选择“名单$”表格，单击“确定”按钮，如图 3-253 所示，这时“编写和插入域”组被激活可以使用，如图 3-254 所示。

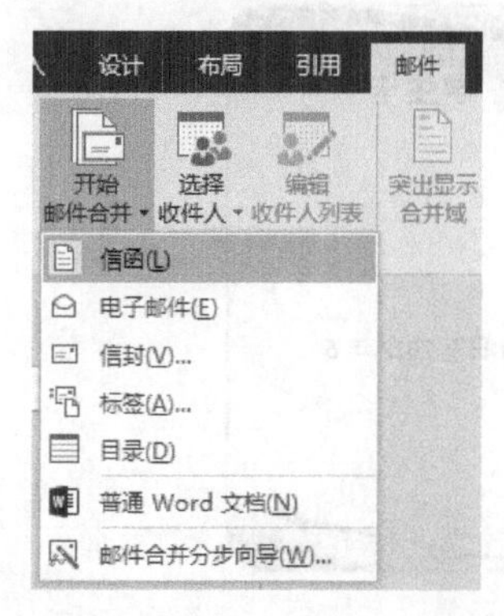

图 3-250　开始邮件合并

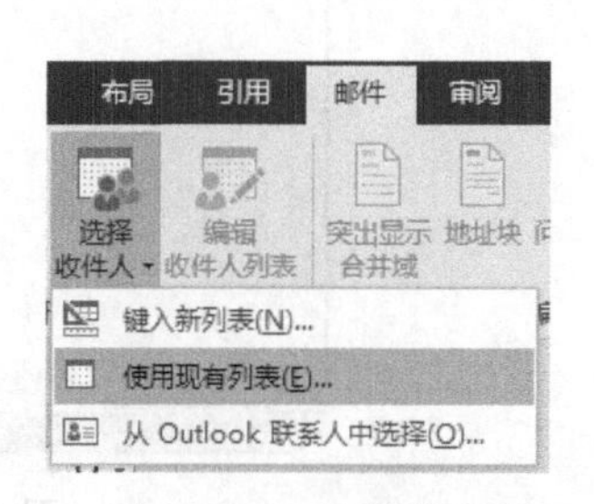

图 3-251　选择收件人

图 3-252 “选取数据源”对话框

③ 插入合并域。将光标定位到文档表格“学号:”右边的单元格中，单击“邮件”→“编写和插入域”→“插入合并域”下拉按钮，在下拉列表中选择“学号”命令，完成一个合并域的插入。采用相同的方法在已经插入‹‹学号››合并域的下面继续插入‹‹姓名››、‹‹专业››和‹‹学院››合并域，如图 3-255 所示。

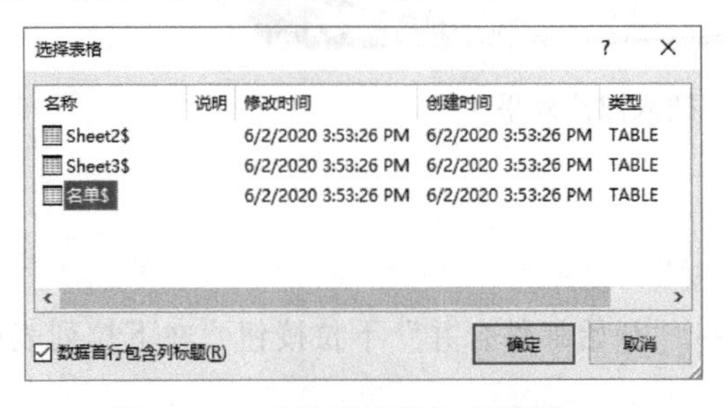

图 3-253 “选择表格”对话框

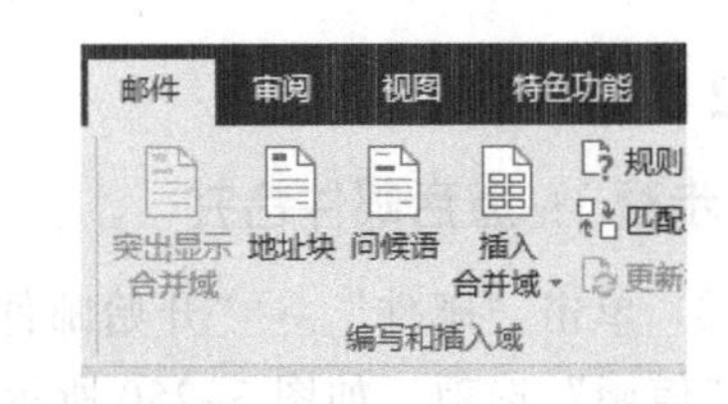

图 3-254 “编写和插入域”组

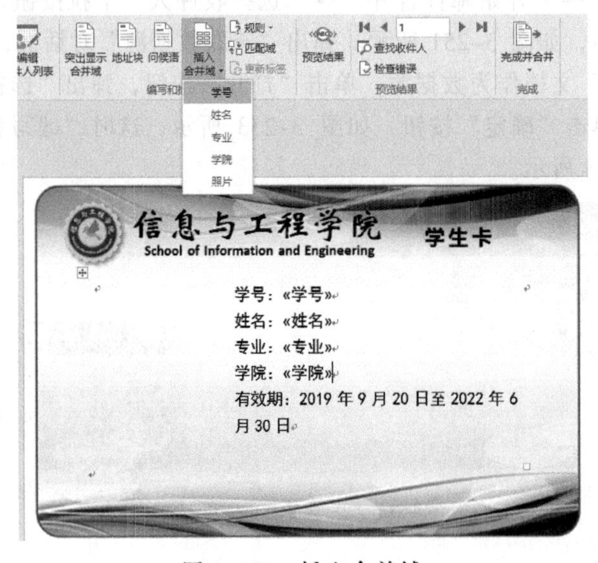

图 3-255 插入合并域

步骤 2：插入图片

① 将光标定位到表格第一列的单元格中，单击“插入”→“文本”→“文档部件”下拉按钮，在下拉列表中选择“域”命令，如图 3-256 所示。

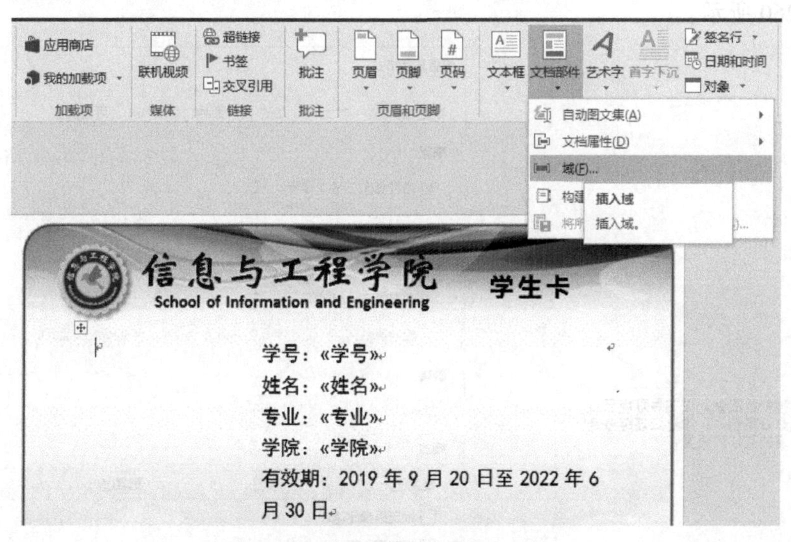

图 3-256　选择文档部件“域”

② 在弹出的“域”对话框中，在“域名”列表框中选择“IncludePicture”选项，在“域属性”区域的“文件名或 URL”文本框中输入任意字符“P”作为图片文件的链接地址，选中“更新时保留原格式”复选框，如图 3-257 所示，单击“确定”按钮。

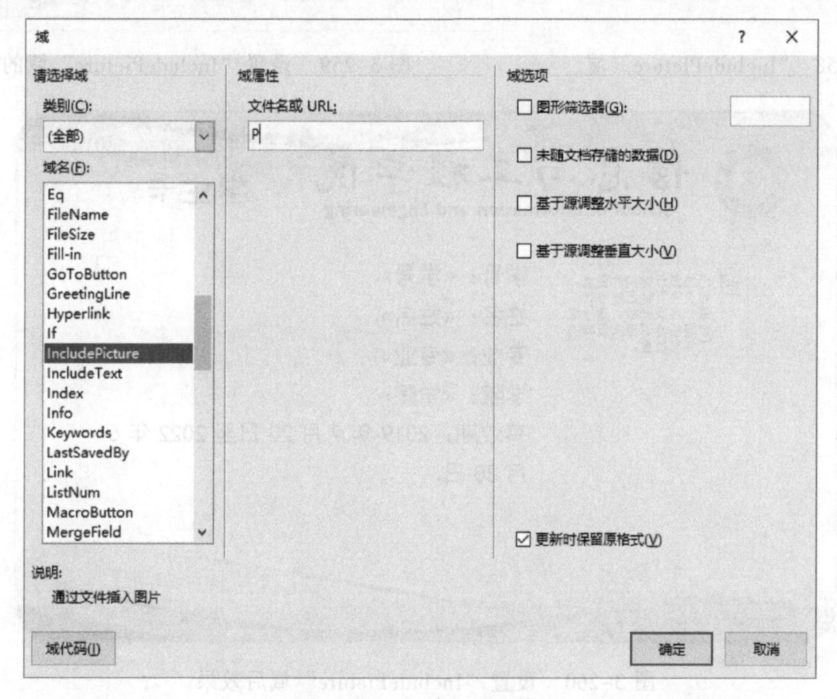

图 3-257　“域”对话框

③ 选中插入后的“IncludePicture”域对象，如图 3-258 所示，单击“图片工具/格式”→“大小”→按钮，弹出“设置图片格式”对话框，取消选中“锁定纵横比”复选框，设置高度绝对值为“4.5 厘米”、宽度绝对值为“4 厘米”，如图 3-259 所示，单击“确定”按钮，效果如图 3-260 所示。

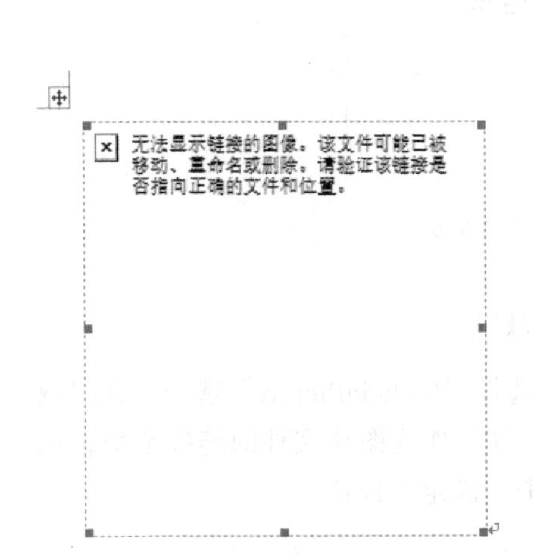

图 3-258 “IncludePicture”域

图 3-259 设置“IncludePicture”域的大小

图 3-260 设置“IncludePicture”域后效果

④ 选中整个表格，按【Shift+F9】组合键，切换到插入域的代码模式，如图 3-261 所示。选中“INCLUDEPICTURE"P"\MERGEFORMAT”中的“P”字符，单击“邮件”→“编写和插入域”→“插入合并域”下拉按钮，在下拉列表中选择“照片”域进行插入，插入后再次选中表格，按【F9】键刷新，效果如图 3-262 所示。

图 3-261　插入域的代码模式

图 3-262　插入照片域后刷新的效果

步骤 3：合并结果预览

单击“邮件”→“预览结果”→“预览结果”按钮，如图 3-263 所示，如果预览检查没有问题，则完成邮件合并。

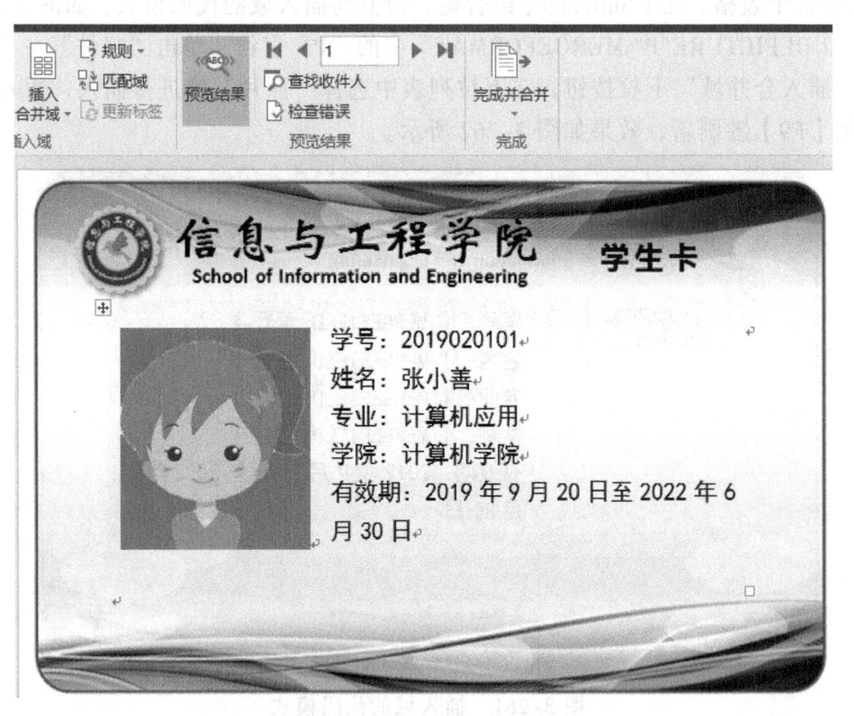

图 3-263　预览合并结果

步骤 4：合并到新文档

① 单击“邮件”→“完成”→“完成并合并”下拉按钮，在下拉列表中选择“编辑单个文档”命令，如图 3-264 所示。在弹出的“合并到新文档”对话框中选择“全部”单选按钮，如图 3-265 所示，单击“确定”按钮，生成一个新“信函”文档，如图 3-266 所示。

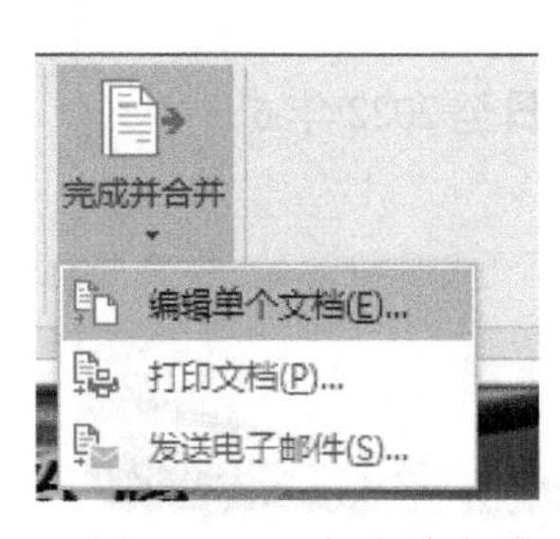

图 3-264　完成并合并

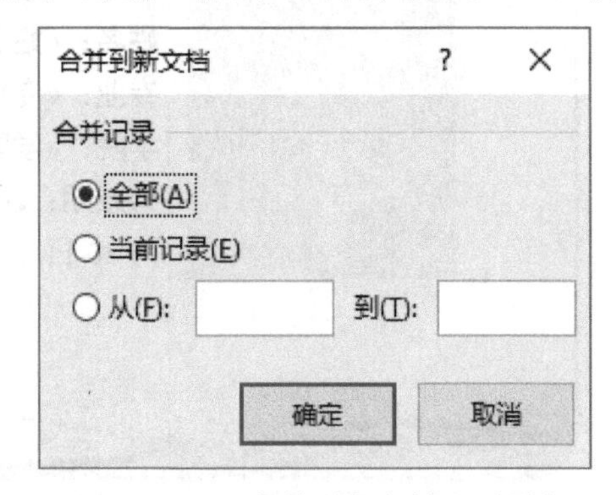

图 3-265　“合并到新文档”对话框

② 单击“文件”→“另存为”按钮保存文档，将新文档命名为“校园卡合并文档”，并保存到原来的文件夹中，如图 3-267 所示。按【Ctrl+A】组合键选择整个文档，然后按【F9】键进行合并后的文档刷新，刷新后效果如图 3-268 所示，所有插入域信息和照片信息都能正确显示出来。

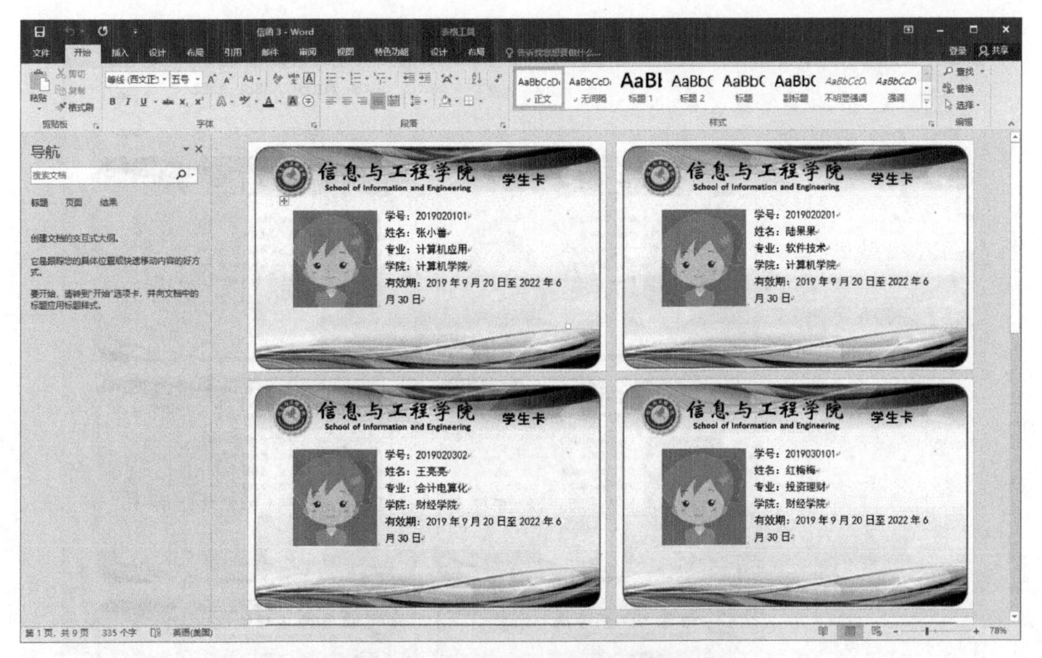

图 3-266 校园卡合并结果

技巧与提示

邮件合并后的新文档必须保存到与照片文件夹、数据源文档和主文档相同的文件夹中，如图 3-267 所示，确保新文档能够正确读取照片文件，否则合并后的新文档无法正常显示照片内容。

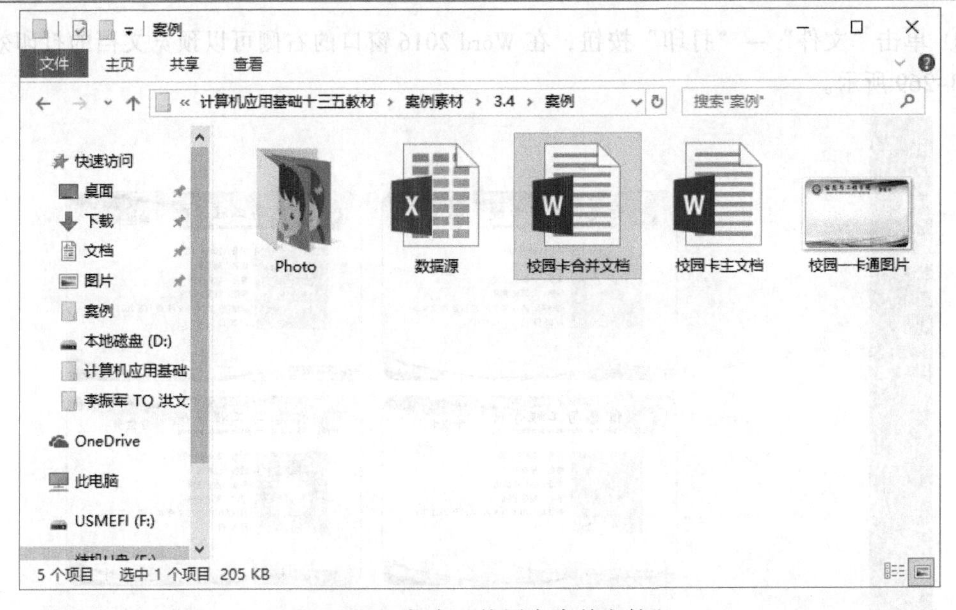

图 3-267 保存“校园卡合并文档”

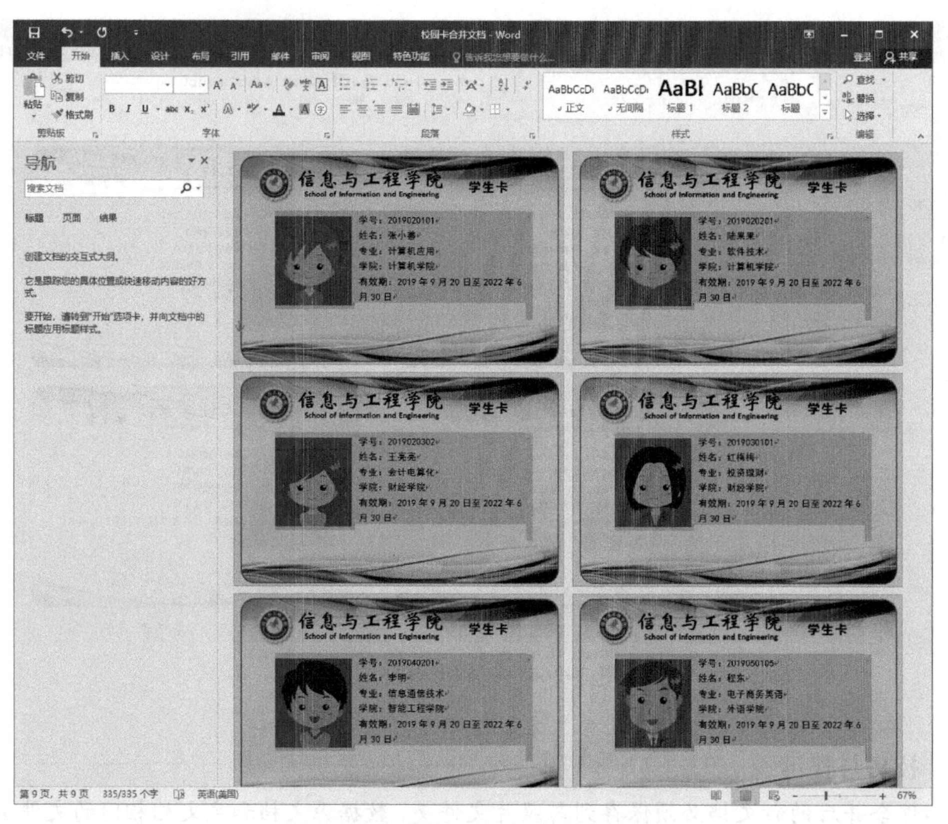

图 3-268　刷新后的邮件合并结果

步骤 5：文档打印

① 单击“文件”→“打印”按钮，在 Word 2016 窗口的右侧可以预览文档的打印效果，如图 3-269 所示。

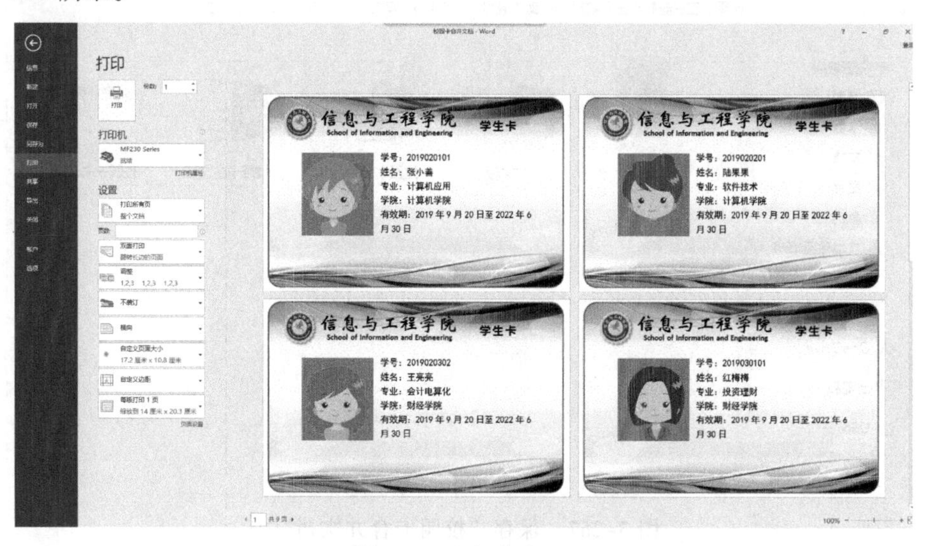

图 3-269　打印窗口

② 如图 3-269 所示，在 Word 2016 窗口中单击“打印”按钮，在弹出的菜单中选择已经连接的打印机型号。单击“打印所有页”下拉按钮，在弹出的菜单中选择“打印所有页”，设置打印的份数，最后单击“打印”按钮。

任务拓展

任务：制作电子聘书文档

任务描述：利用 Word 2016 提供的邮件合并功能制作一批电子聘书，聘书主文档效果如图 3-270 所示。

图 3-270　聘书样张

具体制作要求如下：

① 制作数据源文档，利用 Excel 2016 制作一份聘任名单，作为邮件合并使用的数据源文档，制作效果如图 3-271 所示。将数据源文档保存到照片文件夹所在的同一文件夹中。

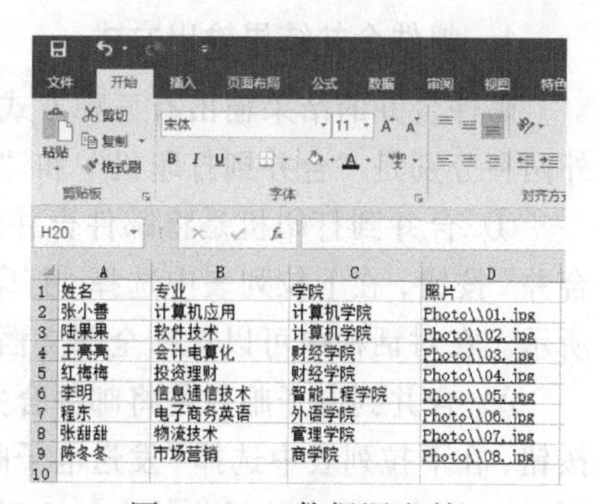

	A	B	C	D
1	姓名	专业	学院	照片
2	张小善	计算机应用	计算机学院	Photo\\01.jpg
3	陆果果	软件技术	计算机学院	Photo\\02.jpg
4	王亮亮	会计电算化	财经学院	Photo\\03.jpg
5	红梅梅	投资理财	财经学院	Photo\\04.jpg
6	李明	信息通信技术	智能工程学院	Photo\\05.jpg
7	程东	电子商务英语	外语学院	Photo\\06.jpg
8	张甜甜	物流技术	管理学院	Photo\\07.jpg
9	陈冬冬	市场营销	商学院	Photo\\08.jpg
10				

图 3-271　数据源文档

② 创建一个 Word 2016 文档，并命名为“聘书主文档.docx”，设置文档的纸张类型为“A4”，文档页面的“上”边距设置为“7 厘米”，其他边距采用默认设置。

③ 在文档中插入一个 1 列 3 行的表格，进行单元格调整与合并，并输入相关文字信息，如图 3-272 所示。第二行单元格的中文字体为“华文新魏”、字号为“一号”、颜色为“黑色”，设置段落格式为“首行缩进 2 个字符”。第三行单元格的中文字体为“黑体”、

字号为“小三”，文本对齐方式为“右对齐”，效果如图 3-272 所示，去除表格边框。

④ 为“聘书主文档.docx”插入两张图片，分别是“聘书”图片和“徽章”图片。将“聘书”图片的文字环绕方式设置为“衬于文字下方”并作为文档背景，“徽章”图片的文字环绕方式设置为“衬于文字上方”，效果如图 3-273 所示。

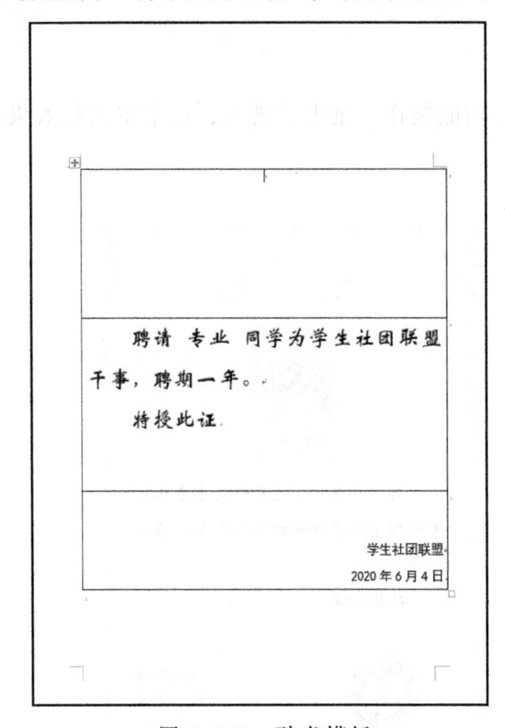

图 3-272 聘书模板

图 3-273 去除表格边框效果

⑤ 利用邮件合并功能，将数据源文档中“学院”“专业”“姓名”“照片”等信息作为插入合并域，插入到“聘书主文档.docx”中，实现电子聘书的批量制作。

知识链接

1. 邮件合并结果输出方式

邮件合并的结果输出有三种方式，上面任务介绍的“合并到新文档”是其中的一种，另外两种分别是“合并到打印机”和“合并到电子邮件”。

① 合并到打印机是将邮件合并结果直接通过打印机进行文档打印输出。单击“完成并合并”按钮，在下拉列表中选择“打印文档”命令，弹出“合并到打印机”对话框，如图 3-274 所示。在对话框中可以选择全部文档打印，或是选择其中一页、几页进行打印输出。

② 合并到电子邮件是将邮件合并结果通过电子邮件方式进行输出。单击“完成并合并”按钮，在下拉列表中选择“发送电子邮件”命令，弹出“合并到电子邮件”对话框，如图 3-275 所示。在对话框中选择收件人、注明邮件主题、选择邮件格式和发送记录的数量，然后单击“确定”按钮，Word 2016 将调用 Outlook 进行电子邮件发送。

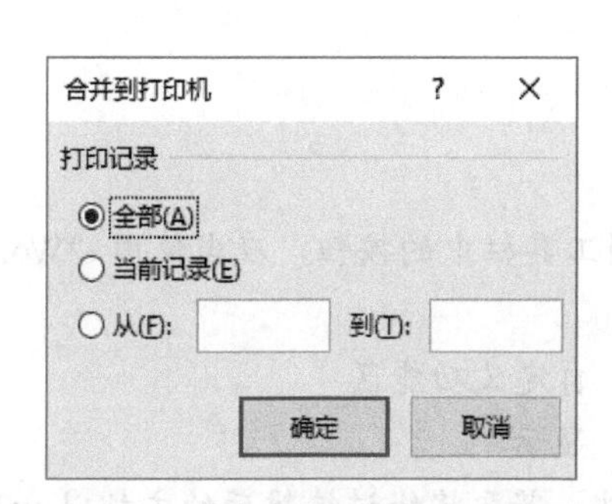

图 3-274 “合并到打印机”对话框

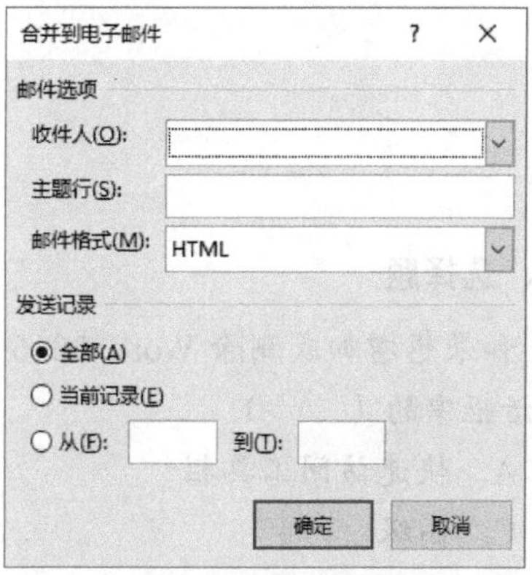

图 3-275 “合并到电子邮件”对话框

2. 利用邮件合并向导合并邮件

“邮件合并向导”是用于帮助用户在 Word 文档中完成信函、电子邮件、信封、标签或目录的邮件合并工作，采用分步完成的方式进行，适用于普通用户进行邮件合并。如图 3-276 所示，单击“邮件”→“开始邮件合并”→“邮件合并分步向导”按钮，打开“邮件合并”窗格，启动邮件合并操作。如图 3-277 所示，通过“邮件合并”窗格提供的向导步骤，快速引导用户一步步进行邮件合并。

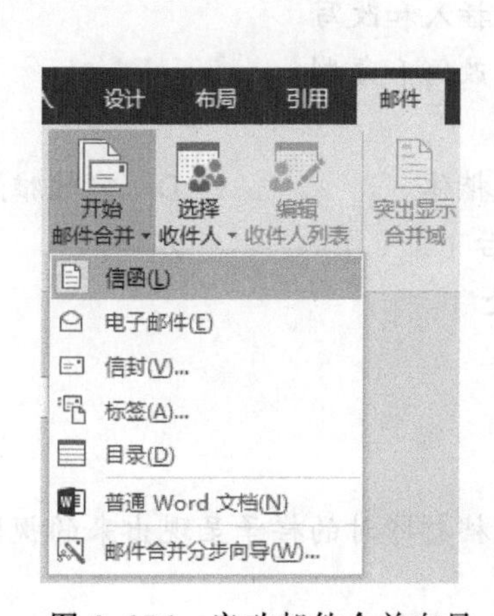

图 3-276 启动邮件合并向导

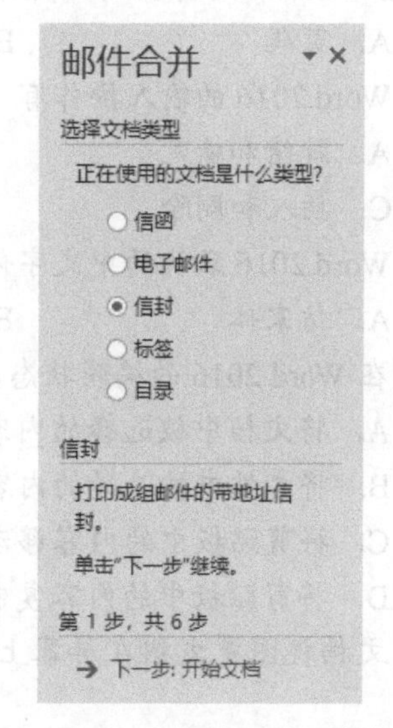

图 3-277 “邮件合并”窗格

小 结

通过本单元的学习使大家了解、掌握 Word 2016 的基本功能和常用操作命令。利用 Word 2016 进行文本格式化、段落设置、表格设计、图文混排、页面设置、电子邮件合并等知识制作出精美、实用的邀请函、图文混排海报、长文档的编辑排版和电子胸卡，具备一定的文档处理能力。

习　题

一、选择题

1. 如果想增加或删除 Word 2016 主窗口快速访问工具栏中的按钮，应当使用“Word 选项”对话框中的（　　）。

A. 快速访问工具栏　　B. 自定义功能区

C. 高级　　D. 显示

2. 在 Word 2016 的编辑状态，打开了 wl.doc 文档，若要将经过编辑后的文档以 w2.doc 为名存盘，应单击“文件”→（　　）按钮。

A. 保存　　B. 新建　　C. 另存为　　D. 打开

3. Word 2016 程序窗口底部显示当前文本信息的区域是（　　）。

A. 任务栏　　B. 功能区

C. 状态栏　　D. 快速访问工具栏

4. 在编辑 Word 2016 文档时，常常希望在每页的顶部或底部显示页码及一些其他信息，这些信息打印在文件每页的顶部，称为（　　）。

A. 页码　　B. 分页符　　C. 页眉　　D. 页脚

5. Word 2016 的输入操作有（　　）两种状态。

A. 就绪和输入　　B. 插入和改写

C. 插入和删除　　D. 改写和复制

6. Word 2016 默认的中文字体是（　　）。

A. 仿宋体　　B. 宋体　　C. 楷体　　D. 微软雅黑

7. 在 Word 2016 的编辑状态，执行“粘贴”命令后（　　）。

A. 将文档中被选择的内容复制到当前插入点处

B. 将文档中被选择的内容移动到剪贴板

C. 将剪贴板中的内容移动到当前插入点处

D. 将剪贴板中的内容复制到当前插入点处

8. 文档视图是文档在屏幕上的显示方式，而以文档打印时的样子呈现出来的视图称为（　　）。

A. 页面视图　　B. Web 版式视图

C. 打印预览　　D. 阅读版式视图

9. 在 Word 2016 的编辑状态打开一个文档，对文档没作任何修改，随后单击 Word 2016 主窗口标题栏右侧的“关闭”按钮或者单击“文件”→“退出”按钮，则（　　）。

A. 仅文档窗口被关闭

B. 文档和 Word 2016 主窗口全被关闭

C. 仅 Word 2016 主窗口被关闭

D. 文档和 Word 2016 主窗口全未被关闭

10. 在 Word 2016 编辑状态，可以使插入点快速移到文档首部的组合键是（　　）。

A. Ctrl+Home　　B. Alt+Home

C. Home　　D. PageUp

11. 在 Word 2016 中，单击“文件”→“信息”按钮，右侧窗口中显示的文件名所对应的文件是（　　）。

A. 当前被操作的文件　　B. 当前已经打开的所有文件

C. 最近被操作过的文件　　D. 扩展名是.docx 的所有文件

12. 在 Word 2016 编辑状态，进行字体设置操作后，按新设置的字体显示的文字是(　　)。

A. 插入点所在段落中的文字　　B. 插入点所在行中的文字

C. 文档中被选择的文字　　D. 文档中的全部文字

13. 在 Word 2016 的编辑状态，设置了一个由多个行和列组成的空表格，将插入点定位在某个单元格内，单击“表格工具/布局”→“选择”下拉按钮，在下拉列表中选择“选择行”命令，再选择“选择列”命令，则表格中被“选择”的部分是（　　）。

A. 插入点所在的行　　B. 插入点所在的列

C. 一个单元格　　D. 整个表格

14. 在 Word 2016 的编辑状态，执行两次“复制”操作后，则剪贴板中（　　）。

A. 仅有第一次被复制的内容

B. 仅有第二次被复制的内容

C. 有两次被复制的内容

D. 无内容

15. 指定一个段落的第一行缩进的段落设置称为（　　）。

A. 悬挂　　B. 首行缩进　　C. 左　　D. 右

16. 在 Word 2016 文档编辑中，对所插入的图片不能进行的操作是（　　）。

A. 放大或缩小　　B. 从矩形边缘裁剪

C. 编辑图片内容　　D. 移动其在文档中的位置

17. Word 2016 模板的扩展名是（　　）。

A. .dotx　　B. .txt　　C. .docx　　D. .tmp

18. 在编辑 Word 2016 文档时，如果用户出现了误操作，消除这一误操作的最佳方法是(　　)。

A. 单击快速访问工具栏中的“撤销”按钮恢复原内容

B. 重新进行正确的操作

C. 单击“审阅”→“修定”按钮以恢复内容

D. 无法挽回

二、操作题

1. 根据任务 1、任务 2 和任务 3 所掌握的知识技巧，利用已经提供的文本素材、标题样式素材和图片素材设计一份美食科普简报，如图 3-278 和图 3-279 所示。

1
美食科普攻略

美食科普攻略

美食的分类

系因地理、气候、习俗、特产的不同形成了不同的地方风味，菜系的划分单就汉族的饮食特点而言，目前有四大菜系、八大菜系、十大菜系之说，而且划分菜系类仍有继续增加的趋势。如果按四大菜系分：有川菜、粤菜、苏菜和鲁菜。也有分八大菜系的。其中各大菜系交相辉映，各有千秋，成为了中华民族珍贵的文化瑰宝！

酸酸甜甜凤梨骨

材料：排骨、凤梨肉、鲜榨凤梨汁（1碗）、白醋、青椒、鸡蛋、玉米淀粉、白糖，具体做法：

- 排骨加盐、少许生抽和糖腌20分钟；
- 凤梨内、青椒切为均等小块；
- 利用榨汁机榨取1碗凤梨汁，加入3勺白醋2勺白糖和少许盐；
- 腌好的排骨打入一只鸡蛋搅拌均匀，上粉，下油锅炸至金黄沥起；
- 热油锅把青椒爆香，加入凤梨肉翻炒，下凤梨汁（3）煮沸，调味（酸的加糖，不够酸加醋）；
- 下炸排骨翻炒，生粉水打芡。

海鲜芝士焗饭

材料：鲜鱿鱼、鲜虾、沙蛤、蘑菇、姜、蒜、香葱、芝士，具体做法：

美食科普攻略 ADMIN

图 3-278　美食科普简报奇数页效果

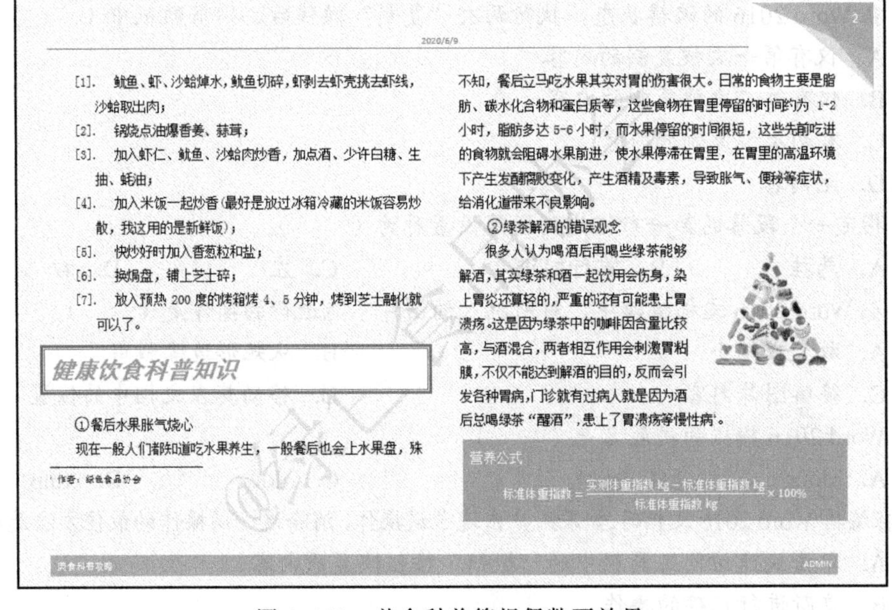
2
2020/5/9

[1]. 鱿鱼、虾、沙蛤焯水，鱿鱼切碎，虾剥去虾壳挑去虾线，沙蛤取出肉；
[2]. 锅烧点油爆香姜、蒜茸；
[3]. 加入虾仁、鱿鱼、沙蛤肉炒香，加点酒、少许白糖、生抽、蚝油；
[4]. 加入米饭一起炒香（最好是放过冰箱冷藏的米饭容易炒散，我这用的是新鲜饭）；
[5]. 快炒好时加入香葱粒和盐；
[6]. 换焗盘，铺上芝士碎；
[7]. 放入预热200度的烤箱烤4、5分钟，烤到芝士融化就可以了。

健康饮食科普知识

①餐后水果胀气烧心

现在一般人们都知道吃水果养生，一般餐后也会上水果盘，殊不知，餐后立马吃水果其实对胃的伤害很大。日常的食物主要是脂肪、碳水化合物和蛋白质等，这些食物在胃里停留的时间约为1-2小时，脂肪多达5-6小时，而水果停留的时间很短，这些先前吃进的食物就会阻碍水果前进，使水果停滞在胃里，在胃里的高温环境下产生发酵腐败变化，产生酒精及毒素，导致胀气、便秘等症状，给消化道带来不良影响。

②绿茶解酒的错误观念

很多人认为喝酒后再喝些绿茶能够解酒，其实绿茶和酒一起饮用会伤身，染上胃炎还算轻的，严重的还有可能患上胃溃疡。这是因为绿茶中的咖啡因含量比较高，与酒混合，两者相互作用会刺激胃粘膜，不仅不能达到解酒的目的，反而会引发各种胃病，门诊就有过病人就是因为酒后总喝绿茶“醒酒”，患上了胃溃疡等慢性病[i]。

营养公式

$$标准体重指数=\frac{实测体重指数\ kg-标准体重指数\ kg}{标准体重指数\ kg}\times 100\%$$

i 作者：绿色食品协会

美食科普攻略 ADMIN

图 3-279　美食科普简报偶数页效果

设计要求如下：

① 对文字素材进行段落格式化。字体为“宋体”、字号为“小四”、行距为固定值“20磅”、段落首行缩进“2字符”，为文本添加带圈字符，在文本段落“患上了胃溃疡等慢性病”的后面插入尾注，设置为“文档结尾”，内容为“作者：绿色食品协会”。

② 在文字素材的首行插入内置文本框，选择“运动型引述”文本框。使用素材图片“美食.jpg”对文本框进行填充，文本框的高度为“3.97厘米”，宽度为“25.69厘米”。

③ 在文本框中输入“美食科普攻略”文本，艺术字样式为“填充-水绿色，着色1，轮廓-背景1，清晰阴影-着色1”，映像变体为“半映像，8pt偏移量”，字体为“华文琥珀”、字号为“50”、加粗，斜体，对齐方式为“右对齐”。

④ 整篇文档进行分栏，将所有文本分成两栏，间距为“3.32 字符”。将标题素材文档中的标题样式应用到文档中“美食的分类”和“健康饮食科普知识”两行文本。

⑤ 选择文档中“海鲜芝士焗饭”文本设置段落底色为“橙色，强调文字颜色，6，深色25%”，段落行距为“2.5倍”，字体为“黑体”、字号为“小二”、颜色为“白色”并加粗。

⑥ 选择文档“美食分类”标题下方的整段文本，设置首字下沉。“酸酸甜甜凤梨骨”的制作方法步骤添加项目符号“➢”，“海鲜芝士焗饭”的制作方法步骤添加编号[1]。

⑦ 在“酸酸甜甜凤梨骨”材料段落的上方插入一个形状，选择“上凸带形”，样式设置为“彩色填充-水绿色，强调颜色5”，添加文字“酸酸甜甜凤梨骨”、字体为“华文新魏”、字号为“小二”、加粗、颜色为“白色”，设置环绕方式为“四周型环绕”，并调整到文档中合适位置。

⑧ 在文档第二页中插入素材图片“食物金字塔”，如图3-279所示，设置位置为“中间居右，四周型文字环绕”，删除背景。

⑨ 在文档第二页绘制一个文本框并插入营养公式，如图3-279所示。设置文本框的样式为“半透明-紫色，强调颜色4，无轮廓”。

⑩ 设置文档的标题信息为“美食科普攻略”，文档插入页眉，奇数页和偶数页的页眉的样式都选择“平面”，时间选择当前时间。在第一页页眉中插入“文档部件”的“文档属性”的“标题”，在第二页页眉中插入“文档部件”的“文档属性”的“发布日期”。在文档的页脚插入“离子（深色）”样式页脚。

⑪ 为文档添加水印，水印文字信息为“@绿色食品协会”。

2. 利用任务4所学的知识，通过邮件合并的方法批量制作计算机水平考试合格证书，效果如图3-280所示。

图3-280 合并后的合格证书

制作要求如下：

① 使用 Excel 2016 创建数据源，如图 3-281 所示。

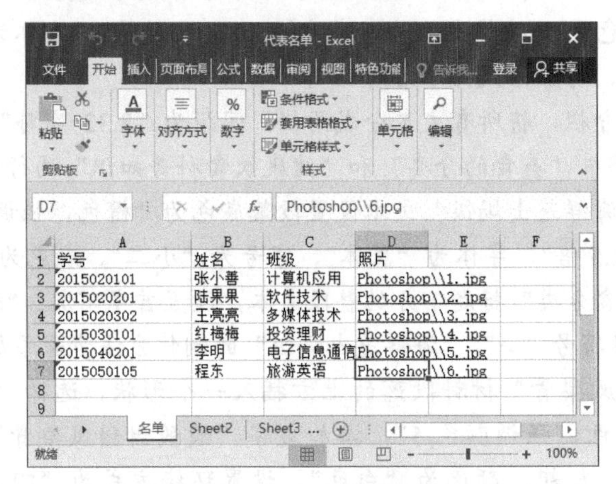

图 3-281 数据源

② 新建一份 Word 2016 文档，利用表格进行排版，添加艺术字、文本信息、插入图片和设置表格边框，创建证书的邮件合并主文档，如图 3-282 所示。

图 3-282 邮件合并主文档

③ 使用邮件合并功能插入合并域，实现证书的批量制作效果。

单元 4 Excel 2016 的应用

【学习目标】

在当今的信息化时代，人们日常的学习、工作和生活中会遇到大量的数据，面对大量的数据，如何进行快速处理分析是我们必须掌握的技能之一。Microsoft Office Excel 2016（以下简称 Excel 2016）的主要功能是进行各种数据处理、统计分析和辅助决策操作，广泛应用于管理、统计财经、金融等领域，在各行各业中都得到了广泛应用。Excel 拥有大量的函数，使用 Excel 可以执行计算、分析信息，管理电子表格或网页中的数据信息列表与数据资料图表制作，可以实现许多方便的功能。

通过本单元的学习，你将掌握以下知识：

- Excel 的启用和退出
- Excel 的相关术语解释
- 各种数据的录入和设置
- 函数和公式的灵活应用
- 工作表的格式设置和美化
- 图表的创建和管理
- 合并计算和分类汇总的应用
- 数据的排序和筛选
- 数据透视表和透视图的建立
- 窗口的冻结和解冻

4.1 任务 1 成绩统计表

任务描述

经过一个学期的学习后，同学们对于信息技术应用的相关知识和技能都有了一定的掌握，现在要对该课程的成绩进行统计和分析，为了方便统计首先建立一个信息技术应用课程的“成绩统计表”，计算每个学生的最终成绩、等级和排名。现委托你来创建这个数据表格。图 4-1 所示为信息技术应用的“成绩统计表”。

任务分析

实现本任务首先要创建一个信息技术应用课程的“成绩统计表”，并录入相关成绩数据，然后利用各种公式和函数完成最终成绩的计算，再利用数据功能统计出对应的等级和排名，最后利用条件格式进行数据分析。

“信息技术应用”成绩统计表

学号	姓名	性别	平时成绩	期中成绩	期末成绩	最终成绩	等级	排名
001	王佳薇	女	89	86	79	83.40	良好	5
002	石　蓓	男	65	91	86	80.70	良好	7
003	韩贝宁	女	71	23	59	55.40	不及格	15
004	王亚辰	男	83	96	89	88.60	良好	2
005	张　琰	女	76	89	67	74.10	及格	11
006	朱文博	女	62	96	86	80.80	良好	6
007	程心怡	女	62	88	65	68.70	及格	13
008	付梓兵	男	85	73	72	76.10	良好	8
009	张玉薇	女	80	92	66	75.40	良好	9
010	罗　典	女	100	77	81	85.90	良好	3
011	卢欣怡	女	95	90	90	91.50	优秀	1
012	饶雨萱	男	63	86	66	69.10	及格	12
013	吕　颜	女	69	91	72	74.90	及格	10
014	王亚楠	男	92	92	78	85.00	良好	4
015	李嘉雪	女	36	83	66	60.40	及格	14
	平均分		75.20	83.53	74.80	76.67		
	最高分		100.00	96.00	90.00	91.50		
	最低分		36.00	23.00	59.00	55.40		

图 4-1　任务 1 成绩统计表

任务分解

本任务可以分解为以下 5 个子任务。

子任务 1：开始使用 Excel 2016

子任务 2：录入数据

子任务 3：表格设置

子任务 4：成绩计算与统计

子任务 5：成绩分析

任务实现

4.1.1　开始使用 Excel 2016

步骤 1：新建 Excel 2016

右击桌面空白处，在弹出的快捷菜单中选择“新建”→“Microsoft Excel 工作表”命令，即可完成 Excel 空白文件的新建。

在 Excel 中有很多模板，包括内置模板和联机模板，只需单击“文件”→“新建”按钮，如图 4-2 所示，拖动右侧滚动条，会显示出内置的 Excel 模板，可以寻找合适的模板快速完成任务。还可在搜索联机模板框中输入所需的模板名称，单击其右侧的“开始搜索”按钮获得更多模板，选择适合的模板创建对应的 Excel 工作簿文件。

技巧与提示

历史记录中保存着用户最近 25 次使用过的文档，要想启动相关应用并同时打开这些工作簿，只需单击“文件”→“打开”→“最近”命令，然后从列表中选择文件名即可。

图 4-2　新建 Excel 工作簿

步骤 2：认识 Excel 2016 窗口

启动 Excel 2016 后，其窗口组成如图 4-3 所示。Excel 2016 工作区显示二维表格，称为工作表，工作表由行和列组成，其中行号用数字表示，列标用字母表示，工作表中每个单元称为单元格，其中有一个单元格边框加粗，称为活动单元格或当前单元格，单击某个单元格，可将其设置为当前单元格。默认情况下，以单元格的列标和行号作为单元格的标识，称为单元格地址，在名称框中显示。

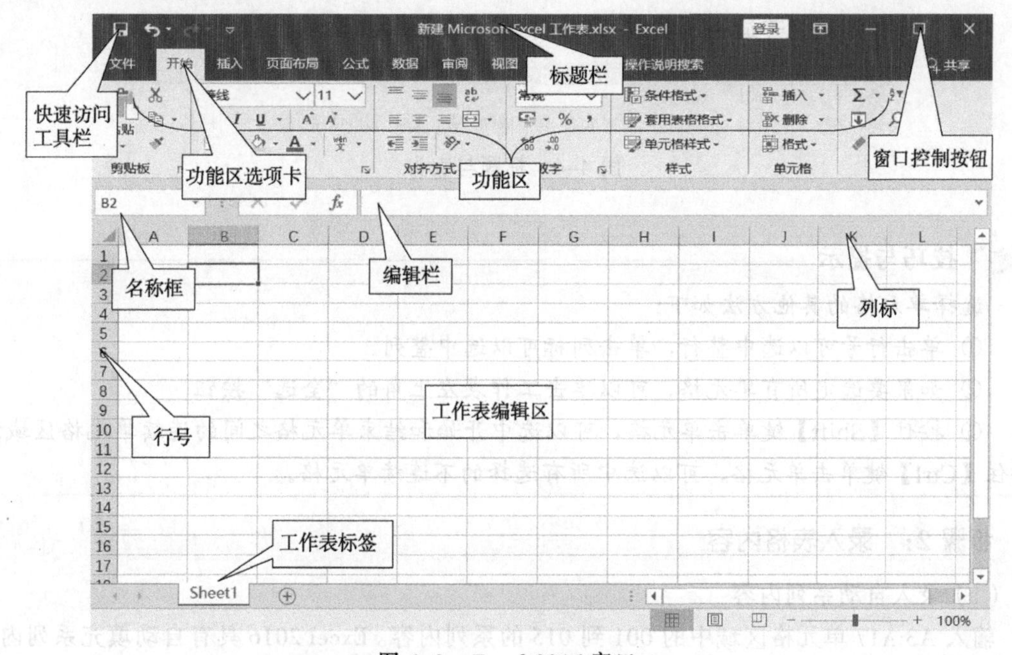

图 4-3　Excel 2016 窗口

与旧版本相比，Excel 2016 最明显的变化是取消了传统的菜单操作方式而代之于各种选项卡。Excel 2016 的窗口主要由以下几部分组成：快速访问工具栏、标题栏、窗口控制按钮、功能区、名称框、编辑栏、工作表编辑区、工作表标签等。Excel 2016 中的快速访问工具栏、标题栏与 Word 大致相同，这里不再赘述。

名称框：名称框的主要作用是显示和定位，可以在名称框中给一个或者一组单元格定义，也可以在名称框中直接选择定义过的名称来选中相应的单元格。名称框下面的 是"全选"按钮，单击它可以选中当前工作表的全部单元格。"全选"按钮右边的 A，B，C，…是列标，单击列标可以选中相应的列，"全选"按钮下面的 1，2，3，…是行号，单击行号可以选中相应的整行。

编辑栏：编辑栏可以编辑对应单元格内容，如文字、公式、函数或者数据等。

功能区：功能区实现 Excel 2016 中主要的数据操作和管理功能。Excel 2016 中有"开始""插入""页面布局""公式""数据""审阅""视图""图表工具"等功能区，每个功能区根据功能的不同又分为若干个组。

工作表编辑区：编辑和放置工作表的区域。如数据内容较多，可以通过工作表右侧和下方的滚动条来调整。

工作表标签：列出每个工作表的名字，并且完成工作表的复制、移动和重命名等操作。

4.1.2 录入数据

步骤 1：录入标题与表头

表格的标题和表头一般是由字符串组成，字符串一般是数字、字母、汉字、标点、符号、空格等组成的字符。显示时，字符串常数自动左对齐。

① 单击选中 A1 单元格，录入文字"信息技术应用"成绩统计表。

② 单击选中 A2 单元格，录入文字"学号"，并在其右侧单元格中依次输入其他表头内容，设置行高和列宽，并适当调整对齐方式，效果如图 4-4 所示。

	A	B	C	D	E	F	G	H	I
1	"信息技术应用"成绩统计表								
2	学号	姓名	性别	平时成绩	期中成绩	期末成绩	最终成绩	等级	排名

图 4-4 标题与表头

技巧与提示

选择单元格的其他方法如下：

① 单击行号可以选中整行，单击列标可以选中整列。

② 如果要选定所有单元格，可以单击工作表左上角的"全选"按钮。

③ 按住【Shift】键单击单元格，可以选中开始和结束单元格之间的连续单元格区域；按住【Ctrl】键单击单元格，可以选中所有选择的不连续单元格。

步骤 2： 录入表格内容

（1）录入自动系列内容

输入 A3:A17 单元格区域中的 001 到 015 的系列内容。Excel 2016 具有自动填充系列内容的功能，可以自动填充等差序列、等比序列等。

"001"的格式为文本格式，首先进行单元格格式设置，选中 A3 单元格，单击"开始"→"数字"组，在"数字格式"下拉列表中选择"文本"，进行单元格格式设置，如图 4-5 所示。

图 4-5 设置单元格格式

后面的内容可以利用序列完成填充。选中 A3 单元格，单击右下角的填充柄，拖动填充柄直到 A17 单元格，完成"学号"系列的自动填充，如图 4-6 所示。

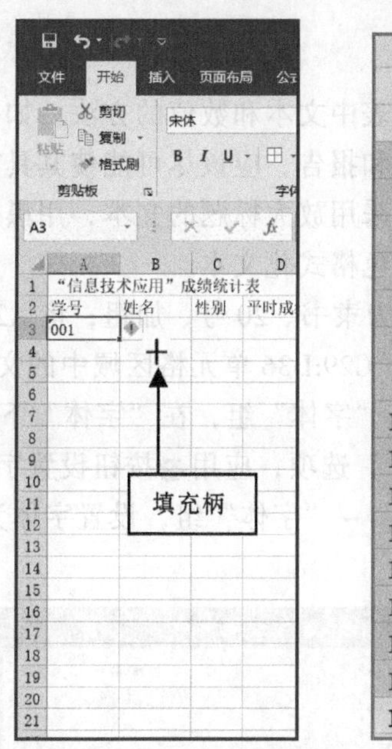

图 4-6 利用填充柄完成"学号"系列的填充

（2）录入表格基本内容

在 B3:B17 单元格区域中依次录入学生姓名，在 C3:C17 单元格区域中依次录入学生性别，在 D3:D17 单元格区域中依次录入平时成绩，在 E3:E17 单元格区域中依次录入期中成绩，在 F3:F17 单元格区域中依次录入期末成绩，在 A18、A19、A20 单元格中录入平均分、最高分和对低分，如图 4-7 所示。

	A	B	C	D	E	F	G	H	I
1	“信息技术应用”成绩统计表								
2	学号	姓名	性别	平时成	期中成	期末成	最终成	等级	排名
3	001	王佳薇	女	89	86	79			
4	002	石　蓓	男	65	91	86			
5	003	韩贝宁	女	71	23	59			
6	004	王亚辰	男	83	96	89			
7	005	张　瑛	女	76	89	67			
8	006	朱文博	女	62	96	86			
9	007	程心怡	女	62	88	65			
10	008	付梓兵	男	85	73	72			
11	009	张玉薇	女	80	92	66			
12	010	罗　典	女	100	77	81			
13	011	卢欣怡	女	95	90	90			
14	012	饶雨萱	男	63	86	66			
15	013	吕　颜	女	69	91	72			
16	014	王亚楠	男	92	92	78			
17	015	李嘉雪	女	36	83	66			
18	平均分								
19	最高分								
20	最低分								

图 4-7　表格基本内容

技巧与提示

对于某些数据格式，当输入数据的宽度超过默认列宽时，数据会延伸到下一列。对于另外一些数据格式，当列宽与输入的数据宽度不匹配时，就会显示一串“########”符号，意味着数据宽度超过了当前单元格的宽度。此时并不影响实际数值，只需增加列宽即可显示输入的数据。

4.1.3 表格设置

步骤 1：字体的设置

Excel 2016 提供了几十种格式化工作表中文本和数值的方法。如果需要输出工作表或工作簿，或者提供给他人阅览，特别是报表和报告，应该尽可能使其具有吸引力同时又便于理解。例如，改进工作表的表现形式，可以采用放大标题的文本，用黑体、斜体或两者来格式化标题和字符，也可以用不同的字体和颜色格式化文本。

将“成绩统计表”中的标题格式设置为隶书、20 号、加粗；将 A2:H2 单元格区域中的文字设置为宋体、12 号、加粗。将 A3:H27、C29:D36 单元格区域中的文字设置为宋体、12 号。

① 选中 A1 单元格，单击“开始”→“字体”组，在“字体”下拉列表中选择“黑体”选项，在“字号”下拉列表中选择“20 号”选项，应用 **B** 按钮设置字体加粗效果。

选中 A2:I2 单元格区域，单击“开始”→“字体”组，设置字体为宋体，12 号，加粗。效果如图 4-8 所示。

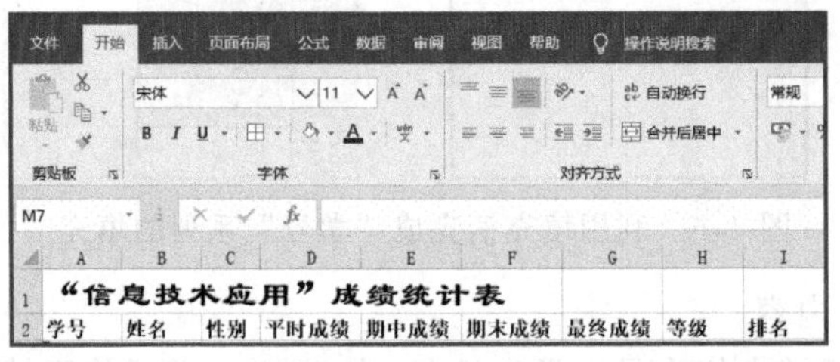

图 4-8　利用“字体”组完成标题和表头的字体设置

在名称栏中输入 A3:I20，按【Enter】键确认，选中 A3:I20 单元格区域，单击“开始”→“字体”→“对话框启动器”按钮，弹出“设置单元格格式”对话框。选择“字体”选项卡，在“字体”下拉列表中选择“宋体”，“字号”选择 12 号，在预览框中可以看到格式化之后的效果，如图 4-9 所示。

图 4-9　“设置单元格格式”对话框的“字体”选项卡

② 选中 G3:G17 单元格区域，按住【Ctrl】键，选择 D18:G20 单元格区域，如图 4-10 所示，单击“开始”→“数字”→“对话框启动器”按钮，设置数字格式为“数值”，保留两位小数点，如图 4-11 所示。

	A	B	C	D	E	F	G	H	I
1	“信息技术应用”成绩统计表								
2	学号	姓名	性别	平时成纟	期中成纟	期末成纟	最终成纟	等级	排名
3	001	王佳薇	女	89	86	79			
4	002	石　蓓	男	65	91	86			
5	003	韩贝宁	女	71	23	59			
6	004	王亚辰	男	83	96	89			
7	005	张　琰	女	76	89	67			
8	006	朱文博	女	62	96	86			
9	007	程心怡	女	62	88	65			
10	008	付梓兵	男	85	73	72			
11	009	张玉薇	女	80	92	66			
12	010	罗　典	女	100	77	81			
13	011	卢欣怡	女	95	90	90			
14	012	饶雨萱	男	63	86	66			
15	013	吕　颜	女	69	91	72			
16	014	王亚楠	男	92	92	78			
17	015	李嘉雪	女	36	83	66			
18	平均分								
19	最高分								
20	最低分								

图 4-10　选择不连续区域

图 4-11 “设置单元格格式”对话框的“数字”选项卡

步骤 2：设置单元格内容的对齐方式

在正常情况下，单元格中的文本数据靠左对齐、数值型数据靠右对齐。适当的数据对齐方式可以提高工作表的可读性，同时与数据显示的习惯标准相一致（像会计专用数据中的小数点对齐方式）。

① 选择 A1:I1 单元格区域，单击“开始”→“对齐方式”→“合并后居中”按钮，实现表格标题的合并后居中，如图 4-12 所示。

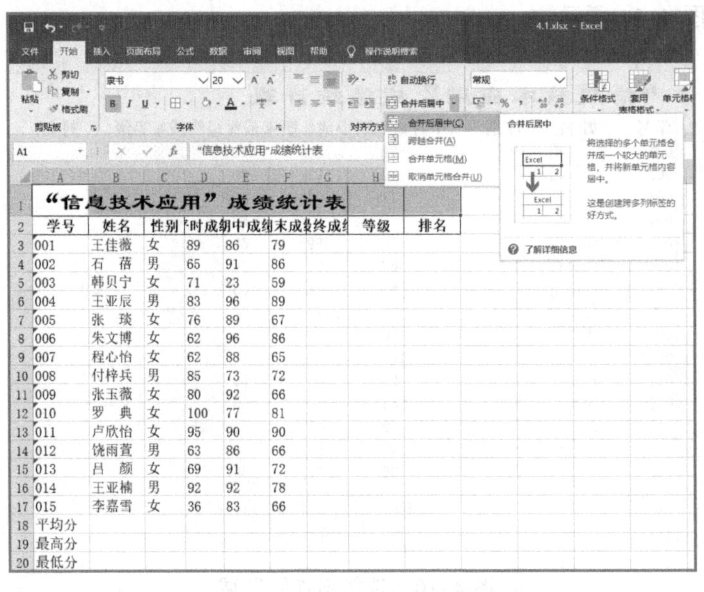

图 4-12 设置标题为合并后居中

② 选择 A18:C18 单元格区域，单击“开始”→“对齐方式”→“合并后居中”按钮，实现合并后居中，利用格式刷，复制 A18:C18 单元格区域的格式，完成 A19:C19、A20:C20、I18:I20 的合并单元格的设置。

③ 选择 D2:E2 单元格区域并右击，在弹出的快捷菜单中选择“设置单元格格式”命令，弹出“设置单元格格式”对话框，选择“对齐”选项卡，在“文本控制”区域勾选“自动换行”复选框，实现自动换行格式，如图 4-13 所示。

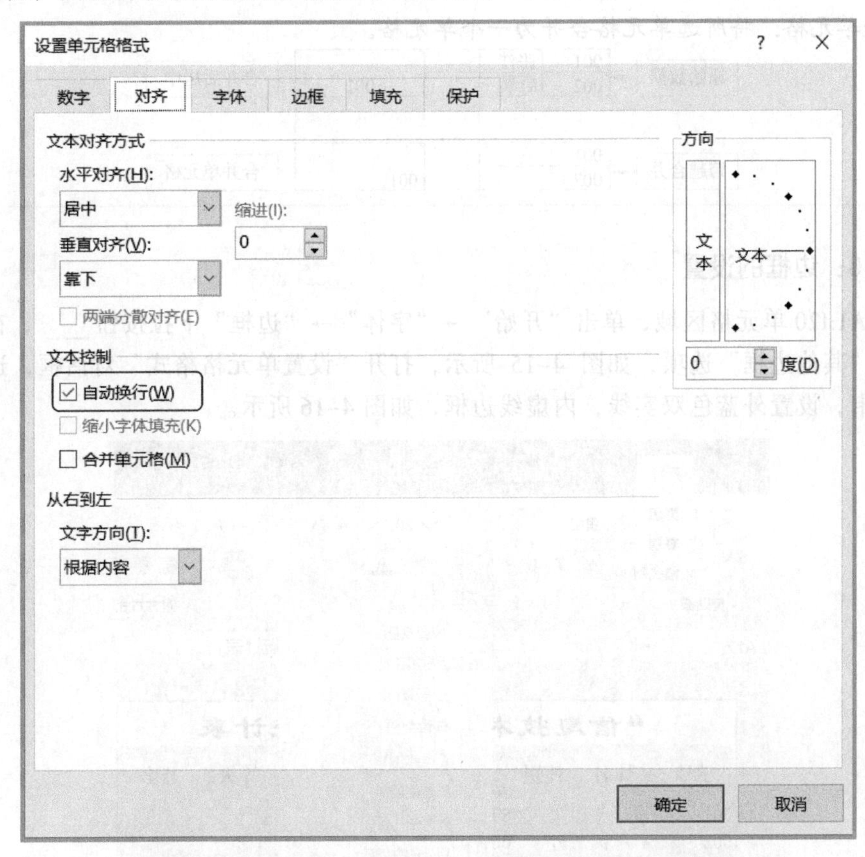

图 4-13　“设置单元格格式”对话框的“对齐”选项卡

④ 选择 F2:E2 单元格区域，单击“开始”→“对齐方式”→“自动换行”按钮，实现自动换行格式。

⑤ 选择 A2:I2 单元格区域，单击“开始”→“对齐方式”→“居中”按钮，以及单击“开始”→“对齐方式”→“垂直居中”按钮，实现单元格水平居中、垂直居中。完成表头行的格式设置，如图 4-14 所示。

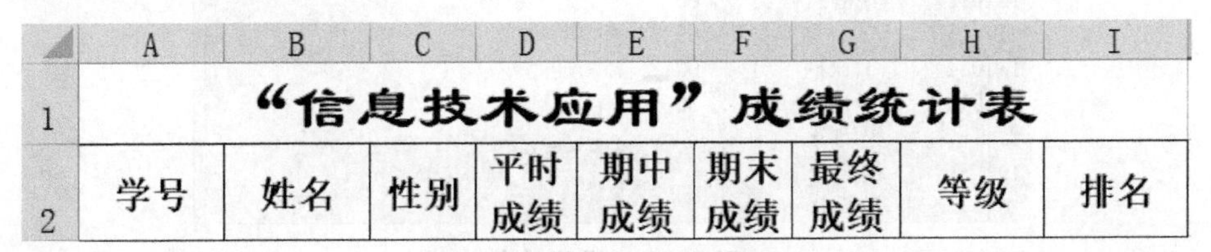

	A	B	C	D	E	F	G	H	I
1	“信息技术应用”成绩统计表								
2	学号	姓名	性别	平时成绩	期中成绩	期末成绩	最终成绩	等级	排名

图 4-14　表头行最终效果

技巧与提示

Excel 提供了三种单元格合并的方法，合并后居中、跨越合并、合并单元格。

合并后居中：将选择的多个单元格合并成一个较大的单元格，并将新单元格内容水平居中，垂直向下对齐，通常用于创建跨列标签。

跨越合并：将所选单元格的每行合并为一个更大的单元格。

合并单元格：将所选单元格合并为一个单元格。

原始数据
001 张江
002 唐强
001
合并后居中
跨越合并
001
002
001
合并单元格

步骤 3：边框的设置

选中 A1:I20 单元格区域，单击"开始"→"字体"→"边框"下拉按钮，在下拉列表中选择"其他边框"选项，如图 4-15 所示，打开"设置单元格格式"对话框，选择"边框"选项卡，设置外蓝色双实线，内虚线边框，如图 4-16 所示。

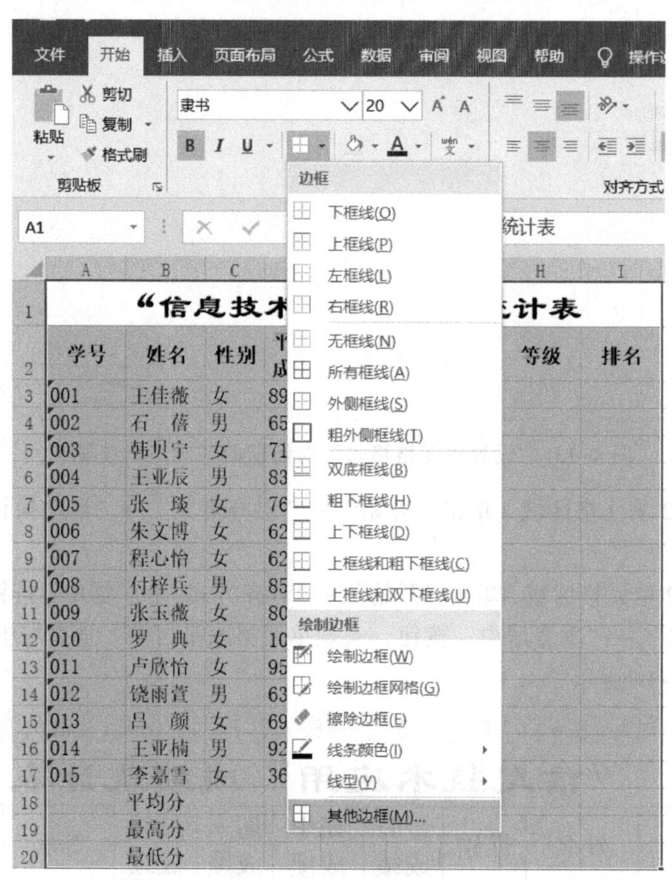

图 4-15 设置边框

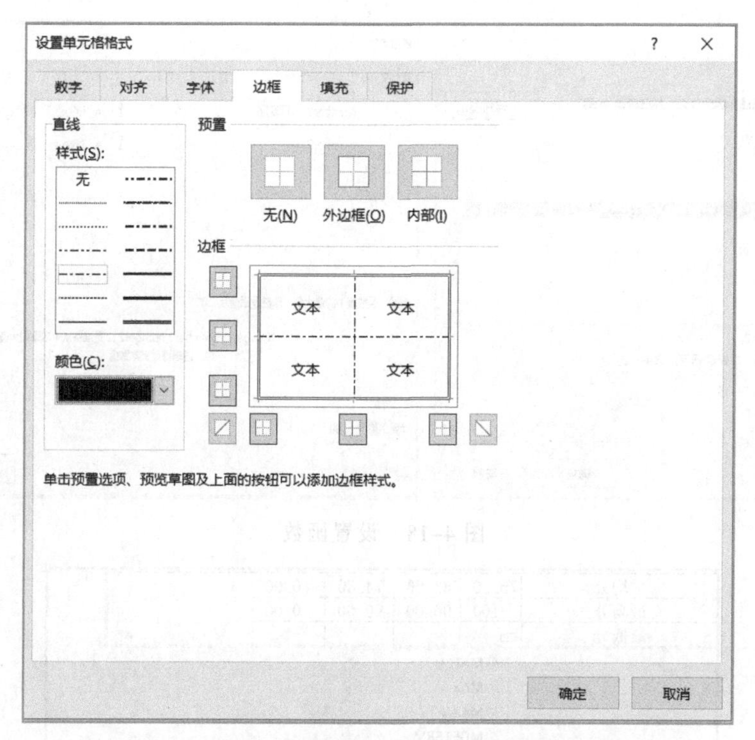

图 4-16　“设置单元格格式”对话框的“边框”选项卡

4.1.4　成绩计算与统计

利用 Excel 2016 的函数、公式、填充柄等功能可以快速、准确、方便地计算统计出所需要的数据结果。

步骤 1：计算学生成绩的平均分、最高分和最低分

统计学生成绩的平均分、最高分和最低分，可以直接利用平均值、最大值和最小值函数计算。

① 选中 D18 单元格，单击“开始”→“编辑”→“自动求和”→“平均值”命令，如图 4-17 所示，完成 D18 单元格平均值的计算，向右拖动填充柄直到 G18 单元格，完成所有学生的成绩平均值的计算（此时因为 G3:G17 没有数据，所以 G18 结果为 0）。

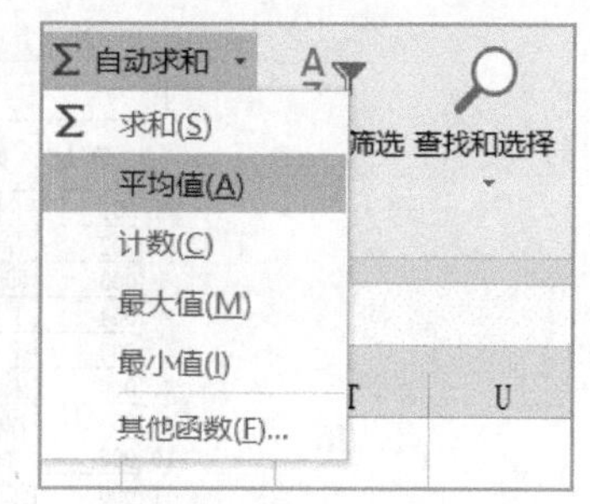

图 4-17　常用函数命令

② 选中 D19 单元格，单击“插入函数”按钮 fx，弹出“插入函数”对话框，选择“MAX”函数，修改 number1 参数为“D3:D17”，如图 4-18 所示，完成 D19 单元格的最高值的计算，向右拖动填充柄直到 G19 单元格，完成所有学生成绩最高值的计算。

③ 选中 D20 单元格，输入“=m”，在名称下拉框中会出现常用函数（见图 4-19），选择“MIN”函数，修改函数的 number1 取值范围为“D3:D17”，按【Enter】键应用最小值函数求出学生成绩的最小值。

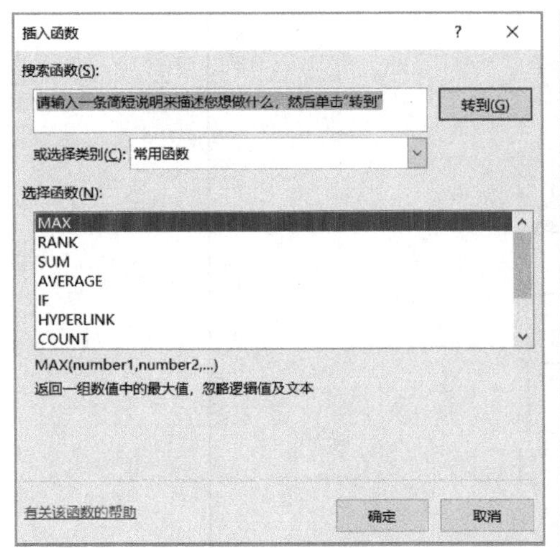

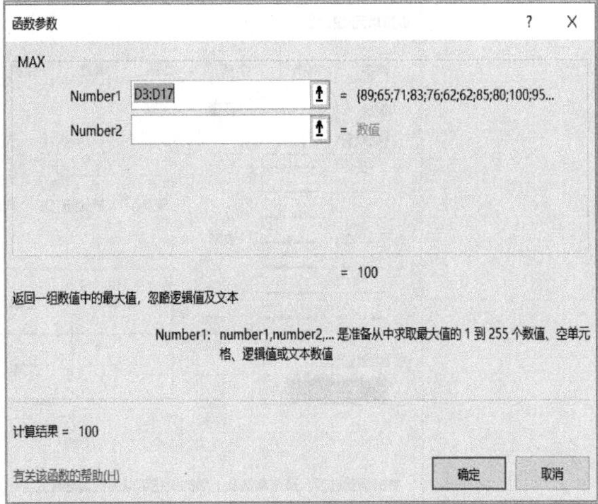

图 4-18 设置函数

平均分	75.20	83.53	74.80	0.00
最高分	100	96.00	90.00	0.00
最低分	=m			

MATCH
MAX
MAXA
MDETERM
MDURATION
MEDIAN
MID
MIDB
MIN
MINA
MINUTE
MINVERSE

返回一组数值中的最小值，忽略逻辑值及文本

图 4-19 调用 MIN 函数

此时完成了成绩的平均分、最高分和最低分的计算，如图 4-20 所示。

	A	B	C	D	E	F	G	H	I
1	"信息技术应用"成绩统计表								
2	学号	姓名	性别	平时成绩	期中成绩	期末成绩	最终成绩	等级	排名
3	001	王佳薇	女	89	86	79			
4	002	石　蓓	男	65	91	86			
5	003	韩贝宁	女	71	23	59			
6	004	王亚辰	男	83	96	89			
7	005	张　瑛	女	76	89	67			
8	006	朱文博	女	62	96	86			
9	007	程心怡	女	62	88	65			
10	008	付梓兵	男	85	73	72			
11	009	张玉薇	女	80	92	66			
12	010	罗　典	女	100	77	81			
13	011	卢欣怡	女	95	90	90			
14	012	饶雨萱	男	63	86	66			
15	013	吕　颜	女	69	91	72			
16	014	王亚楠	男	92	92	78			
17	015	李嘉雪	女	36	83	66			
18		平均分		75.20	83.53	74.80	0.00		
19		最高分		100.00	96.00	90.00	0.00		
20		最低分		36.00	23.00	59.00	0.00		

图 4-20 利用函数计算学生成绩

步骤 2：计算学生成绩的最终成绩

计算出每个学生的最终成绩，最终成绩是综合了平时成绩、期中成绩和期末成绩得出的，最终成绩=平时成绩×30%+期中成绩×20%+期末成绩×50%，可以利用自定义公式完成最终成绩的计算。

选中 G3 单元格，单击“插入函数”按钮 fx，在内容框中输入“=”号，然后按照计算方法，录入“=D3*0.3+E3*0.2+F3*0.5”，按【Enter】键应用公式完成 G3 单元格中最终成绩的计算。向下拖动填充柄直到 G17 单元格，完成所有学生的最终平均值的计算(此时因为 G3:G17 单元格区域中有了数据，所以 G18:G20 单元格区域中自动根据录入的函数计算出对应结果)，如图 4-21 所示。

G3　=D3*0.3+E3*0.2+F3*0.5

“信息技术应用”成绩统计表

学号	姓名	性别	平时成绩	期中成绩	期末成绩	最终成绩	等级	排名
001	王佳薇	女	89	86	79	83.40		
002	石　蓓	男	65	91	86	80.70		
003	韩贝宁	女	71	23	59	55.40		
004	王亚辰	男	83	96	89	88.60		
005	张　琰	女	76	89	67	74.10		
006	朱文博	女	62	96	86	80.80		
007	程心怡	女	62	88	65	68.70		
008	付梓兵	男	85	73	72	76.10		
009	张玉薇	女	80	92	66	75.40		
010	罗　典	女	100	77	81	85.90		
011	卢欣怡	女	95	90	90	91.50		
012	饶雨萱	男	63	86	66	69.10		
013	吕　颜	女	69	91	72	74.90		
014	王亚楠	男	92	92	78	85.00		
015	李嘉雪	女	36	83	66	60.40		
	平均分		75.20	83.53	74.80	91.50		
	最高分		100.00	96.00	90.00	91.50		
	最低分		36.00	23.00	59.00	55.40		

图 4-21　利用公式计算学生最终成绩

步骤 3：统计学生成绩的等级和排名

学生成绩等级和排名的统计方法是根据每名学生的最终成绩进行分级和排序，可以用 IF 函数和 RANK 函数完成计算。

① 根据学生的最终成绩给出不同的等级，其中最终成绩大于或等于 90 分为优秀，75～90 分（包含 75 分）为良好，60～75 分（包含 60 分）为一般，60 分以下为不及格。

选中 H3 单元格，单击“开始”→“编辑”→“自动求和”→“其他函数”选项，弹出“插入函数”对话框(见图 4-22)，搜索“IF”函数，在“函数参数”对话框中设置 Logical_test 参数为“G3>=90”，Value_if_true 参数为“优秀”，Value_if_false 参数为 “IF(G5>=75,"良好",IF(G5>=60,"及格","不及格"))”(见图 4-23)。向下拖动填充柄直到 H17 单元格，完成成绩等级统计。

② 学生成绩排名的计算方法是根据每个学生的最终成绩进行排序计算。

选中 I3 单元格，单击“开始”→“编辑”→“自动求和”→“其他”选项，弹出“插入函数”对话框，搜索“RANK”函数，在“函数参数”对话框中设置 Number 参数为“G3>”，

Ref 参数为“$G$3:$G$17”（见图 4-24）。向下拖动填充柄直到 H17 单元格，完成成绩排序，如图 4-25 所示。

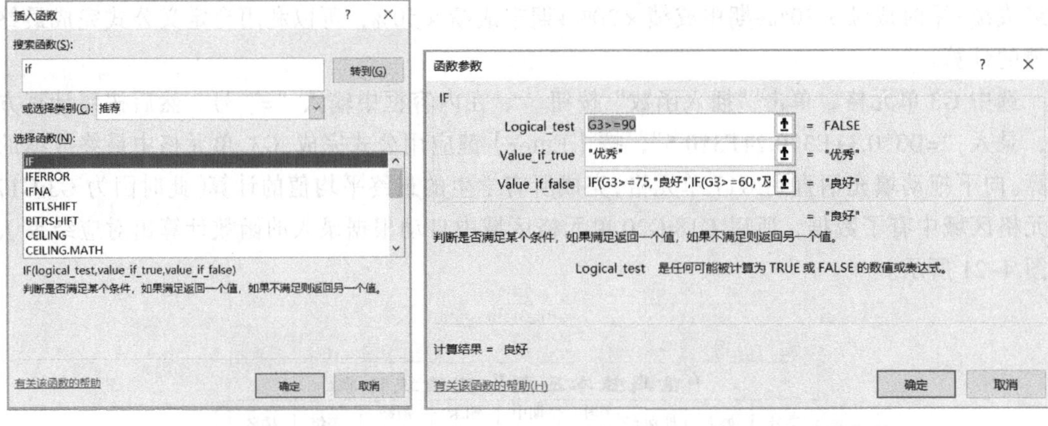

图 4-22 搜索函数　　图 4-23 设置 IF 函数参数

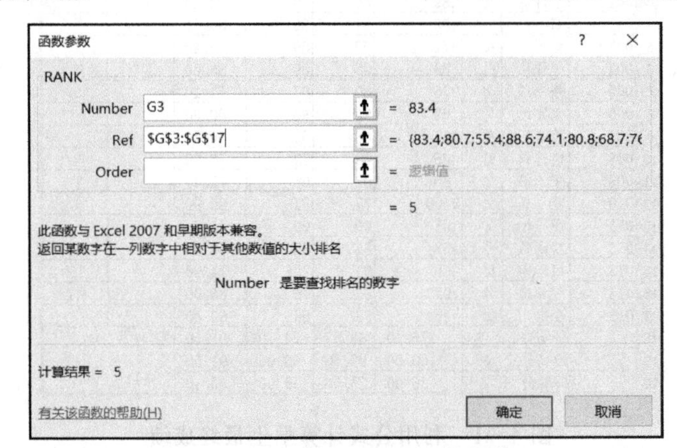

图 4-24 设置 RANK 函数参数

	A	B	C	D	E	F	G	H	I
1	“信息技术应用”成绩统计表								
2	学号	姓名	性别	平时成绩	期中成绩	期末成绩	最终成绩	等级	排名
3	001	王佳薇	女	89	86	79	83.40	良好	5
4	002	石　蓓	男	65	91	86	80.70	良好	7
5	003	韩贝宁	女	71	23	59	55.40	不及格	15
6	004	王亚辰	男	83	96	89	88.60	良好	2
7	005	张　瑛	女	76	89	67	74.10	及格	11
8	006	朱文博	女	62	96	86	80.80	良好	6
9	007	程心怡	女	62	88	65	68.70	及格	13
10	008	付梓兵	男	85	73	72	76.10	良好	8
11	009	张玉薇	女	80	92	66	75.40	良好	9
12	010	罗　典	女	100	77	81	85.90	良好	3
13	011	卢欣怡	女	95	90	90	91.50	优秀	1
14	012	饶雨萱	男	63	86	66	69.10	及格	12
15	013	吕　颜	女	69	91	72	74.90	及格	10
16	014	王亚楠	男	92	92	78	85.00	良好	4
17	015	李嘉雪	女	36	83	66	60.40	及格	14
18		平均分		75.20	83.53	74.80	91.50		
19		最高分		100.00	96.00	90.00	91.50		
20		最低分		36.00	23.00	59.00	55.40		

图 4-25 统计等级和排名结果

4.1.5 成绩分析

步骤 1：找出所有期中最终成绩的前三名

选中 G3:G17 单元格区域，单击“开始”→“样式”→“条件格式”下拉按钮，在下拉列表中选择“最前/最后规则”→“值最大的 10 项”选项，设置选取最大值为“3”，最大项格式为“浅红填充色深红色文本”，如图 4-26 所示。

	A	B	C	D	E	F	G	H	I
1	“信息技术应用”成绩统计表								
2	学号	姓名	性别	平时成绩	期中成绩	期末成绩	最终成绩	等级	排名
3	001	王佳薇	女	89	86	79	83.40	良好	5
4	002	石　蓓	男	65	91	86	80.70	良好	7
5	003	韩贝宁	女	71	23	59	55.40	不及格	15
6	004					89	88.60	良好	2
7	005					67	74.10	及格	11
8	006					86	80.80	良好	6
9	007					65	68.70	及格	13
10	008					72	76.10	良好	8
11	009					66	75.40	良好	9
12	010					81	85.90	良好	3
13	011	卢欣怡	女	95	90	90	91.50	优秀	1
14	012	饶雨萱	男	63	86	66	69.10	及格	12
15	013	吕　颜	女	69	91	72	74.90	及格	10
16	014	王亚楠	男	92	92	78	85.00	良好	4
17	015	李嘉雪	女	36	83	66	60.40	及格	14
18		平均分		75.20	83.53	74.80	91.50		
19		最高分		100.00	96.00	90.00	91.50		
20		最低分		36.00	23.00	59.00	55.40		

前 10 项

为值最大的那些单元格设置格式：

3 设置为 浅红填充色深红色文本

确定 取消

图 4-26 设置“最前/最后规则”

步骤 2：找出所有成绩低于 60 分的记录

选中 G3:G20 单元格区域，单击“开始”→“样式”→“条件格式”下拉按钮，在下拉列表中选择“突出显示单元格规则”→“小于”选项，设置参数为“60”，设置为“绿填充色深绿色文本”，如图 4-27 所示。

	A	B	C	D	E	F	G	H	I
1	“信息技术应用”成绩统计表								
2	学号	姓名	性别	平时成绩	期中成绩	期末成绩	最终成绩	等级	排名
3	001	王佳薇	女	89	86	79	83.40	良好	5
4	002	石　蓓	男	65	91	86	80.70	良好	7
5	003	韩贝宁	女	71	23	59	55.40	不及格	15
6	004	王亚辰	男	83	96	89	88.60	良好	2
7	005	张　琰	女	76	89	67	74.10	及格	11
8	006	朱文博	女	62	96	86	80.80	良好	6
9	007	程心怡	女	62	88	65	68.70	及格	13
10	008	付梓兵	男	85	73	72	76.10	良好	8
11	009	张玉薇	女	80	92	66	75.40	良好	9
12	010	罗　典	女	100	77	81	85.90	良好	3
13	011	卢欣怡	女	95	90	90	91.50	优秀	1
14	012	饶雨萱	男	63	86	66	69.10	及格	12
15	013	吕　颜	女	69	91	72	74.90	及格	10
16	014	王亚楠	男	92	92	78	85.00	良好	4
17	015	李嘉雪	女	36	83	66	60.40	及格	14

小于

为小于以下值的单元格设置格式：

60 设置为 绿填充色深绿色文本

确定 取消

图 4-27 设置“突出显示单元格规则”

步骤 3：命名和保存工作簿

与计算机中的其他文件一样，为了以后使用，应该保存编辑好的工作簿文件。Excel 允许用户使用多种文件格式保存工作簿，以便能够用不同的电子表格软件甚至是非电子表格软件打开并进行操作，如 Microsoft Word、Access 和 Web。

下面将前面创建的工作簿进行保存。

① 单击“文件”→“另存为”按钮。

② 单击“保存位置”框中的选择想要保存的位置（如“桌面”），如图 4-28 所示。

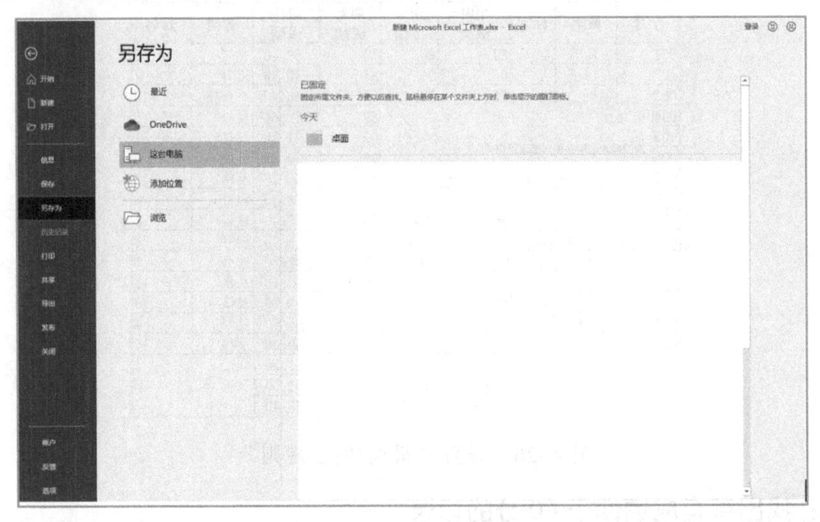

图 4-28　文件“另存为”

③ 单击“保存类型”下拉按钮，选择“Microsoft Excel 工作簿（*.xlsx）”选项。

④ 在“文件名”文本框中输入“销售统计表”，然后单击“保存”按钮。文件被命名保存。

技巧与提示

Excel 可以保存为多种文件格式，如 Web 页、XML 表格、Excel 老版本格式、Lotus 格式、DBASE 格式等。

与其他 Windows 程序文件一样，工作簿文件名可包含多达 255 个字符，但是不允许包含下列字符：/、<、>、*、|、:、; 等。

任务拓展

任务：制作销售表。

任务描述：Coo 公司在第一季度结束后，要针对第一季度的销售情况进行统计和分析，为了方便统计，现在需要建立一个 Coo 公司第一季度“销售统计表”。

要求：计算每个员工的个人销售额、排名以及各个部门的销售额等；单月销售的前三名用“浅红填充色深红色文本”显示，后三名用“绿填充色深绿色文本”显示；为了突出显示个人销售情况，利用“浅蓝色数据条”进行显示，效果如图 4-29 所示。

Coo公司第一季度销售统计表

员工编号	姓名	销售团队	一月份	二月份	三月份	个人销售总计	销售排名
C0101	程小丽	销售1部	¥ 66,500.00	¥ 92,500.00	¥ 95,500.00	¥ 254,500.00	3
C0102	张艳	销售1部	¥ 73,500.00	¥ 91,500.00	¥ 64,500.00	¥ 229,500.00	10
C0103	卢红燕	销售1部	¥ 84,500.00	¥ 71,000.00	¥ 99,500.00	¥ 255,000.00	2
C0104	李佳	销售1部	¥ 87,500.00	¥ 63,500.00	¥ 67,500.00	¥ 218,500.00	13
C0105	杜月红	销售2部	¥ 88,000.00	¥ 82,500.00	¥ 83,000.00	¥ 253,500.00	4
C0106	李成	销售1部	¥ 92,000.00	¥ 64,000.00	¥ 97,000.00	¥ 253,000.00	5
C0107	刘大为	销售1部	¥ 96,500.00	¥ 86,500.00	¥ 90,500.00	¥ 273,500.00	1
C0108	唐艳霞	销售1部	¥ 97,500.00	¥ 76,000.00	¥ 72,000.00	¥ 245,500.00	7
C0109	张恬	销售2部	¥ 56,000.00	¥ 77,500.00	¥ 85,000.00	¥ 218,500.00	13
C0110	李丽敏	销售2部	¥ 58,500.00	¥ 90,000.00	¥ 88,500.00	¥ 237,000.00	9
C0111	马燕	销售2部	¥ 63,000.00	¥ 99,500.00	¥ 78,500.00	¥ 241,000.00	8
C0112	张小丽	销售1部	¥ 69,000.00	¥ 89,500.00	¥ 92,500.00	¥ 251,000.00	6
C0113	刘艳	销售2部	¥ 72,500.00	¥ 74,500.00	¥ 60,500.00	¥ 207,500.00	15
C0114	杜乐	销售3部	¥ 62,500.00	¥ 76,000.00	¥ 57,000.00	¥ 195,500.00	18
C0115	黄海生	销售3部	¥ 62,500.00	¥ 57,500.00	¥ 85,000.00	¥ 205,000.00	16
C0116	唐艳霞	销售3部	¥ 63,500.00	¥ 73,000.00	¥ 65,000.00	¥ 201,500.00	17
C0117	张恬	销售3部	¥ 68,000.00	¥ 97,500.00	¥ 61,000.00	¥ 226,500.00	11
C0118	马小燕	销售3部	¥ 71,500.00	¥ 59,500.00	¥ 88,000.00	¥ 219,000.00	12

部门销售统计	销售1部	¥1,980,500.00
	销售2部	¥1,157,500.00
	销售3部	¥1,047,500.00
个人销售统计	最高额	¥ 273,500.00
	最低额	¥ 195,500.00
	平均值	¥ 232,527.78
	个人销售总计低于20万的人数	1
	人销售总计在20万到25万之间的人	11
	个人销售总计高于25万的人数	6

图 4-29 销售统计表

知识链接

1. 理解 Excel 2016 中几个相关概念

（1）工作簿

工作簿是指 Excel 2016 环境中用来存储并处理工作数据的文件。也就是说 Excel 2016 文档就是工作簿。它是 Excel 2016 工作区中一个或多个工作表的集合，其扩展名为.xlsx。每一个工作簿可以拥有许多不同的工作表，默认情况下每个工作簿包含 1 个工作表，可以增加、删除和修改工作表，工作簿中最多可建立 255 个工作表。

（2）工作表

工作表是显示在工作簿窗口中的表格，工作表由列标、行号和网格线组成，工作表又称电子表格。每个工作表有一个名字，工作表名显示在工作表标签上。工作表标签显示了系统默认的工作表名 Sheet1。

在工作表编辑区的下面，左面的标签用来管理工作簿中的工作表，如图 4-30 所示，图中所显示的是工作表标签，上面显示的是每个工作表的名称，单击工作表标签可以转换到相应的工作表中。在工作表标签中，可以单击+新建工作表，也可以进行工作表的复制、移动和重命名等。

Sheet1 ⊕

图 4-30 工作表标签

（3）单元格

单元格是 Excel 中表格的最小单位，可以合并、拆分。每个工作表由 1 048 576 行和 16 384 列组成，列和行相交形成单元格，它是存储数据和公式及进行运算的基本单位。

单元格按所在的行列位置来命名。例如："B5" 指的是 "B" 列与第 5 行交叉位置上的单元格，"A2:B5" 指的是 "A2" 单元格和 "B5" 单元格之间的一组单元格。

（4）工作簿、工作表与单元格之间的关系

工作簿、工作表、单元格三者之间的关系是包含与被包含的关系，即工作簿中可以包含多张工作表，而工作表中则包含多个单元格。

2．认识 Excel 2016 的功能区

在 Excel 2016 窗口上方看起来像菜单的名称其实是功能区的名称，当单击这些名称时并不会打开菜单，而是切换到与之相对应的功能区选项卡。每个功能区选项卡根据功能的不同又分为若干个组，常用功能区选项卡所拥有的功能如下所述：

（1）“开始”选项卡

“开始”选项卡中包括剪贴板、字体、对齐方式、数字、样式、单元格和编辑 7 个组，对应 Excel 2003 的“编辑”和“格式”菜单部分命令。该选项卡主要用于帮助用户对 Excel 2016 表格进行文字编辑和单元格的格式设置，是用户最常用的选项卡，如图 4-31 所示。

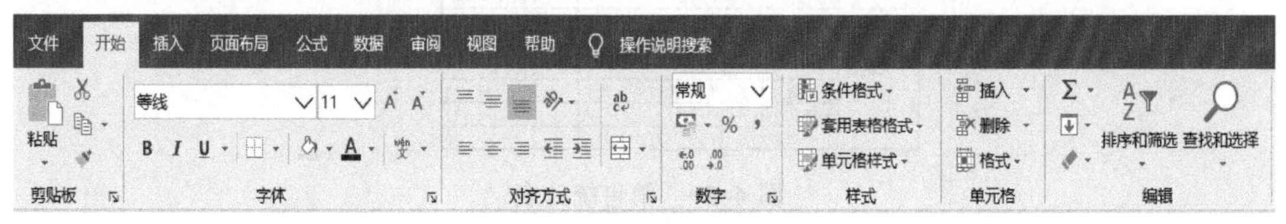

图 4-31 “开始”选项卡

（2）“插入”选项卡

“插入”选项卡包括表格、插图、加载项、图表、演示、迷你图、筛选器、链接、文本和符号 10 个组，对应 Excel 2003 中“插入”菜单的部分命令，主要用于在 Excel 2016 表格中插入各种对象，如图 4-32 所示。

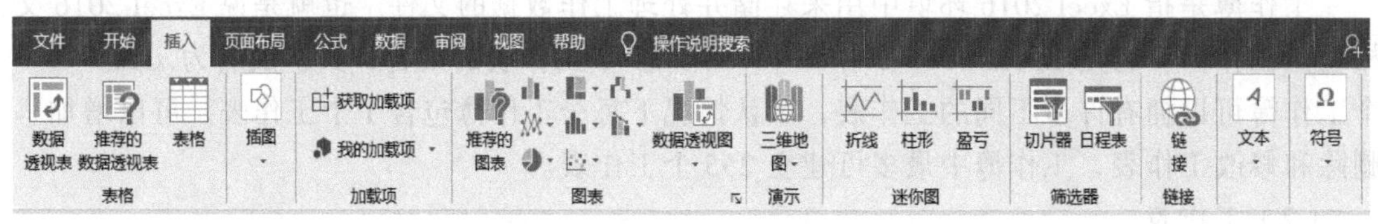

图 4-32 “插入”选项卡

（3）“页面布局”选项卡

“页面布局”选项卡包括主题、页面设置、调整为合适大小、工作表选项、排列 5 个组，对应 Excel 2003 的“页面设置”菜单命令和“格式”菜单中的部分命令，用于帮助用户设置 Excel 2016 表格页面样式，如图 4-33 所示。

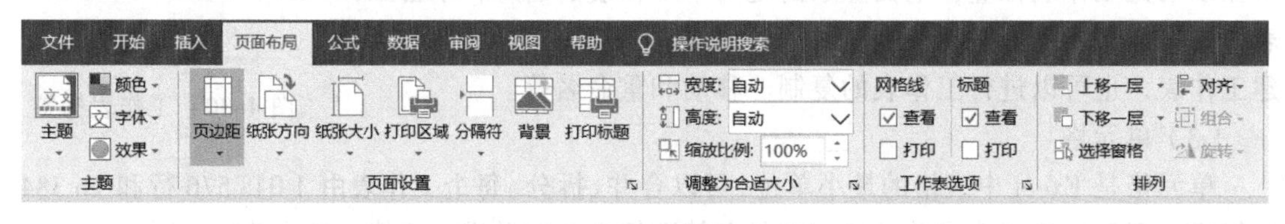

图 4-33 “页面布局”选项卡

（4）“公式”选项卡

“公式”选项卡包括函数库、定义的名称、公式审核和计算 4 个组，用于实现在 Excel 2016

表格中进行各种数据计算，如图 4-34 所示。

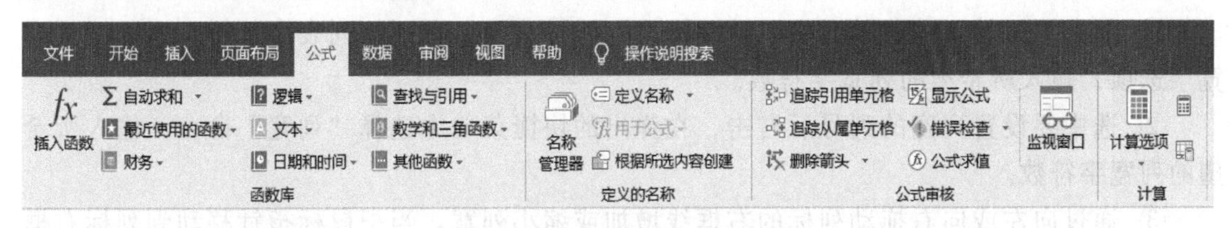

图 4-34 “公式”选项卡

（5）“数据”选项卡

“数据”选项卡包括获取外部数据、获取和转换、连接、排序和筛选、数据工具、预测和分级显示 7 个组，主要用于在 Excel 2016 表格中进行数据处理相关操作，如图 4-35 所示。

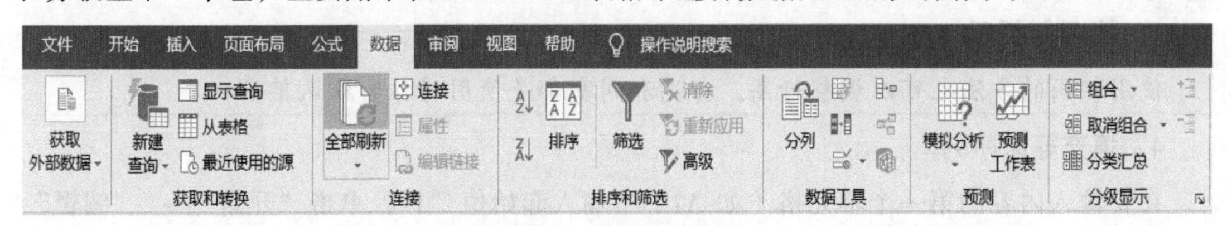

图 4-35 “数据”选项卡

（6）“审阅”选项卡

“审阅”选项卡包括校对、中文简繁转换、辅助功能、见解、语言、批注保护和墨迹 8 个组，主要用于对 Excel 2016 表格进行校对和修订等操作，适用于多人协作处理 Excel 2016 表格数据，如图 4-36 所示。

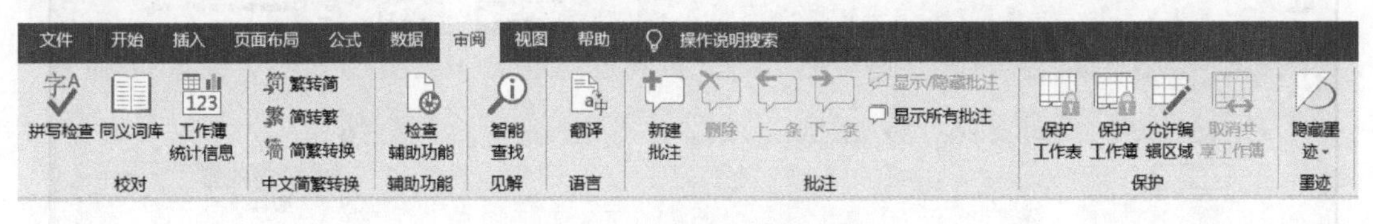

图 4-36 “审阅”选项卡

（7）“视图”选项卡

“视图”选项卡包括工作簿视图、显示、缩放、窗口和宏 5 个组，主要用于帮助用户设置 Excel 2016 表格窗口的视图类型，以方便操作，如图 4-37 所示。

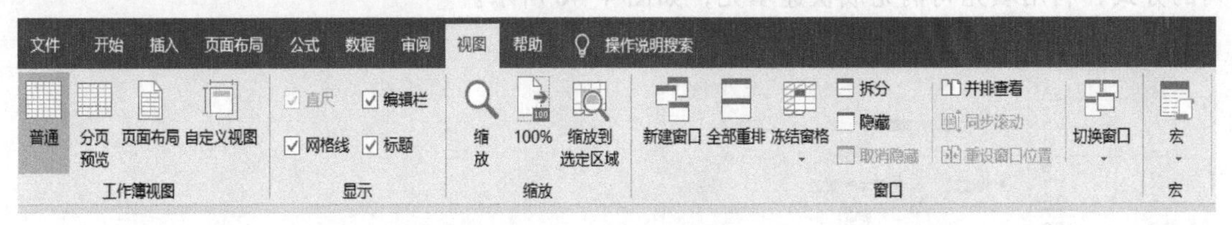

图 4-37 “视图”选项卡

3. 列宽及调整列宽的方法

列宽即每个单元格列的宽度，虽然一个单元格可以存放多达 32 000 个字符，但是默认的列宽仅能容纳 8.43 个字符。

Excel 2016 中调整列宽的方法：

① 单击“开始”→“单元格”→“格式”下拉按钮，在下拉列表中选择“列”→“列宽”选项，输入所希望的列宽字符数。

② 选中要设置列宽的列号后右击，在弹出的快捷菜单中选择“列宽”命令，输入所希望的列宽字符数。

③ 通过向左或向右拖动列标的右框线增加或缩小列宽。当把鼠标指针移动到列标右框线上时，指针变为可调整的形状，提示可调整列宽，向右拖动鼠标，可以增加列宽，向左拖动鼠标可以缩小列宽。

④ 当列中数据的宽度超过列宽时，双击列标右框线可自动调整列宽。

技巧与提示

使用相同的方法也可以调整行高。行高和列宽都是使用磅作为默认单位。

4. 填充等比序列

在要输入内容的第一个单元格（如 A1）中输入起始值“1”，单击“开始”→ “编辑”→“填充”→“序列”选项，如图 4-38 所示，弹出“序列”对话框，选择序列产生在“列”，类型选择“等比”序列，步长值为“2”，终止值为“1024”，单击“确定”按钮即可得到一列上下相邻单元格等比值为 2，最高值为 1024 的等比序列，如图 4-39 所示。

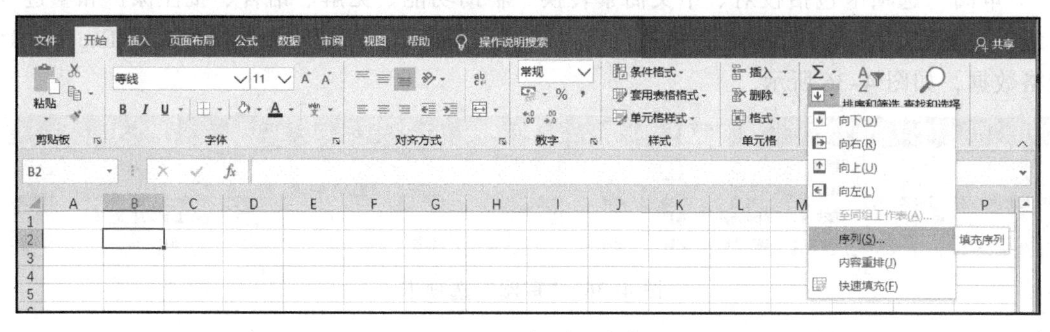

图 4-38 “序列”命令

如果在 Excel 2016 中输入的文本中含有递增或者有着某种规律变化时，可以采用填充序列的方式，利用填充句柄完成快速填充，如图 4-40 所示。

图 4-39 利用“序列”命令完成等比序列的填充

	A	B	C	D	E	F
1	星期一	一月	Monday	甲	子	信息技术1班
2	星期二	二月	Tuesday	乙	丑	信息技术2班
3	星期三	三月	Wednesday	丙	寅	信息技术3班
4	星期四	四月	Thursday	丁	卯	信息技术4班
5	星期五	五月	Friday	戊	辰	信息技术5班
6	星期六	六月	Saturday	己	巳	信息技术6班
7	星期日	七月	Sunday	庚	午	信息技术7班

图 4-40 利用“填充柄”快速完成填充

5. 函数

Excel 2016 提供了丰富的函数，可以进行数据库分析、日期和时间处理、统计分析、数学计算、财务运算等数据的处理和分析。

在多数情况下，一个函数由两部分组成：函数名和参数表。

参数表要括在圆括号中，将数据输入到函数中后才能计算出函数的结果。对于函数，其参数可以是常数、单元格引用、单元格区域、区域的名字或另一个函数，当一个函数包含多个参数时，这些参数由逗号分隔开。表 4-1 列出了常用的函数。

表 4-1　常用函数

函数名称	功能
SUM(number1,number2,…)	计算单元格区域中所有数值的和
AVERAGE(number1,number2,…)	返回其参数的算术平均值
COUNT(value1,value2,…)	计算包含数字的单元格及参数列表中的数字的个数
COUNTIF(range,criteria)	统计某个区域内符合指定的单个条件的单元格数量
COUNTIFS(criteria_range1,criteria1,criteria_range2,criteria2,…)	将多个条件应用到跨多个区域的单元格，然后统计满足所有条件的次数
COUNTA(value1,[value2],…)	计算区域中不为空的单元格的个数
MAX(number1,number2,…)	返回一组参数的最大值，忽略逻辑值及文本字符
MIN(number1,number2,…)	返回一组参数的最小值，忽略逻辑值及文本字符
HLOOKUP(lookup_value,table_array,row_index_num,[range_lookup])	在表格或数值数组的首行查找指定的数值，并在表格或数组中指定行的同一列中返回一个数值
IF(logical_test,value_if_true,value_if_false)	判断一个条件是否满足，如果满足返回一个值，如果不满足则返回另外一个值
PMT(rate,nper,pv,fv,type)	计算在固定利率下，贷款的等额分期偿还额
IPMT(rate, per, nper, pv, [fv], [type])	基于固定利率及等额分期付款方式，返回给定期数内对投资的利息偿还额
PPMT(rate, per, nper, pv, [fv], [type])	基于固定利率及等额分期付款方式，返回投资在某一给定期间内的本金偿还额
RANK(number,ref,[order])	返回一个数字在数字列表中的排位
INDEX(array, row_num, [column_num])	返回表格或区域中的值或值的引用

6. 公式

公式是工作表中的数值进行计算的等式。在公式中，可以对工作表数值进行加、减、乘、除等运算。只要输入正确的公式，就会立即在单元格中显示计算结果。如果工作表中的数据有变动，系统会自动将变动后的答案计算出，使用户能够随时观察到正确的结果。

采用公式进行计算时，需要用到相应的运算符，表 4-2 列出了 Excel 2016 中的算术运算符，表 4-3 列出了 Excel 2016 中的比较运算符。

表 4-2　算术运算符

算术运算符	含义	示例
+	加法	1 + 1
–	减法	2 – 1
*	乘法	2*3
/	除法	6/2
^	幂（乘方）	2^5
%	百分比	42%

表 4-3　比较运算符

比较运算符	含义	示例
=	等于	A1="晴天"
>	大于	3>1
<	小于	A<C
>=	大于或等于	A3>=12
<=	小于或等于	D4<=E4
<>	不等于	A2<>B2

Excel 2016 允许用户通过使用括号来改变运算符的优先级，括号内的运算符比括号外的运算符优先级高。公式是由用户自定设计并结合常量数据、单元格引用、运算符等元素进行数据处理和计算的算式。用户使用公式是为了有目的地计算结果，因此 Excel 2016 的公式必须（且只能）有返回值。

下面的表达式就是一个简单的公式实例。

=(C2+D3)*5

从公式的结构来看，构成公式的元素通常包括等号、常量、引用和运算符等元素。其中，等号是不可或缺的。但在实际应用中，公式还可以使用数组、Excel 函数或名称（命名公式）进行运算。

如果在某个区域使用相同的计算方法，用户不必逐个编辑函数公式，这是因为公式具有可复制性。如果希望在连续的区域中使用相同算法的公式，可以通过“双击”或“拖动”单元格右下角的填充柄进行公式的复制。如果公式所在单元格区域并不连续，还可以借助“复制”和“选择性粘贴”功能实现公式的复制。

7. 单元格引用

在 Excel 2016 中使用公式或函数时，特别是复制和填充公式或函数时，需要注意单元格的引用。单元格引用的作用在于标识工作表上的单元格或单元格区域，并指明公式中所使用的数据的位置。单元格引用分为相对引用、绝对引用和混合引用 3 种方法。

单元格相对引用是指单元格所在的列标和行号作为其引用。如 A1 引用了第 A 列第 1 行的单元格。这种引用的特点是将相应的计算公式复制或填充到其他单元格时，其中的单元格引用会自动随着移动的位置相对变化。例如，将 F4 单元格的函数“SUM(B4:E4)”复制到单元格 F5 时，其公式内容会相应地变为“SUM(B5:E5)”。

所谓绝对引用就是在列标和行号前分别加上符号“$”。例如，$A$1 表示绝对引用单元格 A1。这种引用的特点是将相应的计算公式复制或填充到其他单元格时，其中的单元格引用不会随着移动的位置变化。例如，将某一单元格的公式“ = $A$1+$B$1+$C$1”复制到其他单元格时，其公式内容还是“ = $A$1+$B$1+$C$1”。

混合引用是指绝对列和相对行，或是绝对行和相对列。绝对引用列采用$A1、$B1 等形式表示，绝对引用行采用 A$1、B$1 等形式表示。其主要特点是将相应的计算公式复制或填充到其他位置单元格时，相对引用会随着移动的位置变化而变化，而绝对引用不会随相对位置的变化而改变。例如，将某一单元格的公式“= $A1+B$1+$C$1”复制到其他单元格，其公式内容可能改变为“= $A2+B$1+$C$1”。

8. 条件格式

条件格式是让数据可视化的一个强有力的工具，Excel 2016 增强了条件格式的功能，提供了大量可以直接引用的内置条件格式选项。条件格式能够根据条件是使用数据条、色阶和图标集，以突出显示相关单元格，强调异常值，以及实现数据的可视化效果。单击“开始”→“样式”→“条件格式”下拉按钮，即可打开条件格式的下拉列表，如图 4-41 和图 4-42 所示。

设置条件格式的具体过程如下，选中所要设置条件格式的单元格，单击“开始”→“样式”→“条件格式”下拉按钮，在下拉列表中选择要应用的条件格式，进行适当的设置即可。

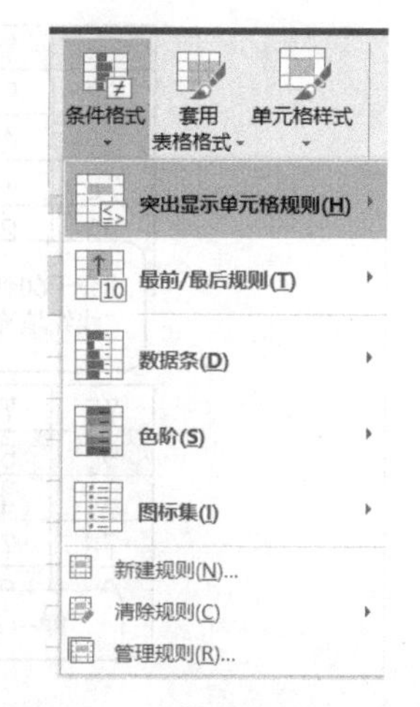

图 4-41 “条件格式”命令

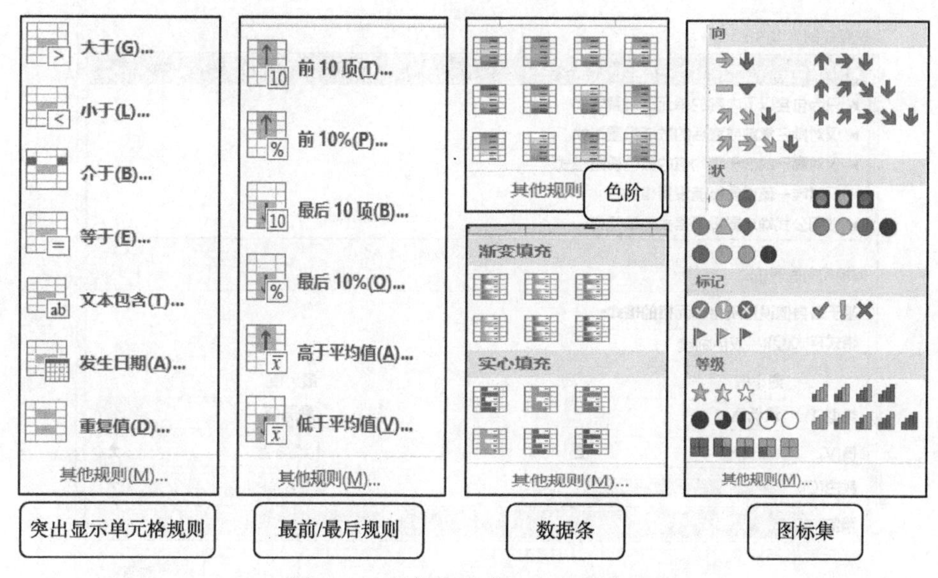

图 4-42 “条件格式”各种子命令

例如对于表中数据制定规则“介于 60 到 80 之间”设置“浅红填充色深红色文本”；给表中数据添加“红色数据条”；给表中数据添加“绿--白--红”色阶；给表中数据添加“四色交通灯”图标集，如图 4-43 所示。

Excel 2016 内置的条件格式可以处理大多数情况，但是如果需要设置一些特殊的条件来满足不同的需求时，可以采用“新建格式规则”满足特殊格式的制定，如图 4-44 所示。

如要清除所设置的条件格式，选择“开始”→“样式”→“条件格式”→“清除规则”命令，选择其中的“清除所选单元格的规则”或者“清除整个工作表的规则”命令即可。

75	75	65	97
92	58	76	84
64	46	90	35
78	74	65	70
90	84	58	80

“介于60到80之间”数据设置“浅红填充色深红色文本”

75	75	65	97
92	58	76	84
64	46	90	35
78	74	65	70
90	84	58	80
73	[illegible]	[illegible]	64

红色数据条

75	75	65	97
92	58	76	84
64	46	90	35
78	74	65	70
[illegible]	[illegible]	[illegible]	80
[illegible]	[illegible]	[illegible]	64

“绿--白--红”色阶

75	75	65	97
92	58	76	84
64	46	90	35
78	74	65	70
[illegible]	[illegible]	[illegible]	80
[illegible]	[illegible]	[illegible]	64

“四色交通灯”图标集

图 4-43 设置“条件格式”

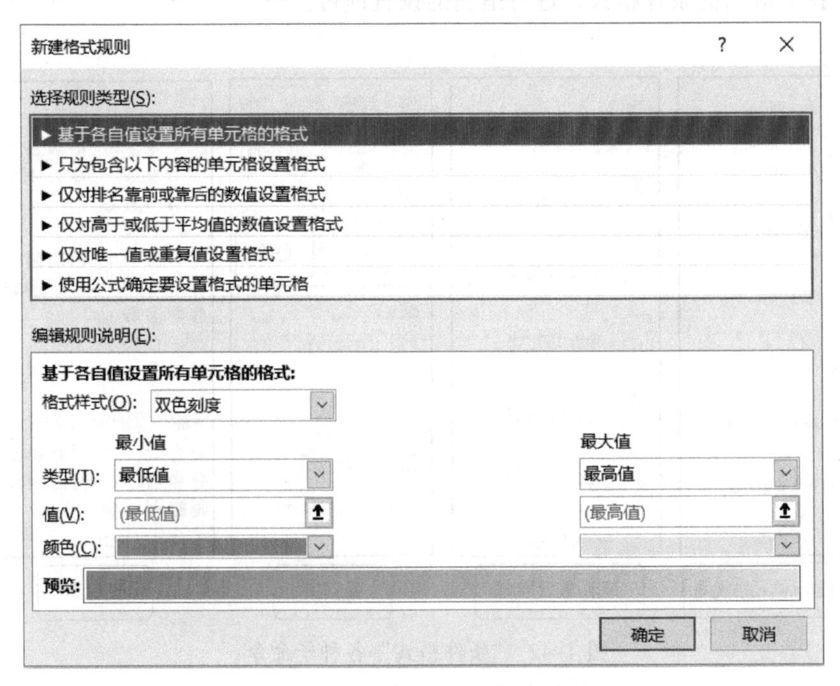

图 4-44 “新建格式规则”对话框

4.2 任务 2 产品销售情况表

任务描述

产品销售情况表是一般企业统计销售情况的表格，包括产品的销售分店、季度、产品型号、产品名称、单价和数量等情况，如图 4-45 所示。现在利用产品销售情况表，进行各种数据的分析，例如按关键字排序，按给出既定条件筛选出合格数据，按相关记录进行数据汇总等。

产品销售情况表					
分店名称	季度	产品型号	产品名称	单价（元）	数量
第1分店	1	D01	电冰箱	2750	35
第1分店	1	K01	空调	2340	43
第1分店	1	S02	手机	3210	56
第1分店	2	D01	电冰箱	2750	45
第1分店	2	K01	空调	2340	79
第1分店	2	S02	手机	3210	34
第2分店	1	D02	电冰箱	3540	75
第2分店	1	K02	空调	4460	24
第2分店	1	S01	手机	1380	65
第2分店	2	D01	电冰箱	2750	72
第2分店	2	K02	空调	4460	37
第2分店	2	S01	手机	1380	73
第3分店	1	D01	电冰箱	2750	66
第3分店	1	D02	电冰箱	3540	45
第3分店	1	K01	空调	2340	39
第3分店	1	S01	手机	1380	84
第3分店	2	D01	电冰箱	2750	46
第3分店	2	K01	空调	2340	51
第3分店	2	S02	手机	3210	43

图 4-45 产品销售情况表

任务分析

本任务主要是应用 Excel 的数据处理功能，包括函数计算、关键字排序、合并计算、分类汇总、自动筛选、高级筛选、数据透视表等功能。

任务分解

本任务可以分解为以下 5 个子任务。

子任务 1：数据计算

子任务 2：数据排序

子任务 3：数据汇总

子任务 4：数据筛选

子任务 5：数据透视表

任务实现

4.2.1 数据计算

步骤 1：计算销售额

① 在数量右侧增加销售额，单击选中 G2 单元格，录入“销售额（万元）”。

② 计算销售额（万元），销售额的具体计算方法如下：单价（元）*数量/10000。选中 G3 单元格，输入“=E3*F3/10000”，按【Enter】键完成公式的应用。

③ 向下拖动填充柄直到 G21 单元格，完成所有销售额的计算。

④ 选中 E3:E21 和 G3:G21 单元格区域，单击“开始”→“数字”→“数字格式”→“货

币”选项，设置单价区域和销售额区域的单元格格式为货币型。

也可以选中单元格区域后右击，在弹出的快捷菜单中选择“设置单元格格式”命令，在弹出对话框的“数字”选项卡中设置“货币”类型。

⑤ 设置销售额列，G3:G21 单元格区域的对齐方式为居中对齐，效果如图 4-46 所示。

产品销售情况表						
分店名称	季度	产品型号	产品名称	单价（元）	数量	销售额（万元）
第1分店	1	D01	电冰箱	¥2,750.00	35	¥9.63
第1分店	1	K01	空调	¥2,340.00	43	¥10.06
第1分店	1	S02	手机	¥3,210.00	56	¥17.98
第1分店	2	D01	电冰箱	¥2,750.00	45	¥12.38
第1分店	2	K01	空调	¥2,340.00	79	¥18.49
第1分店	2	S02	手机	¥3,210.00	34	¥10.91
第2分店	1	D02	电冰箱	¥3,540.00	75	¥26.55
第2分店	1	K02	空调	¥4,460.00	24	¥10.70
第2分店	1	S01	手机	¥1,380.00	65	¥8.97
第2分店	2	D01	电冰箱	¥2,750.00	72	¥19.80
第2分店	2	K02	空调	¥4,460.00	37	¥16.50
第2分店	2	S01	手机	¥1,380.00	73	¥10.07
第3分店	1	D01	电冰箱	¥2,750.00	66	¥18.15
第3分店	1	D02	电冰箱	¥3,540.00	45	¥15.93
第3分店	1	K01	空调	¥2,340.00	39	¥9.13
第3分店	1	S01	手机	¥1,380.00	84	¥11.59
第3分店	2	D01	电冰箱	¥2,750.00	46	¥12.65
第3分店	2	K01	空调	¥2,340.00	51	¥11.93
第3分店	2	S02	手机	¥3,210.00	43	¥13.80

图 4-46 销售额计算数据结果

步骤 2：计算销售排名

① 在销售额（万元）右侧增加销售排名，选中 H2 单元格，录入“销售排名”。

② 计算销售排名，利用 RANK 函数计算销售排名。选中 H3 单元格，单击“插入函数” *fx* 按钮，弹出“插入函数”对话框，搜索“RANK”函数，在“函数参数”对话框中设置 Number 参数为“G3”，Ref 参数为“$G$3:$G$21”（参数设置见图 4-47），单击“确定”按钮应用 RANK 函数计算出销售排名。

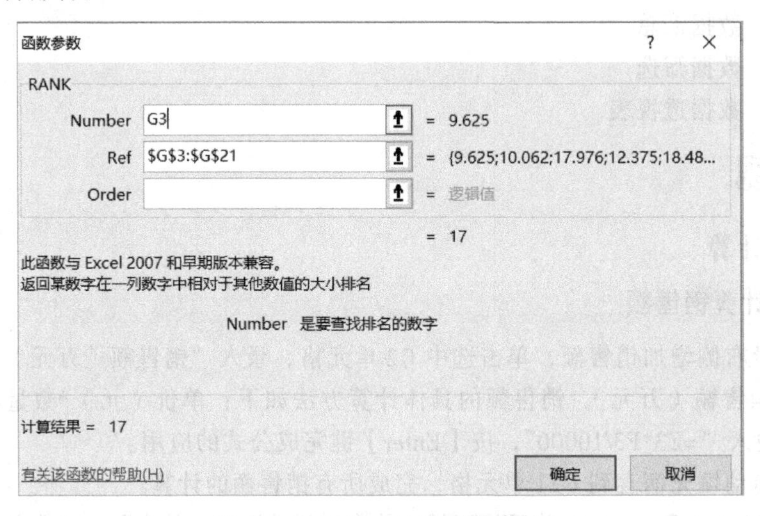

图 4-47 设置 RANK 函数参数

③ 向下拖动填充柄直到H21单元格，完成所有销售排名的计算。

步骤3：给出备注

① 在销售排名右侧增加备注，选中I2单元格，录入“备注”。

② 根据实际情况给出备注，利用IF函数计算备注。备注的具体计算方法如下：如果销售额大于或等于15万元，给出备注“非常好”，如果销售额在10～15万元（包括10万元），给出备注“继续保持”，如果销售额小于10万元，给出备注“请努力”。

③ 选中I3单元格，单击“公式”→“函数库”→“插入函数”按钮，弹出“插入函数”对话框，搜索“IF”函数，在“函数参数”对话框中设置Logical_test参数为“G3>=30”，Value_if_true参数为“非常好”，Value_if_false进行IF函数的嵌套，参数为“IF(G3>=10,"继续保持","请努力")”（参数设置见图4-48），单击“确定”按钮应用IF函数计算出备注。

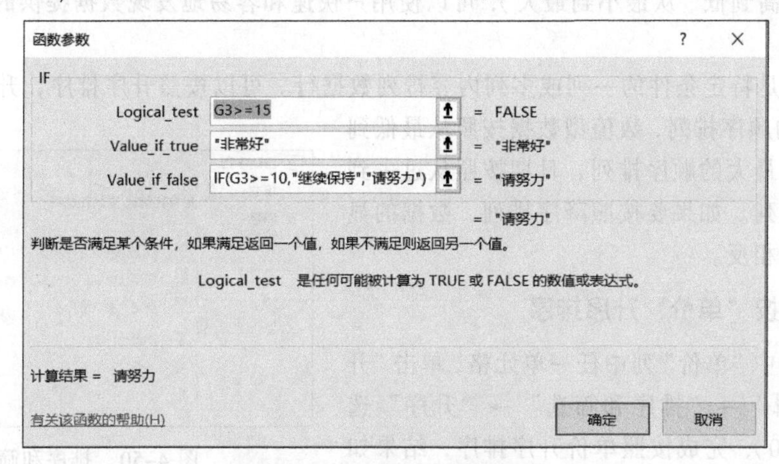

图4-48 设置IF函数参数

④ 向下拖动填充柄直到I21单元格，完成所有备注的计算，效果如图4-49所示。

产品销售情况表

分店名称	季度	产品型号	产品名称	单价（元）	数量	销售额（万元）	销售排名	备注
第1分店	1	D01	电冰箱	¥2,750.00	35	¥9.63	17	请努力
第1分店	1	K01	空调	¥2,340.00	43	¥10.06	16	继续保持
第1分店	1	S02	手机	¥3,210.00	56	¥17.98	5	非常好
第1分店	2	D01	电冰箱	¥2,750.00	45	¥12.38	10	继续保持
第1分店	2	K01	空调	¥2,340.00	79	¥18.49	3	非常好
第1分店	2	S02	手机	¥3,210.00	34	¥10.91	13	继续保持
第2分店	1	D02	电冰箱	¥3,540.00	75	¥26.55	1	非常好
第2分店	1	K02	空调	¥4,460.00	24	¥10.70	14	继续保持
第2分店	1	S01	手机	¥1,380.00	65	¥8.97	19	请努力
第2分店	2	D01	电冰箱	¥2,750.00	72	¥19.80	2	非常好
第2分店	2	K02	空调	¥4,460.00	37	¥16.50	6	非常好
第2分店	2	S01	手机	¥1,380.00	73	¥10.07	15	继续保持
第3分店	1	D01	电冰箱	¥2,750.00	66	¥18.15	4	非常好
第3分店	1	D02	电冰箱	¥3,540.00	45	¥15.93	7	非常好
第3分店	1	K01	空调	¥2,340.00	39	¥9.13	18	请努力
第3分店	1	S01	手机	¥1,380.00	84	¥11.59	12	继续保持
第3分店	2	D01	电冰箱	¥2,750.00	46	¥12.65	9	继续保持
第3分店	2	K01	空调	¥2,340.00	51	¥11.93	11	继续保持
第3分店	2	S02	手机	¥3,210.00	43	¥13.80	8	继续保持

图4-49 备注计算数据结果

步骤 4：重命名工作表

选中 Sheet1 工作表并右击，在弹出的快捷菜单中选择“重命名”命令，输入“基本数据”即可。

技巧与提示

为了不破坏原始数据，可以复制“基本数据”生成多份副本，利用复制的工作表副本完成后面的排序、筛选等操作。

4.2.2 数据排序

按数据输入的顺序来解释和分析数据并不一定能获得最有效的信息。通过重新排列记录的顺序（如从高到低、从最小到最大），可以使用户快速和容易地发现数据提供的趋势，形成预测和预报。

可以对满足特定条件的一列或多列内容排列数据行。可以按照升序排序，升序是指字母按从 A 到 Z 的顺序排列，数值型数据按照从最低到最高或最小到最大的顺序排列，日期按照从过去到现在的顺序排列。如果要按照降序排列，数据的显示正好与升序相反。

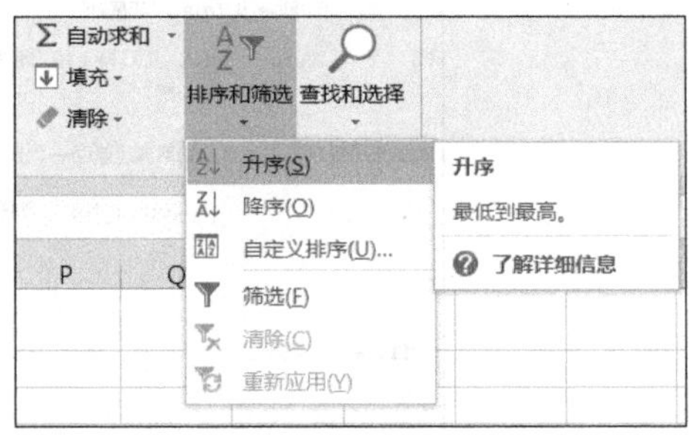

图 4-50 排序和筛选

步骤 1：按“单价”升序排序

选中表格中“单价”列中任一单元格，单击“开始”→“编辑”→“排序和筛选”→“升序”选项（见图 4-50），完成按照单价升序排序，结果如图 4-51 所示。

	A	B	C	D	E	F	G	H	I
1	产品销售情况表								
2	分店名称	季度	产品型号	产品名称	单价（元）	数量	销售额（万元）	销售排名	备注
3	第2分店	1	S01	手机	1380	65	8.97	19	请努力
4	第2分店	2	S01	手机	1380	73	10.07	15	继续保持
5	第3分店	1	S01	手机	1380	84	11.59	12	继续保持
6	第1分店	1	K01	空调	2340	43	10.06	16	继续保持
7	第1分店	2	K01	空调	2340	79	18.49	3	非常好
8	第3分店	1	K01	空调	2340	39	9.13	18	请努力
9	第3分店	2	K01	空调	2340	51	11.93	11	继续保持
10	第1分店	1	D01	电冰箱	2750	35	9.63	17	请努力
11	第1分店	2	D01	电冰箱	2750	45	12.38	10	继续保持
12	第2分店	2	D01	电冰箱	2750	72	19.80	2	非常好
13	第3分店	1	D01	电冰箱	2750	66	18.15	4	非常好
14	第3分店	2	D01	电冰箱	2750	46	12.65	9	继续保持
15	第1分店	1	S02	手机	3210	56	17.98	5	非常好
16	第1分店	2	S02	手机	3210	34	10.91	13	继续保持
17	第3分店	2	S02	手机	3210	43	13.80	8	继续保持
18	第2分店	1	D02	电冰箱	3540	75	26.55	1	非常好
19	第3分店	1	D02	电冰箱	3540	45	15.93	7	非常好
20	第2分店	1	K02	空调	4460	24	10.70	14	继续保持
21	第2分店	2	K02	空调	4460	37	16.50	6	非常好

图 4-51 按“单价”升序排序的数据结果

步骤 2：按“单价”升序、“数量”降序排序

① 选中表格内任一单元格，单击“数据”→“排序和筛选”→“自定义排序”选项。

② 在“排序”对话框中进行设置，在“主要关键字”下拉列表中选择“单价”，在“次序”下拉列表中选择“升序”。

③ 在“排序”对话框中单击“添加条件”按钮，在出现的“次要关键字”下拉列表中选择“数量”，在“次序”下拉列表中选择“降序”，如图 4-52 所示。

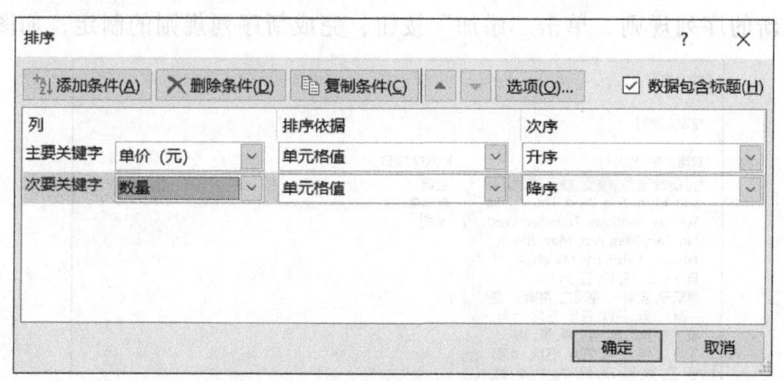

图 4-52　设置多关键字排序

④ 单击“确定”按钮完成排序，结果如图 4-53 所示。

产品销售情况表								
分店名称	季度	产品型号	产品名称	单价（元）	数量	销售额（万元）	销售排名	备注
第3分店	1	S01	手机	1380	84	11.59	12	继续保持
第2分店	2	S01	手机	1380	73	10.07	15	继续保持
第2分店	1	S01	手机	1380	65	8.97	19	请努力
第1分店	2	K01	空调	2340	79	18.49	3	非常好
第3分店	2	K01	空调	2340	51	11.93	11	继续保持
第1分店	1	K01	空调	2340	43	10.06	16	继续保持
第3分店	1	K01	空调	2340	39	9.13	18	请努力
第2分店	2	D01	电冰箱	2750	72	19.80	2	非常好
第3分店	1	D01	电冰箱	2750	66	18.15	4	非常好
第3分店	2	D01	电冰箱	2750	46	12.65	9	继续保持
第1分店	2	D01	电冰箱	2750	45	12.38	10	继续保持
第1分店	1	D01	电冰箱	2750	35	9.63	17	请努力
第1分店	1	S02	手机	3210	56	17.98	5	非常好
第3分店	2	S02	手机	3210	43	13.80	8	继续保持
第1分店	2	S02	手机	3210	34	10.91	13	继续保持
第2分店	1	D02	电冰箱	3540	75	26.55	1	非常好
第3分店	1	D02	电冰箱	3540	45	15.93	7	非常好
第2分店	2	K02	空调	4460	37	16.50	6	非常好
第2分店	1	K02	空调	4460	24	10.70	14	继续保持

图 4-53　按“单价”升序、“数量”降序排序的数据结果

技巧与提示

如果表中有序地设置了单元格颜色、字体颜色或者图标，在排序依据中可以分别采用“单元格颜色”“字体颜色”“单元格图标”进行排序。

默认的排序方式是按照“列”排序，如果要按“行”排序的话，在“排序”对话框中单击“选项”按钮，在弹出的“排序选项”对话框中选择“按行排序”选项即可。

步骤 3：按“产品名称”自定义排序

按照产品名称从空调、电冰箱、手机进行排序。

① 选中表格内任一单元格，单击“开始”→“编辑”→“排序和筛选”→“自定义排序”选项，打开“排序”对话框。

② 在“主要关键字”下拉列表中选择“产品名称”。

③ 在“自定义序列”对话框的“自定义序列”列表框中选择“新序列”，在“输入序列”列表框中输入新的序列规则，单击“添加”按钮，完成新序列规则的制定，如图 4-54 所示。

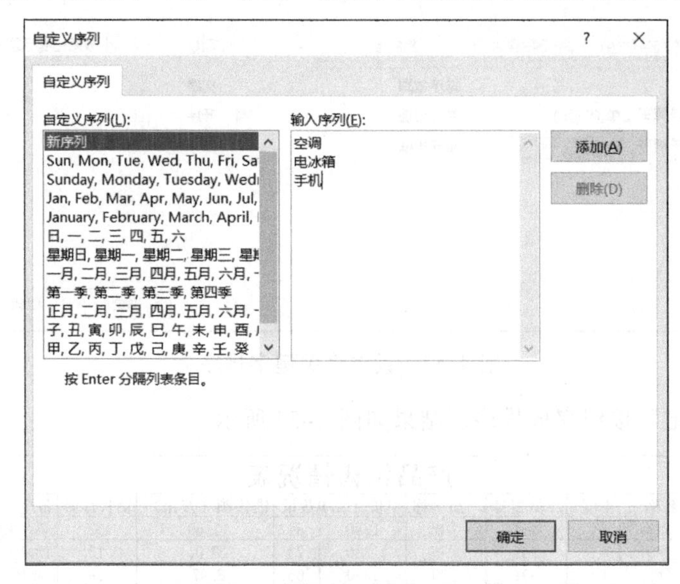

图 4-54 “自定义序列”对话框

④ 单击“确定”按钮返回“排序”对话框，在“次序”下拉列表框中出现刚创建的“空调，电冰箱，手机”的自定义次序规则，单击“确定”按钮完成排序，结果如图 4-55 所示。

产品销售情况表								
分店名称	季度	产品型号	产品名称	单价（元）	数量	销售额（万元）	销售排名	备注
第1分店	1	K01	空调	2340	43	10.06	16	继续保持
第1分店	2	K01	空调	2340	79	18.49	3	非常好
第2分店	1	K02	空调	4460	24	10.70	14	继续保持
第2分店	2	K02	空调	4460	37	16.50	6	非常好
第3分店	1	K01	空调	2340	39	9.13	18	请努力
第3分店	2	K01	空调	2340	51	11.93	11	继续保持
第1分店	1	D01	电冰箱	2750	35	9.63	17	请努力
第1分店	2	D01	电冰箱	2750	45	12.38	10	继续保持
第2分店	1	D02	电冰箱	3540	75	26.55	1	非常好
第2分店	2	D01	电冰箱	2750	72	19.80	2	非常好
第3分店	1	D01	电冰箱	2750	66	18.15	4	非常好
第3分店	1	D02	电冰箱	3540	45	15.93	7	非常好
第3分店	2	D01	电冰箱	2750	46	12.65	9	继续保持
第1分店	1	S02	手机	3210	56	17.98	5	非常好
第1分店	2	S02	手机	3210	34	10.91	13	继续保持
第2分店	1	S01	手机	1380	65	8.97	19	请努力
第2分店	2	S01	手机	1380	73	10.07	15	继续保持
第3分店	1	S01	手机	1380	84	11.59	12	继续保持
第3分店	2	S02	手机	3210	43	13.80	8	继续保持

图 4-55 按“产品名称”自定义排序的数据结果

4.2.3　数据汇总

步骤 1：按“产品名称”对“单价”“数量”“销售额”进行求和的合并计算

合并计算可以方便快速地汇总一个或者多个数据源中的数据。例如，按“产品名称”对“单价”“数量”“销售额”进行求和计算。

① 选中表格外任一空白单元格，如 D25，确定结果存放位置。（如果放在表格内的话，会发生“源引用和目标引用区域重叠”的错误。）

② 单击“数据”→“数据工具”→“合并计算”按钮，弹出“合并计算”对话框，“函数”选择“求和”，引用选择“D2:G21”（产品名称、单价、数量和销售额 4 列），“标签位置”选择“首行”和“最左列”，如图 4-56 所示。

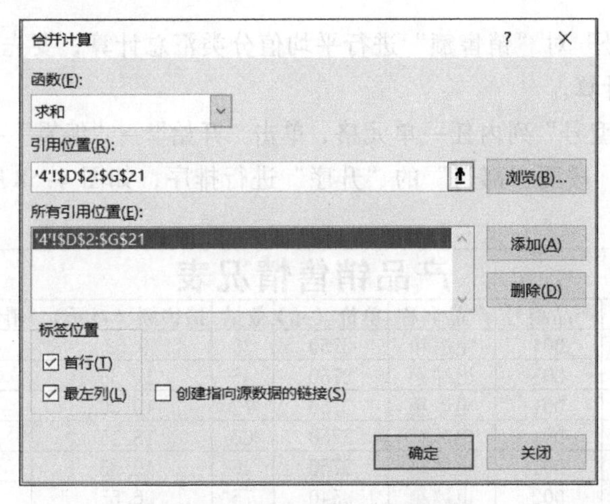

图 4-56 “合并计算”对话框

③ 单击“确定”按钮完成合并计算，结果如图 4-57 所示。

产品销售情况表

分店名称	季度	产品型号	产品名称	单价（元）	数量	销售额（万元）	销售排名	备注
第1分店	1	D01	电冰箱	2750	35	9.63	17	请努力
第1分店	1	K01	空调	2340	43	10.06	16	继续保持
第1分店	1	S02	手机	3210	56	17.98	5	非常好
第1分店	2	D01	电冰箱	2750	45	12.38	10	继续保持
第1分店	2	K01	空调	2340	79	18.49	3	非常好
第1分店	2	S02	手机	3210	34	10.91	13	继续保持
第2分店	1	D02	电冰箱	3540	75	26.55	1	非常好
第2分店	1	K02	空调	4460	24	10.70	14	继续保持
第2分店	1	S01	手机	1380	65	8.97	19	请努力
第2分店	2	D01	电冰箱	2750	72	19.80	2	非常好
第2分店	2	K02	空调	4460	37	16.50	6	非常好
第2分店	2	S01	手机	1380	73	10.07	15	继续保持
第3分店	1	D01	电冰箱	2750	66	18.15	4	非常好
第3分店	1	D02	电冰箱	3540	45	15.93	7	非常好
第3分店	1	K01	空调	2340	39	9.13	18	请努力
第3分店	1	S01	手机	1380	84	11.59	12	继续保持
第3分店	2	D01	电冰箱	2750	46	12.65	9	继续保持
第3分店	2	K01	空调	2340	51	11.93	11	继续保持
第3分店	2	S02	手机	3210	43	13.80	8	继续保持

	单价（元）	数量	销售额（万元）
电冰箱	20830	384	115.08
空调	18280	273	76.81
手机	13770	355	73.33

图 4-57　合并计算数据结果

技巧与提示

如果选择引用位置时没有包括列标题，则不选择“首行”复选框。

如果第一列就是需要合并计算的数据，则不选择“最左列”复选框。

步骤 2：按“产品型号”对“销售额”进行平均值分类汇总计算

在含有大量记录的数据清单中，通过分类，使数据形成合理的分组，再进行分类汇总计算，就可方便地观察和评估这些数据。所谓分类汇总，就是指按照某一关键字进行分类，并分别对各类数据的某些数据项进行汇总，如求和、求平均值等。分类汇总前一定要对表中汇总的关键字进行排序。

现在按“产品型号”对“销售额”进行平均值分类汇总计算，要先对部门进行排序，然后才能进行分类汇总计算。

① 选中“产品型号”列内任一单元格，单击“开始”→“编辑”→“排序和筛选”→“升序”选项，按照“部门”的“升序”进行排序，如图 4-58 所示。

产品销售情况表

分店名称	季度	产品型号	产品名称	单价（元）	数量	销售额（万元）	销售排名	备注
第1分店	1	D01	电冰箱	2750	35	9.63	17	请努力
第1分店	2	D01	电冰箱	2750	45	12.38	10	继续保持
第2分店	2	D01	电冰箱	2750	72	19.80	2	非常好
第3分店	1	D01	电冰箱	2750	66	18.15	4	非常好
第3分店	2	D01	电冰箱	2750	46	12.65	9	继续保持
第2分店	1	D02	电冰箱	3540	75	26.55	1	非常好
第3分店	1	D02	电冰箱	3540	45	15.93	7	非常好
第1分店	1	K01	空调	2340	43	10.06	16	继续保持
第1分店	2	K01	空调	2340	79	18.49	3	非常好
第3分店	1	K01	空调	2340	39	9.13	18	请努力
第3分店	2	K01	空调	2340	51	11.93	11	继续保持
第2分店	1	K02	空调	4460	24	10.70	14	继续保持
第2分店	2	K02	空调	4460	37	16.50	6	非常好
第2分店	1	S01	手机	1380	65	8.97	19	请努力
第2分店	2	S01	手机	1380	73	10.07	15	继续保持
第3分店	1	S01	手机	1380	84	11.59	12	继续保持
第1分店	1	S02	手机	3210	56	17.98	5	非常好
第1分店	2	S02	手机	3210	34	10.91	13	继续保持
第3分店	2	S02	手机	3210	43	13.80	8	继续保持

图 4-58 按“产品型号”升序排序的数据结果

② 单击表格中任一单元格，单击“数据”→“分级显示”→“分类汇总”按钮。弹出“分类汇总”对话框，“分类字段”选择“产品型号”，汇总方式选择“平均值”，“选定汇总项”选择“销售额”，勾选“替换当前分类汇总”和“汇总结果显示在数据下方”复选框，如图 4-59 所示。

③ 单击“确定”按钮完成合并计算，结果如图 4-60 所示。

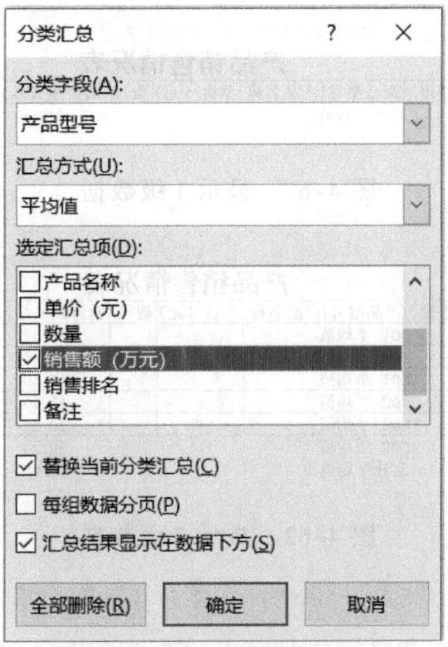

分类汇总　？　×

分类字段(A):

产品型号

汇总方式(U):

平均值

选定汇总项(D):

- [ ] 产品名称
- [ ] 单价（元）
- [ ] 数量
- [x] 销售额（万元）
- [ ] 销售排名
- [ ] 备注

- [x] 替换当前分类汇总(C)
- [ ] 每组数据分页(P)
- [x] 汇总结果显示在数据下方(S)

全部删除(R)　确定　取消

图 4-59　设置分类汇总

1 2 3　分级数据按钮

	A	B	C	D	E	F	G	H	I
1	产品销售情况表								
2	分店名称	季度	产品型号	产品名称	单价（元）	数量	销售额（万元）	销售排名	备注
3	第1分店	1	D01	电冰箱	2750	35	9.63	22	请努力
4	第1分店	2	D01	电冰箱	2750	45	12.38	14	继续保持
5	第2分店	2	D01	电冰箱	2750	72	19.80	3	非常好
6	第3分店	1	D01	电冰箱	2750	66	18.15	5	非常好
7	第3分店	2	D01	电冰箱	2750	46	12.65	12	继续保持
8			D01 平均值				14.52		
9	第2分店	1	D02	电冰箱	3540	75	26.55	1	非常好
10	第3分店	1	D02	电冰箱	3540	45	15.93	8	非常好
11			D02 平均值				21.24		
12	第1分店	1	K01	空调	2340	43	10.06	21	继续保持
13	第1分店	2	K01	空调	2340	79	18.49	4	非常好
14	第3分店	1	K01	空调	2340	39	9.13	23	请努力
15	第3分店	2	K01	空调	2340	51	11.93	15	继续保持
16			K01 平均值				12.40		
17	第2分店	1	K02	空调	4460	24	10.70	18	继续保持
18	第2分店	2	K02	空调	4460	37	16.50	7	非常好
19			K02 平均值				13.60		
20	第2分店	1	S01	手机	1380	65	8.97	24	请努力
21	第2分店	2	S01	手机	1380	73	10.07	20	继续保持
22	第3分店	1	S01	手机	1380	84	11.59	16	继续保持
23			S01 平均值				10.21		
24	第1分店	1	S02	手机	3210	56	17.98	6	非常好
25	第1分店	2	S02	手机	3210	34	10.91	17	继续保持
26	第3分店	2	S02	手机	3210	43	13.80	10	继续保持
27			S02 平均值				14.23		
28			总计平均值				13.96		

图 4-60　分类汇总数据结果

④ 分类汇总可以按照不同的数据级别进行显示，默认情况下是显示所有数据，图 4-60 所示显示的是 3 级数据，也就是所有数据的内容结果。可以通过单击工作表左上角的 1 级数据按钮，就显示第一级所有数据，如图 4-61 所示。单击工作表左上角的 2 级数据按钮，就显示第二级所有数据，如图 4-62 所示。

	A	B	C	D	E	F	G	H	I
1	产品销售情况表								
2	分店名称	季度	产品型号	产品名称	单价（元）	数量	销售额（万元）	销售排名	备注
28			总计平均值				13.96		
29									

图 4-61　显示 1 级数据

	A	B	C	D	E	F	G	H	I
1	产品销售情况表								
2	分店名称	季度	产品型号	产品名称	单价（元）	数量	销售额（万元）	销售排名	备注
8			D01 平均值				14.52		
11			D02 平均值				21.24		
16			K01 平均值				12.40		
19			K02 平均值				13.60		
23			S01 平均值				10.21		
27			S02 平均值				14.23		
28			总计平均值				13.96		
29									

图 4-62　显示 2 级数据

技巧与提示

取消分类汇总，选择表中任一单元格，单击“数据”→“分级显示”→“分类汇总”按钮，弹出“分类汇总”对话框，单击“全部删除”按钮即可。

4.2.4　数据筛选

通过筛选数据，可以显示出符合确定条件的记录的子集。数据筛选是将不符合条件的记录隐藏起来，这样就能把注意力集中在相应筛选出来的数据上，对其进行检查和分析。筛选包括两类：自动筛选和高级筛选。

步骤 1：筛选出表中“数量”高于平均值的数据

① 选中表格内任一单元格，单击“开始”→“编辑”→“排序和筛选”→“筛选”按钮，建立自动筛选，在关键字上出现下拉按钮。

② 单击“数量”下拉按钮，在下拉列表中选择“数字筛选”→“高于平均值”命令，如图 4-63 所示。

产品销售情况表

分店名称	季度	产品型号	产品名称	单价（元）	数量	销售额（万元）	销售排名	备注
第1分店	1					9.63	17	请努力
第1分店	1					10.06	16	继续保持
第1分店	1					17.98	5	非常好
第1分店	2					12.38	10	继续保持
第1分店	2					18.49	3	非常好
第1分店	2					10.91	13	继续保持
第2分店	1						1	非常好
第2分店	1						14	继续保持
第2分店	1						19	请努力
第2分店	2						2	非常好
第2分店	2						6	非常好
第2分店	2						15	继续保持
第3分店	1						4	非常好
第3分店	1						7	非常好
第3分店	1						18	请努力
第3分店	1						12	继续保持
第3分店	2						9	继续保持
第3分店	2						11	继续保持
第3分店	2						8	继续保持

升序(S)
降序(O)
按颜色排序(T)
从“数量”中清除筛选(C)
按颜色筛选(I)
数字筛选(F)
搜索
(全选)
24
34
35
37
39
43
45
46
确定　取消

等于(E)...
不等于(N)...
大于(G)...
大于或等于(O)...
小于(L)...
小于或等于(Q)...
介于(W)...
前 10 项(T)...
高于平均值(A)
低于平均值(O)
自定义筛选(F)...

图 4-63　设置数字筛选

③ 单击“确定”按钮完成自动筛选，结果如图4-64所示。

	A	B	C	D	E	F	G	H	I
1	产品销售情况表								
2	分店名称	季度	产品型	产品名	单价（元	数量	销售额（万元）	销售排	备注
5	第1分店	1	S02	手机	3210	56	17.98	5	非常好
7	第1分店	2	K01	空调	2340	79	18.49	3	非常好
9	第2分店	1	D02	电冰箱	3540	75	26.55	1	非常好
11	第2分店	1	S01	手机	1380	65	8.97	19	请努力
12	第2分店	2	D01	电冰箱	2750	72	19.80	2	非常好
14	第2分店	2	S01	手机	1380	73	10.07	15	继续保持
15	第3分店	1	D01	电冰箱	2750	66	18.15	4	非常好
18	第3分店	1	S01	手机	1380	84	11.59	12	继续保持

图4-64　筛选数量高于平均值的数据结果

步骤2：筛选出产品型号中有“1”的产品数据

① 选中表格内任一单元格，单击“数据”→“排序和筛选”→“筛选”按钮，建立自动筛选，在关键字上出现下拉按钮。

单击“姓名”下拉按钮，在下拉列表中选择“文本筛选”→“包含”命令，弹出“自定义自动筛选方式”对话框，设置参数为“1”，如图4-65所示。

图4-65　“自定义自动筛选方式”对话框

② 单击“确定”按钮完成自动筛选，结果如图4-66所示。

	A	B	C	D	E	F	G	H	I
1	产品销售情况表								
2	分店名称	季度	产品型	产品名	单价（元	数量	销售额（万元）	销售排	备注
3	第1分店	1	D01	电冰箱	2750	35	9.63	17	请努力
4	第1分店	1	K01	空调	2340	43	10.06	16	继续保持
6	第1分店	2	D01	电冰箱	2750	45	12.38	10	继续保持
7	第1分店	2	K01	空调	2340	79	18.49	3	非常好
11	第2分店	1	S01	手机	1380	65	8.97	19	请努力
12	第2分店	2	D01	电冰箱	2750	72	19.80	2	非常好
14	第2分店	2	S01	手机	1380	73	10.07	15	继续保持
15	第3分店	1	D01	电冰箱	2750	66	18.15	4	非常好
17	第3分店	1	K01	空调	2340	39	9.13	18	请努力
18	第3分店	1	S01	手机	1380	84	11.59	12	继续保持
19	第3分店	2	D01	电冰箱	2750	46	12.65	9	继续保持
20	第3分店	2	K01	空调	2340	51	11.93	11	继续保持

图4-66　筛选产品型号中包含“1”的数据结果

步骤3：筛选出“销售额”在11～15万元之间的数据

① 选中表格内任一单元格，单击“开始”→“编辑”→“排序和筛选”→“筛选”按钮，建立自动筛选，在关键字上出现下拉按钮。

单击“销售额”下拉按钮，在下拉列表中选择“数字筛选”→“介于”命令，弹出“自定义自动筛选方式”对话框，设置销售额“大于或等于 11 与小于或等于 15”，如图 4-67 所示。

图 4-67　自定义自动筛选方式

② 单击“确定”按钮完成自动筛选，结果如图 4-68 所示。

	A	B	C	D	E	F	G	H	I
1	产品销售情况表								
2	分店名称	季度	产品型	产品名	单价（元	数	销售额（万元）	销售排	备注
6	第1分店	2	D01	电冰箱	2750	45	12.38	10	继续保持
18	第3分店	1	S01	手机	1380	84	11.59	12	继续保持
19	第3分店	2	D01	电冰箱	2750	46	12.65	9	继续保持
20	第3分店	2	K01	空调	2340	51	11.93	11	继续保持
21	第3分店	2	S02	手机	3210	43	13.80	8	继续保持

图 4-68　筛选销售额在 11～15 万元的数据结果

技巧与提示

清除筛选，选择表中任一单元格，单击“开始”→“编辑”→“排序和筛选”→“清除”按钮。即可清除上次筛选的结果。

解除筛选，选择表中任一单元格，单击“开始”→“编辑”→“排序和筛选”→“筛选”按钮。即可删除表中设置的自动筛选，显示原来的全部数据。

步骤 4：筛选出表中“数量”大于 60 并且“销售额”大于 15 万元的数据

高级筛选不显示下拉按钮，而是在数据表外单独设立的条件区域输入筛选条件，条件区域允许根据复杂的条件进行筛选。

① 选中表格外任一空白单元格，如 D24，确定筛选条件的存放位置。

② 在该区域设置筛选条件（该条件区域至少有两行，第一行为关键字，以下各行为相应的条件值），如图 4-70 所示。

③ 选中表格内任一单元格，单击 “数据”→“排序和筛选”→“高级”按钮，弹出“高级筛选”对话框，设置高级筛选条件，如图 4-69 所示。

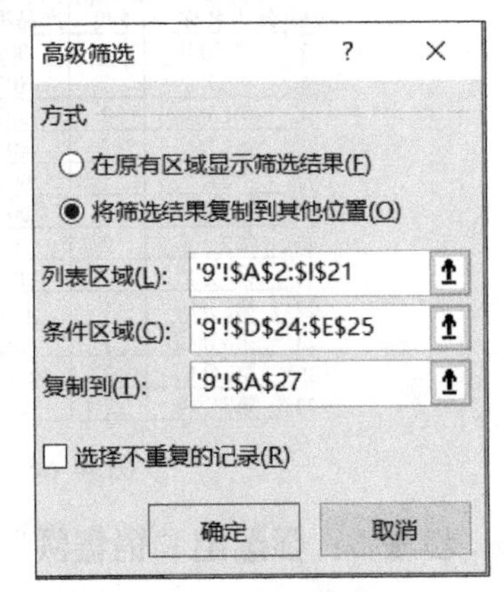

图 4-69　设置高级筛选

④ 单击“确定”按钮完成自动筛选，结果如图 4-70 所示。

	A	B	C	D	E	F	G	H	I
1	产品销售情况表								
2	分店名称	季度	产品型号	产品名称	单价（元）	数量	销售额（万元）	销售排名	备注
3	第1分店	1	D01	电冰箱	2750	35	9.63	17	请努力
4	第1分店	1	K01	空调	2340	43	10.06	16	继续保持
5	第1分店	1	S02	手机	3210	56	17.98	5	非常好
6	第1分店	2	D01	电冰箱	2750	45	12.38	10	继续保持
7	第1分店	2	K01	空调	2340	79	18.49	3	非常好
8	第1分店	2	S02	手机	3210	34	10.91	13	继续保持
9	第2分店	1	D02	电冰箱	3540	75	26.55	1	非常好
10	第2分店	1	K02	空调	4460	24	10.70	14	继续保持
11	第2分店	1	S01	手机	1380	65	8.97	19	请努力
12	第2分店	2	D01	电冰箱	2750	72	19.80	2	非常好
13	第2分店	2	K02	空调	4460	37	16.50	6	非常好
14	店	2	S01	手机	1380	73	10.07	15	继续保持
15	店	1	D01	电冰箱	2750	66	18.15	4	非常好
16	第3分店	1	D02	电冰箱	3540	45	15.93	7	非常好
17	第3分店	1	K01	空调	2340	39	9.13	18	请努力
18	第3分店	1	S01	手机	1380	84	11.59	12	继续保持
19	第3分店	2	D01	电冰箱	2750	46	12.65	9	继续保持
20	第3分店	2	K01	空调	2340	51	11.93	11	继续保持
21	第3分店	2	S02	手机	3210	43	13.80	8	继续保持
22									
23									
24				数量	销售额（万元）				
25				>60	>15				
26									
27	分店名称	季度	产品型号	产品名称	单价（元）	数量	销售额（万元）	销售排名	备注
28	店	2	K01	空调	2340	79	18.49	3	非常好
29	店	1	D02	电冰箱	3540	75	26.55	1	非常好
30	第2分店	2	D01	电冰箱	2750	72	19.80	2	非常好
31	第3分店	1	D01	电冰箱	2750	66	18.15	4	非常好

数据区域

条件区域

结果区域

图 4-70　筛选数量大于 60 并且月销售额大于 15 万元的数据结果

步骤 5：筛选出表中“数量”大于 60 或者“销售额”大于 15 万元的数据

① 选中表格外任一空白单元格，如 D23，确定筛选条件的存放位置。

② 在该区域设置筛选条件（该条件区域至少有两行，第一行为关键字，以下各行为相应的条件值），如图 4-71 所示。

③ 选中表格内任一单元格，单击 “数据”→“排序和筛选”→“高级”按钮，弹出“高级筛选”对话框，设置高级筛选条件。

④ 单击“确定”按钮完成自动筛选，结果如图 4-71 所示。

技巧与提示

以下是在条件区域输入条件的几项准则：

① 当在同一列中需要查找满足一个以上条件的记录时，需在不同的行中一行低于一行地输入每一个条件，例如筛选出学历是本科和硕士的数据。

② 在多个列中查找满足一个条件的记录时，要在同一行的相应列表标题下输入条件，例如，筛选“基本工资”大于 10 000 并且“月工资”大于 15 000 的数据。

学历
硕士
本科

基本工资	月工资
>10000	>15000

基本工资	月工资
>10000	
	>15000

③ 在查找满足一个条件或另外一个条件的记录时，要在分开的各行输入条件。例如筛选“基本工资”大于 10 000 或者“月工资”大于 15 000 的数据。

	产品销售情况表								
1									
2	分店名称	季度	产品型号	产品名称	单价（元）	数量	销售额（万元）	销售排名	备注
3	第1分店	1	D01	电冰箱	2750	35	9.63	17	请努力
4	第1分店	1	K01	空调	2340	43	10.06	16	继续保持
5	第1分店	1	S02	手机	3210	56	17.98	5	非常好
6	第1分店	2	D01	电冰箱	2750	45	12.38	10	继续保持
7	第1分店	2	K01	空调	2340	79	18.49	3	非常好
8	第1分店	2	S02	手机	3210	34	10.91	13	继续保持
9	第2分店	1	D02	电冰箱	3540	75	26.55	1	非常好
10	第2分店	1	K02	空调	4460	24	10.70	14	继续保持
11	第2分店	1	S01	手机	1380	65	8.97	19	请努力
12	第2分店	2	D01	电冰箱	2750	72	19.80	2	非常好
	分店	2	K02	空调	4460	37	16.50	6	非常好
	分店	2	S01	手机	1380	73	10.07	15	继续保持
15	第3分店	1	D01	电冰箱	2750	66	18.15	4	非常好
16	第3分店	1	D02	电冰箱	3540	45	15.93	7	非常好
17	第3分店	1	K01	空调	2340	39	9.13	18	请努力
18	第3分店	1	S01	手机	1380	84	11.59	12	继续保持
19	第3分店	2	D01	电冰箱	2750	46	12.65	9	继续保持
20	第3分店	2	K01	空调	2340	51	11.93	11	继续保持
21	第3分店	2	S02	手机	3210	43	13.80	8	继续保持
				数量	销售额（万元）				
				>60					
25					>15				
26									
27	分店名称	季度	产品型号	产品名称	单价（元）	数量	销售额（万元）	销售排名	备注
	第1分店	1	S02	手机	3210	56	17.98	5	非常好
	店	2	K01	空调	2340	79	18.49	3	非常好
	店	1	D02	电冰箱	3540	75	26.55	1	非常好
31	第2分店	1	S01	手机	1380	65	8.97	19	请努力
32	第2分店	2	D01	电冰箱	2750	72	19.80	2	非常好
33	第2分店	2	K02	空调	4460	37	16.50	6	非常好
34	第2分店	2	S01	手机	1380	73	10.07	15	继续保持
35	第3分店	1	D01	电冰箱	2750	66	18.15	4	非常好
36	第3分店	1	D02	电冰箱	3540	45	15.93	7	非常好
37	第3分店	1	S01	手机	1380	84	11.59	12	继续保持

数据区域

条件区域

结果区域

图 4-71 筛选数量大于 60 或者月销售额大于 15 万元的数据结果

4.2.5 数据透视表

数据透视表是一种对大量数据进行快速汇总和建立交叉列表的交互式报表，可以转换行和列以查看源数据的不同结果，可以显示不同页面以筛选数据，还可以根据需要显示区域中的明细数据，从而快速与简便地在一个数据表中重新组织和统计数据，把排序、筛选和汇总等功能有机地结合起来。

步骤 1：创建数据透视表

① 选中表格内任一单元格，单击“插入”→“表格”→“数据透视表”按钮，弹出“创建数据透视表”对话框，参数设置如图 4-72 所示。

② 单击“确定”按钮，在一个新建工作表中出现数据透视表布局界面，在这里拖放“分店名称”到“列标签”区域，“产品名称”到“行标签”区域，“销售额”到“数据区”区域，

并进行求和运算，如图 4-73 所示。

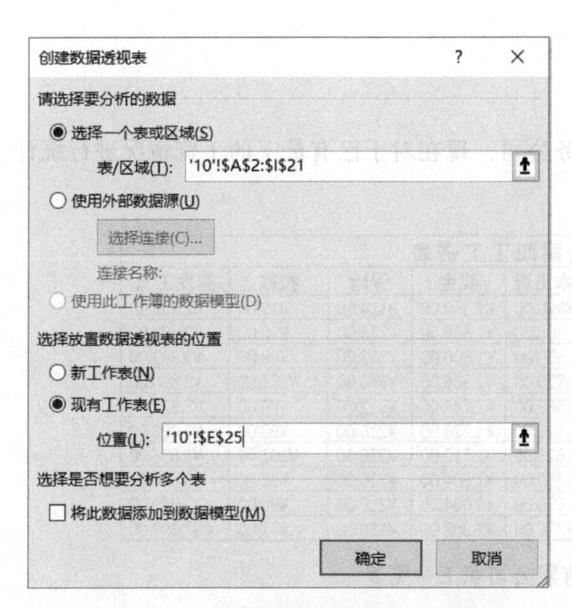

图 4-72 “创建数据透视表”对话框

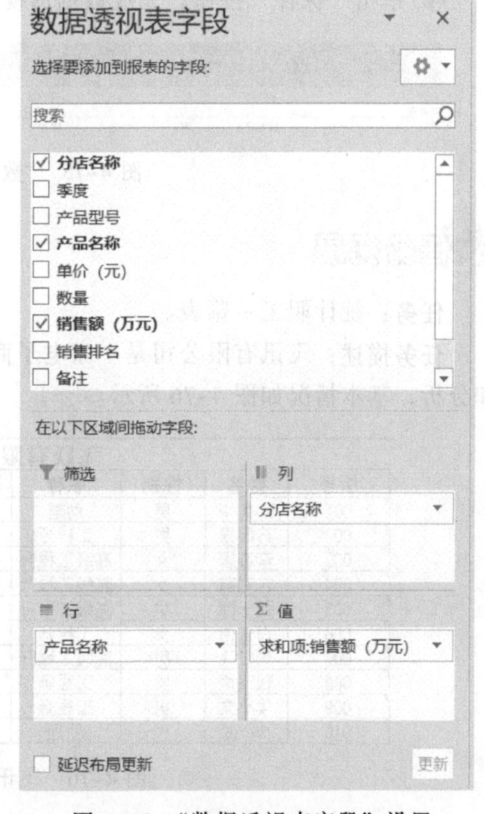

图 4-73 “数据透视表字段”设置

③ 单击“保存”按钮，完成数据透视表的创建，如图 4-74 所示。

求和项:销售额（万元）	列标签			
行标签	第1分店	第2分店	第3分店	总计
空调	28.548	27.206	21.06	76.814
电冰箱	22	46.35	46.73	115.08
手机	28.89	19.044	25.395	73.329
总计	**79.438**	**92.6**	**93.185**	**265.223**

图 4-74 数据透视表界面

步骤 2：修改数据透视表

增加数据透视表字段，拖动数量到数据区，在数据透视表中增加数列项。

① 修改数据区的汇总方式，在数据透视表中选中销售额字段项并右击，在弹出的快捷菜单中选择“值汇总依据”→“平均值”命令，完成销售额汇总方式的更改。

② 修改数据区中的数据显示结果，筛选出部门为管理部和行政部的数据，在“产品名称”列标签的下拉列表中勾选“空调”和“电冰箱”，单击“确定”按钮，完成筛选。

③ 选中透视表中任意单元格，单击“数据透视表工具”→“设计”→“数据透视表样式”按钮，在下拉列表中选择内置样式“浅橙色，数据透视表样式中等深浅 3”，完成数据透

视样式设置。

④ 单击“保存”按钮，完成数据透视表的修改，结果如图 4-75 所示。

	列标签 第1分店		第2分店		第3分店		平均值项:销售额（万元）汇总	求和项:数量汇总
行标签	平均值项:销售额（万元）	求和项:数量	平均值项:销售额（万元）	求和项:数量	平均值项:销售额（万元）	求和项:数量		
空调	14.274	122	13.603	61	10.53	90	12.80233333	273
电冰箱	11	80	23.175	147	15.57666667	157	16.44	384
总计	**12.637**	**202**	**18.389**	**208**	**13.558**	**247**	**14.76107692**	**657**

图 4-75 “数据透视表”修改结果

任务拓展

任务：统计职工一览表。

任务描述：飞讯有限公司是一家电子商务公司，现在对于已有员工的工资情况进行统计和分析，基本情况如图 4-76 所示。

飞跃有限公司职工工资表								
编号	**姓名**	**性别**	**职称**	**基本工资**	**奖金**	**保险**	**扣款**	**实发工资**
001	郑箐华	男	助理	¥898.00	¥1,550.00	¥114.00	¥79.00	¥2,255.00
002	苏国强	男	工程师	¥1,700.00	¥1,568.00	¥214.00	¥90.00	¥2,964.00
003	李春娜	女	高级工程师	¥2,650.00	¥1,600.00	¥313.00	¥68.00	¥3,869.00
004	吉莉莉	女	高级工程师	¥2,720.00	¥1,586.00	¥315.00	¥101.00	¥3,890.00
005	甄士隐	男	高级工程师	¥2,568.00	¥1,748.00	¥312.00	¥80.00	¥3,924.00
006	白宏伟	女	工程师	¥1,595.00	¥1,728.00	¥210.00	¥90.00	¥3,023.00
007	周梦飞	男	高级工程师	¥2,625.00	¥1,712.00	¥338.00	¥101.00	¥3,898.00
008	钱飞虎	男	工程师	¥1,750.00	¥1,604.00	¥216.00	¥90.00	¥3,048.00
009	侯小文	男	工程师	¥1,655.00	¥1,694.00	¥210.00	¥90.00	¥3,049.00
010	刘 占	男	助理	¥770.00	¥1,802.00	¥118.00	¥57.00	¥2,397.00

图 4-76 飞讯有限公司职工一览表

为了更清楚地了解职工情况，现在要求对职工工资信息作如下统计：

① 按“性别”进行降序排序。

② 以“姓名”为主要关键字，升序排序，以“实发工资”为次要关键字，降序排序。

③ 按主关键字“职称”，按照“高级工程师”→“工程师”→“助理”排序，次要关键字“奖金”降序对职工数据进行排序。

④ 按“职称”对“基本工资”“奖金”“保险”“房租费”“实发工资”进行求平均值的合并计算。

⑤ 按“职称”为分类字段，利用分类汇总功能，计算每种职称“奖金”的总和、平均值。

⑥ 筛选出女工程师的数据。

⑦ 筛选出“姓名”中有“飞”的数据。

⑧ 筛选出“奖金”在 1 600～1 800 的数据。

⑨ 筛选出“基本工资”大于 2 500 并且“实发工资”大于 3 900 的数据。

⑩ 筛选出“基本工资”大于 2 500 或者“实发工资”大于 3 900 的数据。

⑪ 以“姓名”为行，“职称”为列，制作数据透视表，计算“奖金”的求和汇总和“实发工资”的平均值汇总项，如图 4-74 所示。

	列标签			
	工程师		求和项:奖金汇总	平均值项:实发工资汇总
行标签	求和项:奖金	平均值项:实发工资		
白宏伟	1728	3023	1728	3023
侯小文	1694	3048.6	1694	3048.6
钱飞虎	1604	3047.9	1604	3047.9
苏国强	1568	2963.7	1568	2963.7
总计	**6594**	**3020.8**	**6594**	**3020.8**

图 4-77　飞讯有限公司职工数据透视表

1. 数据类型

Excel 2016 的数据类型包括货币、百分数、数字、会计专用、日期、时间等。对数据类型应用正确的格式，可使其应用更广泛，更便于理解和分析。表 4-4 列出了 Excel 2016 常用的数据格式。

表 4-4　常用数字格式

类　别	显示方式	输　入	输　出
常规	显示实际输入的格式	1234	1234
数值	默认情况下，显示两位小数	1234	1234.00
货币	显示世界各地的货币符号（包括欧元）	1234	$1,234.00
会计专用	显示货币符号，并可对一列数据进行小数点对齐	1234 12	$1,234.00 $12.00
日期	以各种不同格式显示日期	1234	May 18, 1903 18 – May 5/18/1903
时间	以各种不同格式显示时间	12:34	12:34AM 12:34 12:34:00
百分比	将单元格数值乘以 100，以百分数形式显示	1234	123400.00%
分数	根据精度的不同要求，以各种不同的分数显示	12.34	12 1/3
科学计数	以科学计数或指数形式显示	1234	1.23E+03
文本	严格按照输入的形式输出，包括数字在内	1234	1234
特殊	显示和格式化列表和数据库的值，如邮政编码、电话号码	12345 123 – 555 – 1234 000 – 00 – 0000	12345 123 – 555 – 1234 000 – 00 – 0000
自定义	允许用户创建现有格式中没有的显示格式		以用户创建的格式显示

2. 工作表的新建与删除

Excel 2016 默认的工作簿有 1 个工作表，在实际应用中往往不够使用，此时可以建立新的工作表。除此之外，也可以删除多余的工作表，使得工作簿更加简洁明了。

Excel 2016 提供了两种新建工作表的方法：

① 在“工作表标签”中单击“新工作表”按钮⊕。

② 单击“开始”→“单元格”→“插入”→“插入工作表”按钮。

Excel 2016 删除工作表的方法：

右击要删除的工作表标签，在弹出的快捷菜单中选择“删除”命令即可。

如果需要删除多个工作表，利用【Shift】或者【Ctrl】键选择多个工作后再删除。

3．工作表的重命名

Excel 2016 的工作表默认名称是 Sheet1，如果建立新的工作表，会依次递增为 Sheet2、Sheet3，Sheet4、Sheet5……但这样的工作表名称往往很难分清楚每个工作表的数据信息，为了通过名称来识别具有不同作用的工作表，在实际应用中就需要对工作表进行命名。

Excel 2016 提供了两种重命名工作表的方法：

① 在“工作表标签”中双击需要重命名的工作表标签，即可在可编辑状态下输入新的工作表名字。

② 在“工作表标签”中右击需要重命名的工作表标签，在弹出的快捷菜单中选择“重命名”命令，输入新的名字。

4．工作表的移动和复制

在大多数情况下，要创建一个包含多个同类工作表的工作簿，可以先创建一个工作表，然后将其进行复制。有时，在一个工作簿中改变工作表的排列顺序，或者将一个工作表放置到另一个工作簿中，可以通过移动或复制工作表来实现。

Excel 2016 提供了两种复制工作表的方法。

① 在“工作表标签”中选中要进行复制的工作表标签并右击，在弹出的快捷菜单中选择“移动或复制”命令，勾选“建立副本”复选框即可（此方法可以在不同工作簿之间复制工作表），如图 4-78 所示。

② 在“工作表标签”中选中要进行复制的工作表标签，按住【Ctrl】键的同时将其拖动到合适位置即可。

当复制一个工作表时，如果工作簿中已经存在一个相同名称的工作表，Excel 会对复制的新工作表进行重命名，以确保工作表名称的唯一性。如 Sheet1 会自动更名为 Sheet1(2)。

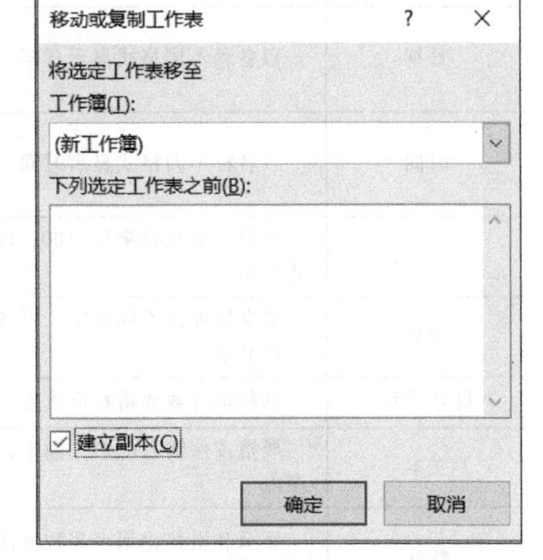

图 4-78 “移动或复制工作表”对话框

Excel 2016 提供了两种移动工作表的方法。

① 在“工作表标签”中选中要进行复制的工作表标签并右击，在弹出的快捷菜单中选择“移动或复制”命令，不勾选“建立副本”复选框即可。

② 在“工作表标签”中选中要进行复制的工作表标签，按住【Shift】键的同时将其拖动到合适位置即可。

当一个工作簿中含有多个工作表时，可以通过按【Ctrl+PageUp】和【Ctrl+PageDown】组合键进行工作表之间的切换。

5. 工作表标签颜色的更改

为了方便工作表的识别，可以为不同的工作表标签设置不同的颜色。

Excel 2016提供了两种更改工作表标签颜色的方法：

① 在“工作表标签”中右击需要更改的工作表标签，在弹出的快捷菜单中选择“工作表标签颜色”命令。

② 单击“开始”→“单元格”→“格式”→“工作表标签颜色”按钮。

6. 工作表的隐藏和显示

当工作表中包含重要数据不希望被别人看到时，可以通过将工作表设置为隐藏来实现。

Excel 2016提供了两种隐藏工作表的方法：

① 在“工作表标签”中右击需要隐藏的工作表标签，在弹出的快捷菜单中选择“隐藏”命令。

② 单击“开始”→“单元格”→“格式”→“隐藏和取消隐藏” →“隐藏工作表”按钮。

显示已被隐藏的工作表，在上述两种方法中选择“取消隐藏”命令即可。

7. 工作表背景

为了美化工作表，可以给工作表设置图片背景，单击“页面布局”→“页面设置”→“背景”按钮，弹出“工作表背景”对话框，选择合适的图片即可完成工作表背景的设置。

4.3 任务3 大学生消费情况统计图

任务描述

大学生作为特殊的消费群体受到越来越多的关注，为了能够更好地了解大学生的消费情况，引导大学生正确的消费观念，学校现在组织学生进行抽查，从不同专业中进行抽查，数据采集后，进行分析和总结。为了能够比较直观地观察抽查学生的消费情况，以及方便后期的分析和总结，现在要求创建“大学生消费情况统计图”，效果如图4-79所示。

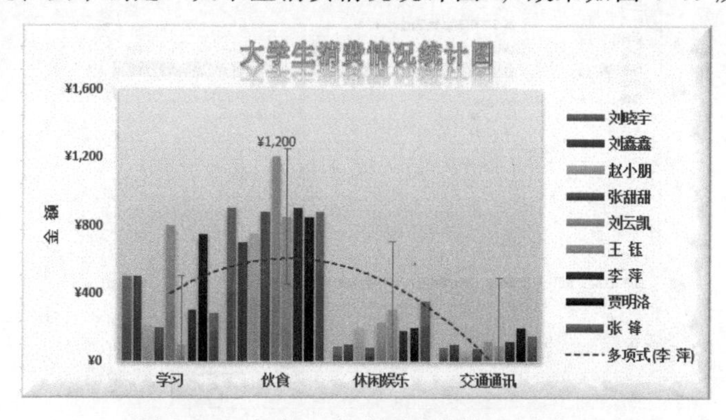

图4-79 任务3大学生消费情况统计图

任务分析

图表是数据的一种可视表示形式，与表格相比能更直观地反映问题。实现本任务首先要在“大学生消费情况统计表”上计算各种消费数据的平均值、最大值和最小值，然后利用图表工具创建“柱形图”，再对图表进行布局、格式、标题等设置，最后利用趋势线分析图表数据。

任务分解

本任务可以分解为以下5个子任务。

子任务1：设置工作表

子任务2：创建图表

子任务3：修改图表

子任务4：美化图表

子任务5：分析图表

任务实现

4.3.1 设置工作表

步骤1：数据统计与设置

① “总计”“平均值”“最大值”“最大值”分别利用求和SUM、平均值AVERAGE、最大值MAX和最小值MIN函数计算出大学生消费的对应数值。

② 设置表中的金额区域D4:H15数据格式为货币型，其中平均值区域D13:H13小数点位数保留2位，其他区域小数点位数为0。

选中D4：H15单元格区域并右击，在弹出的快捷菜单中选择“设置单元格格式”命令，在“数字”选项卡中设置“货币”类型，小数位数为0，如图4-78所示。

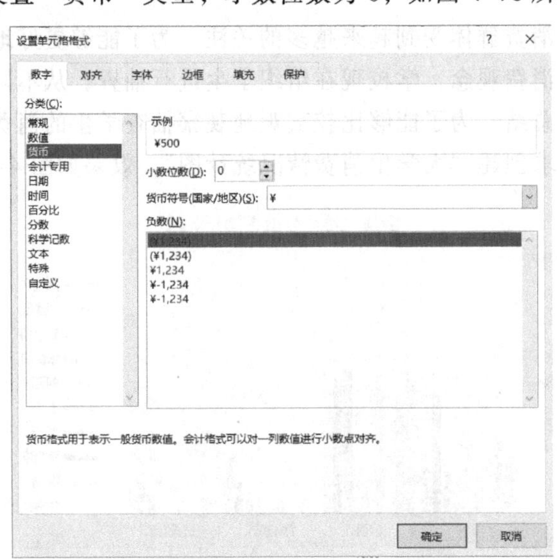

图4-80 设置“货币”格式

选中 D13:H13 单元格区域，单击“开始”→“数字”→“增加小数位数”按钮，单击两次，增加两位小数点位数。

③ 调整整个表格的格式，A1:H1 单元格区域合并后居中、垂直居中；A2:H2 单元格区域合并，水平右对齐；A13:C13、A14:C14、A15:C15 单元格区域合并后居中；D4:H15 单元格区域右对齐，其他水平居中。

④ 设置表格边框，外边框粗实线，内边框虚线。

⑤ 设置表格底纹，部分底纹为“水绿色、强调文字颜色 5、淡色 80%”。

整张工作表数据录入统计完成后的效果如图 4-81 所示。

大学生消费情况统计表							
							（单位：元/月）
姓名	系别	性别	学习	伙食	休闲娱乐	交通通讯	总计
刘晓宇	计算机系	男	¥500	¥900	¥88	¥80	¥1,568
刘鑫鑫	外语系	女	¥500	¥700	¥100	¥100	¥1,400
赵小朋	商务系	男	¥210	¥750	¥200	¥60	¥1,220
张甜甜	计算机系	女	¥200	¥880	¥80	¥75	¥1,235
刘云凯	机电系	男	¥800	¥1,200	¥230	¥120	¥2,350
王　钰	机电系	女	¥100	¥850	¥300	¥90	¥1,340
李　萍	艺术系	女	¥300	¥900	¥180	¥120	¥1,500
贾明洛	机电系	男	¥750	¥850	¥200	¥200	¥2,000
张　锋	艺术系	男	¥280	¥880	¥350	¥150	¥1,660
平均值			¥404.44	¥878.89	¥192.00	¥110.56	¥1,585.89
最大值			¥800	¥1,200	¥350	¥200	¥2,350
最低值			¥100	¥700	¥80	¥60	¥1,220

图 4-81　“大学生消费情况统计表”数据统计与设置结果

步骤 2：重命名工作表

选中 Sheet1 工作表并右击，在弹出的快捷菜单中选择“重命名”命令，输入“大学生消费统计”即可。为了美化，在弹出的快捷菜单中选择“工作表标签颜色”→“水绿色，个性色 5”命令，即可完成工作表标签的颜色设置，如图 4-82 所示。

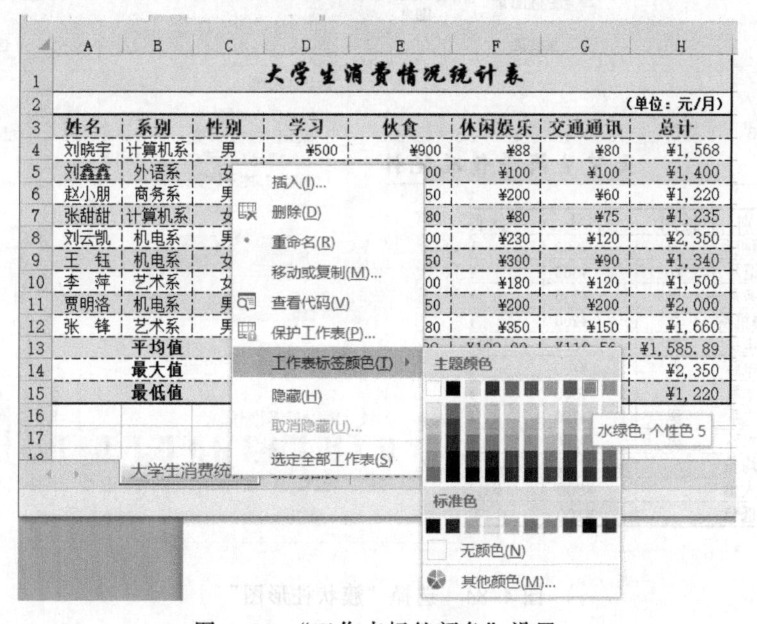

图 4-82　“工作表标签颜色”设置

4.3.2 创建图表

① 选择“大学生消费情况统计表”中所需数据，包括“姓名”“学习”“伙食”“休闲娱乐”“交通通讯”“总计”列，如图 4-83 所示。

大学生消费情况统计表							
							（单位：元/月）
姓名	系别	性别	学习	伙食	休闲娱乐	交通通讯	总计
刘晓宇	计算机系	男	¥200	¥900	¥50	¥80	¥1,230
刘鑫鑫	外语系	女	¥500	¥700	¥100	¥100	¥1,400
赵小朋	商务系	男	¥50	¥750	¥200	¥60	¥1,060
张甜甜	计算机系	女	¥200	¥880	¥80	¥75	¥1,235
刘云凯	机电系	男	¥150	¥900	¥230	¥120	¥1,400
王　钰	机电系	女	¥100	¥850	¥300	¥90	¥1,340
李　萍	艺术系	女	¥300	¥900	¥180	¥120	¥1,500
贾明洛	机电系	男	¥750	¥850	¥200	¥100	¥1,900
张　锋	艺术系	男	¥280	¥880	¥350	¥150	¥1,660
	平均值		¥281.11	¥845.56	¥187.78	¥99.44	¥1,414
	最大值		¥750	¥900	¥350	¥150	¥1,900
	最低值		¥50	¥700	¥50	¥60	¥1,060

图 4-83　数据选择情况

② 单击“插入”→“图表”→“柱形图”下拉按钮，在下拉列表中选择 “二维柱形图”→“簇状柱形图”选项，如图 4-84 所示。

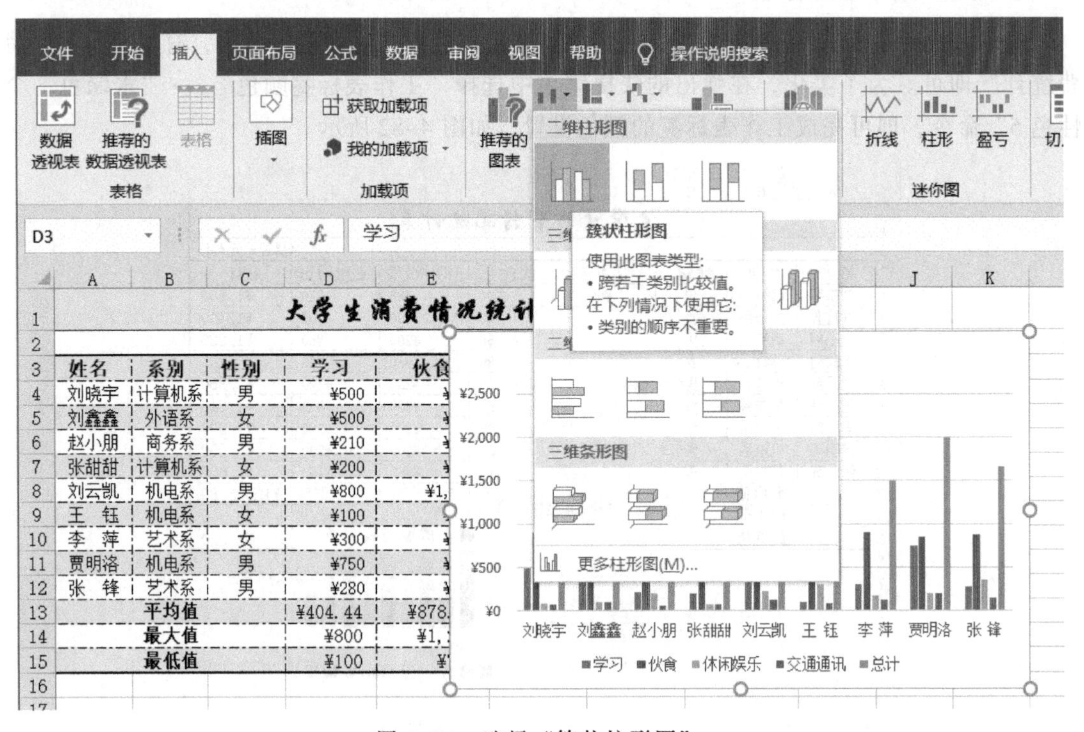

图 4-84　选择“簇状柱形图”

③ 拖动图表到合适的位置，并适当调整图表大小，如图 4-85 所示。

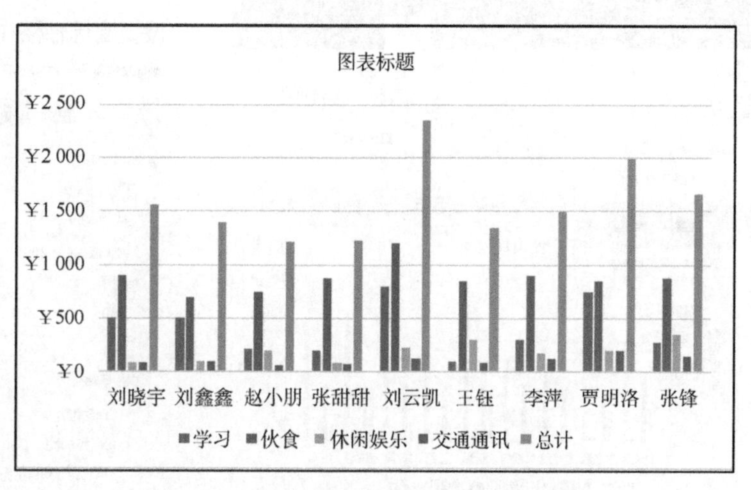

图 4-85 大学生消费情况二维簇状柱形图

技巧与提示

如果已创建好的图表不能很好地反映数据之间的关系，可以根据实际需要更改图表的类型。

更改图表类型的方法有以下三种：

① 单击“插入”→“图表”下拉按钮，在下拉列表中选择要更改的类型。

② 单击 “图表工具/设计”→“更改图表类型”按钮，选择要更改的类型。

③ 右击要更改的图表，在弹出的快捷菜单中选择“更改图表类型”命令，选择要更改的类型。

4.3.3 修改图表

步骤 1：设置图表标题

选中图表，单击“图表标题”区域，在其中输入“大学生消费情况统计图”，完成图表标题的设置。

步骤 2：设置坐标轴

（1）设置坐标轴标题

选中图表，单击“图表工具/设计”→“图表布局”→“添加图表元素”→“坐标轴标题”→“主要纵坐标轴标题”选项，如图 4-86 所示，单击“坐标轴标题”区域，在其中输入“金额”，完成坐标轴标题的设置。

（2）更改纵坐标轴刻度

在图表中双击纵坐标轴（垂直轴）区域，在右侧的“设置坐标轴格式”中选择“坐标轴选择”页，设置主要刻度单位为“400”，如图 4-87 所示，完成纵坐标轴刻度的修改。

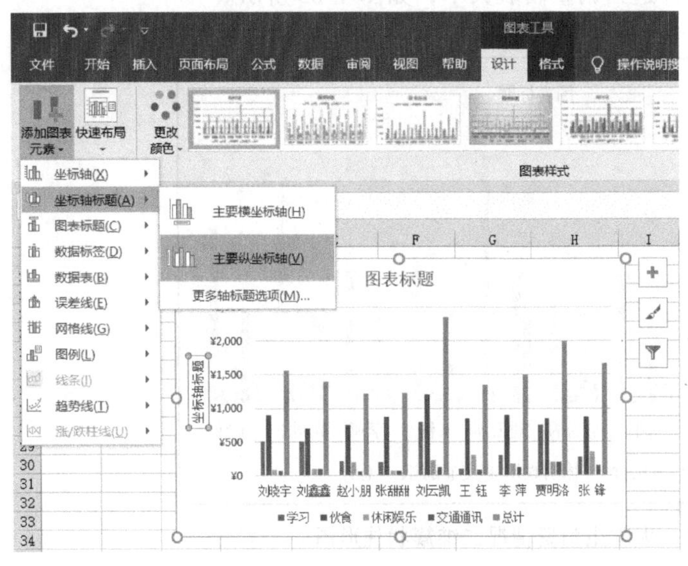

图 4-86　设置坐标轴标题

图 4-87　设置坐标轴格式

步骤 3：更改数据源

选中图表，单击“图表工具/设计”→“数据”→“选择数据”按钮，弹出“选择数据源”对话框，删除“总计”数据，如图 4-88 所示。

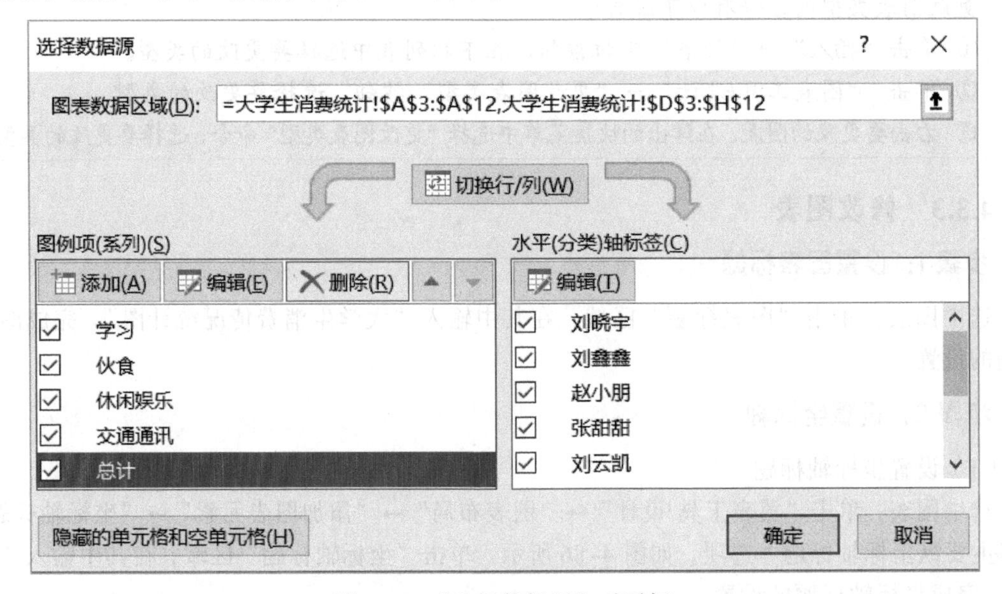

图 4-88　“选择数据源”对话框

步骤 4：切换行和列

选中图表，单击“图表工具/设计”→“数据”→“切换行/列”按钮，切换行/列，效果如图 4-89 所示。

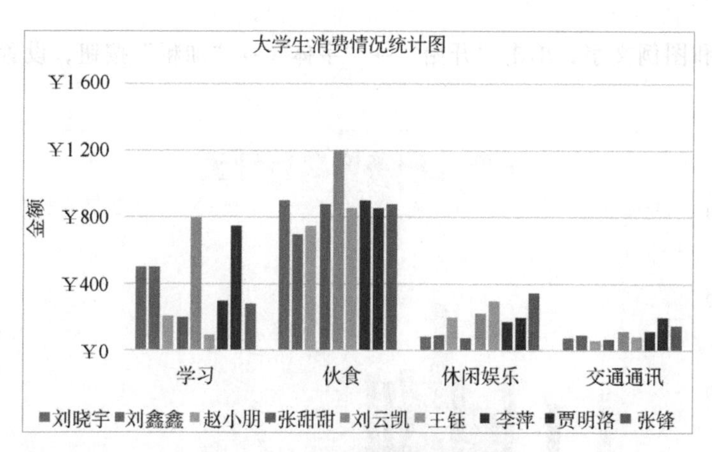

图 4-89　切换行和列的效果

4.3.4　美化图表

步骤 1：设置图表样式

选中图表，单击“图表工具/设计”→“图表样式”下拉按钮，在下拉列表中选择“样式6”选项，设置图表样式。

选中图表，单击“图表工具/设计”→“图表布局”→“添加图表元素”→“图例”→“右侧”选项，将图例设置在图表右侧，效果如图 4-90 所示。

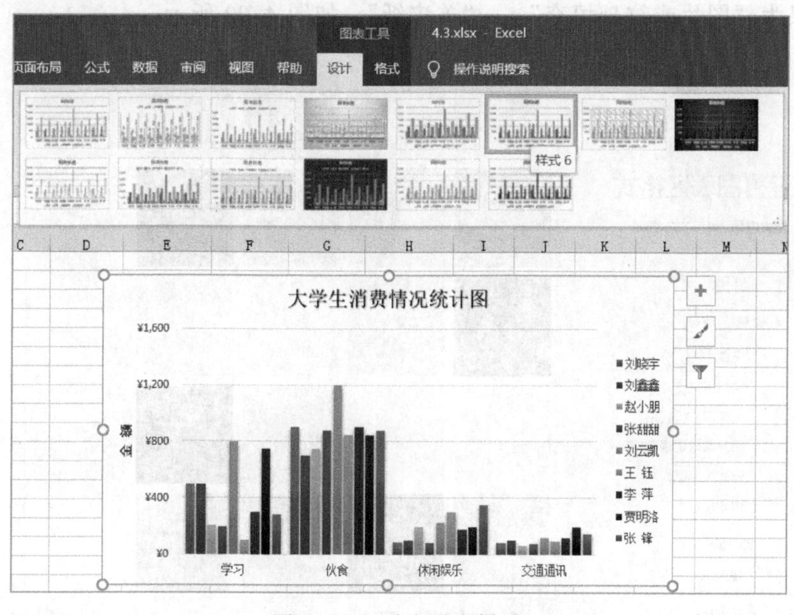

图 4-90　更改图表样式

步骤 2：设置文字效果

选中标题，单击“图表工具/格式”→“艺术字效果”下拉按钮，在下拉列表中选择“填充：白色，边框：蓝色，主题色 1；发光：蓝色，主题色 1”选项，选择“文字效果”→“映像”→“映像变体”→“全映像，4 磅偏移量”选项，设置标题的艺术字效果。

选中水平轴和图例文字，单击“开始”→“字体”→“加粗”按钮，设置“加粗”效果，如图 4-91 所示。

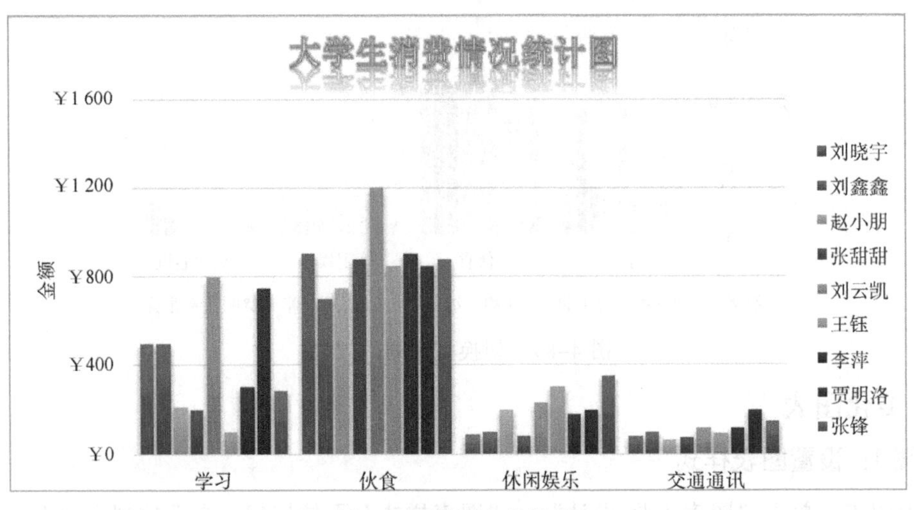

图 4-91 设置文字效果

步骤 3：设置图表区格式

双击图表区，在右侧“设置图表区格式”中选择“图表选项”→“填充与线条”选项，设置填充效果为“图片或纹理填充”→“羊皮纸”，如图 4-92 所示。

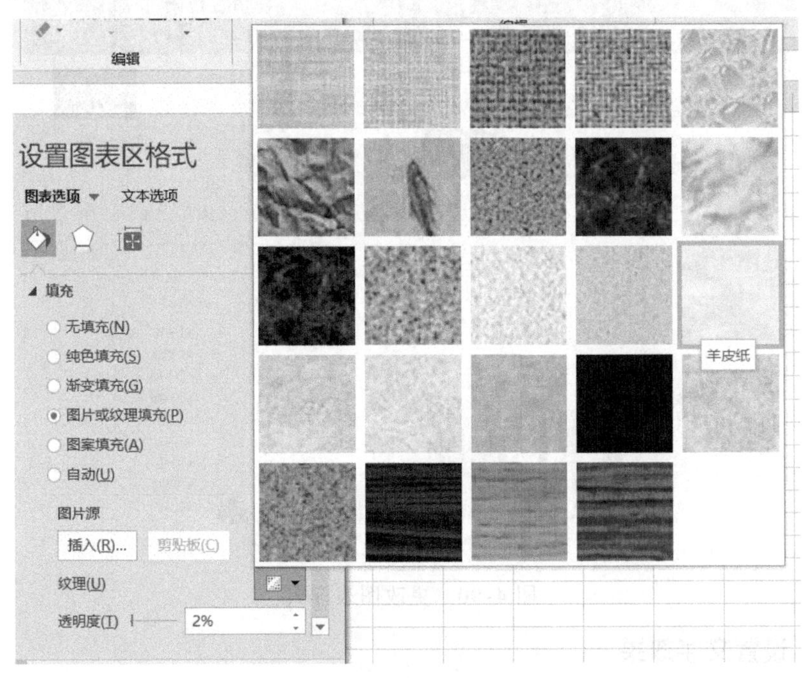

图 4-92 设置图表区格式

选中图表区，单击“图表工具/格式”→“形状样式”→“形状效果”→“预设”→“预设 2”选项，设置图表区的羊皮纸填充效果，如图 4-93 所示。

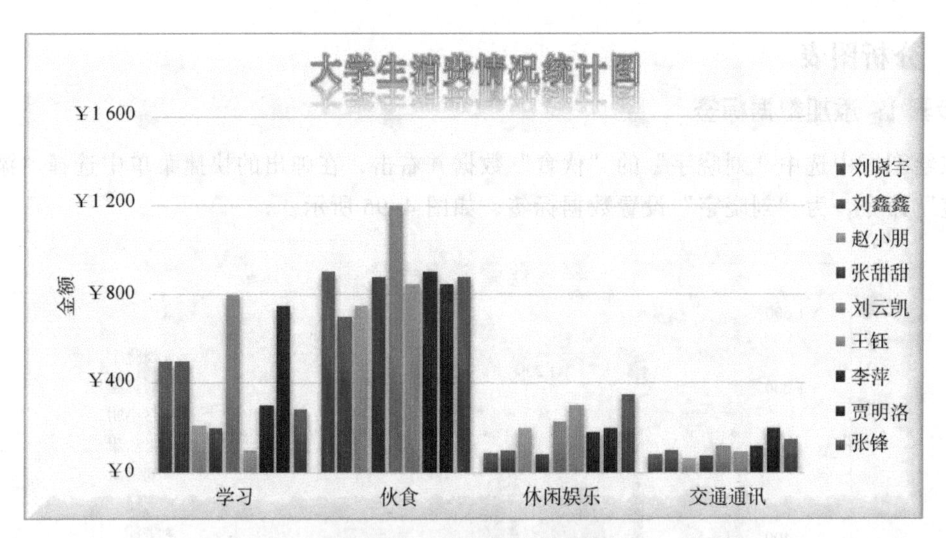

图 4-93 设置图表区格式

步骤 4：设置绘图区格式

选中绘图区，单击“图表工具/格式”→“形状样式”下拉按钮，在下拉列表中选择“细微效果-橙色，强调颜色 6”选项，在“形状轮廓”下拉列表中选择“轮廓无”选项。

选中绘图区中的垂直（值）轴主要网格线并右击，在弹出的快捷菜单中选择“删除”命令，删除绘图中的网格线，如图 4-94 所示。

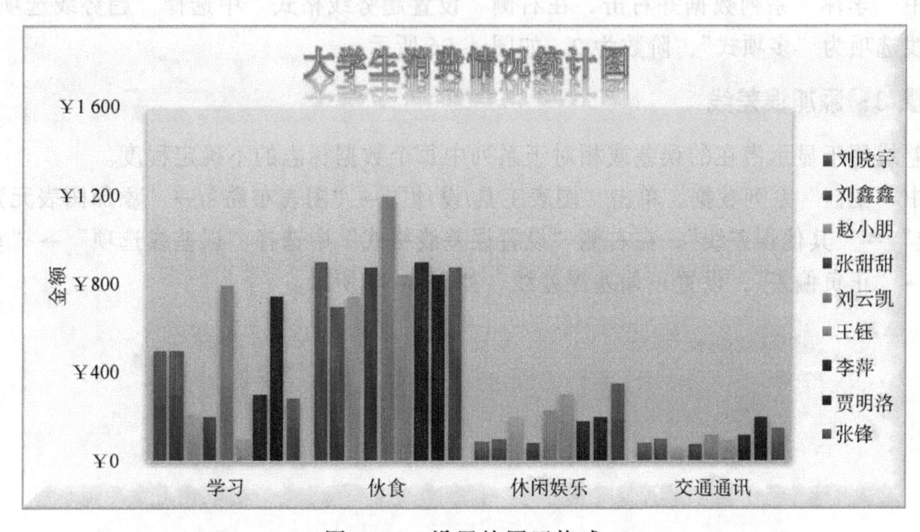

图 4-94 设置绘图区格式

技巧与提示

所有格式设置都可以在图表中右击需要更改的区域，在弹出的快捷菜单中选择对应的设置格式命令即可。

4.3.5 分析图表

步骤 1：添加数据标签

在绘图区中选中“刘晓宇”的“伙食”数据并右击，在弹出的快捷菜单中选择“添加数据标签”命令，为“刘晓宇”设置数据标签，如图 4-95 所示。

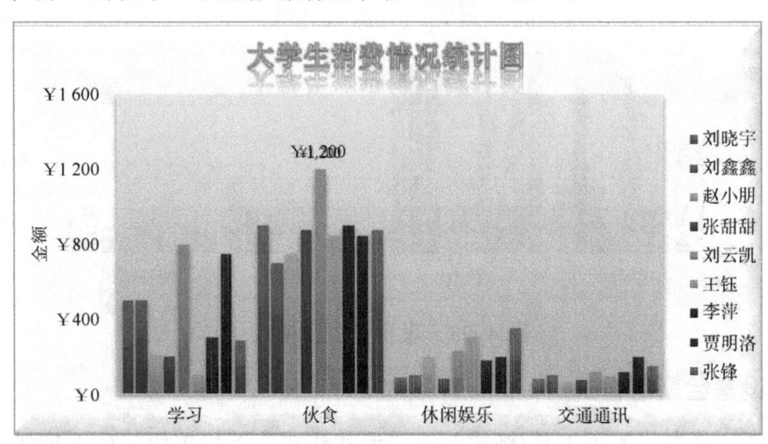

图 4-95 添加数据标签

步骤 2：添加趋势线

趋势线用于反映数据的发展趋势。

选中“李萍”系列数据并右击，在右侧“设置趋势线格式”中选择“趋势线选项”，设置趋势线选项为“多项式”，阶数为 2，如图 4-96 所示。

步骤 3：添加误差线

误差线用于显示潜在的误差或相对于系列中每个数据标志的不确定程度。

选中“王钰”系列数据，单击“图表工具/设计”→“图表布局”→“添加图表元素”→“误差线”→“其他误差线”，在右侧“设置误差线格式”中选择“误差线选项”→“垂直误差线”→“正负偏差”，设置正偏差误差线，如图 4-97 所示。

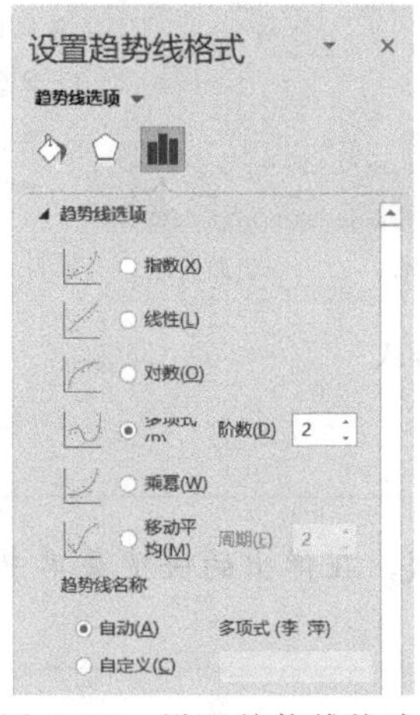

图 4-96 设置趋势线格式

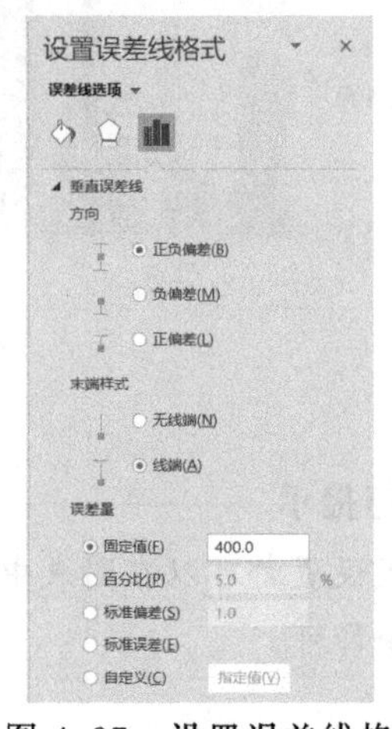

图 4-97 设置误差线格式

步骤 4：保存工作簿

保存工作簿，关闭 Excel 2016。

任务拓展

任务：制作产品销售统计图。

任务描述：现在公司对于前四个季度的产品销售进行统计，请根据采集的数据，利用条件格式、迷你图和图表的相关知识制作出一份直观的产品销售统计图，如图 4-98 所示。

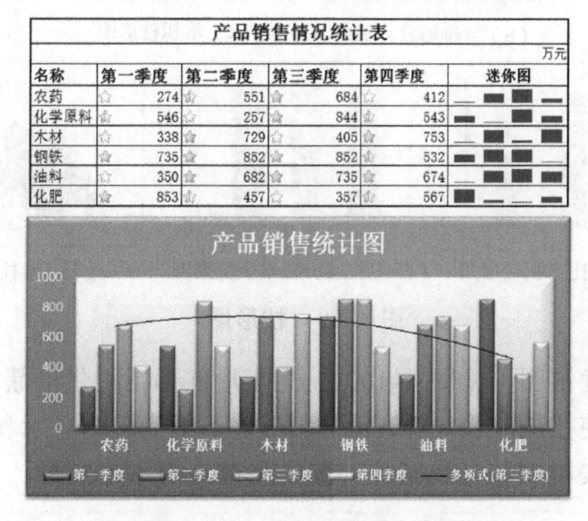

产品销售情况统计表

万元

名称	第一季度	第二季度	第三季度	第四季度	迷你图
农药	274	551	684	412	
化学原料	546	257	844	543	
木材	338	729	405	753	
钢铁	735	852	852	532	
油料	350	682	735	674	
化肥	853	457	357	567	

图 4-98　产品销售统计图

知识链接

1. 图表的类型

Excel 2016 中包含了大量类型来满足不同用户的不同使用需求，Excel 2016 中共有 15 类图表，每类图表又包含数量不同的图表子类型。下面列出常用图表介绍。

（1）柱形图

柱形图用于显示一段时间内的数据变化或说明各项之间的比较情况。由一系列垂直条组成，通常沿横坐标轴组织类别，沿纵坐标轴组织值。柱形图多用于同时比较多项数据。

柱形图具有下列常用图表子类型：

簇状柱形图和三维簇状柱形图，簇状柱形图可比较多个类别的值。簇状柱形图使用二维垂直矩形显示值；三维簇状柱形图仅使用三维透视效果显示数据，不会使用第三条数值轴（竖坐标轴），如图 4-99（a）、（b）所示。

堆积柱形图和三维堆积柱形图如图 4-99（c）、（d）所示。堆积柱形图显示单个项目与总体的关系，并跨类别比较每个值占总体的百分比。堆积柱形图使用二维垂直堆积矩形显示值；三维堆积柱形图仅使用三维透视效果显示值，不会使用第三条数值轴（竖坐标轴）。

百分比堆积柱形图和三维百分比堆积柱形图如图 4-99（e）、（f）所示。百分比堆积柱形图和三维百分比堆积柱形图跨类别比较每个值占总体的百分比。百分比堆积柱形图使用二维垂直百分比堆积矩形显示值，三维百分比堆积柱形图仅使用三维透视效果显示值，不会使用

第三条数值轴（竖坐标轴）。

三维柱形图如图 4-99（g）所示。三维柱形图使用 3 个可以修改的坐标轴（横坐标轴、纵坐标轴和竖坐标轴），并沿横坐标轴和竖坐标轴比较数据点。

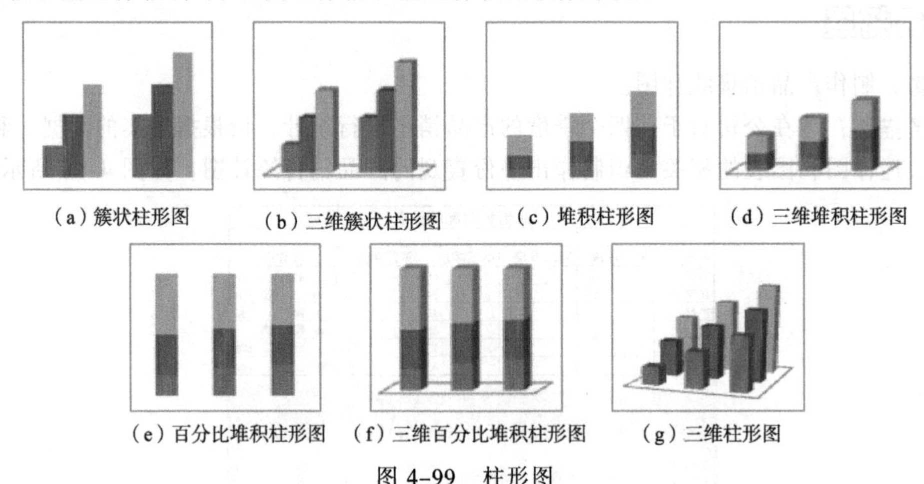

（a）簇状柱形图　（b）三维簇状柱形图　（c）堆积柱形图　（d）三维堆积柱形图

（e）百分比堆积柱形图　（f）三维百分比堆积柱形图　（g）三维柱形图

图 4-99　柱形图

圆柱图、圆锥图和棱锥图（见图 4-100），为矩形柱形图提供的簇状、堆积、百分比堆积和三维图表类型也可以使用圆柱图、圆锥图和棱锥图，而且它们显示和比较数据的方式相同。唯一的差别在于这些图表类型将显示圆柱、圆锥和棱锥而不是矩形。

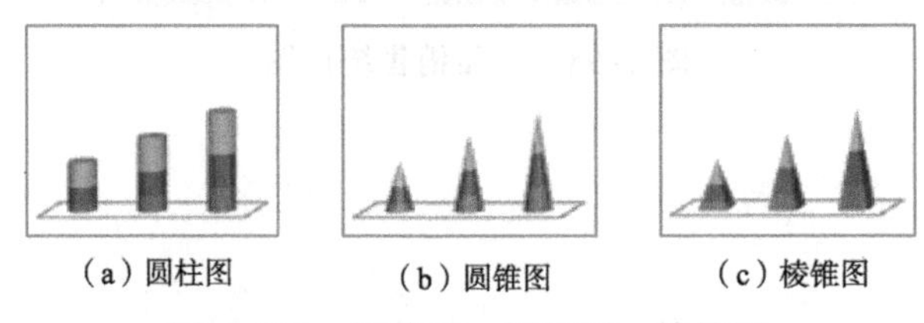

（a）圆柱图　（b）圆锥图　（c）棱锥图

图 4-100　圆柱图、圆锥图、棱锥图

（2）饼图

饼图用于显示一个数据系列中各项的大小，与各项总和成比例。

饼图中的数据点显示为整个饼图的百分比。饼图适用于下列几种情况：仅有一个要绘制的数据系列；要绘制的数值没有负值；要绘制的数值几乎没有零值；不超过 7 个类别；各类别分别代表整个饼图的一部分。

饼图具有下列图表子类型：

二维饼图和三维饼图如图 4-101（a）、（b）所示。饼图采用二维或三维格式显示各个值相对于总数值的分布情况。可以手动拉出饼图的扇区，以强调特定扇区。

复合饼图和复合条饼图如图 4-101（c）、（d）所示。复合饼图或复合条饼图显示了从主饼图提取用户定义的数值并组合进次饼图或堆积条形图的饼图。如果要使主饼图中的小扇区更易于辨别，可使用此类图表。

分离型饼图和分离型三维饼图如图 4-101（e）、（f）所示。分离型饼图显示每个值占总数的百分比，同时强调各个值。分离型饼图可以采用三维格式显示。可以更改所有扇区和个别扇区的饼图分离程度设置，但不能手动移动分离型饼图的扇区。

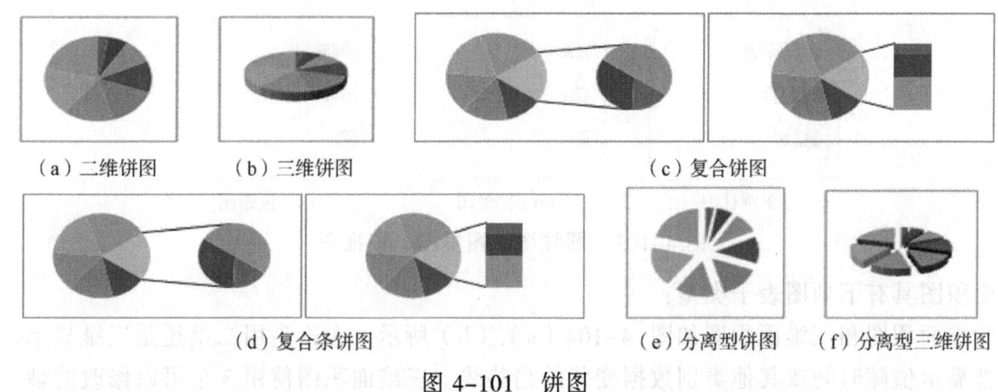

（a）二维饼图 （b）三维饼图 （c）复合饼图

（d）复合条饼图 （e）分离型饼图 （f）分离型三维饼图

图 4-101 饼图

（3）条形图

条形图用于显示各项之间的比较情况，与柱形图相似，只是数据的显示方向不同，当轴标签过长或者显示的数值是持续型时适合使用条形图。

条形图具有下列图表子类型：

簇状条形图和三维簇状条形图如图 4-102（a）、（b）所示。簇状条形图可比较多个类别的值。在簇状条形图中，通常沿纵坐标轴组织类别，沿横坐标轴组织值。三维簇状条形图使用三维格式显示水平矩形；这种图表不使用三条坐标轴显示数据。

堆积条形图和三维堆积条形图如图 4-102（c）、（d）所示。堆积条形图显示单个项目与总体的关系。三维堆积条形图使用三维格式显示水平矩形；这种图表不使用三条坐标轴显示数据。

百分比堆积条形图和三维百分比堆积条形图如图 4-102（e）、（f）所示。此类图表跨类别比较每个值占总体的百分比。三维百分比堆积条形图使用三维格式显示水平矩形；这种图表不使用三条坐标轴显示数据。

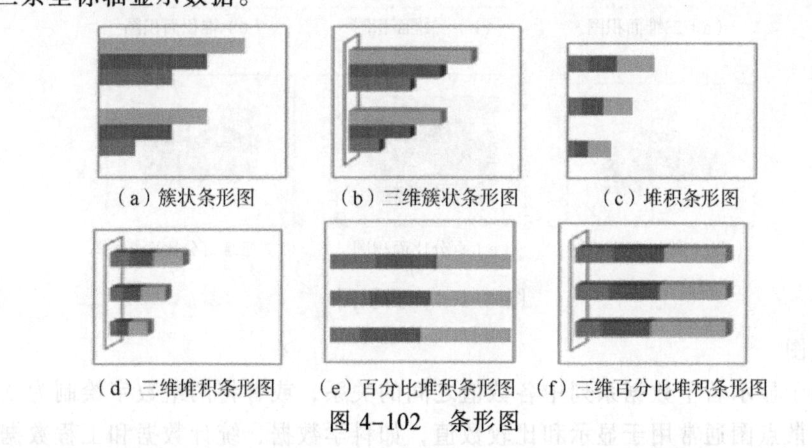

（a）簇状条形图 （b）三维簇状条形图 （c）堆积条形图

（d）三维堆积条形图 （e）百分比堆积条形图 （f）三维百分比堆积条形图

图 4-102 条形图

水平圆柱图、圆锥图和棱锥图如图 4-103 所示。为矩形条形图提供的簇状、堆积和百分比堆积图表类型，也可以使用圆柱图、圆锥图和棱锥图，而且它们显示和比较数据的方式相同。唯一的差别在于这些图表类型将显示圆柱、圆锥和棱锥而不是水平矩形。

（4）面积图

面积图用于强调数量随时间而变化的程度，它显示所绘制的值的总和或部分与整体的关系。例如，表示随时间而变化的利润的数据可以绘制到面积图中以强调总利润。

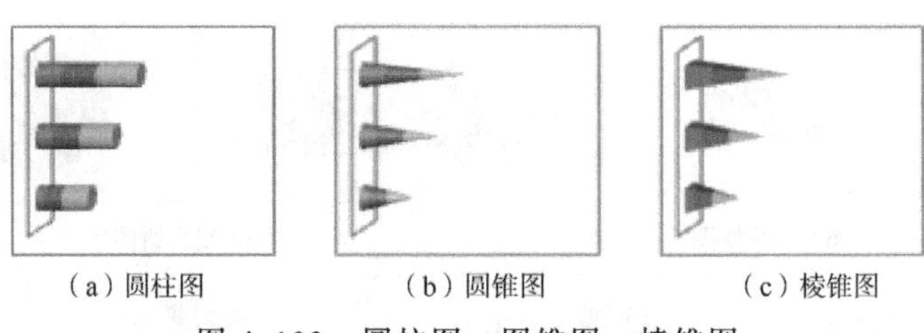
（a）圆柱图　（b）圆锥图　（c）棱锥图

图 4-103　圆柱图、图锥图、棱锥图

面积图具有下列图表子类型：

二维面积图和三维面积图如图 4-104（a）、（b）所示。无论是用二维还是三维显示，面积图都显示值随时间或其他类别数据变化的趋势线。三维面积图使用 3 个可以修改的轴（横坐标轴、纵坐标轴和竖坐标轴）。通常应考虑使用折线图而不是非堆积面积图，因为使用后者时，一个系列中的数据可能会被另一系列中的数据遮住。

堆积面积图和三维堆积面积图如图 4-104（c）、（d）所示。堆积面积图显示每个数值所占大小随时间或其他类别数据变化的趋势线。三维堆积面积图与其显示方式相同，但使用三维透视图。三维透视图不是真正的三维图，未使用第三个轴。

百分比堆积面积图和三维百分比堆积面积图如图 4-104（e）、（f）所示。百分比堆积面积图显示每个数值所占百分比随时间或其他类别数据变化的趋势线。三维百分比堆积面积图与其显示方式相同，但使用三维透视图。三维透视图不是真正的三维图，未使用第 3 个轴。

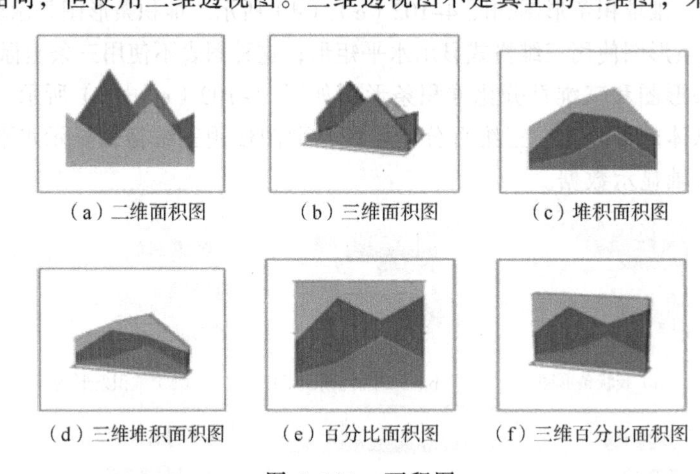
（a）二维面积图　（b）三维面积图　（c）堆积面积图

（d）三维堆积面积图　（e）百分比面积图　（f）三维百分比面积图

图 4-104　面积图

（5）散点图

散点图用于显示若干数据系列中各数值之间的关系，或者将两组数字绘制为 X、Y 坐标的一个系列。散点图通常用于显示和比较数值，如科学数据、统计数据和工程数据。

XY 散点图具有以下图表子类型：仅带数据标记的散点图、带平滑线的散点图、带平滑线和数据标记的散点图、带直线的散点图、带直线和数据标记的散点图等。

（6）折线图

折线图用于显示随时间而变化的连续数据，适用于显示在相等时间间隔下数据的趋势。在折线图中，类别数据沿水平轴均匀分布，所有值数据沿垂直轴均匀分布。如果分类标签是文本并且表示均匀分布的数值（如月份、季度或财政年度），则应使用折线图。当有多个系列时，尤其适合使用折线图；对于一个系列，则应考虑使用散点图。如果有几个均匀分布的数值标签（尤其是年份），也应该使用折线图。如果拥有的数值标签多于10个，则应改用散点图。

折线图具有二维折线图、堆积折线图、百分比堆积折线图、带数据标记的折线图、带数据标记的堆积折线图、带数据标记的百分比堆积折线图、三维折线图。

（7）股价图

通常用来显示股价的波动。不过，这种图表也可用于科学数据。例如，可以使用股价图说明每天或每年温度的波动。必须按正确顺序组织数据才能创建股价图。

股价图具有以下类型：盘高-盘低-收盘图、开盘-盘高-盘低-收盘图、成交量-盘高-盘低-收盘图、成交量-开盘-盘高-盘低-收盘图等。

（8）曲面图

用于找到两组数据之间的最佳组合，它就像地形图一样，通过颜色和图案表示同数值范围区域。

曲面图具有以下类型：三维曲面图、三维曲面图（框架图）、曲面图、曲面图（俯视框架图）等。

（9）圆环图

用于显示各个部分与整体之间的关系，它与饼图类似，但可以包含多个数据系列。

圆环图具有以下类型：圆环图、分离型圆环图等。

（10）气泡图

气泡图使用X和Y轴的数据绘制气泡的位置，然后利用第三列数据显示气泡的大小。

气泡图具有以下类型：气泡图、三维气泡图等。

（11）雷达图

用于显示数据系列相对于中心点以及各数据分类间的变化，它的每一分类都有自己的坐标轴。

雷达图具有以下类型：雷达图、带数据标记的雷达图、填充雷达图等。

（12）迷你图

迷你图分为折线图、柱形图、盈亏。它能够在表格的单元格内生成图形，简要地表现数据的变化。

2. 图表的组成

图表由图表区、绘图区、坐标轴、标题、数据系列、图例等部分组成。单击图表上的某个组成部分即可选定该部分。

图表中包含许多元素。默认情况下会显示其中一部分元素，而其他元素可以根据需要添加。可以通过将图表元素移到图表中的其他位置、调整图表元素的大小或更改格式来更改图表元素的显示。也可以删除不希望显示的图表元素。

图表区是指图表的全部范围，Excel默认的图表区是由白色填充区域和黑色细实线边框组成的。

绘图区是指图表区内的图形表示的范围，即以坐标轴为边的长方形区域。设置绘图区格式，可以改变绘图区边框的样式和内部区域的填充颜色及效果。

标题包括图表标题和坐标轴标题。图表标题是显示在绘图区上方的类文本框，坐标轴标题是显示在坐标轴边上的类文本框。Excel默认的标题是无边框的黑色文字。

数据系列是由数据点构成的，每个数据点对应工作表中的一个单元格内的数据，数据系列对应工作表中一行或一列数据。数据系列在绘图区中表现为彩色的点、线、面等图形。

坐标轴按位置不同可分为主坐标轴和次坐标轴两类，Excel 2016 默认显示的是绘图区左边的主 y 轴和下边的主 x 轴。

图例由图例项和图例项标识组成，默认显示在绘图区右侧，为细实线边框围成的长方形。

下面以柱形图为例解释图表组成，如图 4-105 所示。

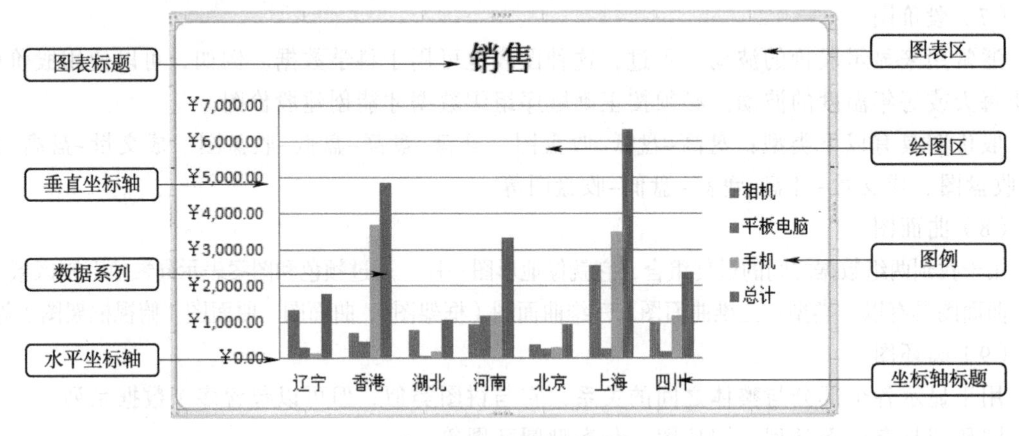

图 4-105　图表的组成

4.4　任务 4　制作垃圾分类调查问卷

任务描述

垃圾分类是指按一定规定或标准将垃圾分类存储、分类投放和分类搬运，从而转变成公共资源的一系列活动的总称。分类的目的是提高垃圾的资源价值和经济价值，力争物尽其用。垃圾分类不是简单的举手之劳，而是一个科学体系，综合体现了国家的文明程度、城市的管理水平、民众的素质高低。现在决定制定一份垃圾分类调查问卷，如图 4-106 所示。

垃圾分类调查问卷								
尊敬的女士/先生：								
近年来，随着我国经济水平的高速发展，人们的物质消费水平不断提升，相对应的垃圾产生量也在迅速增长，由垃圾产生的问题日益突出，垃圾分类关系着我们每一个人、每一个家庭、每一个城市。这是一份关于“低碳环保-垃圾分类”的问卷，旨在改进了解目前垃圾分类的现状和不足的调查问卷，请您抽出宝贵时间填写本问卷，对您的耐心填写和真诚合作表示衷心感谢！								
1、您的性别?								
2、您的年龄?	□	18岁以下	□	18岁-25岁	□	26岁-45岁	□	46岁以上
3、您的居住区域?	□	中心城市	□	中小城市	□	工业开发区	□	郊区与农村
4、您认为垃圾分类有必要吗?	□	有必要	□	没必要	□	无所谓		
5、您周边垃圾投放点是怎么安放的?	□	分类垃圾桶	□	传统垃圾桶	□	随意堆积	□	固定垃圾站
6、您是通过何种途径了解关于垃圾分类相关知识的?	□	电视	□	广播	□	报纸	□	社区
	□	书籍或杂志	□	垃圾箱标识	□	亲人或朋友	□	相关宣传活动
7、您对以下哪类物品会特别注意分类处理?	□	废纸	□	废电池	□	废金属	□	塑料
	□	电子产品	□	厨余垃圾	□	医用废品	□	化学垃圾
8、您认为实施生活垃圾分类回收的困难有哪些?	□	居民环保意识淡薄			□	宣传力度不够		
	□	技术落后，即使分类也不能有效回收			□	职能部门规划不力		
9、您对于生活垃圾分类的态度是?	□	是环保行为，有无规定我都会遵守			□	如果市政府出台相应政策，应该会遵守		
	□	相关配套不成熟，目前很难做到			□	跟我没关系，这是政府的事儿		
10、您认为垃圾啊分类回收中，那个群体应该发挥最大作用?	□	垃圾排放者	□	环卫工人	□	相关政府部门	□	宣传媒体
	□	居委	□	社区宣传员	□	网络	□	学校
11、您对垃圾分类还有什么好的建议吗?								
12、请您所在地的垃圾分类打分：	Microsoft: 10为非常满意，1为不满意，依此类推							

图 4-106　任务 4 垃圾分类调查问卷表

任务分析

首先设计出“垃圾分类调查问卷”，在上面设置适当的数据有效性规则，防止被调查者输入无效信息，并为了方便被调查者的输入在适当的位置给出说明，并对文件进行保护，最后打印调查问卷。

任务分解

本任务可以分解为以下 4 个子任务。

子任务 1：设计工作表

子任务 2：设置数据有效性

子任务 3：设置保护

子任务 4：打印工作表

任务实现

4.4.1　设计工作表

步骤 1：先根据表格的需要设置单元格

根据表格的样式，设置单元格的合并、对齐方式、行高、列宽、边框等，如图 4-107 所示。

步骤 2：设置字体

表格中的字体设置如下：标题字体为宋体、16 号、加粗，其他字体为宋体，11 号，如图 4-107 所示。

步骤 3：输入内容

参照“任务 4 制作垃圾分类调查问卷”输入所需要的文字内容和符号内容，并进行适当的边框和底纹设置，如图 4-107 所示。

	A	B	C	D	E	F	G	H	I
1	垃圾分类调查问卷								
2	尊敬的女士/先生：								
3–6	近年来，随着我国经济水平的高速发展，人们的物质消费水平不断提升，相对应的垃圾产生量也在迅速增长，由垃圾产生的问题日益突出，垃圾分类关系着我们每一个人、每一个家庭、每一个城市。这是一份关于“低碳环保-垃圾分类”的问卷，旨在改进了解目前垃圾分类的现状和不足的调查问卷，请您抽出宝贵时间填写本问卷，对您的耐心填写和真诚合作表示衷心感谢！								
7	1、您的性别?								
8	2、您的年龄?	□	18岁以下	□	18岁-25岁	□	26岁-45岁	□	46岁以上
9	3、您的居住区域?	□	中心城市	□	中小城市	□	工业开发区	□	郊区与农村
10	4、您认为垃圾分类有必要吗?	□	有必要	□	没必要	□	无所谓		
11	5、您周边垃圾投放点是怎么安放的?	□	分类垃圾桶	□	传统垃圾桶	□	随意堆积	□	固定垃圾站
12	6、您是通过何种途径了解关于垃圾分类相关知识的?	□	电视	□	广播	□	报纸	□	社区
13		□	书籍或杂志	□	垃圾箱标识	□	亲人或朋友	□	相关宣传活动
14	7、您对以下哪类物品会特别注意分类处理?	□	废纸	□	废电池	□	废金属	□	塑料
15		□	电子产品	□	厨余垃圾	□	医用废品	□	化学垃圾
16	8、您认为实施生活垃圾分类回收的困难有哪些?	□	居民环保意识淡薄			□	宣传力度不够		
17		□	技术落后，即使分类也不能有效回收			□	职能部门规划不力		
18	9、您对于生活垃圾分类的态度是?	□	是环保行为，有无规定我都会遵守			□	如果市政府出台相应政策，应该会遵守		
19		□	相关配套不成熟，目前很难做到			□	跟我没关系，这是政府的事儿		
20	10、您认为垃圾啊分类回收中，那个群体应该发挥最大作用?	□	垃圾排放者	□	环卫工人	□	相关政府部门	□	宣传媒体
21		□	居委	□	社区宣传员	□	网络	□	学校
22	11、您对垃圾分类还有什么好的建议吗?								
23–25									
26	12、请您所在地的垃圾分类打分：								

图 4-107　垃圾分类调查问卷设计结果

4.4.2 设置数据有效性

步骤 1：设置性别有效性

① 选中 B7 单元格，单击“数据”→“数据工具”→“数据验证”按钮，弹出“数据验证”对话框，选择“设置”选项卡，设置有效性条件：“允许”为“序列”，勾选“忽略空值”和“提供下拉箭头”复选框，来源为“男,女”，如图 4-108 所示。

图 4-108 设置性别的数据验证

② 单击“确定”按钮，完成数据有效性设置，效果如图 4-109 所示。

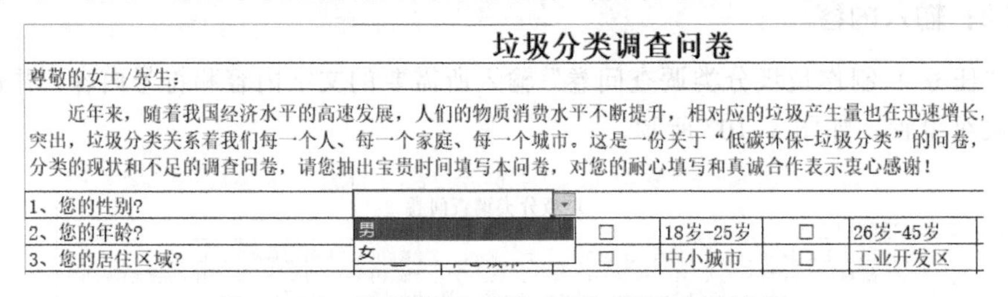

图 4-109 性别设置“男、女”数据验证结果

步骤 2：设置分数有效性

① 选中 D26 单元格，单击“数据”→“数据工具”→“数据验证”按钮，弹出“数据验证”对话框，选择“设置”选项卡，设置有效性条件：“允许”为“整数”，勾选“忽略空值”复选框，数据“介于”最小值“1”最大值“10”之间，如图 4-110 所示。

② 在“输入信息”选项卡中，设置选定单元格时输入的信息：勾选“选定单元格时显示输入信息”复选框，在“输入信息”文本框中输入“请输入 1 到 10 之间的整数，1 为不满意， 10 为非常满意”，如图 4-111 所示。

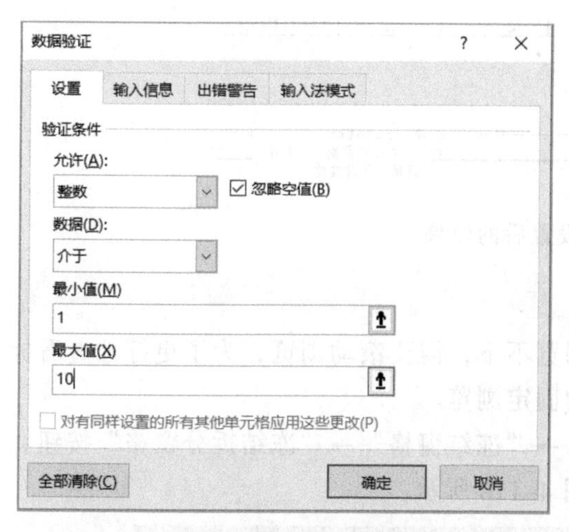

图 4-110 设置打分的数据验证

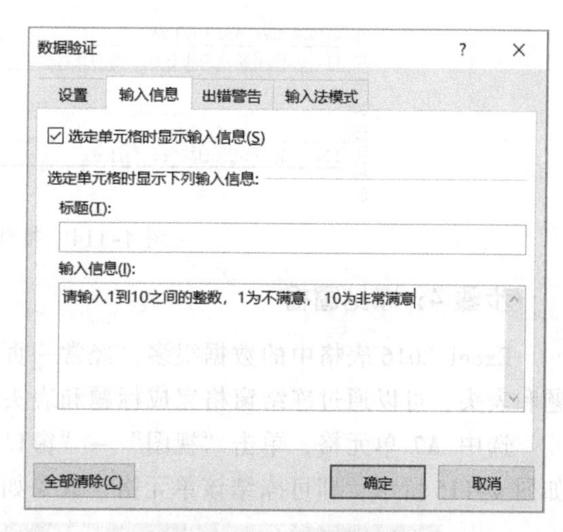

图 4-111 设置输入信息

③ 在“出错警告”选项卡中，设置输入无效时显示的出错警告：勾选“输入无效数据时显示出错警告”复选框，在“样式”下拉列表中选择“停止”，在“错误信息”文本框中输入“输入错误信息!!!!请给出 1 到 10 之间的整数”，如图 4-112 所示。

④ 单击“确定”按钮，完成数据有效性设置，此时单元格禁止输入 1 到 10 之外的整数，效果如图 4-113 所示。

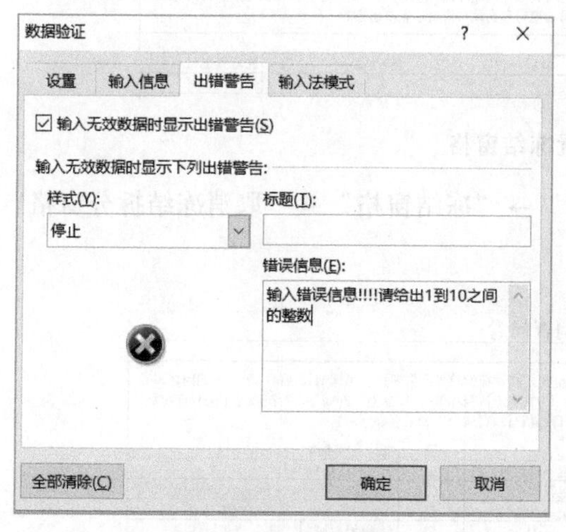

图 4-112 设置出错警告

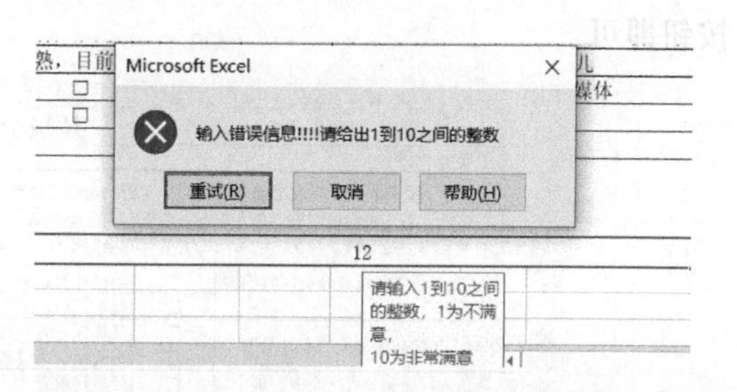

图 4-113 打分设置 1 至 10 分的有效验证结果

步骤 3：增加批注

① 选中 A26 单元格，单击“审阅”→“批注”→“新建批注”按钮，输入“10 为非常满意，1 为不满意，依此类推”的批注文字。

② 按【Enter】键完成批注的编辑，会出现图 4-114 所示的黄色底纹的批注文字。

批注设置成功后如需变动，只要右击设置批注的单元格，在弹出的快捷菜单中选择对应的“编辑批注”“删除批注”“隐藏批注”命令，即可完成相应的功能。

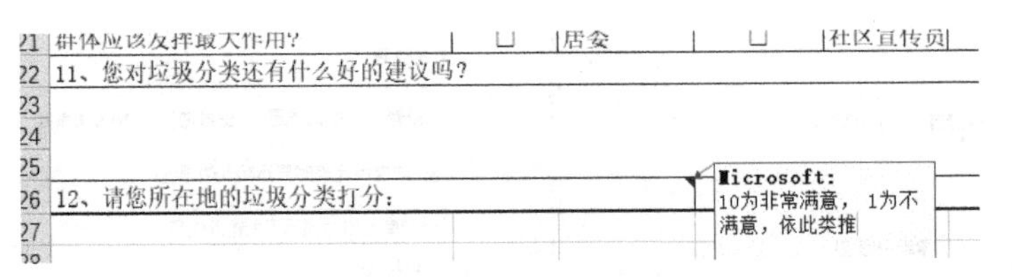

图 4-114　批注设置后的效果

步骤 4：冻结窗格

Excel 2016 表格中的数据很多，经常一页浏览不下，需要滚动浏览，为了更好地查看标题和表头，可以通过冻结窗格完成标题和表头的固定浏览。

选中 A7 单元格，单击“视图”→“窗口”→“冻结窗格”→“冻结拆分窗格”按钮，如图 4-115 所示，即可冻结该单元格，效果如图 4-116 所示。

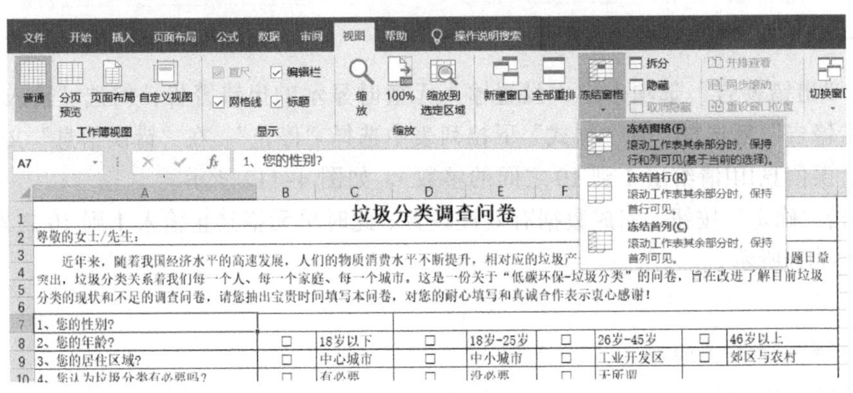

图 4-115　设置冻结窗格

如果要取消冻结窗格设置，只要单击“视图”→“冻结窗格”→“取消冻结拆分窗格”按钮即可。

	A	B	C	D	E	F	G	H	I
1	垃圾分类调查问卷								
2	尊敬的女士/先生：								
3–6	近年来，随着我国经济水平的高速发展，人们的物质消费水平不断提升，相对应的垃圾产生量也在迅速增长，由垃圾产生的问题日益突出，垃圾分类关系着我们每一个人、每一个家庭、每一个城市，这是一份关于“低碳环保-垃圾分类”的问卷，旨在改进了解目前垃圾分类的现状和不足的调查问卷，请您抽出宝贵时间填写本问卷，对您的耐心填写和真诚合作表示衷心感谢！								
16	8、您认为实施生活垃圾分类回收的困难有哪些?	□	居民环保意识淡薄			□	宣传力度不够		
17		□	技术落后，即使分类也不能有效回收			□	职能部门规划不力		
18	9、您对于生活垃圾分类的态度是?	□	是环保行为，有无规定我都会遵守			□	如果市政府出台相应政策，应该会遵守		
19		□	相关配套不成熟，目前很难做到			□	跟我没关系，这是政府的事儿		
20	10、您认为垃圾啊分类回收中，那个群体应该发挥最大作用?	□	垃圾排放者	□	环卫工人	□	相关政府部门	□	宣传媒体
21		□	居委	□	社区宣传员	□	网络	□	学校
22	11、您对垃圾分类还有什么好的建议吗?								
23									
24									
25									
26	12、请您所在地的垃圾分类打分：								

图 4-116　冻结窗格的效果

4.4.3　设置保护

步骤 1：保护工作簿

通过设置保护工作簿，可以锁定工作簿的结构，有效防止其他人在工作簿中任意添加或者删除工作表，禁止其他用户更改工作表窗口的大小和位置。

① 打开需要保护的工作簿，单击“审阅”→“更改”→“保护工作簿”按钮，弹出“保护结构和窗口”对话框，勾选“结构”和“窗口”复选框，设置密码，如图 4-117 所示。

② 单击“确定”按钮，确认密码，完成工作簿的保护。工作簿被保护后，在工作簿的工作表标签上右击，在弹出的快捷菜单中，“插入”“删除”“重命名”等命令无法使用，如图 4-117 所示。

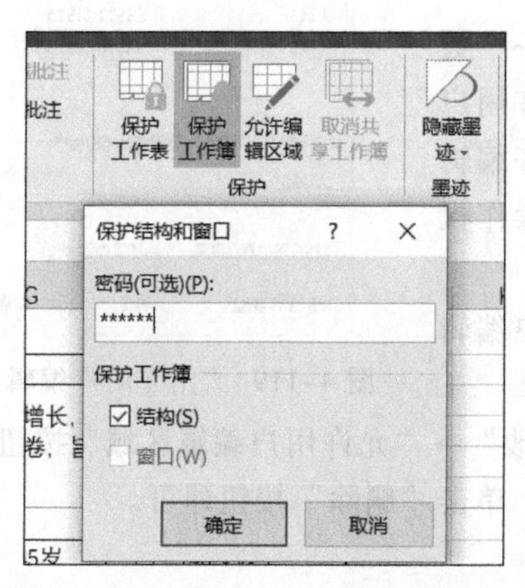

图 4-117 设置工作簿保护

③ 如需撤销工作簿保护，单击“审阅”→“更改”→“保护工作簿”→“撤销工作簿保护”按钮，输入密码即可。

步骤 2：保护工作表

为当前工作表设置密码，能够防止工作表中的内容被随意删除和插入，避免对已经设置好的格式进行修改，而不影响其他工作表的工作。

① 打开需要保护的工作表，单击“审阅”→“更改”→“保护工作表”按钮，弹出“保护工作表”对话框，勾选需要保护的内容，设置密码，如图 4-118 所示。

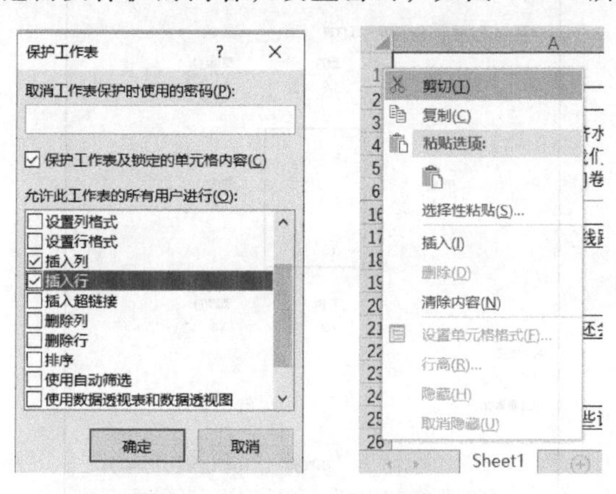

图 4-118 设置工作表保护

② 单击“确定”按钮，确认密码，即可完成工作表的保护。

③ 如需撤销工作表保护，单击“审阅”→“更改”→“撤销工作表保护”按钮，输入密码即可。

步骤 3：设置允许用户编辑的区域

在工作表中可以设置允许用户编辑的单元格区域，能够让特定的用户对工作表进行设定的操作，让不同用户拥有不同的查看和修改工作表的权限。

① 打开需要设置的工作表，单击“审阅”→“更改”→“允许用户编辑区域”按钮，弹出“允许用户编辑区域”对话框，单击“新建”按钮选择允许编辑的区域，单击“权限”按钮，指定不同用户的操作权限，如图 4-119 所示。

② 单击“确定”按钮，即可完成允许用户编辑区域的保护。

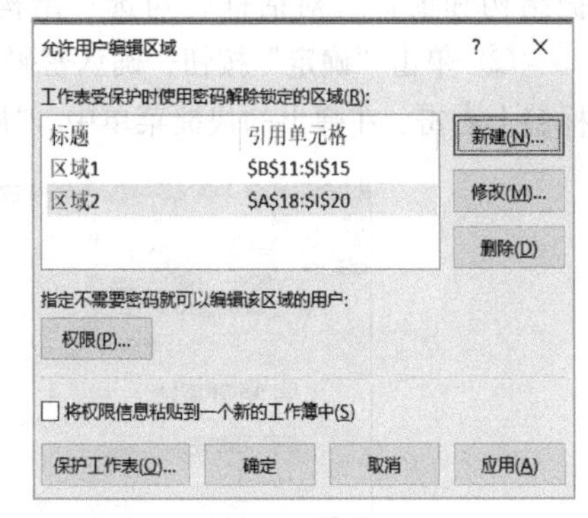

图 4-119 “允许用户编辑区域”对话框

③ 如需撤销该保护，单击“审阅”→“更改”→“允许用户编辑区域”按钮，弹出“允许用户编辑区域”对话框，选择要取消的区域，单击“删除”按钮即可。

4.4.4 打印工作表

步骤 1：设置页面

进行工作表打印之前，用户可以对纸张的大小和方向进行设置。同时，也可以对打印文字与纸张之间的距离，即页边距进行设置。

① 选择“页面布局”→“页面设置”→“纸张大小”→“A4”选项。

② 选择“页面布局”→“页面设置”→“纸张方向”→“横向”选项。

③ 选择“页面布局”→“页面设置”→“页边距”→“自定义页边距”选项，设置上下左右页边距，如图 4-120 所示。

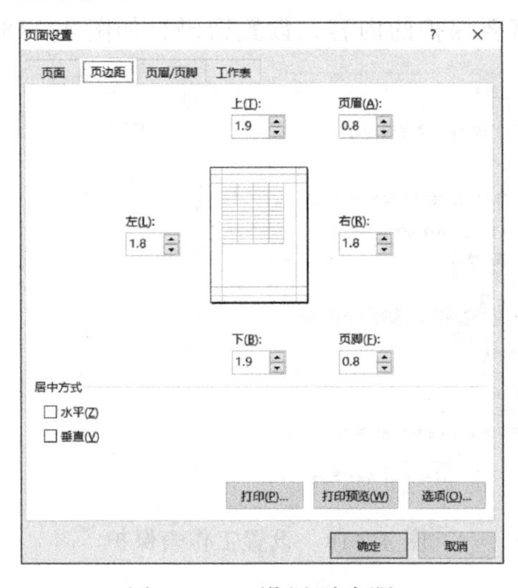

图 4-120 设置页边距

步骤 2：设置打印区域

打印时，有时并不需要将整个工作表都打印出来，而只需要打印工作表中的部分单元格区域。此时就需要对打印区域进行设置。

① 在工作表中选择需要打印的单元格区域，选择“页面布局”→“页面设置”→“打印区域”→“设置打印区域”选项，此时所选单元格区域会被虚线框环绕，虚线框中即是可设置的打印区域。

② 完成设置后，单击“文件”按钮，预览设定的打印区域的打印效果，如图 4-121 所示。

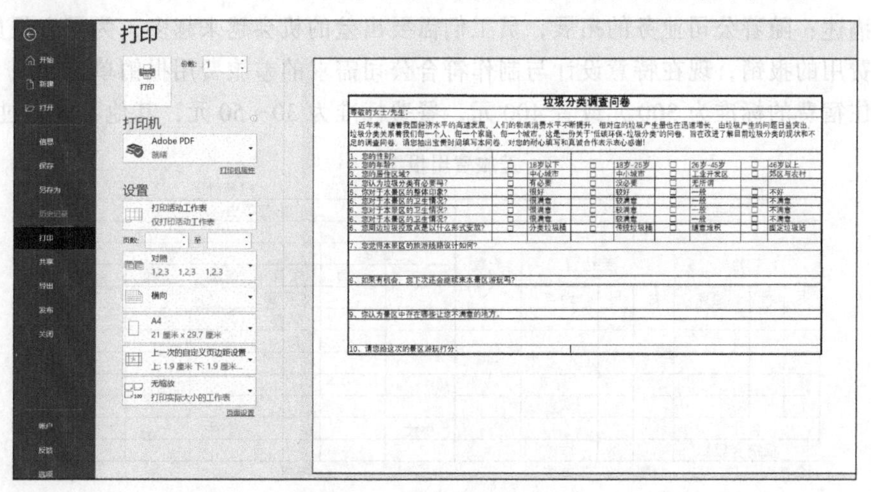

图 4-121 预览打印效果

步骤 3：设置打印标题行

为了方便阅读打印出来的文档，进行打印时可以在各页上设置打印标题行。

① 单击“页面布局”→“页面设置”→“打印标题”按钮，弹出“页面设置”对话框，选择“工作表”选项卡，在“顶端标题行”中利用“选择”按钮选择需要设置为标题行的单元格地址，如图 4-122 所示。

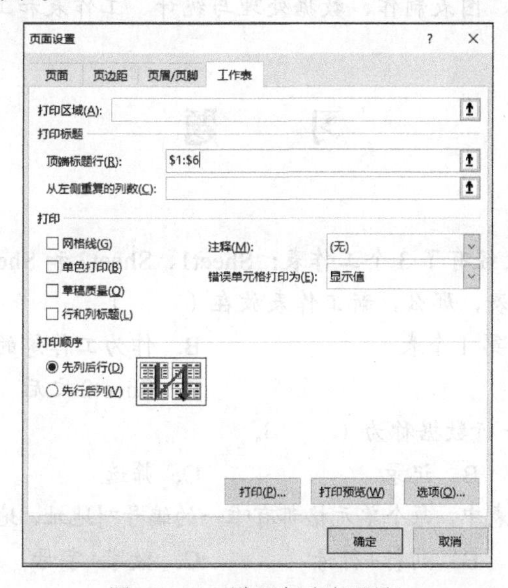

图 4-122 设置打印标题行

② 单击“确定”按钮，即可完成打印标题行的设置。

③ 保存工作簿，关闭 Excel 2016。

任务拓展

任务：差旅费用报销单。

任务描述：随着公司业务的拓展，员工们需要出差的机会越来越多，为了方便员工出差进行相应费用的报销，现在特意设计与制作符合公司需求的差旅费用报销单，如图 4-123 所示。其中住宿费的标准为 300 元或者 400 元，餐费标准为 30～50 元，其他不能超过 300 元。

差旅费用报销单

报销时间

姓名			部门				出差事由					
起始			到达			天数	交通费		补助费			
							交通工具	金额	项目	标准	天数	金额
月	日	地点	月	日	地点				住宿费			
									餐费			
									其他			
合计							小计		小计			
报销金额												

负责人　　审核　　报销人

图 4-123　差旅费用报销单

小　结

本单元主要介绍了 Excel 2016 的基本概念和基本操作方法，包括工作簿、工作表和单元格等基本概念，以及 Excel 2016 的启动、退出；单元格的编辑、格式化；工作表的编辑、格式化；公式与函数的使用、图表制作、数据处理与统计、工作表和工作簿的保护、有效性设置、打印等基本操作。

习　题

一、选择题

1. 如果一个工作簿已经有了 3 个工作表：Sheet1、Sheet2 和 Sheet3，如果选择 Sheet2 工作表标签并插入一个工作表，那么，新工作表放在（　　）。

   A. 作为工作簿的第 1 个表　　B. 作为工作簿的最后一个表

   C. Sheet2 之前　　D. Sheet2 之后

2. 在数据清单中，一行数据称为（　　）。

   A. 字段　　B. 记录　　C. 筛选　　D. 数据记录单

3. 在 Excel 2016 工作表中，每个单元格都有唯一的编号叫地址，地址的使用方法是（　　）。

   A. 字母+数字　　B. 列标+行号　　C. 数字+字母　　D. 行号+列标

4. 准备在一个单元格内输入一个公式，应先输入（　　）先导符号。

A. $　　B. <　　C. >　　D. =

5. 在 A1 单元格中输入=SUM(8,7,8,7)，则其值为（　　）。

A. 15　　B. 30　　C. 7　　D. 8

6. 在 Excel 工作表中，每个单元格都有其固定的地址，如“A7”表示（　　）。

A. “A”代表“A”列，“7”代表第“7”行

B. “A”代表“A”行，“7”代表第“7”列

C. “A7”代表单元格的数据

D. 以上都不是

7. 若在数值单元格中出现一连串的“######”符号，希望正常显示则需要（　　）。

A. 重新输入数据　　B. 调整单元格的宽度

C. 删除这些符号　　D. 删除该单元格

8. 在 Excel 2016 操作中，将单元格指针移到 B220 单元格的最简单的方法是（　　）。

A. 拖动滚动条

B. 按 Ctrl+B220 键

C. 在名称框中输入 B220 后按【Enter】键

D. 先按【Ctrl+→】组合键移到 B 列，然后按【Ctrl+↓】组合键移到 220 行

9. 字号的默认度量单位是（　　）。

A. 引导符　　B. 刻度　　C. 毫米　　D. 磅

10. 如果要将数据 131.2543 修改成 131.25，应单击“开始”→（　　）按钮。

A. 增加小数位数　　B. 减少小数位数

C. 右对齐　　D. 增加缩进量

11. 如果要冻结第 3 行的列标题和 A 列的行标题，在执行冻结窗口命令之前，应该单击（　　）单元格。

A. B2　　B. C2　　C. D2　　D. E2

12. 使用键盘和鼠标复制工作表的方法是（　　）。

A. 单击工作表标签，按住【Ctrl】键不放，用指针拖动该工作表标签到希望的位置

B. 单击工作表标签，按住【Shift】键不放，用指针拖动该工作表标签到希望的位置

C. 单击工作表标签，按住【Alt】键不放，用指针拖动该工作表标签到希望的位置

D. 单击工作表标签，用指针拖动该工作表标签到希望的位置

13. 如果某个单元格中的公式为“=$D2”，这里的$D2 属于（　　）引用。

A. 相对　　B. 绝对

C. 列相对行绝对的混合　　D. 列绝对行相对的混合

14. 在 Excel 2016 中，如果要在同一行或同一列的连续单元格中使用相同的计算公式，可以先在第一个单元格中输入公式，然后用鼠标拖动单元格的（　　）实现公式复制。

A. 行标　　B. 列号　　C. 填充柄　　D. 框

15. 在 Excel 2016 中，如果单元格 A5 的值是单元格 A1、A2、A3、A4 的平均值，则不正确的输入公式为（　　）。

A. =AVERAGE(A1:A4)　　B. =AVERAGE(A1,A2,A3,A4)

C. =(A1+A2+A3+A4)/4　　　　D. =AVERAGE(A1+A2+A3+A4)

二、操作题

1. 公式或者函数的应用。

① 利用公式或者函数完成九九乘法表的制作，效果如图 4-124 所示，以 jg4_1.xlsx 为名保存。

1	2	3	4	5	6	7	8	9
2	4	6	8	10	12	14	16	18
3	6	9	12	15	18	21	24	27
4	8	12	16	20	24	28	32	36
5	10	15	20	25	30	35	40	45
6	12	18	24	30	36	42	48	54
7	14	21	28	35	42	49	56	63
8	16	24	32	40	48	56	64	72
9	18	27	36	45	54	63	72	81

图 4-124　九九乘法表

② 利用 PMT 函数，求出月偿还额，并且指定单元格格式，效果如图 4-125 所示，以 jg4_2.xlsx 为名保存。

偿还贷款试算表		年利率变化	月偿还额
			￥-5,299.03
贷款额	1000000	3%	￥-5,545.98
年利率	2.50%	3.50%	￥-5,799.60
贷款期限（月）	240	4%	￥-6,059.80
		4.50%	￥-6,326.49
		5%	￥-6,599.56

图 4-125　贷款表

2. 打开素材文件 sx1.xls，参照样文（见图 4-126）按要求完成工作表编辑，以 xg1. xlsx 为名保存。要求:

① 在第 1 行和第 2 行之间插入一行，在 D2 单元格中输入“(单位：万元)”。将第 1 行行高调整为 30。

② 标题格式：A1:D1 单元格区域合并居中，字体为 20 号，红色，“白色，背景 1，深色 15%”底纹。

③ 将 B4:E10 单元格区域设置为货币样式，2 位小数位数；并将 B4:D10 单元格区域中报价大于 3 000 元的单元格设置为浅蓝色底纹（使用条件格式）；表头行文字居中显示，字体加粗。将整个表格设置为最适合的列宽。

④ 设置表格边框线。

⑤ 将 Sheet1 工作表重命名为“报价表”，并将此工作表复制到 Sheet2 工作表中。

⑥ 在 Sheet2 工作表中设置打印区域为 A1:E10，设置第 1、2 行为打印标题。

⑦ 给工作表加密，设置 6 位数密码。

⑧ 使用相关数据，创建一个簇状柱形图。

3. 打开素材文件 sx2.xlsx，参照样文按要求完成工作表编辑，以 xg2.xlsx 为名保存。要求:

① 使用 Sheet1 工作表中的数据统计出总分，结果分别放在相应的单元格中。

结果如图 4-127 所示。将计算后的 Sheet1 工作表复制出 6 个副本，分别命名为 1、2、3、4、5、6。

产品销售统计表				
				（单位：万元）
地区	相机	平板电脑	手机	总计
辽宁	¥1,350.00	¥282.00	¥160.00	¥1,792.00
香港	¥700.00	¥460.00	¥3,700.00	¥4,860.00
湖北	¥800.00	¥50.00	¥200.00	¥1,050.00
河南	¥960.00	¥1,164.00	¥1,200.00	¥3,324.00
北京	¥390.00	¥270.00	¥300.00	¥960.00
上海	¥2,563.00	¥280.00	¥3,500.00	¥6,343.00
四川	¥1,000.00	¥190.00	¥1,200.00	¥2,390.00

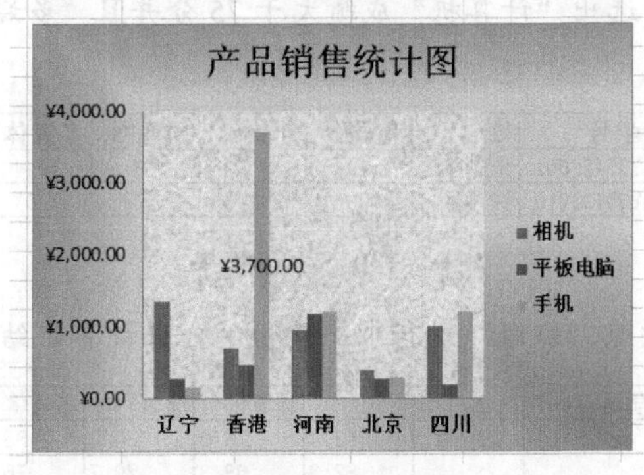

图 4-126　第 2 题效果

成绩统计分析表							
班级	学号	姓名	英语	计算机	局域网	多媒体	总分
计算机一班	Y05122001	张成祥	89	88	78	92	347
计算机二班	Y05122002	赵若琳	75	65	89	80	309
计算机一班	Y05122003	李天励	68	89	82	78	317
计算机二班	Y05122004	王晓燕	86	60	68	72	286
计算机一班	Y05122005	谢天郁	88	56	78	84	306
计算机三班	Y05122006	郑俊霞	78	88	84	72	322
计算机三班	Y05122007	林萧天	76	68	74	81	299
计算机二班	Y05122008	高云海	86	80	82	76	324
计算机一班	Y05122009	汪夏耘	82	75	80	78	315
计算机一班	Y05122010	钟寥寥	90	82	86	95	353

图 4-127　总分计算结果

② 在工作表 1 中，以“班级”为主要关键字，按照“计算机三班”→“计算机二班”→“计算机一班”排序，以“总分”为次要关键字，降序排序结果如图 4-128 所示。

成绩统计分析表							
班级	学号	姓名	英语	计算机	局域网	多媒体	总分
计算机三班	Y05122006	郑俊霞	78	88	84	72	322
计算机三班	Y05122007	林萧天	76	68	74	81	299
计算机二班	Y05122008	高云海	86	80	82	76	324
计算机二班	Y05122002	赵若琳	75	65	89	80	309
计算机二班	Y05122004	王晓燕	86	60	68	72	286
计算机一班	Y05122010	钟寥寥	90	82	86	95	353
计算机一班	Y05122001	张成祥	89	88	78	92	347
计算机一班	Y05122003	李天励	68	89	82	78	317
计算机一班	Y05122009	汪夏耘	82	75	80	78	315
计算机一班	Y05122005	谢天郁	88	56	78	84	306

图 4-128　排序结果

③ 在工作表2中，筛选出“局域网”成绩在75～85分的记录，结果如图4-129所示。

成绩统计分析表							
班级	学号	姓名	英语	计算机	局域网	多媒体	总分
计算机三班	Y05122006	郑俊霞	78	88	84	72	322
计算机二班	Y05122008	高云海	86	80	82	76	324
计算机一班	Y05122001	张成祥	89	88	78	92	347
计算机一班	Y05122003	李天励	68	89	82	78	317
计算机一班	Y05122009	汪夏耘	82	75	80	78	315
计算机一班	Y05122005	谢天郁	88	56	78	84	306

图4-129 自动筛选结果

④ 在工作表3中，筛选出“计算机”成绩大于75分并且“多媒体”成绩大于90分的记录，结果如图4-130所示。

班级	学号	姓名	英语	计算机	局域网	多媒体	总分
计算机一班	Y05122001	张成祥	89	88	78	92	347
计算机一班	Y05122010	钟寥寥	90	82	86	95	353

图4-130 筛选结果

⑤ 在工作表4中，按照“班级”进行求平均值的合并计算，结果如图4-131所示。

班级	学号	姓名	英语	计算机	局域网	多媒体	总分
计算机一班			83.4	78.0	80.8	85.4	327.6
计算机二班			82.3	68.3	79.7	76.0	306.3
计算机三班			77.0	78.0	79.0	76.5	310.5

图4-131 合并计算结果

⑥ 在工作表5中，以“班级”为分类字段，利用分类汇总功能，计算每个班级“局域网”课程的总分和平均分，结果如图4-132所示。

	A	B	C	D	E	F	G	H
1								
2	成绩统计分析表							
3	班级	学号	姓名	英语	计算机	局域网	多媒体	总分
9	计算机一班 平均值					80.8		
10	计算机一班 汇总					404		
14	计算机二班 平均值					79.66667		
15	计算机二班 汇总					239		
18	计算机三班 平均值					79		
19	计算机三班 汇总					158		
20	总计平均值					80.1		
21	总计					801		

图4-132 分类汇总结果

⑦ 在工作表6中，以“班级”为行、“姓名”为列，制作数据透视表，计算“英语”“计算机”的求和汇总项，结果如图4-133所示。

	列标签					
	高云海		谢天郁		求和项:英语汇总	求和项:计算机汇总
行标签	求和项:英语	求和项:计算机	求和项:英语	求和项:计算机		
计算机二班	86	80			86	80
计算机一班			88	56	88	56
总计	86	80	88	56	174	136

图4-133 数据透视表结果

单元 5 PowerPoint 2016 的应用

【学习目标】

Microsoft Office PowerPoint 2016（以下简称 PowerPoint 2016）的主要功能是设计和制作各种类型的演示文稿，适合于各种材料的展示，广泛用于学术交流、工作汇报、会议议程、企业宣传、产品推介、婚礼庆典、项目竞标、管理咨询等领域。PowerPoint 2016 所创建的演示文稿可以使阐述过程简明、清晰，具有生动活泼、形象逼真的动画效果，制作的幻灯片具有很强的感染力。

通过本单元的学习，你将掌握以下知识：

- 创建演示文稿
- 编辑幻灯片的信息
- 幻灯片背景设置
- 创建艺术字
- 插入形状、SmartArt 图形
- 母版的使用
- 图片、图表、表格的使用
- 幻灯片动画效果的制作
- 幻灯片的链接操作
- 音频的使用
- 幻灯片的切换效果
- 幻灯片放映设置

5.1　任务 1　制作 5G 时代培训演示文稿

任务描述

第五代移动通信技术（5th generation mobile networks 或 5th generation wireless systems、5th-Generation，简称 5G 或 5G 技术）是最新一代蜂窝移动通信技术，也是 4G（LTE-A、WiMax）、3G（UMTS、LTE）和 2G（GSM）系统的延伸。5G 被誉为“数字经济新引擎”，既是人工智能、物联网、云计算、区块链、视频社交等新技术新产业的基础，也将为“中国制造 2025”和“工业 4.0”提供关键支撑。为了给学生们普及 5G 的基本知识，现委托你针对 5G 相关内容制作培训演示文稿，效果如图 5-1 所示。

任务分析

完成本任务首先要创建一个新的演示文稿，添加 6 张幻灯片，设置幻灯片版式、幻灯片主题，编辑文字，插入图片、剪贴图，最后保存并打印演示文稿。

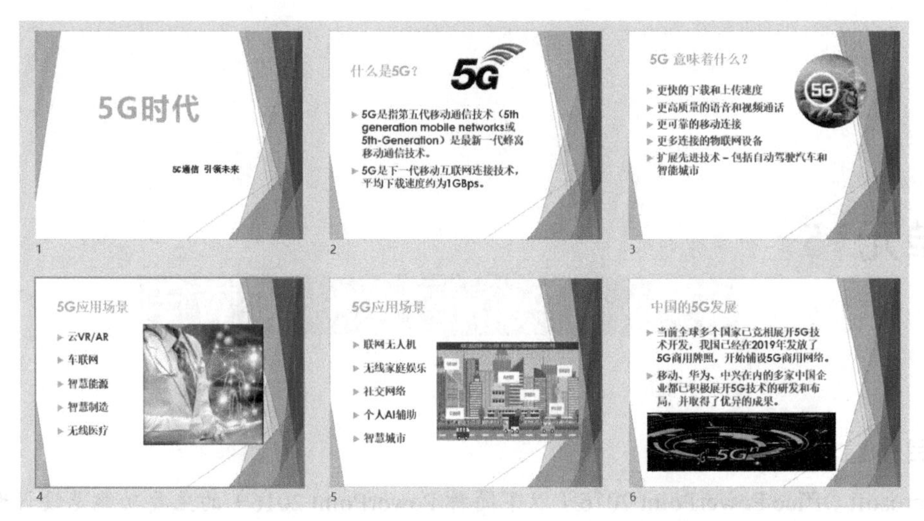

图 5-1　任务 1　5G 时代培训演示文稿

任务分解

本任务可以分解为以下 4 个子任务。

子任务 1：开始使用 PowerPoint 2016

子任务 2：设计幻灯片

子任务 3：完善演示文稿内容

子任务 4：保存、打印演示文稿

任务实现

5.1.1　开始使用 PowerPoint 2016

步骤 1：新建 PowerPoint 2016

在桌面空白处右击，在弹出的快捷菜单中选择“新建”→“Microsoft Office PowerPoint 演示文稿”命令，即可新建 PowerPoint 空白文件。

在 PowerPoint 中有很多模板，包括内置模板和联机模板，只需单击“文件”→“新建”按钮，如图 5-2 所示，拖动右侧滚动条，会显示很多内置的 PowerPoint 模板，寻找合适的模板快速完成任务。还可在搜索联机模板和主题框中，输入所需的模板或者主题名称，单击其右侧的“开始搜索”按钮获得更多模板，选择适合的模板创建对应的 PowerPoint 演示文稿文件。

> **技巧与提示**
>
> 历史记录中保存着用户最近 25 次使用过的文档，要想启动相关应用并同时打开这些演示文稿，只需单击“文件”→“打开”→“演示文稿”→“最近”子菜单，然后从列表中选择相应文件名即可。

图 5-2 新建 PowerPoint 演示文稿

步骤 2：认识 PowerPoint 2016 窗口

选择新建空白演示文稿，系统会自动创建一个文件名为“演示文稿 1”的空白演示文稿，其扩展名为.pptx，空白演示文稿没有任何设计，为用户提供了最大的创作空间，如图 5-3 所示。

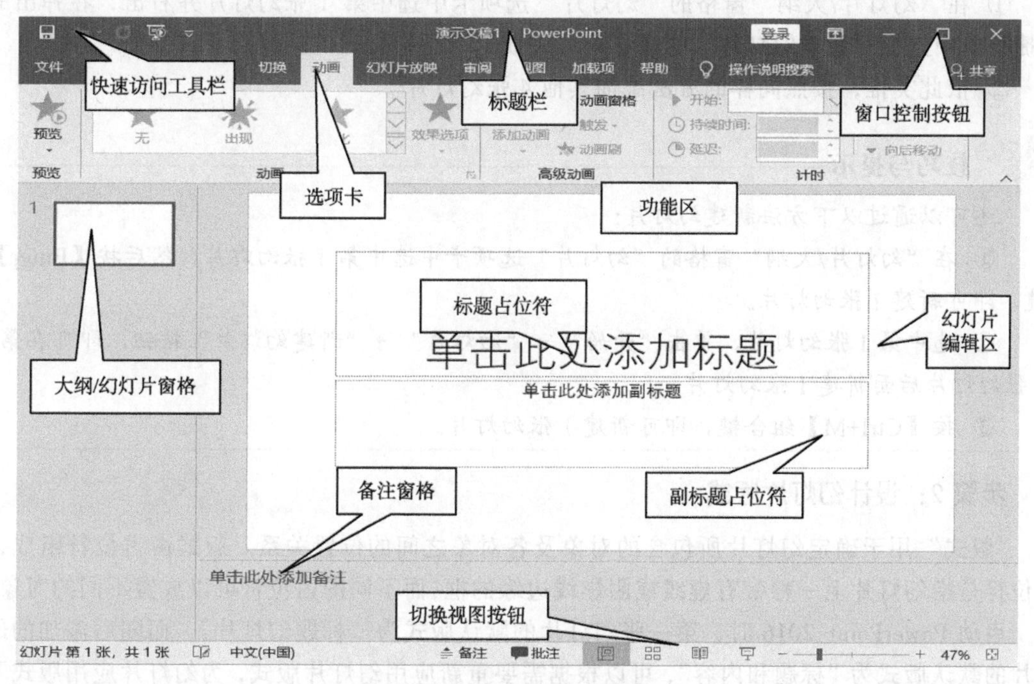

图 5-3 PowerPoint 2016 窗口

幻灯片/大纲窗格：包含“幻灯片”和“大纲”两个选项卡。其中，“幻灯片”选项卡可显示每张幻灯片的缩略图，并能对幻灯片进行切换、移动、复制、新建和删除等操作；“大纲”选项卡可显示每张幻灯片的具体内容，并能对其中的文本进行编辑。

幻灯片编辑区：可以观看幻灯片的静态效果，在幻灯片上添加和编辑各种对象（如文本、图片、表格、图表、绘图对象、文本框、电影、声音、超链接和动画等）。

备注窗格：用于对当前幻灯片添加注释说明。

切换视图选项：

① 普通视图：是 PowerPoint 2016 默认的视图方式。该视图中可以同时显示“幻灯片/大纲”窗格、“幻灯片编辑区”和“备注窗格”3 个工作区域。

② 幻灯片浏览视图：在幻灯片浏览视图下，可以同时看到演示文稿中的所有幻灯片，这些幻灯片是以缩略图显示的。可以很方便地对幻灯片进行编辑操作，如复制、删除、移动和插入幻灯片，但不能对幻灯片进行编辑修改。

③ 阅读视图：此视图模式下仅显示标题栏、阅读栏和状态栏，主要用于浏览每张幻灯片的内容。

④ 幻灯片放映：从当前幻灯片开始放映演示文稿。

5.1.2 设计幻灯片

步骤 1：为演示文稿添加其他 5 张幻灯片

新建 PowerPoint 文件时，演示文稿中只有一张幻灯片，本任务共有 6 张幻灯片，需要新建 5 张幻灯片。方法如下：

① 在“幻灯片/大纲”窗格的“幻灯片”选项卡中选中第 1 张幻灯片并右击，在弹出的快捷菜单中选择“新建幻灯片”命令，即可完成第 2 张幻灯片的新建。

② 依此类推，按照同样的方法添加其他 4 张幻灯片。

技巧与提示

还可以通过以下方法新建幻灯片：

① 在“幻灯片/大纲”窗格的“幻灯片”选项卡中选中第 1 张幻灯片，然后按【Enter】键，即可新建 1 张幻灯片。

② 选中第 1 张幻灯片，单击“开始”→“幻灯片”→“新建幻灯片”按钮，即可在第 1 张幻灯片后面新建 1 张幻灯片。

③ 按【Ctrl+M】组合键，即可新建 1 张幻灯片。

步骤 2：设计幻灯片版式

“版式”用于确定幻灯片所包含的对象及各对象之间的位置关系。版式由占位符组成，占位符是指幻灯片上一种带有虚线或阴影线边缘的框，而不同的占位符可以放置不同的对象。

启动 PowerPoint 2016 时，第一张幻灯片的默认版式为“标题幻灯片”，而随后添加的幻灯片的默认版式为“标题和内容”，可以根据需要重新应用幻灯片版式，为幻灯片应用版式不仅可以使幻灯片内容更加美观和专业，而且便于对幻灯片进行编辑。

① 右击第 4 张幻灯片，在弹出的快捷菜单中选择“版式”→“两栏内容”命令，即可完成幻灯片版式的修改，如图 5-4 所示。

② 选中 5 张幻灯片，单击“开始”→“版式”→“两栏内容”命令，也可完成幻灯片版式的修改。

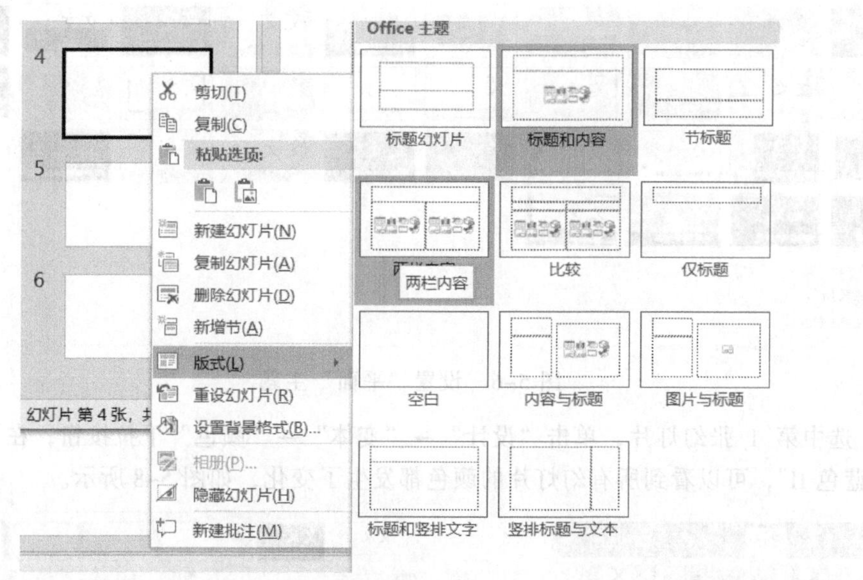

图 5-4　设置“两栏内容”版式

步骤 3：幻灯片的页面设置

可以对新建幻灯片的大小、方向进行设置。

单击“设计”→“自定义”→“幻灯片大小”→“自定义幻灯片大小”选项，弹出“幻灯片大小”对话框，选择幻灯片方向为“横向”，选择幻灯片大小为“全屏显示（4:3）”，如图 5-5 所示。

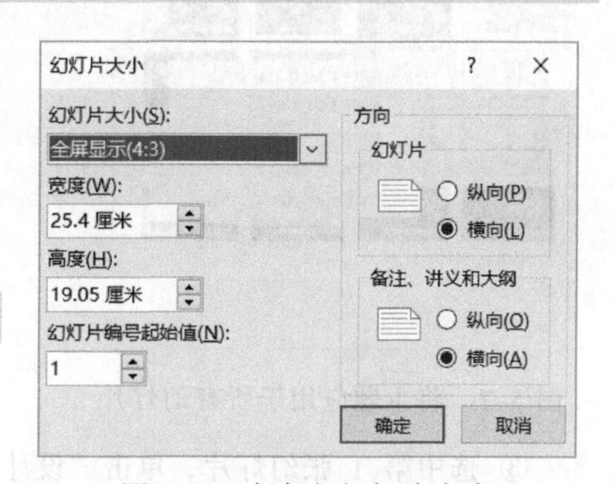

图 5-5　自定义幻灯片大小

步骤 4：设置幻灯片主题

PowerPoint 2016 提供了丰富的内置主题样式，用户可以根据需要选择使用不同的主题美化演示文稿。主题为演示文稿提供设计完整的、专业的外观，包括项目符号、字体、字号、占位符的大小和位置、背景设计和填充、配色方案等，是统一修饰演示文稿外观的最快捷、最有力的方法。主题可以应用于所有的或选定的幻灯片，也可以在单个演示文稿中应用多种类型的主题。

下面将对本演示文稿的所有幻灯片设置“平面”主题，并更改颜色、字体和效果。

① 选中第 1 张幻灯片，单击“设计”→“主题”选项，在下拉列表中选择“Office”→“平面”选项，如图 5-6 所示，然后右击，在弹出的快捷菜单中选择“应用于所有幻灯片”命令，如图 5-7 所示。

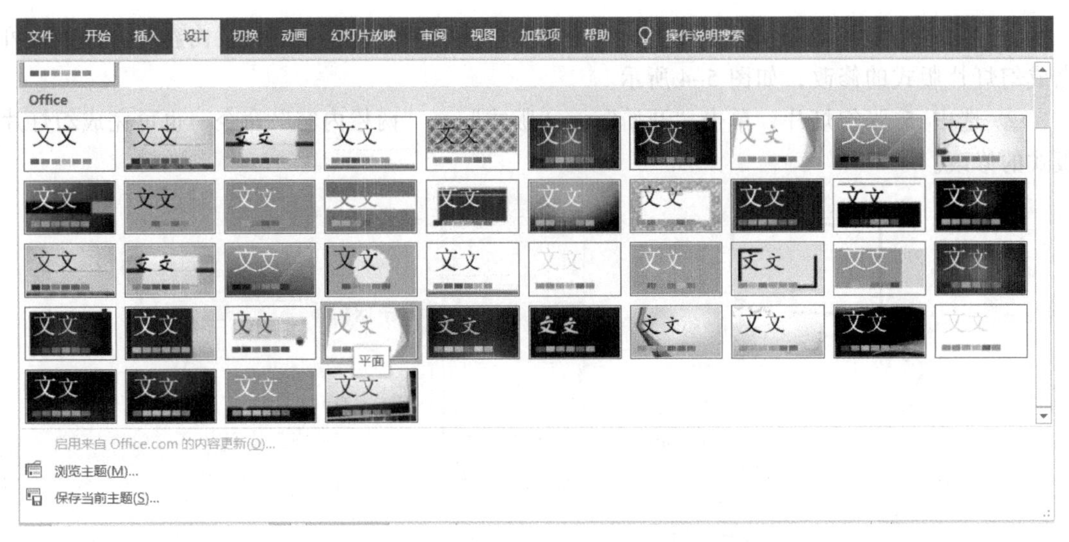

图 5-6 设置“平面”主题

② 选中第 1 张幻灯片，单击“设计”→“变体”→“颜色”下拉按钮，在下拉列表中选择“蓝色 II”，可以看到所有幻灯片的颜色都发生了变化，如图 5-8 所示。

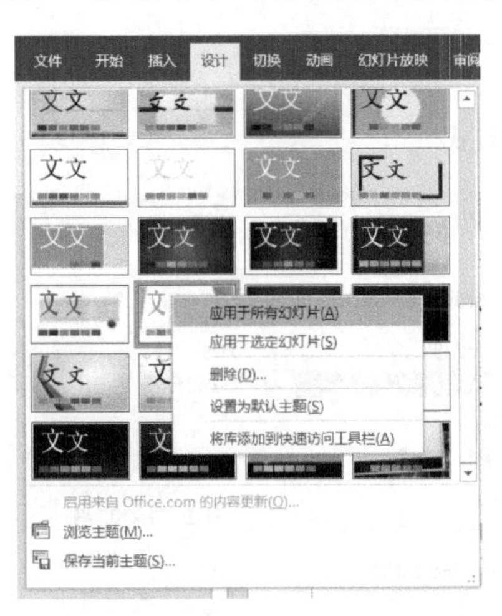

图 5-7 将主题应用于所有幻灯片

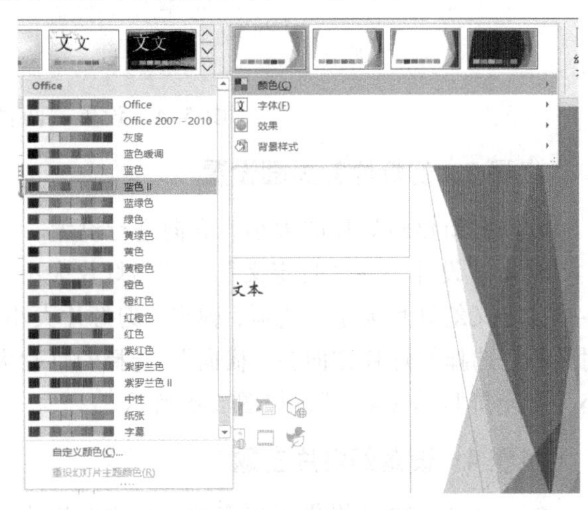

图 5-8 主题颜色列表

③ 选中第 1 张幻灯片，单击“设计”→“变体”→“效果”下拉按钮，在下拉列表中选择“锈迹纹理”选项，对主题效果进行修改，如图 5-9 所示。

④ 选中第 1 张幻灯片，单击“设计”→“变体”→“字体”下拉按钮，在下拉列表中选择“宋体”选项，对主题字体进行修改，如图 5-10 所示。

技巧与提示

如果只对选定的幻灯片应用主题，可以在所选主题上右击，在弹出的快捷菜单中选择“应用于选定的幻灯片”命令。

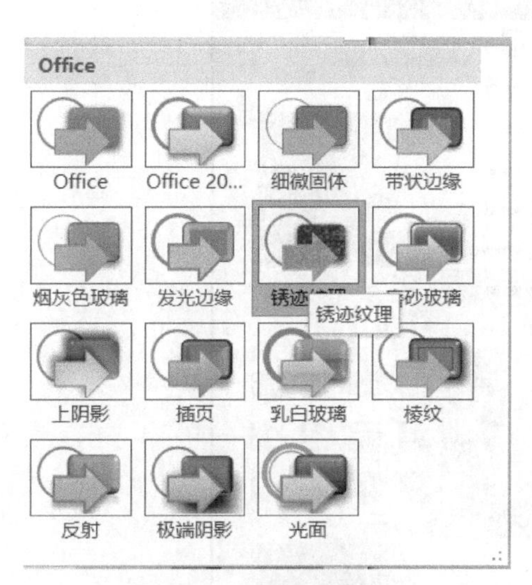

图 5-9 主题效果列表

图 5-10 主题字体列表

5.1.3 完善演示文稿内容

步骤 1：在幻灯片中添加文本

文字是幻灯片的基本元素，无论是基于何种主题的幻灯片，文字都是必不可少的，在 PowerPoint 中可以使用占位符、大纲视图和文本框输入文字。

① 选中第 1 张幻灯片，在“标题占位符”中输入“5G 时代”，字体效果为微软雅黑、75 号、加粗，在“副标题占位符”中输入“5G 通信 引领未来”，字体效果为宋体、24 号、加粗。

② 依次在第 2、3、4、5、6 张幻灯片标题占位符中输入对应的文字内容，设置标题字号为 36 号、加粗。

③ 依次在第 2、3、4、5、6 张幻灯片内容占位符中输入相应的内容，设置字号为 28 号、加粗，并适当调整占位符框的大小。

技巧与提示

如果要在占位符以外的位置输入文本，可以单击“插入”→“文本”→“文本框”按钮，在下拉列表中选择“横排文本框”或“垂直文本框”选项，然后按住鼠标左键不放，在要插入文本框的位置拖动绘制文本框，在绘制好的文本框中输入文本。

步骤 2：在幻灯片中插入图片

① 选中第 2 张幻灯片，单击“插入”→“图像”→“图片”按钮，弹出“插入图片”对话框，选择要插入的图片文件“图 1.jpg”，单击“插入”按钮，调整图片的大小和位置，完成图片的插入。用同样的方法在第 4、5、6 张幻灯片中插入对应的图片。

② 选中第 4 张幻灯片中的图片，单击“图片工具/格式”→“图片样式”→“图片效果”→“棱台”→“圆形”选项，如图 5-11 所示，设置图片效果。

图 5-11 设置图片效果

③ 选中第 3 张幻灯片，单击“插入”→“图像”→“图片”按钮，弹出“插入图片”对话框，选择要插入的图片文件“图 5-jpg”，单击“插入”按钮，完成图片的插入。

④ 选中插入的图片，单击“图片工具/格式”→“调整”→“删除背景”按钮，在出现的“背景消除”选项卡中可以进行区域保留和删除的优化处理，如图 5-12 所示，优化后单击“关闭”→“保留更改”按钮，完成图片的背景删除。

图 5-12 “背景消除”选项卡

5.1.4 保存、打印演示文稿

步骤 1：命名和保存演示文稿

与计算机中的其他文件一样，为了以后使用，应该保存编辑好的演示文稿文件。PowerPoint 允许用户使用多种文件格式保存演示文稿，如 PDF、PowerPoint 放映等格式。

下面将前面创建的演示文稿进行保存。

① 单击“文件”→“另存为”按钮。

② 双击右侧出现的“此电脑”，在“另存为”对话框中选择想要保存的位置，即可保存为默认的“PowerPoint 演示文稿(*.pptx)”格式。也可以通过浏览命令找到想要保存演示文稿的位置。

③ 在“文件名”文本框中输入“5G 时代培训”，单击“保存”按钮，文件被命名并保存。

步骤 2：打印演示文稿

演示文稿可以用“幻灯片”“讲义”“备注页”“大纲视图”等多种形式打印。其中“讲义”就是将演示文稿的若干张幻灯片按照一定的组合方式打印在纸张上，这种形式的打印最节约纸张。

① 单击“文件”→“打印”按钮，在右侧窗口中设置打印选项→“打印全部幻灯片”。

② 设置打印选项→“幻灯片”→“6 张水平放置的幻灯片”，“颜色”→“黑白”选项，设置效果如图 5-13 所示。

③ 单击“打印”按钮，开始打印。

图 5-13　“打印”选项

步骤 3：关闭演示文稿

当完成文件的编辑工作之后，应该关闭文件。单击 PowerPoint 2016 窗口右上角的“关闭”按钮，即可关闭已保存的演示文稿，同时关闭 PowerPoint 2016。

任务拓展

任务：制作养老保险演示文稿。

任务描述：养老保险为老年人提供了基本生活保障，使老年人老有所养。随着人口老龄化的到来，老年人口的比例越来越大，人数也越来越多，养老保险保障了老年劳动者的基本生活，等于保障了社会相当部分人口的基本生活。对于在职劳动者而言，参加养老保险，意味着对将来年老后的生活有了预期，免除了后顾之忧。制作养老保险演示文稿，要求图文并茂，清楚、明了地阐述相关的问题，制作效果如图 5-14 所示。

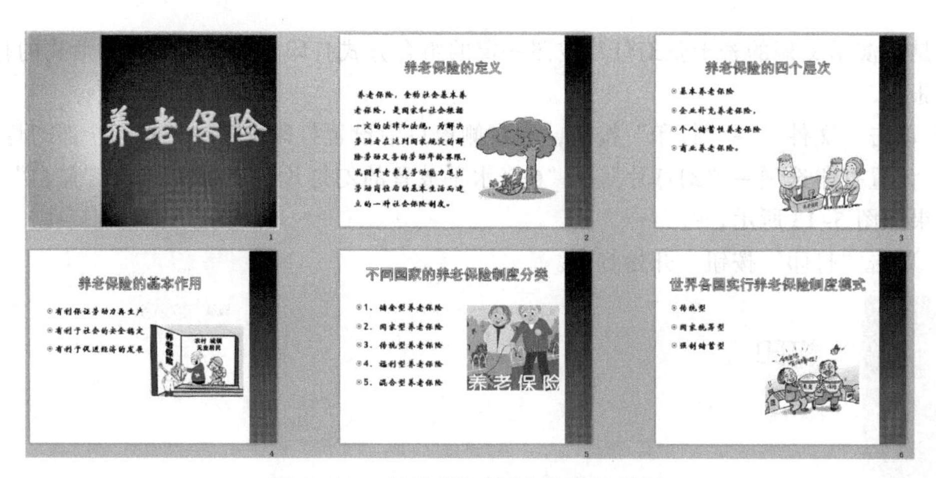

图 5-14 养老保险演示文稿效果图

知识链接

1. 认识 PowerPoint 2016 的功能区

在 PowerPoint 窗口上方是功能区，当单击这些名称时将切换到与之相对应的选项卡。每个选项卡根据功能的不同又分为若干个组，常用选项卡所拥有的功能如下所述：

①“开始”选项卡。“开始”选项卡中包括剪贴板、幻灯片、字体、段落、绘图和编辑 6 个组，主要用于插入新幻灯片、将对象组合在一起以及设置幻灯片上的文本的格式，如图 5-15 所示。

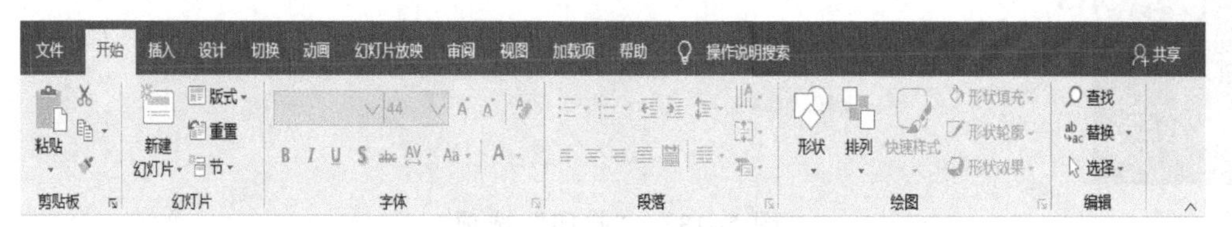

图 5-15 “开始”选项卡

②“插入”选项卡。“插入”选项卡包括幻灯片、表格、图像、插图、加载项、链接、批注、文本、符号和媒体 10 个组，主要用于将表、形状、图表、页眉或页脚插入到演示文稿中，如图 5-16 所示。

图 5-16 “插入”选项卡

③“设计”选项卡。“设计”选项卡包括主题、变体和自定义 3 个组，主要用于自定义演示文稿的主题设计、主题变体设置和幻灯片页面设置，如图 5-17 所示。

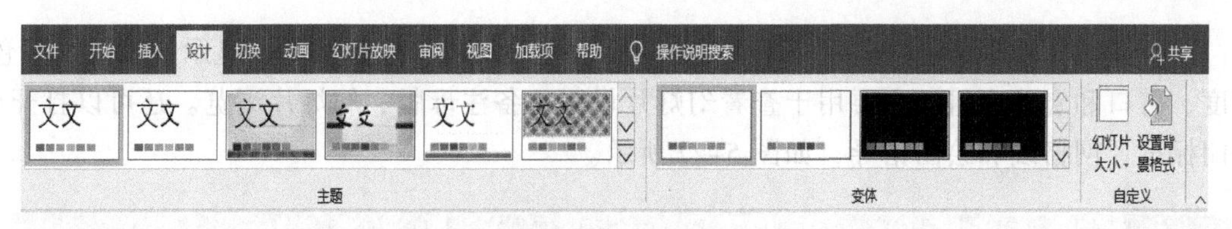

图 5-17 “设计”选项卡

④“切换”选项卡。“切换”选项卡包括预览、切换到此幻灯片和计时 3 组，主要用于对当前幻灯片应用、更改或删除切换，如图 5-18 所示。

图 5-18 “切换”选项卡

⑤“动画”选项卡。“动画”选项卡包括预览、动画、高级动画和计时 4 个组，主要用于对幻灯片上的对象应用、更改或删除动画，如图 5-19 所示。

图 5-19 “动画”选项卡

⑥“幻灯片放映”选项卡。“幻灯片放映”选项卡包括开始放映幻灯片、设置和监视器 3 个组，主要用于开始幻灯片放映、自定义幻灯片放映的设置和隐藏单个幻灯片，如图 5-20 所示。

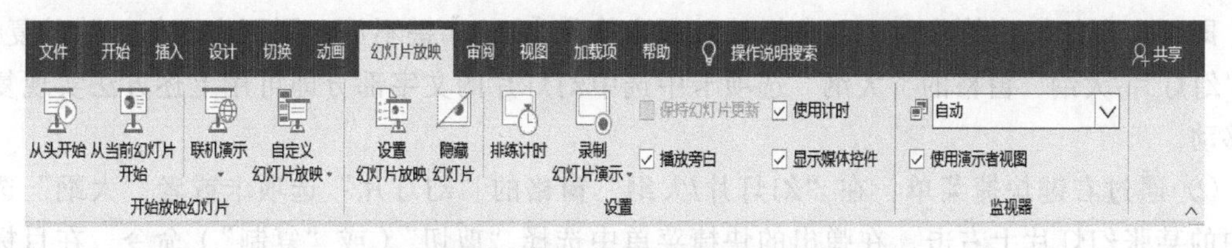

图 5-20 “幻灯片放映”选项卡

⑦“审阅”选项卡。“审阅”选项卡包括校对、辅助功能、见解、语言、中文简繁转换、批注、比较和墨迹 8 个组，主要可检查拼写、更改演示文稿中的语言或比较当前演示文稿与其他演示文稿的差异，如图 5-21 所示。

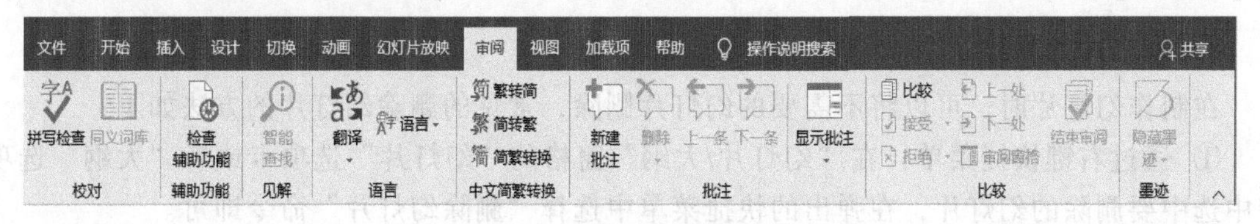

图 5-21 “审阅”选项卡

⑧“视图”选项卡。“视图”选项卡包括演示文稿视图、母版视图、显示、缩放、颜色/灰度、窗口和宏 7 个组，主要用于查看幻灯片母版、备注母版、幻灯片浏览。还可以打开或关闭标尺、网格线和绘图指导，如图 5-22 所示。

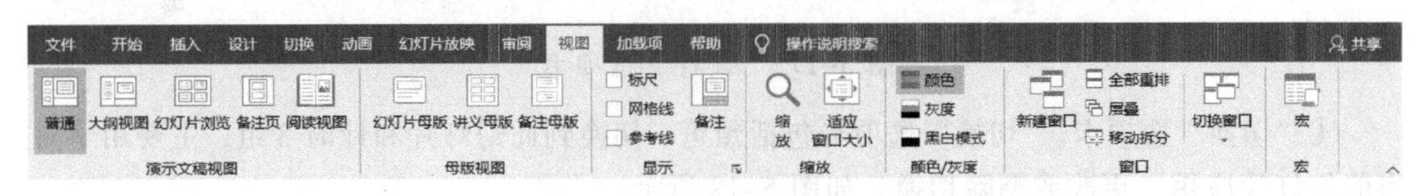

图 5-22 “视图”选项卡

3. 幻灯片的选择

在制作幻灯片时，经常需要在多张幻灯片之间选择，常见的选择幻灯片的方法如下：

① 选择单张幻灯片：在“幻灯片/大纲”窗格的“幻灯片”选项卡或者“大纲”选项卡中单击需要选择的幻灯片缩略图或图标，即可选中该张幻灯片，此时幻灯片编辑区中将显示所选幻灯片内容。

② 选择连续的多张幻灯片：在“幻灯片/大纲”窗格的“幻灯片”选项卡或者“大纲”选项卡中选择第 1 张幻灯片，然后按住【Shift】键不放并选择最后一张幻灯片，此时所选的两张幻灯片之间的所有幻灯片均被选中。

③ 选择不连续的多张幻灯片：在“幻灯片/大纲”窗格的“幻灯片”选项卡或者“大纲”选项卡中选择第 1 张幻灯片，然后按住【Ctrl】键不放，依次选择其他幻灯片即可。

④ 选择全部幻灯片：按【Ctrl+A】组合键可快速选中当前演示文稿中的所有幻灯片。

4. 幻灯片的移动和复制

在制作幻灯片时，经常需要移动和复制幻灯片，常见的移动和复制幻灯片的方法如下：

① 通过鼠标拖动：在“幻灯片/大纲”窗格的“幻灯片”选项卡中的某张幻灯片缩略图上按住鼠标左键不放并拖动鼠标，此时会出现一条横线，当横线移动到需要的位置后松开鼠标，即可实现幻灯片的移动；而在拖动过程中按住【Ctrl】键不放，则可实现幻灯片的复制。在“幻灯片/大纲”窗格的“大纲”选项卡中选中幻灯片的文字部分即可用上述方法实现复制和移动。

② 通过右键快捷菜单：在“幻灯片/大纲”窗格的“幻灯片”选项卡或者“大纲”选项卡中的某张幻灯片上右击，在弹出的快捷菜单中选择“剪切”（或“复制”）命令，在目标幻灯片上右击，在弹出的快捷菜单中选择“粘贴选项”→“使用目标主题”命令，即可在目标幻灯片的下方实现幻灯片的移动或者复制。

③ 通过快捷键：选择幻灯片，按【Ctrl+X】或者【Ctrl+C】组合键，选择目标幻灯片，按【Ctrl+V】组合键即可实现幻灯片的移动或者复制。

5. 幻灯片的删除

在制作幻灯片时，可以将不需要的幻灯片删除，常见的删除幻灯片的方法如下：

① 通过右键快捷菜单：在“幻灯片/大纲”窗格的“幻灯片”选项卡或者“大纲”选项卡中选中要删除的幻灯片，在弹出的快捷菜单中选择“删除幻灯片”命令即可。

② 通过快捷键：在“幻灯片/大纲”窗格的“幻灯片”选项卡或者“大纲”选项卡中选中要删除的幻灯片，按【Delete】键即可删除。

5.2　任务 2　制作创新创业教学课件

任务描述

近期随着我国高校办学规模和招生规模的扩大，大学生们的就业形式日益严峻，如何让大学生明确自己的未来方向，树立正确的人生目标，就必须加强以创新创业为核心的创业教育，弘扬“敢为人先、追求创新、百折不挠”的创业精神，依托“互联网+”、大数据等，推动各行业创新商业模式。为了增强大学生的创新创业意识，本学期要开设《大学生创新创业》选修课，制作的教学课件部分内容如图 5-23 所示。

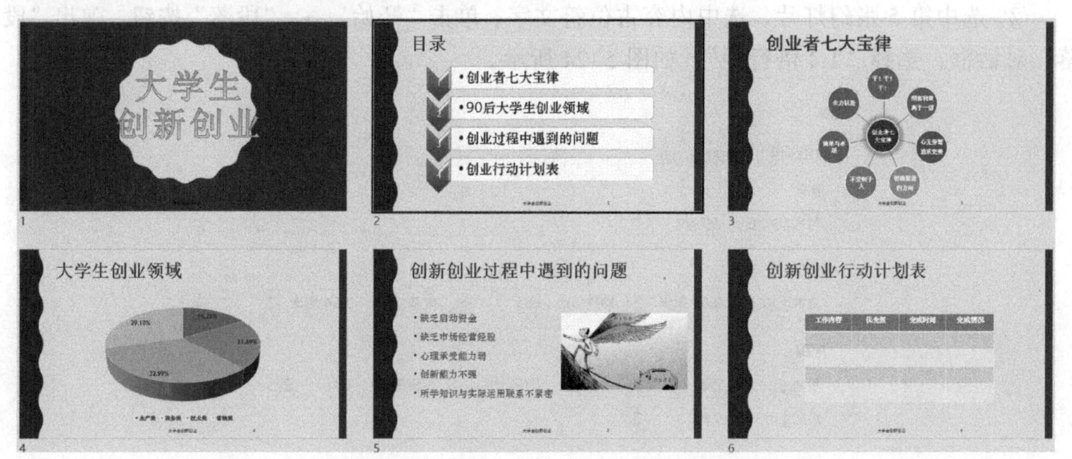

图 5-23　任务 2 创新创业教学课件

任务分析

实现本任务首先要新建一个演示文稿，添加 6 张幻灯片，设置为幻灯片版式、主题，通过改变内置主题的颜色美化幻灯片，在幻灯片中输入相应的文字，插入备注内容、图片、SmartArt 图形、图表和表格，为幻灯片插入编号和页脚，要求阐述过程简明、清晰、生动，吸引学生的注意力。

任务分解

本任务可以分解为以下 5 个子任务。

子任务 1　编辑幻灯片

子任务 2　插入 SmartArt 图形

子任务 3　插入图表

子任务 4　插入表格

子任务 5　插入幻灯片编号和页脚

任务实现

5.2.1 编辑幻灯片

步骤 1：新建幻灯片

① 新建 PowerPoint 2016 空白演示文稿，并在演示文稿中添加 6 张幻灯片。

② 单击“设计”→“主题”按钮，在下拉列表中选择“徽章”选项，单击确认所有幻灯片应用“凸显”主题，更改颜色为“紫罗兰色 II”。

步骤 2：文本录入

① 分别选中第 1、2、3、4、5、6 张幻灯片，输入相应的文字，其中标题字体为黑体，51 号，加粗。内容占位符字体为宋体，28 号，加粗。

② 选中第 5 张幻灯片，选中内容占位符文字，单击“开始”→“段落”按钮，弹出“段落”对话框，选择“1.4 倍行距”，如图 5-24 所示。

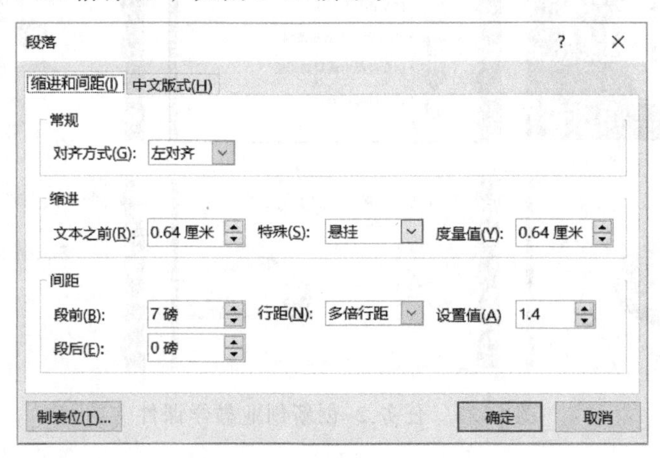

图 5-24 “段落”对话框

步骤 3：插入图片

选中第 5 张幻灯片，插入图片“图 1.jpg”，将图片调整到合适的位置，如图 5-25 所示。

图 5-25 编辑效果

步骤 4：插入备注内容

幻灯片备注就是用来对幻灯片中的内容进行解释、说明或补充的文字性材料，便于演讲者讲演或修改。

选中第 6 张幻灯片，单击备注窗格，输入备注内容："根据实际情况，制定切实可行的计划"，如图 5-26 所示。

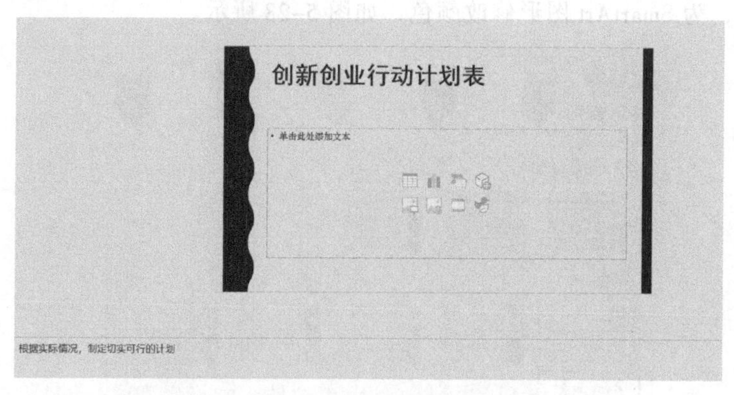

图 5-26　制作备注幻灯片

5.2.2　插入 SmartArt 图形

SmartArt 图形是信息的一种视觉表示形式，PowerPoint 提供了多种不同布局的 SmartArt 图形，利用 SmartArt 图形可以快速、轻松、有效地传达信息。

步骤 1：插入垂直 V 形列表

① 选中第 2 张幻灯片，单击"插入"→"插图"→"SmartArt 图形"按钮，弹出"选择 SmartArt 图形"对话框，如图 5-27 所示。

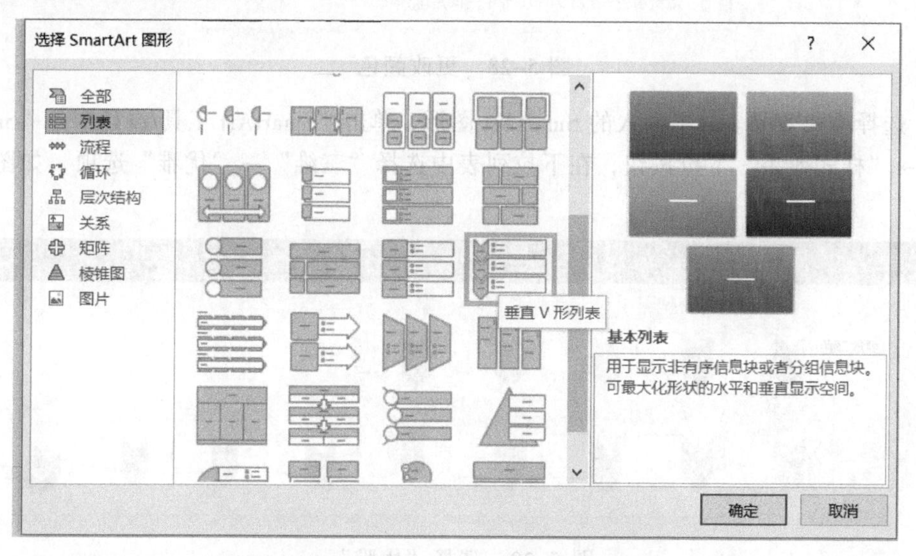

图 5-27　"选择 SmartArt 图形"对话框

② 单击左侧的"列表"选项，在右侧选择"垂直 V 形列表"选项，单击"确定"按钮，

插入 SmartArt 图形。

③ 根据内容添加形状。选中插入的 SmartArt 图形，单击“SmartArt 工具/设计” →“创建图像”→“添加形状”→“在后面添加形状”选项，添加后文本窗格由原来的 3 个增加到 4 个。

④ 为 SmartArt 图形更改颜色。选中插入的 SmartArt 图形，单击“SmartArt 工具/设计” →“SmartArt 样式”→“更改颜色”下拉按钮，在下拉列表中选择“个性色 2” →“彩色填充-个性色 2”选项，为 SmartArt 图形修改颜色，如图 5-28 所示。

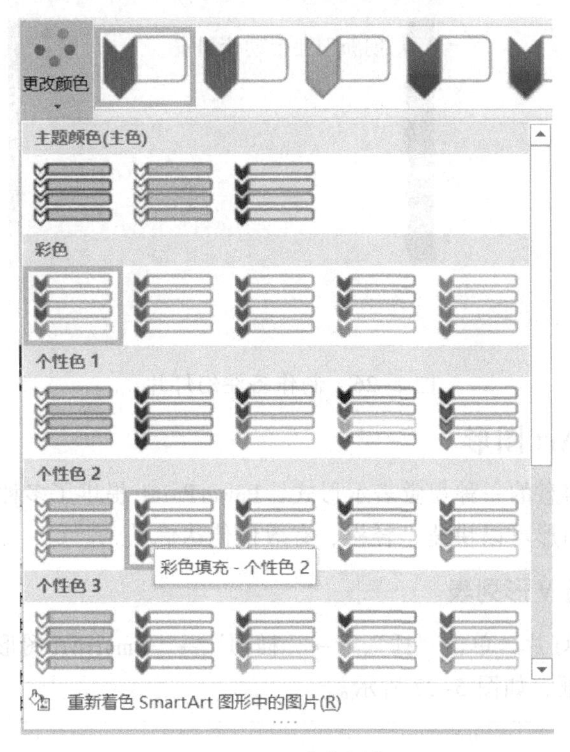

图 5-28 更改颜色

⑤ 选择样式效果。选中插入的 SmartArt 图形，单击“SmartArt 工具/设计”→“SmartArt 样式”→“样式效果”下拉按钮，在下拉列表中选择“三维”→“优雅”选项，如图 5-29 所示。

图 5-29 选择“优雅”

⑥ 选中插入的 SmartArt 图形，在文本窗格中依次输入相应的文本，效果如图 5-30 所示。

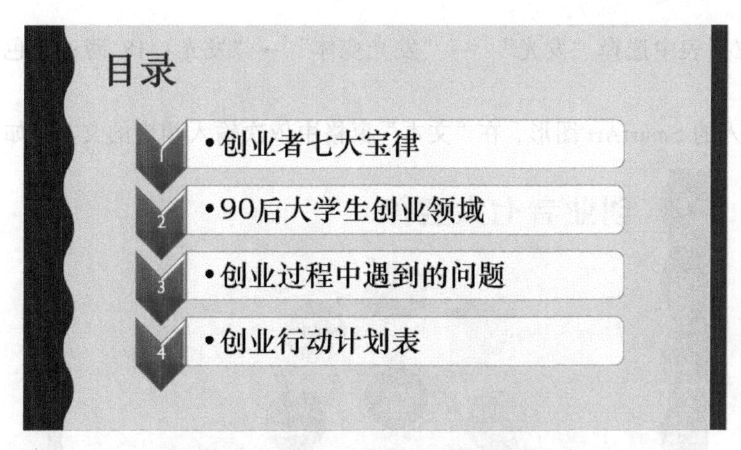

图 5-30 垂直 V 形列表最终设置效果

技巧与提示

可以通过文本窗格输入和编辑在 SmartArt 图形中显示的文字。文本窗格显示在 SmartArt 图形的左侧。在文本窗格中添加和编辑内容时，SmartArt 图形会自动更新，即根据需要添加和删除形状。

打开和关闭文本窗格的方法有如下两种：

① 单击“SmartArt 图形”外框左侧的“扩展/收缩”选项。

② 单击“SmartArt 工具/设计”→“创建图形”→“文本窗格”按钮，可以打开和关闭文本窗格。

对 SmartArt 图形中的形状，可以根据需要随时进行增加、删除和修改。

① 增加形状：选中形状并右击，在弹出的快捷菜单中选择“添加形状”命令，或单击“SmartArt 工具/设计”→“创建图形”→“添加形状”按钮。

② 删除形状：选中形状，按【Delete】键。

③ 修改形状：选中形状并右击，在弹出的快捷菜单中选择“更改形状”命令，或单击“SmartArt 工具/格式”→“形状”→“更改形状”按钮。

步骤 2：插入基本射线

① 选中第 3 张幻灯片，选择内容占位符中的图标，弹出“选择 SmartArt 图形”对话框，选择左侧的“循环”选项，在右侧列表中选择“基本射线图”，最后单击“确定”按钮。

② 选中插入的 SmartArt 图形并右击，在弹出的快捷菜单中选择“添加形状”→“在后面添加形状”命令，单击三次，依次添加 3 个形状。

③ 选中插入的 SmartArt 图形，单击“SmartArt 工具/设计” →“SmartArt 样式”→“更改颜色”下拉按钮，在下拉列表中选择“彩色” →“彩色-个性色”选项。

④ 选中插入的 SmartArt 图形，单击“SmartArt 工具/设计” →“SmartArt 样式”→“样式效果”下拉按钮，在下拉列表中选择“文档中最佳匹配样式” →“白色轮廓”选项。

单独选中中间的圆形，单击“SmartArt 工具/格式” →“形状样式”→“形状效果”下拉按钮，在下拉列表中选择“发光” →“发光变体”→“发光：18 磅；蓝色，主题色 3”选项。

⑤ 选中插入的 SmartArt 图形，在“文本”窗格中依次输入相应的文本，如图 5-31 所示。

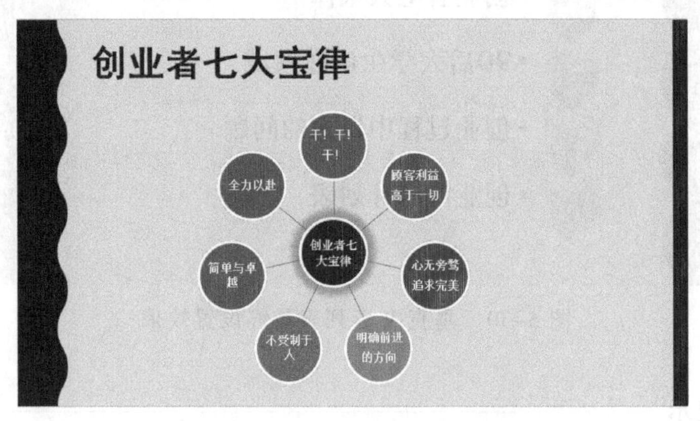

图 5-31 基本射线图最终效果

5.2.3 插入图表

在幻灯片中插入图表可以使幻灯片的视觉效果更加清晰。PowerPoint 附带了 Microsoft Graph 图表生成器，制作图表的过程类似于 Excel。

步骤 1：插入图表

① 选中第 5 张幻灯片，单击内容占位符中的插入图表图标。

② 在弹出的“插入图表”对话框中，选择“饼图”→“三维饼图”按钮，单击“确定”按钮，如图 5-32 所示。

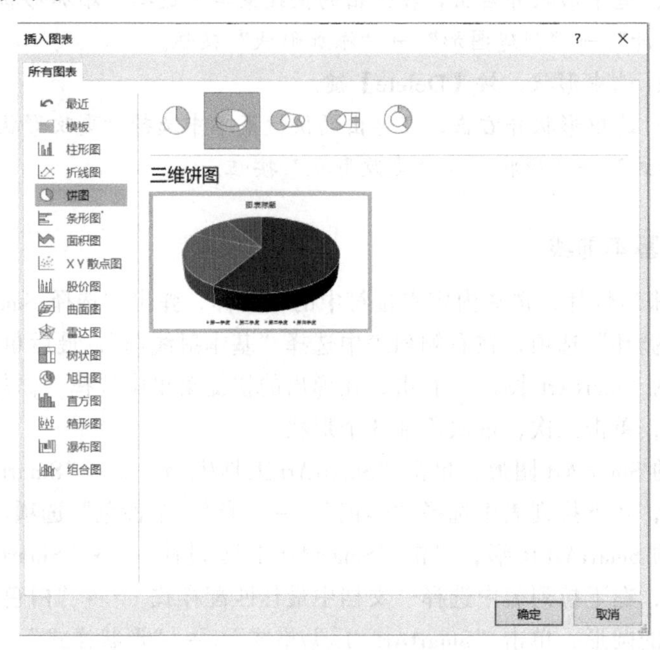

图 5-32 “插入图表”对话框

③ 在工作表中输入数据，系统会自动插入图表。图表数据如下：生产类：16.22%，服务类：21.69%，技术类：32.99%，营销类：29.10%。

④ 选中插入的图表，单击“图表工具/设计” →“图表布局”→“添加图表元素”→“数据标签”→“最佳匹配”选项，给图表添加数据标签。

⑤ 选中插入的图表，单击“图表工具/设计”→“图表样式”→“更改颜色”下拉按钮，在下拉列表中选择“单色”→“单色调色板 5”选项，给图表设置颜色，效果如图 5-33 所示。

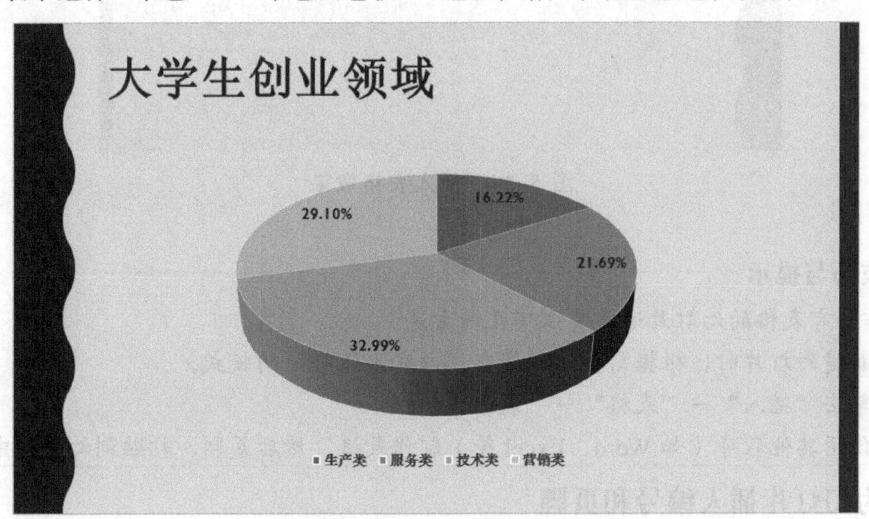

图 5-33 Excel 图表最终效果

技巧与提示

如果要修改 PowerPoint 中图表的数据，可单击“图表工具/设计” →“数据”→“编辑数据”按钮，进入 Excel 编辑状态。

制作含有图表的幻灯片通常有以下几种方法：

① 新建幻灯片时，根据需要选定带有“内容占位符”的版式。

② 单击“插入”→“插图”→“图表”按钮，在已有的幻灯片中插入图表。

③ 在 Excel 中制作好图表，然后复制、粘贴到幻灯片中。

5.2.4 插入表格

步骤：为幻灯片插入表格

① 选中第 6 张幻灯片，单击“插入”→“表格”→“表格”下拉按钮，在下拉列表中选择“插入表格”选项，弹出“插入表格”对话框，分别输入列数 4 和行数 5，单击“确定”按钮，完成表格的插入。

② 选中刚插入的表格，单击“表格工具/设计”→“表格样式”→“样式效果”下拉按钮，在下拉列表中选择“中度色”→“中度样式 2-强调 6”选项，在“表格样式”选项中勾选“镶边列”复选框。

③ 在表格中输入相应的文本内容，如图 5-34 所示。完成后保存演示文稿。

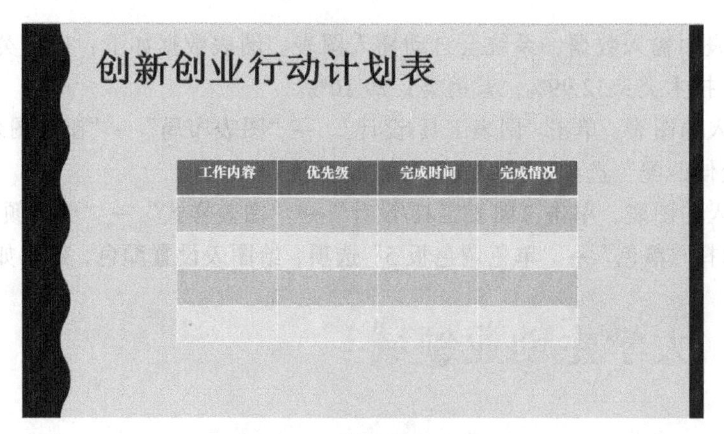

图 5-34 插入表格效果

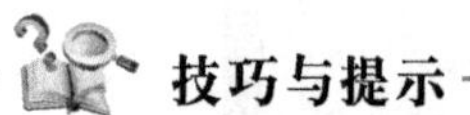

技巧与提示

制作含有表格的幻灯片通常有以下几种方法：

① 新建幻灯片时，根据需要选定带有“内容占位符”的版式。

② 单击“插入”→“表格”→“表格”按钮。

③ 使用其他程序（如 Word、Excel 等）制作表格，然后复制、粘贴到幻灯片中。

5.2.5 为幻灯片插入编号和页脚

步骤 1：插入编号和页脚

选中第 1 张幻灯片，单击“插入”→“文本”→“页眉和页脚”按钮，弹出“页眉和页脚”对话框，选中“幻灯片编号”和“页脚”复选框，在“页脚”文本框中输入文字“大学生创新创业”，如图 5-35 所示。

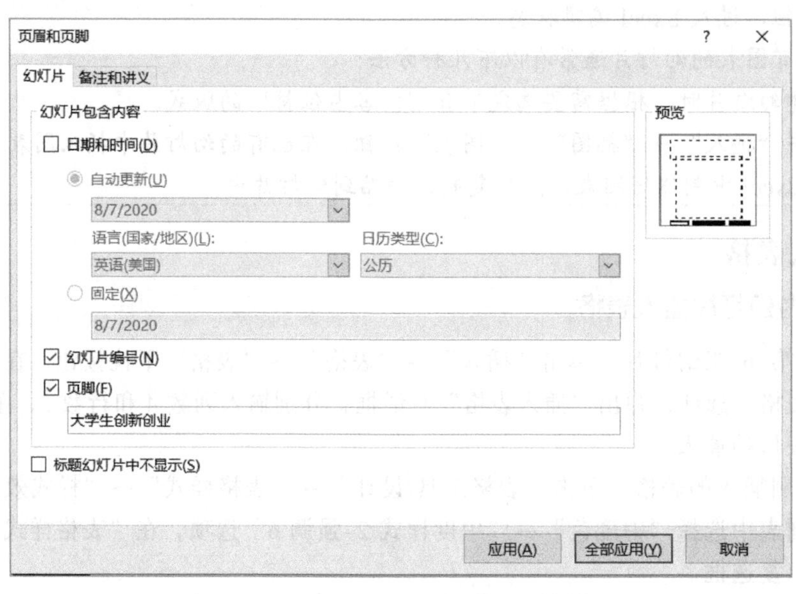

图 5-35 “页眉”和“页脚”对话框

步骤 2：保存演示文稿

单击“文件”→“另存为”按钮，将演示文稿命名为“大学生创新创业”并保存。

技巧与提示

“页眉和页脚”对话框中各选项的含义如下：

① 如果选择“自动更新”单选选项，则幻灯片中的日期与系统时钟的日期一致；如果选择“固定”单选选项，并输入日期，则幻灯片中显示的是用户自己输入的日期。

② 如果选中“幻灯片编号”复选框，可以对幻灯片进行编号，当删除或增加幻灯片时，编号会自动更新。

③ 如果选中“标题幻灯片中不显示”复选框，则幻灯片版式为“标题”的幻灯片中，不会添加页眉和页脚。

任务：制作“信息工作者的一天”演示文稿。

任务描述：人类社会已经进入信息时代，信息越来越受到人们的关注。信息工作者指在工作中涉及创建、收集、处理、分发和使用信息的人，现委托你将信息工作者的一天以演示文稿的形式展示出来，效果如图 5-36 所示。

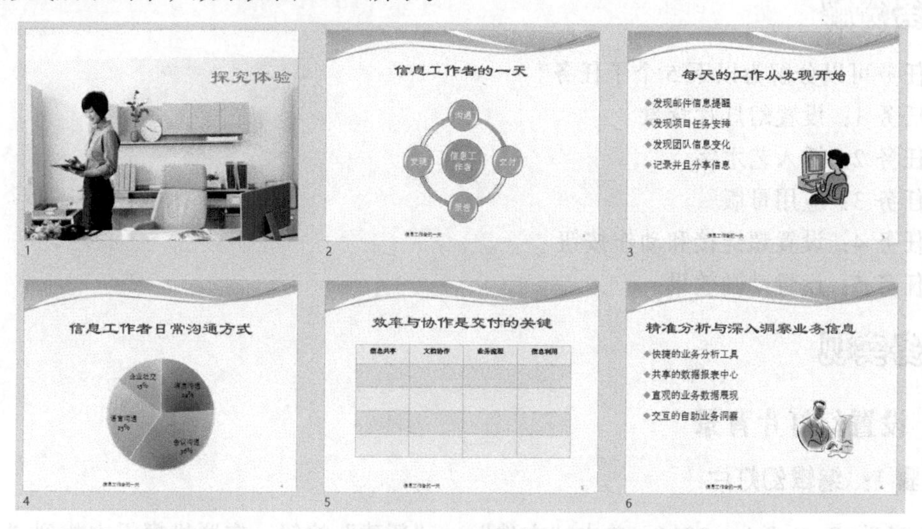

图 5-36　“信息工作者的一天”演示文稿

任务 3　制作推广皮影戏演示文稿

任务描述

皮影戏又称“影子戏”和“皮猴戏”，皮影是一种用灯光照射兽皮或者纸板以表演故事的民间戏剧，借灯光投射在半透明幕布上，伴随音乐和唱腔进行表演，它是集表演、绘画、雕刻、音乐多种艺术手段的古老综合性艺术。被称为中国民间艺术的“活化石”。为了推广中国传统文化，现在委托你来制作一份皮影戏的推广演示文稿，效果如图 5-37 所示。

图 5-37 任务 3 推广皮影戏演示文稿

任务分析

实现本任务首先利用联机模板创建一个新的演示文稿，生成 8 张幻灯片，然后为幻灯片选择合适的文字、图片、视频丰富内容，通过艺术字、母版、超链接进行设置，最后为幻灯片添加动画效果。

任务分解

本任务可以分解为以下 5 个子任务。

子任务 1：设置幻灯片背景

子任务 2：插入艺术字

子任务 3：应用母版

子任务 4：设置超链接和动作按钮

子任务 5：设置动画效果

任务实现

5.3.1 设置幻灯片背景

步骤 1：编辑幻灯片

① 启动 PowerPoint 2016，单击“文件”→“新建”按钮，在联机模板中找到“几何色块”，单击“创建”按钮，下载生成新幻灯片，如图 5-38 所示，新建 6 张幻灯片，共生成 8 张幻灯片。

② 设置第 3～8 张幻灯片的版式为“两栏内容”。分别在第 1～8 张幻灯片中输入标题文本和内容文本。

③ 选中第 3 张幻灯片，插入本设备中的图片“图 1.jpg”文件，进行水平翻转，设置图片样式为“柔化边缘椭圆”。

④ 选中第 5 张幻灯片，插入本设备中的图片“图 2.jpg”文件；选中第 6 张幻灯片，插入本设备中的图片“图 3.jpg”和“图 4.jpg”文件，设置图片样式为“映像棱台-白色”。

⑤ 选中第 7 张幻灯片，插入本设备中的制作皮影戏的 8 张图片，单击“图片工具/格式”

→“图表样式”→“图片版式”→“图片网格”选项，在 SmartArt 样式下拉列表中选择“三维”→“优雅”选项，设置效果。

图 5-38 应用“几何色块”联机模板

⑥ 选中第 8 张幻灯片，单击“插入”→“视频”→“PC 上的视频”选项，插入“皮影戏.mp4”视频文件。幻灯片基本内容编辑完成，如图 5-39 所示。

图 5-39 基本内容编辑结果

步骤 2：设置幻灯片背景

① 选中第 2 张幻灯片，单击“设计”→“自定义”→“设置背景格式”，在右侧打开的“设置背景格式”面板中进行设置。

② 选择“填充”→“图片或纹理填充”→“纹理”选项，在弹出的纹理列表中选择“斜纹布”纹理，设置透明度为“80%”，单击“应用到全部”按钮，设置幻灯片背景，如图 5-40 所示。

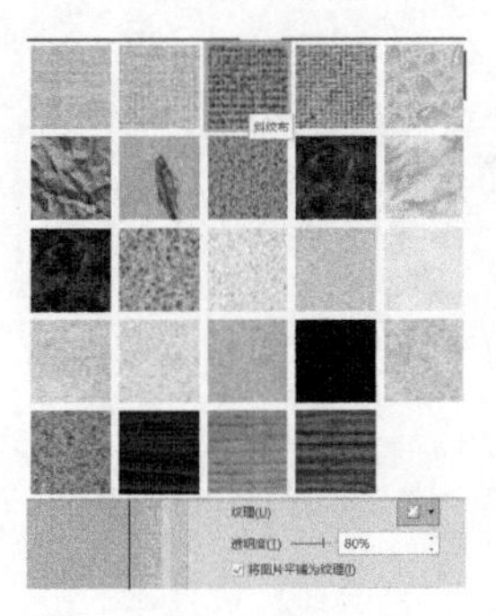

图 5-40 选择“斜纹布”纹理

技巧与提示

在“设置背景格式”面板中单击“重置背景”按钮即可删除设置的幻灯片背景。

5.3.2 插入艺术字

步骤：为幻灯片插入艺术字

① 选中第 1 张幻灯片，单击“插入”→“文本”→“艺术字”下拉按钮，在下拉列表

中选择“填充-白色 1；边框：黑色，背景色 1；清晰阴影；青绿，主题色 5”，输入文字“皮影戏”，如图 5-41 所示。

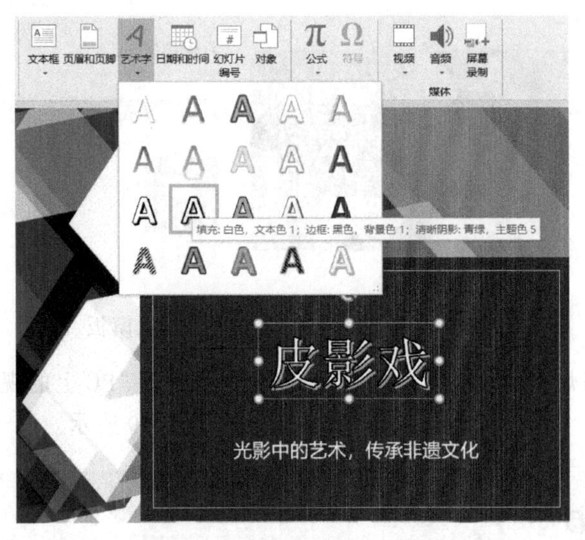

图 5-41 设置艺术字样式

② 选中插入的艺术字，单击“绘图工具/格式” →“艺术字样式”→“文本效果”下拉按钮，在下拉列表中选择“转换”→“弯曲”→“三角：正”选项，设置艺术字的样式，如图 5-42 所示。调整艺术字到幻灯片合适的位置。

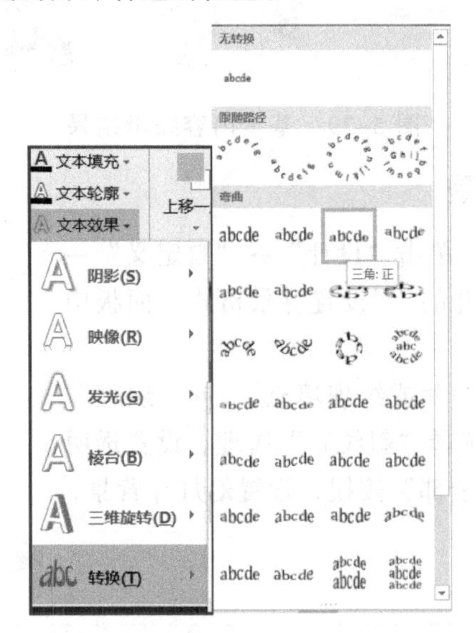

图 5-42 设置艺术字文本效果

5.3.3 应用母版

幻灯片主题是由系统设计好的外观，如果读者想按自己的想法统一改变整个演示文稿的外观风格，则需要使用母版。幻灯片母版是一张特殊的幻灯片，它存储了演示文稿的主题、幻灯片版式和格式等信息，更改幻灯片母版，就会影响基于该幻灯片创建的所有幻灯片。

步骤 1：应用母版插入图片

① 选中第 3 张幻灯片，单击“视图”→“母版视图”→“幻灯片母版”按钮，如图 5-43 所示，进入幻灯片母版的编辑状态。

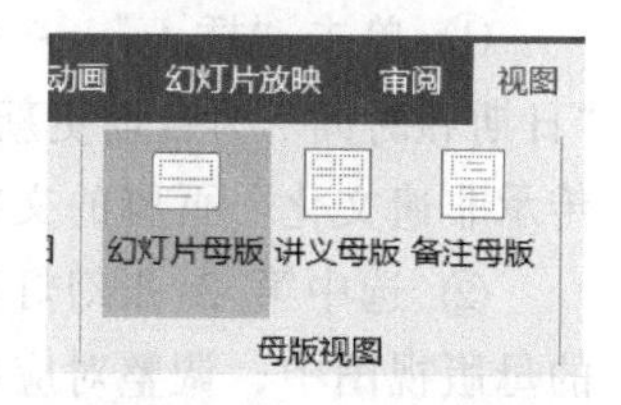

图 5-43　母版视图

② 在幻灯片母版编辑窗口的左侧有应用了不同版式的多张母版，选中“两栏内容”版式母版，单击“插入”→“图像”→“图片”→“此设备”选项，弹出“插入图片”对话框，找到“母版.jpg”文件，单击“插入”按钮，将图片拖动到幻灯片母版的左上角。

③ 选中插入的图片，单击“图片工具/格式”→“调整”→“删除背景”按钮，将多余的图片背景删除，并调整图片的大小和位置，完成图片的插入，如图 5-44 所示。

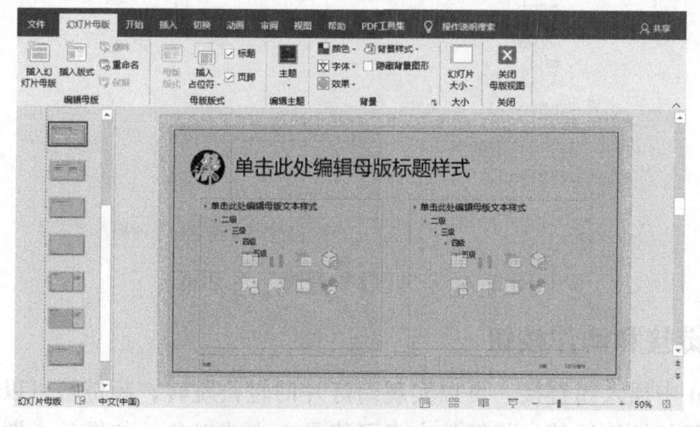

图 5-44　编辑幻灯片母版

步骤 2：利用母版为幻灯片设置字体

① 在母版编辑窗口中选择“两栏内容”版式母版，单击左侧内容占位符边框，然后单击“开始”→“字体”选项，设置内容字体为“黑体”，字号为“20”，加粗。单击“开始”→“段落”→“行距”→“1.5”选项，设置 1.5 倍行距。

② 用格式刷给右侧的内容占位符设置同样的字体段落格式。

③ 单击“幻灯片母版”→“关闭”→“关闭母版视图”按钮，退出母版编辑模式，可以看到第 3～8 张幻灯片的左上角出现了皮影戏的图片，内容字体也发生了改变。

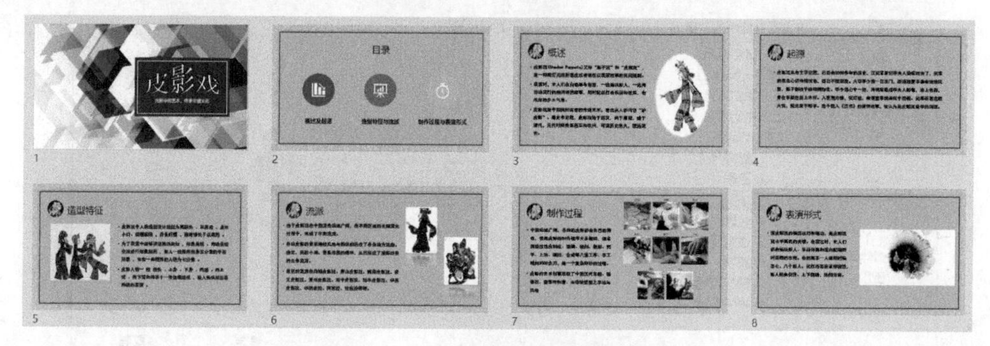

图 5-45　设置母版后的演示文稿

步骤 3：设置幻灯片页眉/页脚

① 单击“插入”→“文本”→“页眉页脚”按钮，弹出“页眉和页脚”对话框，设置“日期和时间”为自动更新，勾选“幻灯片编号”和“页脚”复选框，并输入“光影中的艺术，传承非遗文化”页脚的文字内容，如图 5-46 所示。

② 选中第 3 张幻灯片，单击“视图”→“母版视图”→“幻灯片母版”按钮，在打开的母版视图中，调整对应的页脚、编号、日期的字体设置与位置。

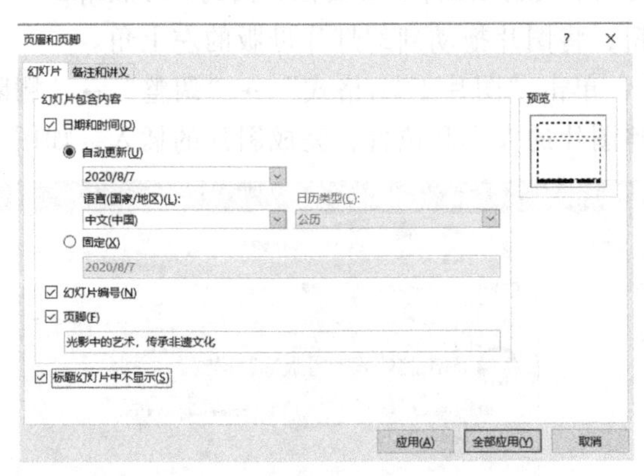

图 5-46 “页眉和页脚”对话框

5.3.4 设置超链接和动作按钮

在 PowerPoint 中插入超链接，可以实现幻灯片的轻松跳转，超链接可以链接到幻灯片、文件、网页或电子邮件地址等。超链接本身可能是文本或对象，如图片、图形或艺术字等。

步骤 1：设置链接目录

① 选中第 2 张幻灯片，选中“概述及起源”，单击“插入”→“链接”→“超链接”按钮，弹出“插入超链接”对话框，单击“本文档中的位置”，选择幻灯片标题为“概述”的幻灯片。此时，在“幻灯片预览”窗格中显示所选幻灯片的缩略图，单击“确定”按钮，如图 5-47 所示。

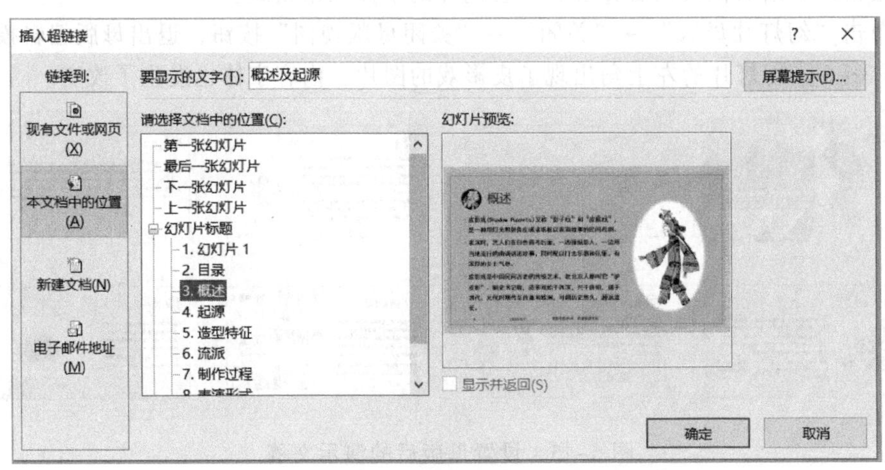

图 5-47 “插入超链接”对话框

② 选中第 2 张幻灯片，右击“造型特征与流派”，弹出“插入超链接”对话框，单击“本文档中的位置”，选择幻灯片标题为“造型特征”的幻灯片。用同样的方法设置“制作过程与表演形式”超链接到标题为“制作过程”的幻灯片。

技巧与提示

编辑超链接：右击已创建的超链接，在弹出的快捷菜单中选择“编辑超链接”命令，弹出“编辑超链接”对话框，可以实现超链接的更改。单击“删除超链接”按钮即可删除刚刚设置的超链接。

步骤 2：为第 3、5、7 张幻灯片添加“返回”按钮

① 选中第 3 张幻灯片，单击“插入”→“插图”→“形状”下拉按钮，在下拉列表底部的“动作按钮”选项组中提供了多种动作按钮，将光标在按钮上停留片刻，便会有相应的文字说明出现，方便了解每个按钮的含义，如图 5-48 所示。

图 5-48 动作按钮选项

② 单击“动作按钮”→“动作按钮：转到主页”按钮，此时鼠标指针变为十字形状，在幻灯片的右侧空白处按住鼠标左键绘制一个按钮形状，弹出“操作设置”对话框，选中“超链接到”单选按钮，在下拉列表中选择“幻灯片...”选项，如图 5-49 所示。

③ 在弹出的“超链接到幻灯片”对话框中，选择第 2 张幻灯片“目录”，如图 5-50 所示，单击“确定”按钮。

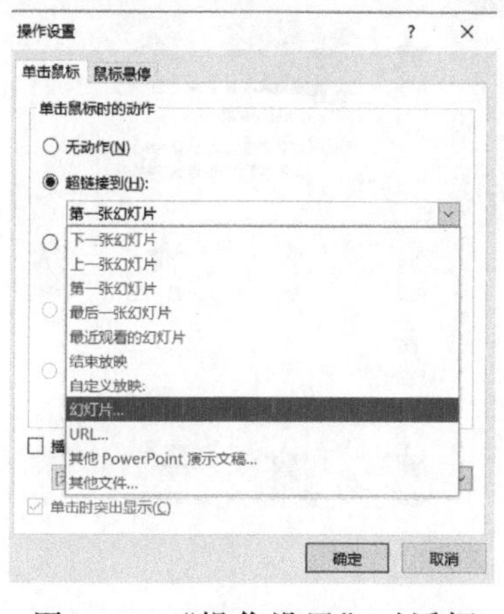

图 5-49 “操作设置”对话框

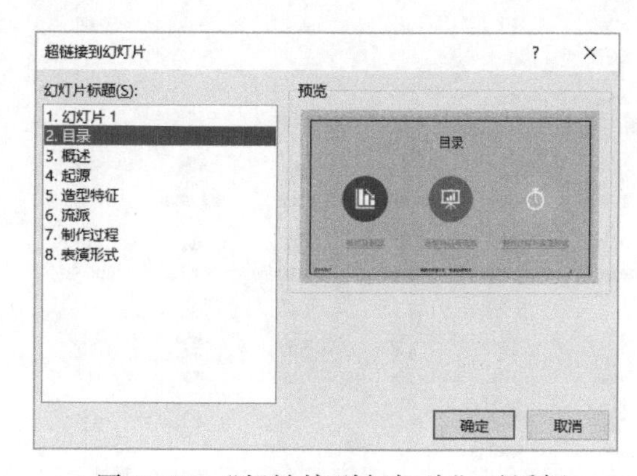

图 5-50 “超链接到幻灯片”对话框

④ 调整动作按钮的大小和位置，并设置形状样式为“细微效果-水绿色，强调颜色 3”。

⑤ 按照相同的方法为第 3、5 张幻灯片加上“转到主页”按钮。

步骤 3：为第 4、6、8 张幻灯片添加动作按钮

① 选中第 4 张幻灯片，单击“插入”→“插图”→“形状”→“动作按钮”下拉按钮，选择“动作按钮：后退或前一项”按钮，在幻灯片右下角按住鼠标左键绘制一个按钮形状，

此时该动作按钮会自动链接到上一张幻灯片。选择“动作按钮：前进或下一项”按钮，添加链接到下一页幻灯片的按钮。

② 按照相同的方法为第 4 张幻灯片添加“动作按钮：后退或前一项”和“动作按钮：前进或下一项”按钮。为第 8 张幻灯片添加“动作按钮：后退或前一项”按钮，完成幻灯片动作按钮的添加与设置。

5.3.5 设置动画效果

在 PowerPoint 中不仅可以为文本、图片、SmartArt 图形、图表等多种对象设置动画，还可以对其动画的开始方式、运行方式、播放速度、声音效果、放映顺序等进行细节的设置，从而为用户提供更大的想象空间，便于制作出丰富多彩的演示文稿。

步骤 1：利用母版为第 3～8 张幻灯片内容文本设置动画效果

① 选中第 3 张幻灯片，单击“视图”→“母版视图”→“幻灯片母版”按钮，进入幻灯片母版的编辑状态。

② 选中内容文本，单击“动画”→“动画”→“动画效果”下拉按钮，在下拉列表中选择“进入”→“随机线条”选项，为文本内容设置动画效果，如图 5-51 所示。可以通过单击“动画”→“预览”选项查看设置的动画效果

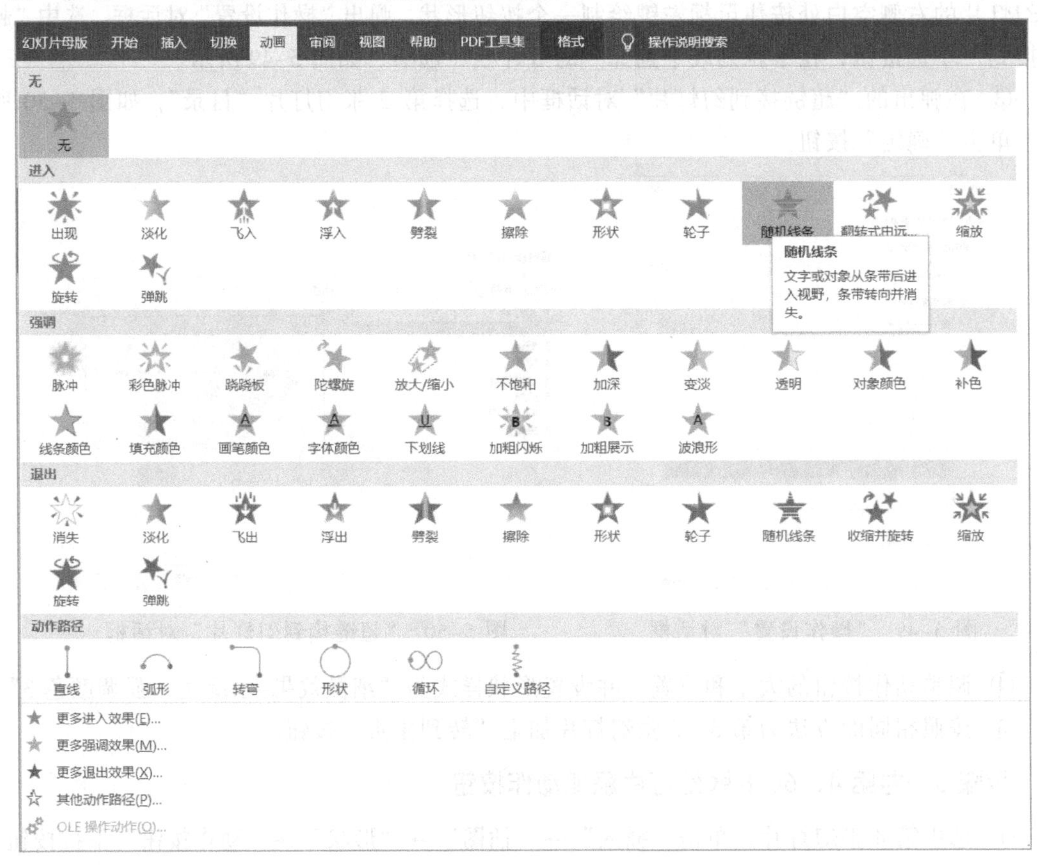

图 5-51 动画效果下拉列表

技巧与提示

在“动画效果”列表框中共包含 4 类动画预置效果：进入、强调、退出、动作路径。前 3 类动画效果又分为基本型、细微型、温和型、华丽型，“动作路径”动画效果分为基本、直线和曲线、特殊 3 种细分类型。

“进入”动画效果是设置文本或对象以某种效果进入幻灯片。

“强调”动画效果是设置文本或对象在放映中的强调作用。

“退出”动画效果是设置文本或对象何时以何方式离开幻灯片。

“动作路径”动画效果是设置文本或对象按照指定的路径移动。

步骤 2：为第 2 张幻灯片设置动画效果

① 选中第 2 张幻灯片的内容，单击“动画”→“动画”→“动画效果”下拉按钮，在下拉列表中选择“进入”→“轮子”选项，再选择“效果选项”→“轮辐图案”→“4 轮辐图案”选项，选择“序列”→“逐个”选项设置内容部分的动画效果，如图 5-52 所示。

② 单击“动画”→“高级动画”→“动画窗格”按钮，弹出“动画窗格”对话框，进一步设置动画效果，右击要修改的动画，如“椭圆 7”，将触发更改为“从上一项之后开始”，依次更改其他对象的动画设置，如图 5-53 所示。

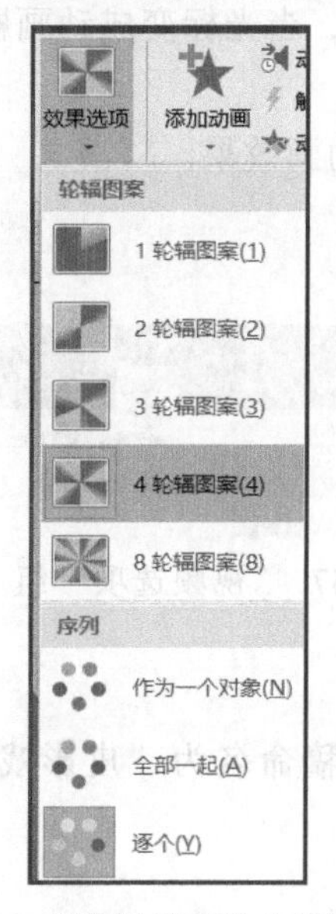

图 5-52 “效果选项”下拉列表

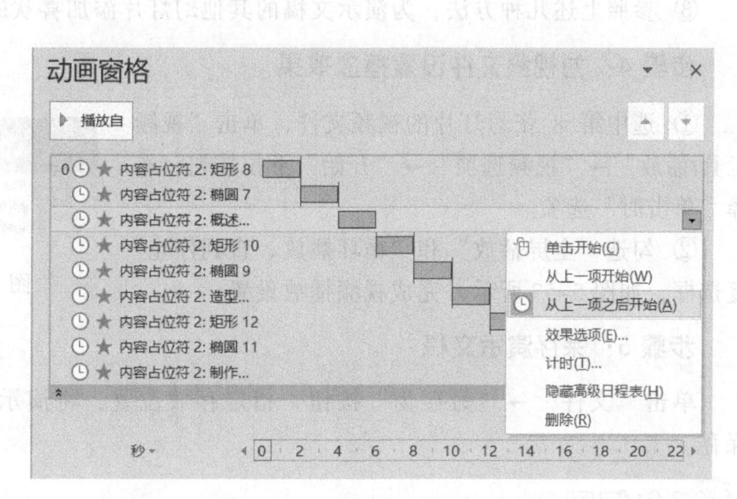

图 5-53 “动画窗口”对话框

③ 设置“动画”→“计时”→“持续时间”为 0.75 秒，如图 5-54 所示，完成第 2 页幻灯片的动画效果设置。

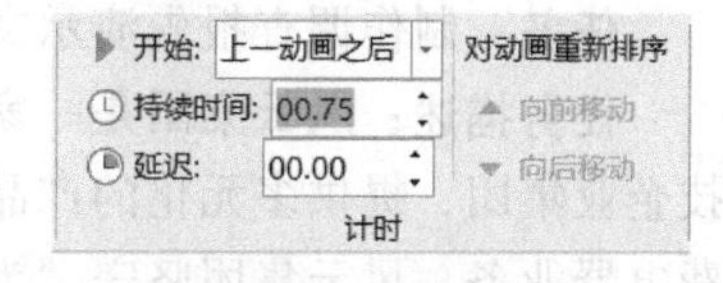

图 5-54 “计时”组

步骤 3：利用动画刷设置动画效果

PowerPoint 2016 提供了动画刷工具，它可以将幻灯片中源对象的动画照搬到目标对象上面，如图 5-55 所示。但是动画刷不能复制动画顺序，单击动画刷只能复制一次，双击可以复制多次，如果要取消动画刷，可以按【Esc】键。

① 选中第 6 张幻灯片的图 3，单击“动画”→“动画”→“动画效果”下拉按钮，在下拉列表中选择“更多进入效果”→“华丽”→“玩具风车”效果，如图 5-56 所示。

图 5-55 高级动画选项

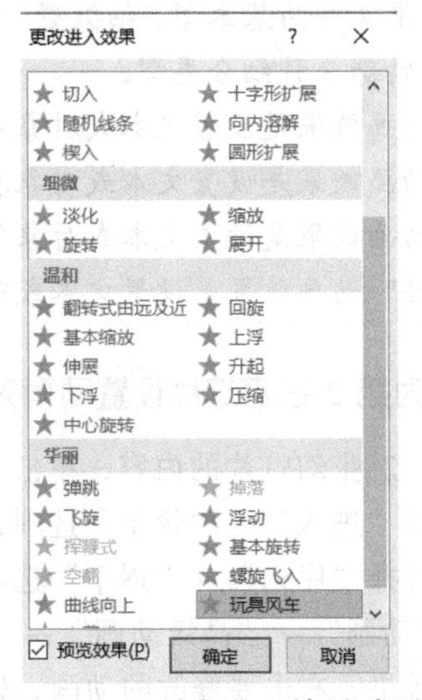

图 5-56 更多进入效果动画

② 选中图 3，单击“动画”→“高级动画”→“动画刷”按钮，当光标变成动画刷形状时，单击图 4，此时图 4 就具有了和图 3 相同的动画效果。

③ 参照上述几种方法，为演示文稿的其他幻灯片添加喜欢的动画效果。

步骤 4：为视频文件设置播放效果

① 选中第 8 张幻灯片的视频文件，单击“视频工具/播放”→“视频选项”→“开始”下拉按钮，选择“单击时”选项。

② 勾选“全屏播放”和“循环播放，直到停止”复选框，如图 5-57 所示，完成视频播放设置。

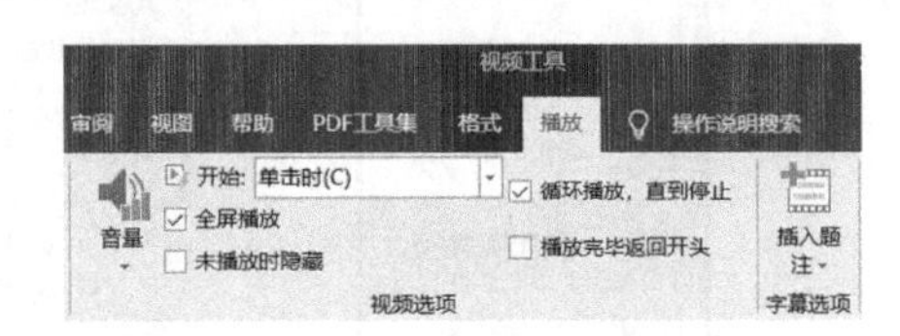

图 5-57 “视频选项”组

步骤 5：保存演示文稿

单击“文件”→“另存为”按钮，指定存放位置，将演示文稿命名为“皮影戏”，并保存。

任务拓展

任务：制作调查报告演示文稿。

任务描述：风云集团是一家领先的消费电器、暖通空调、机器人及工业自动化系统的科技企业集团，提供多元化的产品和服务，包括以厨房家电、冰箱、洗衣机及各类小家电的消费电器业务。风云集团坚守“为客户创造价值”的原则，致力于创造美好生活。现委托你制作公司宣传演示文稿，效果如图 5-58 所示。

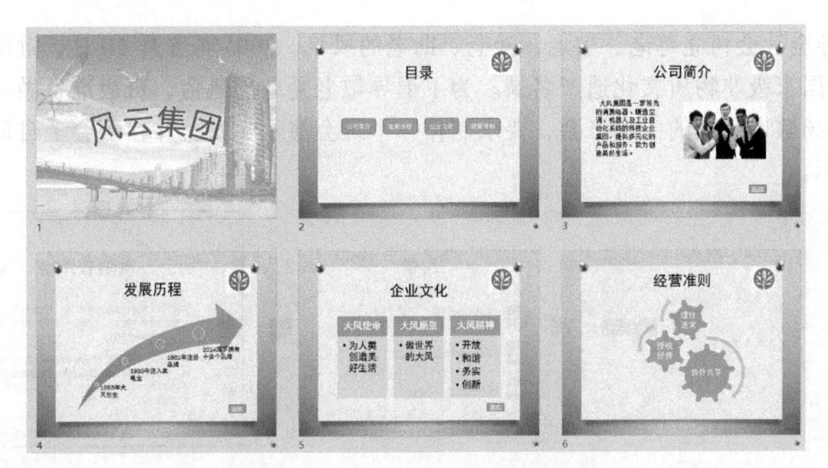

图 5-58　公司简介演示文稿效果图

知识链接

使用幻灯片母版

在 PowerPoint 中有 3 种母版：幻灯片母版、讲义母版和备注母版。这些母版可以用来制作统一的标志和背景内容，设置标题和主要文字的格式等，即母版可以为所有幻灯片设置默认的版式和格式。

① 幻灯片母版：幻灯片母版用于存储有关演示文稿的主题和幻灯片版式的信息，包括背景、颜色、字体、效果、占位符大小和位置。更改幻灯片母版，就会影响基于该幻灯片创建的所有幻灯片，无须在多张幻灯片上输入相同的内容，提高了工作效率。使用幻灯片母版可以像更改任何一张幻灯片一样，进行更改字体或项目符号、插入要显示在多张幻灯片上的艺术图片等操作。

② 讲义母版：讲义母版是在母版中显示讲义的安排位置的母版，其页面四周是页眉区、日期区、页脚区和数字区，中间显示讲义的页面布局。通过讲义母版可以对讲义的页面、占位符、主题、背景进行设置。

③ 备注母版：要是用户添加的备注应用于演示文稿中所有备注页，可以更改备注母版。例如，要在所有备注页上放置公司 Logo 或其他艺术图案，可以将其添加到备注母版中。如果想更改备注所使用的字形，也可以在备注母版中更改。另外，用户还可以更改幻灯片区域、备注区域、页眉、页脚、页码以及日期的外观和位置。

任务 4　制作班会演示文稿

任务描述

重阳节是中国民间的传统节日，节期在每年的农历九月初九日。重阳节在历史发展演变中杂糅多种民俗为一体，承载了丰富的文化内涵。在民俗观念中“九”在数字中是最大数，有长久长寿的含意，寄托着人们对老人健康长寿的祝福。1989 年，农历九月九日被定为“敬老节”，倡导全社会树立尊老、敬老、爱老、助老的风气。2006 年 5 月 20 日，重阳节被国务院列入首批国家级非物质文化遗产名录。为了倡导敬老爱老的风俗，班级准备做一次重阳节为主题的宣扬敬老爱老的主题班会，要求制作一个班会演示文稿，并在班会上自动播放，如图 5-59 所示。

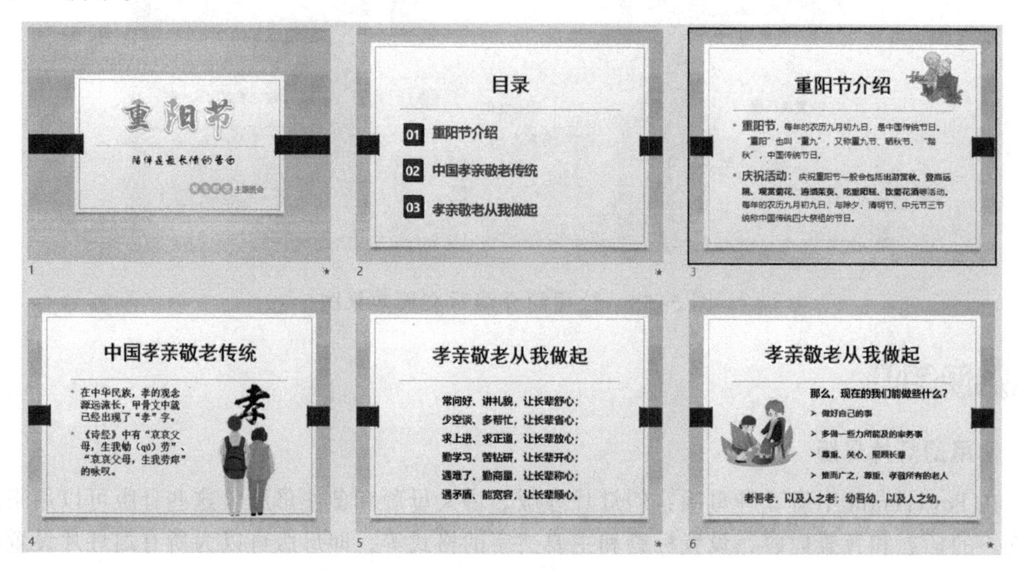

图 5-59　任务 4 重阳节主题班会演示文稿

任务分析

实现本任务首先要创建一个新的演示文稿，添加 6 张幻灯片，然后为幻灯片选择合适的版式、主题，通过一定的设置美化主题，在整个演示文稿中插入背景音乐，为幻灯片设置切换效果和放映方式。

任务分解

本任务可以分解为以下 4 个子任务。

子任务 1：编辑幻灯片

子任务 2：插入背景音乐

子任务 3：设置幻灯片切换效果

子任务 4：设置幻灯片放映方式

任务实现

5.4.1　编辑幻灯片

步骤：新建、编辑幻灯片

① 启动 PowerPoint 2016，在演示文稿中新建 6 张幻灯片。

② 为所有幻灯片应用“环保”主题选项，设置幻灯片大小为标准 4:3。

③ 分别在每一张幻灯片中输入标题文本和内容文本，并设置对应的字体和段落格式。

④ 为第3、4、6张幻灯片插入相应的图片，并调整大小和位置。

5.4.2　插入背景音乐

为了使演示文稿无论从听觉、视觉上都能带给观众惊喜，PowerPoint 提供了插入声音和影片的功能，用户可以在演示文稿中添加各种声音文件，使其变得有声有色，更具有感染力。在幻灯片中可以插入计算机中存放的声音文件，剪辑管理器自带的声音和录制的声音。

步骤：插入声音文件

① 选中第1张幻灯片，单击“插入”→“媒体”→“音频”下拉按钮，在下拉列表中选择“PC上的音频”选项，如图5-60所示。

② 在弹出的“插入音频”对话框中，找到声音文件music.mp3，单击“插入”按钮，完成音频的插入，幻灯片中会出现音频图标，效果如图5-61 所示。

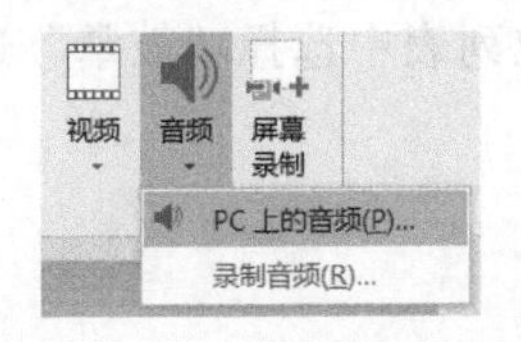

图5-60　“音频”下拉列表

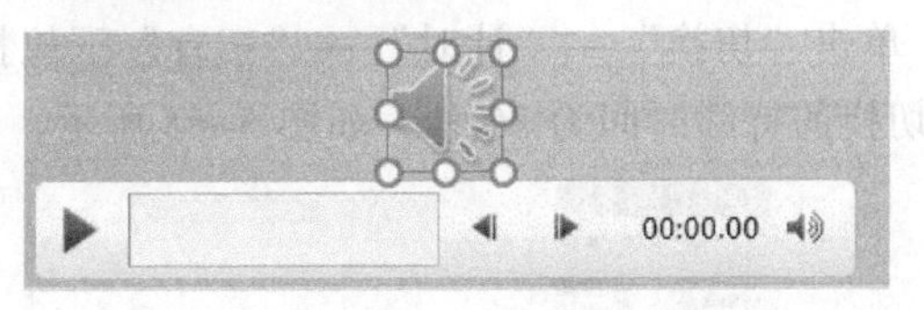

图5-61　音频图标

③ 选中幻灯片中出现的声音图标，单击“音频工具/播放”　→“音频选项”→“开始”下拉按钮，在下列拉表中选择“自动”选项，在“音量”下拉列表中选择“高”选项，勾选“跨幻灯片播放”“循环播放，直到停止”“放映时隐藏”复选框，设置放映方式如图5-62所示。

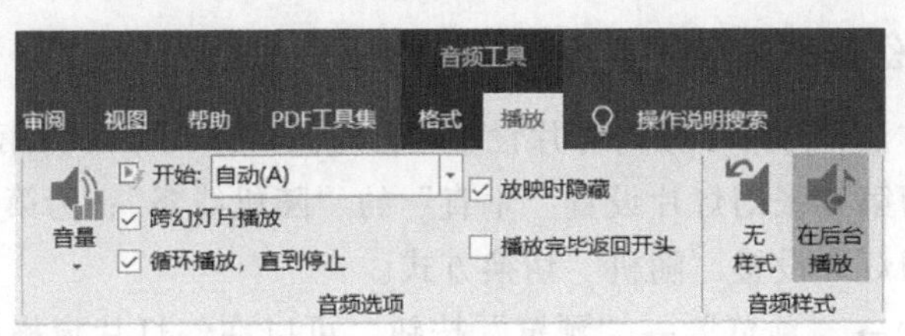

图5-62　“音频选项”组

5.4.3　设置幻灯片切换效果

幻灯片的切换效果是指在幻灯片的放映过程中，播放完的幻灯片如何消失，下一张幻灯片如何显示，也就是两张连续的幻灯片之间的过渡效果。PowerPoint 可以在幻灯片之间设置切换效果，从而能使幻灯片放映效果更加生动有趣。

步骤1：为第1张幻灯片设置切换方式

① 选中第1张幻灯片，单击“切换”→“切换到此幻灯片”→“切换效果”下拉按钮，在下拉列表中选择“华丽”→“上拉帷幕”选项，如图5-63所示。

② 单击“切换”→“切换到此幻灯片”→“效果选项”下拉按钮，在下拉列表中选择“向左”选项，如图5-64所示。

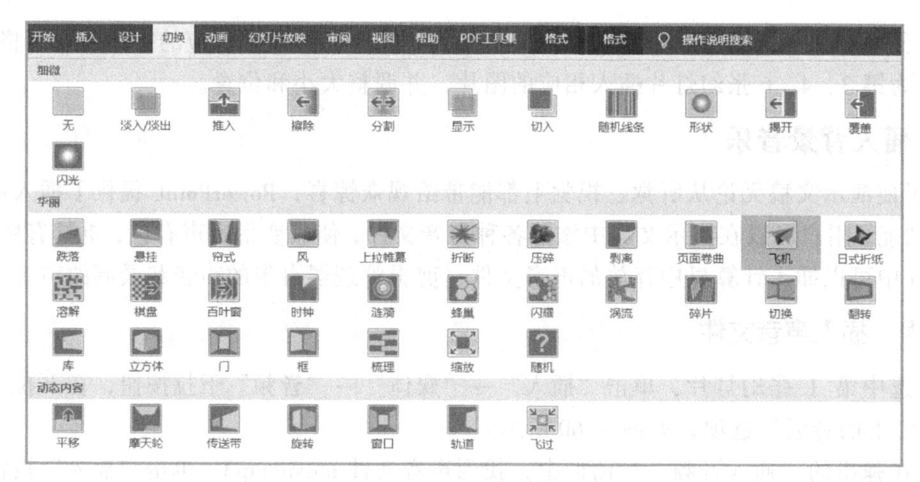

图 5-63 切换效果

③ 单击“切换”→“计时”→“声音”下拉按钮，在下拉列表中选择“鼓掌”选项，并设置切换的持续时间为 30 秒，如图 5-65 所示。

图 5-64 效果选项

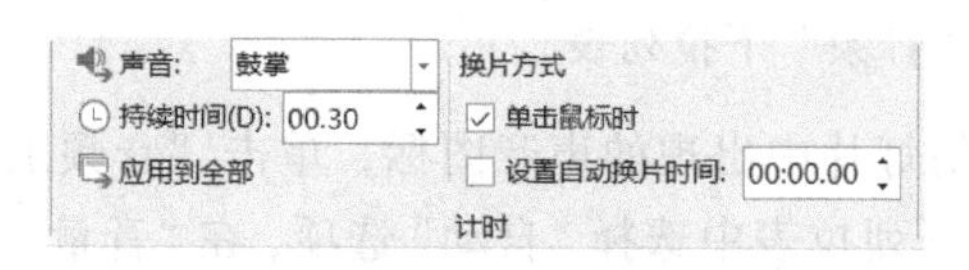

图 5-65 计时

步骤 2：为其他幻灯片设置切换方式

① 按照相同的方法，为第 2 张幻灯片设置“自左侧”的“风”；为第 3 张幻灯片设置“自左侧”的“棋盘”；为第 4 张幻灯片设置“垂直”的“随机线条”；为第 5 张幻灯片设置“上拉帷幕”；为第 6 张幻灯片设置“随机”切换方式。

② 单击“切换”→“预览”→“预览”按钮，可以在幻灯片窗格中看到幻灯片的切换效果，如果不满意，可以随时修改。

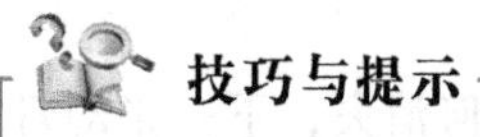

技巧与提示

① 如果要为演示文稿中的所有幻灯片设置相同的切换效果，可以先任意设置一张幻灯片的切换动画，然后单击“切换”→“计时”→“全部应用”按钮。

② 换片方式分为手动换片和自动换片两种。如果选中“单击鼠标时”复选框，则在幻灯片放映过程中，不论这张幻灯片放映了多长时间，只有单击时才换到下一页；如果选中“设置自动换片时间”复选框，并输入具体的秒数，如输入 3 秒，那么在幻灯片放映时，每隔 3 秒就会自动切换到下一页。

5.4.4 设置幻灯片放映方式

制作完演示文稿，其最终目的是放映幻灯片。在默认情况下，PowerPoint 2016 会按照预设的演讲者放映方式放映幻灯片，放映过程需要人工控制。在 PowerPoint 2016 中还有另外两种放映方式，一是观众自行浏览，二是展台浏览。

步骤 1：设置自动循环播放幻灯片

在一些特殊场合下，如展览会场或无人值守的会议上，播放演示文稿不需要人工干预，而是自动运行。实现自动循环放映幻灯片，需要先为演示文稿设置放映排练时间，然后再设置演示文稿的放映方式。操作如下：

① 单击“幻灯片放映”→“设置”→“排练时间”按钮，系统会自动从第 1 张幻灯片开始放映，如图 5-66 所示。此时在幻灯片左上角会出现“录制”对话框，如图 5-67 所示。

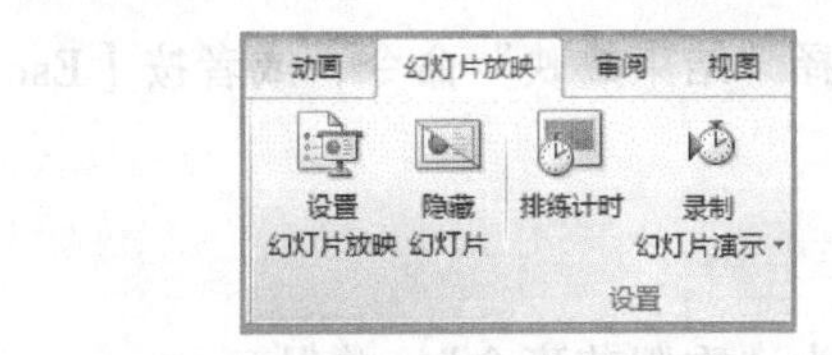

图 5-66 幻灯片放映选项卡

图 5-67 “录制”对话框

② 可以通过按【Enter】键或单击鼠标控制每张幻灯片的放映速度。

③ 当放映完最后一张幻灯片时，按【Esc】键，弹出图 5-68 所示的对话框，给出放映演示文稿的总时间，单击“是”按钮，此时在幻灯片浏览视图下，可以看到每张幻灯片的左下方均显示放映该幻灯片所需要的时间。

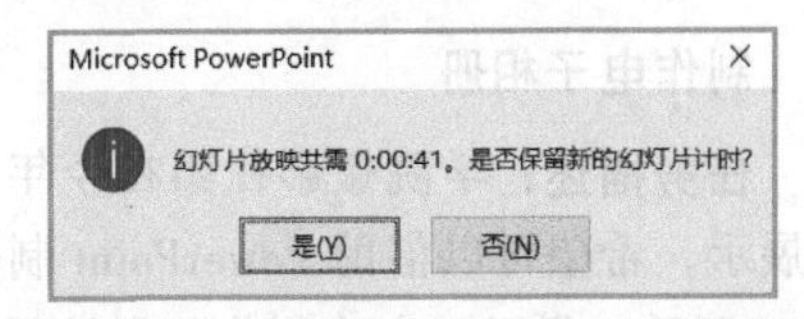

图 5-68 Microsoft PowerPoint 对话框

④ 设置演示文稿的放映方式。单击“幻灯片放映”→“设置”→“设置幻灯片放映”选项，打开“设置放映方式”对话框，选择“放映类型”为“演讲者放映（全屏幕）”，“换片方式”为“如果存在排练时间，则使用它”，如图 5-69 所示，单击“确定”按钮。

图 5-69 “设置放映方式”对话框

步骤 2：放映幻灯片

使用下列方法之一，观看演示文稿的放映效果。

① 单击“幻灯片放映”→“开始放映幻灯片”→“从头开始”按钮，从第一张开始放映，如图 5-70 所示。

图 5-70 “开始放映幻灯片”选项

② 按【F5】键，从第 1 张幻灯片开始放映。

③ 在窗口下方的“视图选项”区域单击“幻灯片放映”按钮，则从当前幻灯片开始放映。

步骤 3：结束放映过程

在幻灯片的任意位置右击，在弹出的快捷菜单中选择“结束放映”命令，或者按【Esc】键退出放映。

步骤 4：保存演示文稿

单击“文件”→“另存为”按钮，将演示文稿命名为“重阳节班会”，并保存。

任务拓展

制作电子相册

任务描述：学院摄影社团在今年的摄影比赛结束后，为了能将优秀作品在社团活动中进行展示，希望可以借助 PowerPoint 制作出精美的电子相册，现将这项工作交给你，效果如图 5-71 所示。提示：完成制作相册演示文稿的任务，可以借助 PowerPoint 中的“新建相册”功能，在制作过程中，可以加入背景音乐、设置切换效果、增加动画设置、插入超链接等用多种素材和效果突出主题，增加感染力。设置放映方式为“展台浏览”，利用“排练计时”自动循环播放。

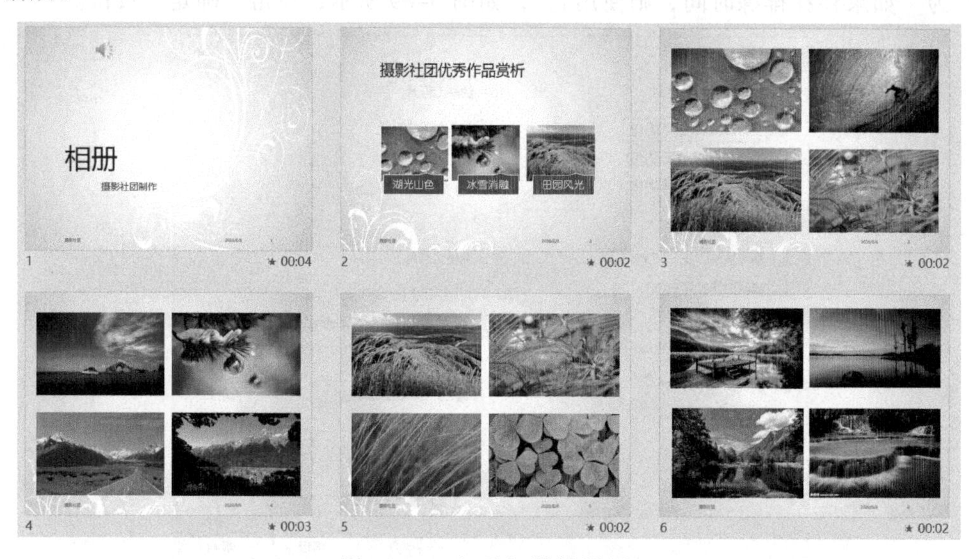

图 5-71 电子相册效果图

知识链接

1. 幻灯片的放映类型

① 演讲者放映：运行全屏幕显示的演示文稿，通常由演讲者自己控制放映过程。

② 观众自行浏览：在窗口中放映幻灯片，观众可以通过上一张选项或下一张选项自行浏览幻灯片。

③ 在展台浏览：这是一种自动运行全屏幕放映的方式。

2. 放映时显示笔迹

利用图 5-72 所示的“指针选项”子菜单，可以将鼠标指针变成各种笔，在所放映的幻灯片上书写，用于突出关键点。写完后，选择“橡皮擦”或“擦除幻灯片上的所有墨迹”命令，可擦除所写内容。

3. 隐藏幻灯片

用户可以根据播放演示文稿的环境选择放映方式。如果在演讲时，由于时间或其他原因，需要临时减少演讲内容，又不想删除幻灯片，可以将不需要的幻灯片隐藏起来。

选中需要隐藏的幻灯片，单击“幻灯片放映”→“设置”→“隐藏幻灯片”按钮，如果想要取消隐藏，只需再次执行上述操作即可。

4. 自定义放映

除了隐藏幻灯片之外，还可以采用“自定义放映”方式进行有选择地放映幻灯片。

① 单击“幻灯片放映”→“开始放映幻灯片”→“自定义幻灯片放映”按钮，弹出“自定义放映”对话框，如图 5-73 所示。

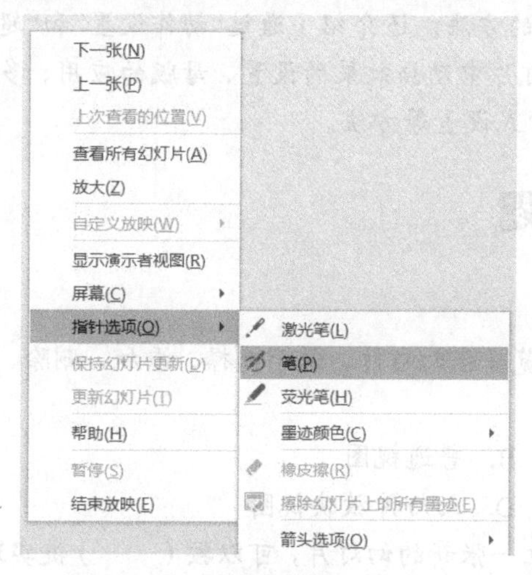

图 5-72 “指针选项”子菜单

图 5-73 “自定义放映”对话框

② 单击“新建”按钮，弹出“定义自定义放映”对话框，在“演示文稿中的幻灯片”列表框中选择需要放映的幻灯片，单击“添加”按钮，将其添加到“在自定义放映中的幻灯片”列表框中，如图 5-74 所示。

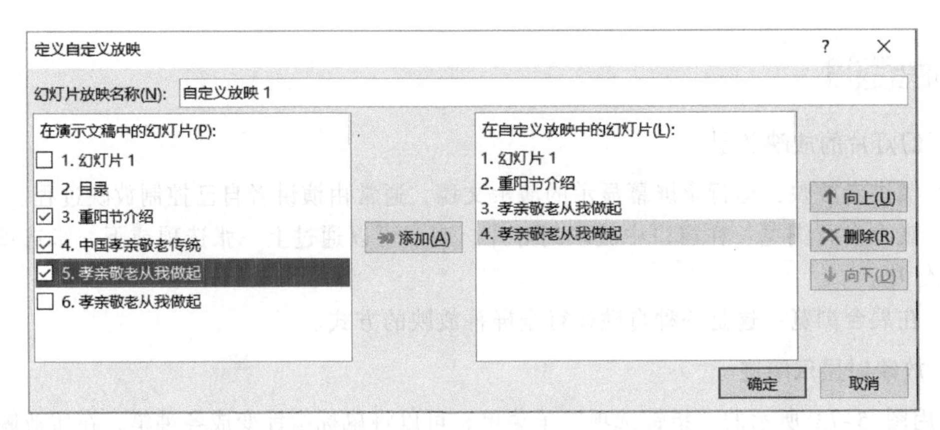

图 5-74 “定义自定义放映”对话框

③ 如果想删除已经添加到自定义放映中的幻灯片，则选中该幻灯片，单击“删除”按钮即可。同样单击对话框中的“向上”“向下”按钮，可调整自定义放映中幻灯片的播放顺序。最后单击“确定”按钮，返回到“自定义放映”对话框中，单击“关闭”按钮。

④ 再次单击“自定义幻灯片放映”下拉按钮，在下拉列表中显示新建幻灯片放映方式的名称“自定义放映 1”，如图 5-75 所示。单击“自定义放映 1”，开始按自定义的幻灯片放映方式进行放映。

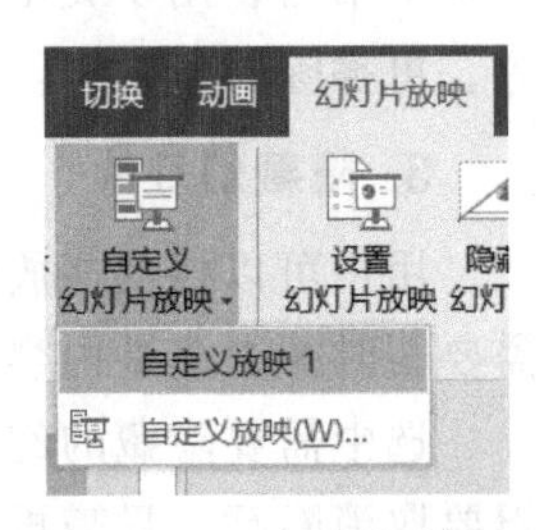

图 5-75 自定义放映

小 结

本单元主要介绍了 PowerPoint 2016 的基本操作，包括幻灯片的新建、幻灯片版式的设置、创建和处理 SmartArt 图形、创建图表、创建表格的方法；还介绍了通过“动作设置”和“超链接”创建交互式演示文稿的方法；另外，介绍了幻灯片中动画效果的设置、母版的应用、多媒体素材的应用、幻灯片的切换、演示文稿的放映方式设置等方法。

习 题

一、选择题

1. 在 PowerPoint 的各种视图中，可以同时浏览多张幻灯片，便于选择、添加、删除、移动幻灯片等操作的是（　　）。

A. 备注页视图　　B. 普通视图
C. 幻灯片浏览视图　　D. 幻灯片放映视图

2. 在幻灯片任何一个项目的结尾处，若要建立一张新的幻灯片，可以按（　　）键实现。

A. Alt + Tab　　B. Ctrl+ Enter　　C. Shift + Tab　　D. Ctrl + M

3. 在 PowerPoint 2016 的浏览视图下，对于复制对象的操作，可以使用快捷键（　　）+ 鼠标拖动实现。

A. Shift　　B. Alt　　C. Ctrl　　D. Alt + Ctrl

4. 将幻灯片文档中一部分文本内容复制到别处，先要进行的操作是（　　）。

A. 粘贴　　B. 复制　　C. 选择　　D. 剪切

5. 在 PowerPoint 中，要终止幻灯片的放映，应使用的快捷键是（　　）。

A. Alt+F4　　B. Ctrl + C　　C. Esc　　D. Ctrl + F1

6. 下列关于 PowerPoint 的叙述，正确的是（　　）。

A. PowerPoint 是 IBM 公司的产品　　B. PowerPoint 只能双击演示文稿文件打开

C. 打开 PowerPoint 有多种方法　　D. 关闭 PowerPoint 时一定要重命名

7. PowerPoint 是（　　）公司的产品。

A. IBM　　B. Microsoft　　C. 金山　　D. 联想

8. 在 PowerPoint 中，（　　）模式用于查看幻灯片的播放效果。

A. 大纲视图　　B. 备注页视图

C. 幻灯片浏览视图　　D. 幻灯片放映视图

9. 在 PowerPoint 中，下列关于在幻灯片的占位符中插入文本的叙述正确的有（　　）。

A. 插入的文本一般不加限制　　B. 插入的文本文件有很多条件

C. 标题文本插入在状态栏进行　　D. 标题文本插入在备注视图进行

10. 在 PowerPoint 中，用自选图形在幻灯片中添加文本时，当选定一个自选图形时，怎样使它贴到幻灯片中（　　）。

A. 用鼠标右键双击选中的图形

B. 选择所需的自选图形，在幻灯片上拖拉一个方框即可

C. 选中图形后复制，然后粘贴

D. 选择图片下拉列表中的剪贴画

11. 在 PowerPoint 中，下列关于选择幻灯片中文本的叙述，错误的是（　　）。

A. 单击文本区，会显示文本控制点

B. 选择文本时，按住鼠标不放并拖动鼠标

C. 文本选择成功后，所选幻灯片中的文本反白显示

D. 文本不能重复选定

12. 在 PowerPoint 中，下列关于移动和复制文本的叙述，错误的是（　　）。

A. 文本在复制前，必须先选定　　B. 文本的剪切和复制没有区别

C. 文本复制的快捷键是 Ctrl+C　　D. 文本能在多张幻灯片间移动

13. 在 PowerPoint 中，创建表格时，假设创建的表格为 6 行 4 列，则在表格对话框的列数和行数分别应填写（　　）。

A. 6 和 4　　B. 都为 6　　C. 4 和 6　　D. 都为 4

14. 在 PowerPoint 中，下列关于插入图片的叙述，正确的有（　　）。

A. 插入的图片格式必须是 PowerPoint 所支持的图片格式

B. 图片插入后将无法修改

C. 插入的图片来源不能是网络映射驱动器

D. 以上说法都不全正确

15. “自定义动画”对话框的“效果”栏中的“引入文本”有哪几种方式（　　）。

A. 整批发送、按字、按大小　　B. 整批发送、按字/词、按字母
C. 按字、按字母　　D. 整批发送、按字

二、操作题

制作“市场部销售总结”演示文稿，按照以下要求完成演示文稿的制作：

① 新建演示文稿“销售总结.pptx”，插入6张幻灯片，并为所有幻灯片应用“视觉”主题。

② 在第1张幻灯片中，设置幻灯片背景格式、插入艺术字标题，插入声音文件 music.mp3。

③ 在第2张幻灯片中，输入相应的文本、建立超链接、插入剪贴画。

④ 为所有幻灯片插入编号，第1张标题幻灯片不显示编号。

⑤ 利用幻灯片母版，统一修改标题占位符的文本字体。

⑥ 在第3张幻灯片中，输入标题文字，插入表格、应用一种表格样式、输入内容。

⑦ 在第4张幻灯片中，利用第3张幻灯片表格数据制作图表并应用一种形状样式。

⑧ 在第5张幻灯片中输入文本、插入剪贴画。

⑨ 在第6张幻灯片中输入文本，插入 SmartArt 图形。

⑩ 为幻灯片设置合适的动画效果、切换效果、动作按钮等。

⑪ 应用排练计时，创建2～5张幻灯片的自定义放映，设置放映方式为“观众自行浏览”。效果如图5-76所示。

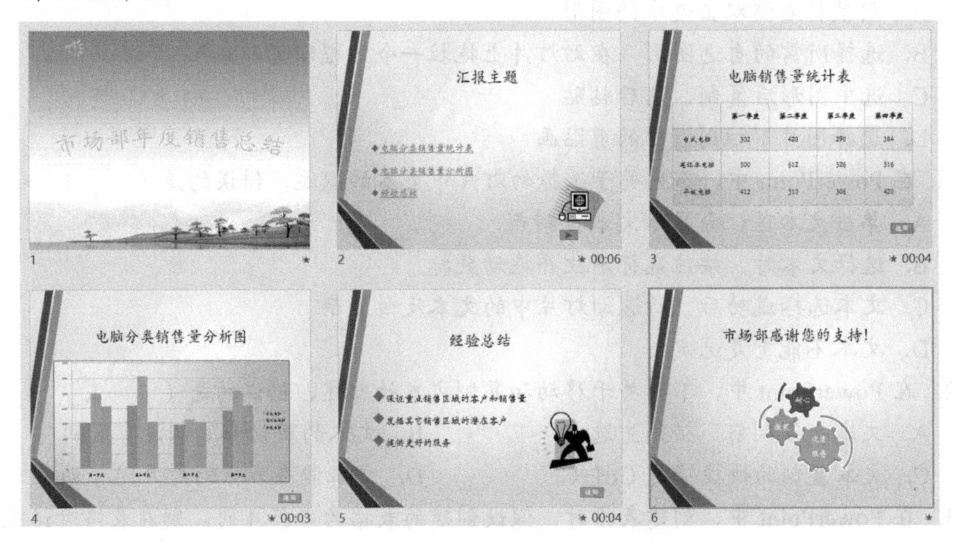

图5-76　市场部销售总结演示文稿

单元 6 计算机网络应用

【学习目标】

随着计算机网络技术的快速发展，人类社会已经进入了信息时代。计算机网络是信息化社会的重要支撑技术，计算机网络的应用，特别是因特网的应用，已经延伸到各行各业，给人们的生活、工作方式带来了巨大的变革。

通过本单元的学习，你将掌握以下知识：

- 组建局域网
- 配置与查看 TCP/IP 参数
- 设置与访问共享文件夹
- 使用谷歌浏览器
- 使用 QQ 邮箱

6.1 任务 1 组建局域网

任务描述

李明是 18 网站开发 1 班的学习委员，是计算机网络工作室的成员之一。计算机网络工作室有 20 台计算机，为了实现数据通信和资源共享，需要将工作室 20 台计算机组建成一个局域网，并通过配置无线访问点 AP 实现移动设备的接入。

任务分析

本任务要将工作室 20 台计算机和移动设备组建成一个局域网。首先需要连接好各网络硬件设备。然后每台计算机设置同一网段的 IP 地址信息，通过网络命令查看设置的 TCP/IP 参数，并测试网络的连通性。最后设置文件夹共享，并访问共享文件夹。

任务分解

本任务可以分解为以下 3 个子任务：

子任务 1：连接局域网硬件设备

子任务 2：配置 TCP/IP 参数

子任务 3：设置并访问共享文件夹

任务实现

6.1.1 连接局域网硬件设备

① PC1 的快速以太口 FastEthernet0 通过一条直通双绞线接入交换机的 FastEthernet0/1 口。

② 为便于管理，PC2 接入交换机的 FastEthernet0/2 口，依此类推，将其他计算机接入交换机的相应端口。

③ 无线访问点 AP 通过直通双绞线接入交换机的 FastEthernet0/24 口。

④ 无线访问点 AP 的 SSID 设置为“教 A602”。

⑤ 移动设备在搜索到的无线网络列表中单击“教 A602”加入无线网络。

⑥ 组建的局域网如图 6-1 所示。

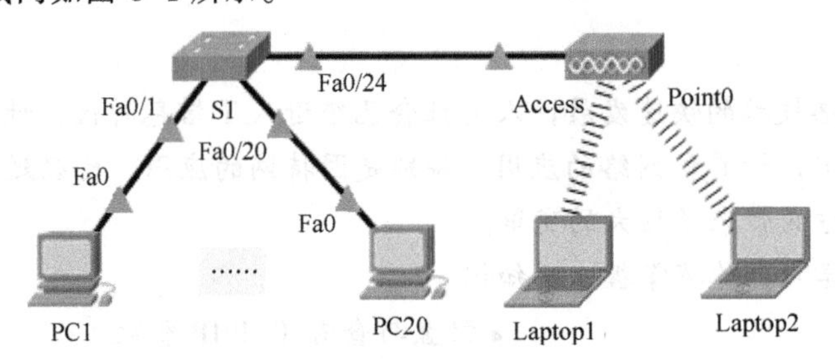

图 6-1　连接局域网硬件设备

6.1.2 配置 TCP/IP 参数

步骤 1：配置主机的 TCP/IP 参数

整个局域网主机设置同一网段的 IP 地址，网络号为 192.168.171.0/24。为便于管理，PC1 的主机号为 1，PC2 的主机号为 2，依此类推。下面以设置 PC1 的 TCP/IP 参数为例。

① 右击 PC1 任务栏中的“网络连接”图标，选择“打开网络和 Internet 设置”选项，如图 6-2 所示。

图 6-2　网络连接图标

② 如图 6-3 所示，在“设置”窗口中选择“以太网”。

③ 如图 6-4 所示，单击“网络与共享中心”链接，打开“网络和共享中心”窗口。

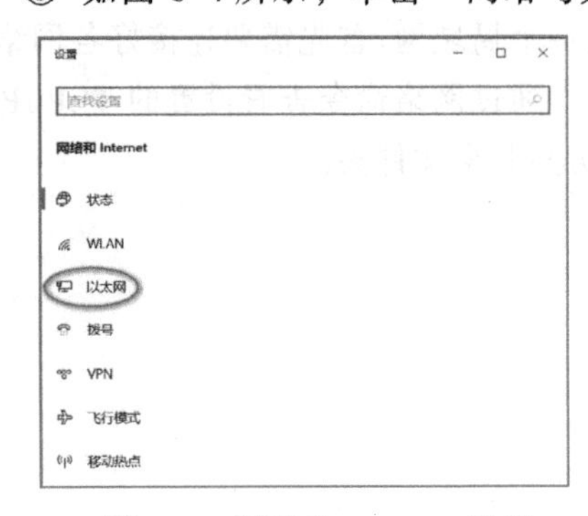

图 6-3　网络和 Internet 设置

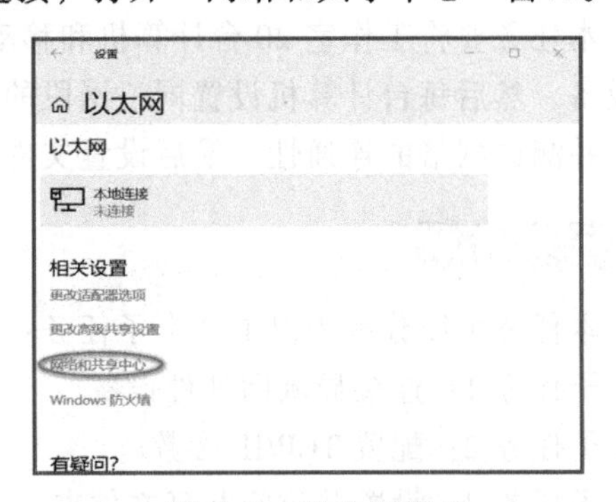

图 6-4　以太网设置

④ 如图 6-5 所示，单击“网络和共享中心”窗口左侧的“更改适配器配置”链接，打开“网络连接”窗口。

⑤ 如图 6-6 所示，在显示的网络连接中右击“本地连接”，在弹出的快捷菜单中选择“属性”命令，弹出“本地连接 属性”对话框。

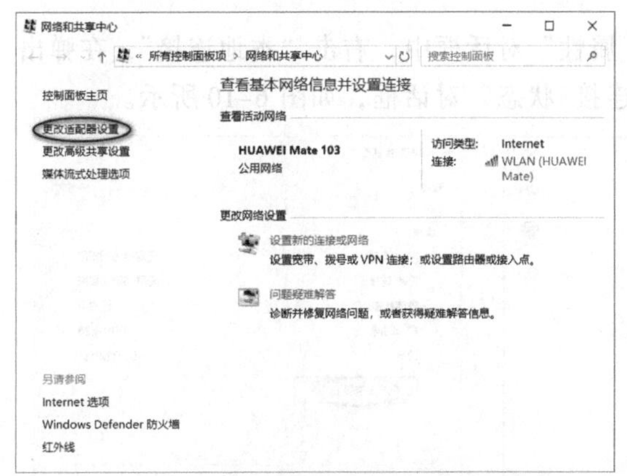

图 6-5　网络和共享中心窗口

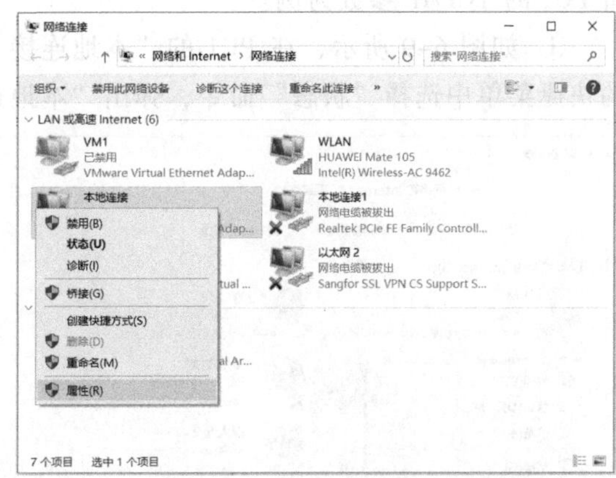

图 6-6　网络连接窗口

⑥ 如图 6-7 所示，在“本地连接 属性”对话框中双击“Internet 协议版本 4（TCP/IPv4）”选项进入“Internet 协议版本 4（TCP/IPv4）属性”对话框。

⑦ 如图 6-8 所示，选中“使用下面的 IP 地址”单选按钮，在“IP 地址”文本框中输入 192.168.171.1，在“子网掩码”文本框中输入 255.255.255.0，在“默认网关”文本框中输入 192.168.171.254。选中“使用下面 DNS 服务器地址”单选按钮，在“首选 DNS 服务器”文本框中输入 211.66.88.8，在“备用 DNS 服务器”文本框中输入 202.96.128.166，单击“确定”按钮，返回“本地连接 属性”对话框。

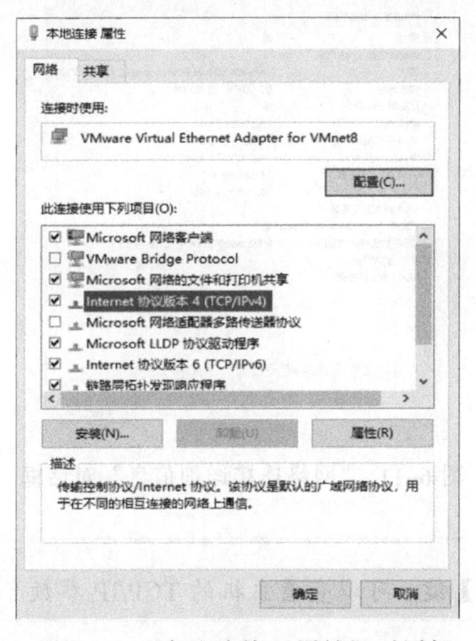

图 6-7　“本地连接　属性”对话框

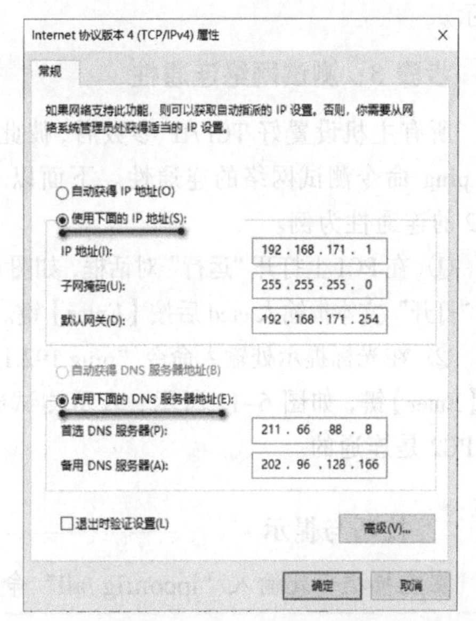

图 6-8　“Internet 协议版本 4 属性”对话框

⑧ 单击“本地连接 属性”对话框中的“确定”按钮，完成TCP/IP参数的配置。

步骤2：查看主机的TCP/IP参数

主机设置好TCP/IP参数后，要查看配置的TCP/IP参数以验证设置是否正确。下面以查看PC1的TCP/IP参数为例。

① 如图6-9所示，在PC1的“本地连接 属性”对话框中，右击“本地连接”，在弹出的快捷菜单中选择“状态”命令，弹出“本地连接 状态”对话框，如图6-10所示。

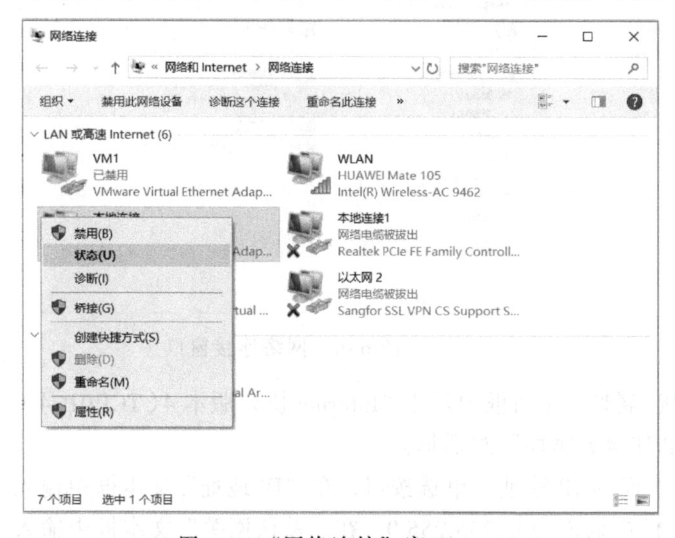

图6-9 “网络连接”窗口

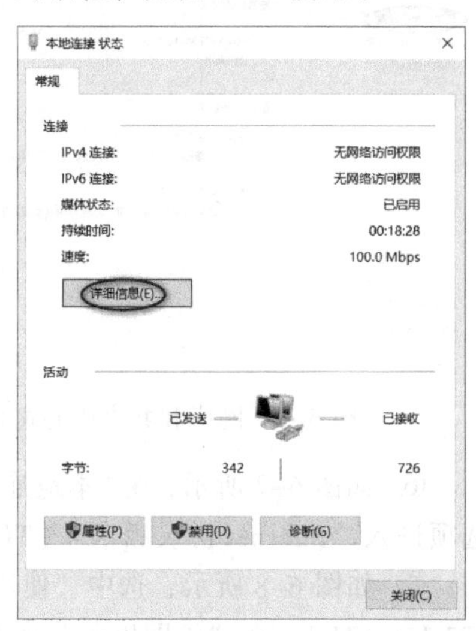

图6-10 “本地连接 状态”对话框

② 在“本地连接 状态”对话框中单击“详细信息”按钮，弹出“网络连接详细信息”对话框，可以看到配置的TCP/IP参数，如图6-11所示。

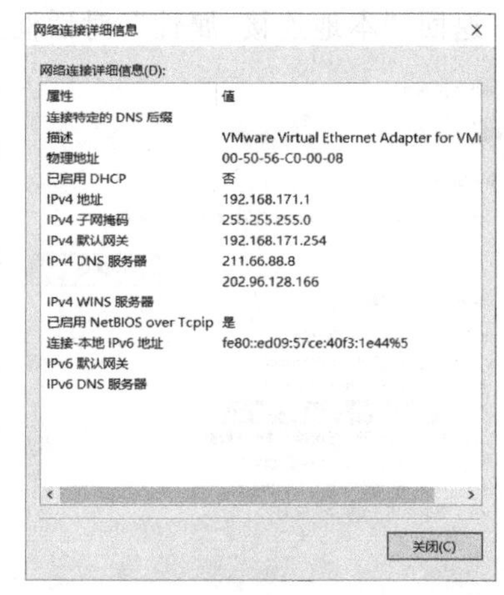

图6-11 “网络连接详细信息”对话框

步骤3：测试网络连通性

所有主机设置好TCP/IP参数后，彼此间可以通过ping命令测试网络的连通性。下面以PC1测试PC2的连通性为例。

① 在PC1上打开“运行”对话框，如图6-12所示，在“打开”文本框输入cmd后按【Enter】键。

② 在光标提示处输入命令“ping 192.168.171.2”，按【Enter】键，如图6-13所示，表示测试成功，PC1与PC2是连通的。

技巧与提示

在光标提示处输入“ipconfig /all”命令按【Enter】键，可以查看主机的TCP/IP参数。

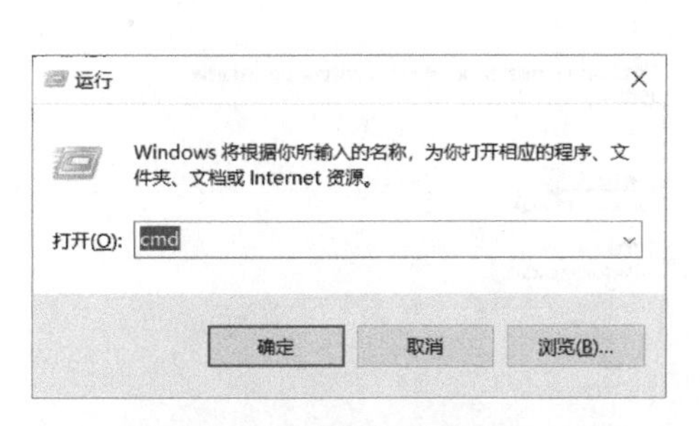

图 6-12 “运行”对话框

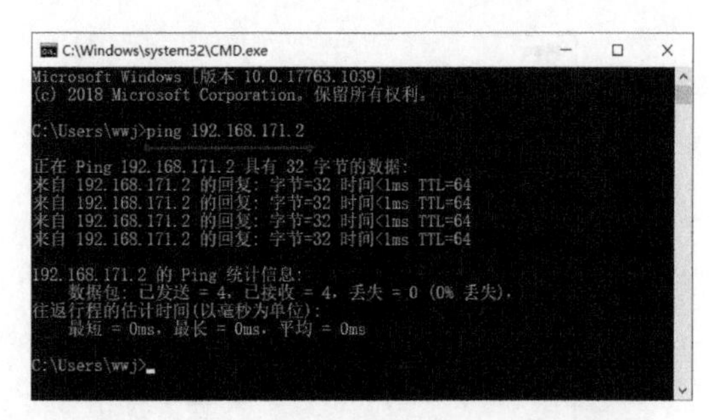

图 6-13 ping 命令测试网络的连通性

6.1.3 设置并访问共享文件夹

资源共享包括软件、硬件和数据资源的共享，是计算机网络最有吸引力的功能。下面将 PC1 上的文件夹 music 设置为共享，保证每个人的访问权限为读取。其他计算机通过映射网络驱动的方式访问 PC1 上的共享文件夹 music。

步骤 1：检查工作组设置

① 在 PC1 上右击“此电脑”，在弹出的快捷菜单中选择“属性”命令，打开“系统”窗口。

② 如图 6-14 所示，在“系统”窗口中检查计算机所属工作组设置，如果 PC1 已经属于 WORKGROUP 工作组，就不需要再修改。

③ 如果需要修改，如图 6-15 所示，单击“更改设置”链接，弹出“系统属性”对话框。

图 6-14 系统窗口

图 6-15 单击更改设置

④ 如图 6-16 所示，在“系统属性”对话框中单击“更改”按钮，弹出“计算机名/域更改”对话框。

⑤ 如图 6-17 所示，在“计算机名/域更改”对话框中修改计算机名和工作组名。

⑥ 用同样的方法检查其他主机的工作组设置，保证都属于 WORKGROUP 工作组。

步骤 2：设置文件夹共享

① 在 PC1 上右击要共享的文件夹 music，在弹出的快捷菜单中选择“属性”命令，弹出“music 属性”对话框，如图 6-18 所示。

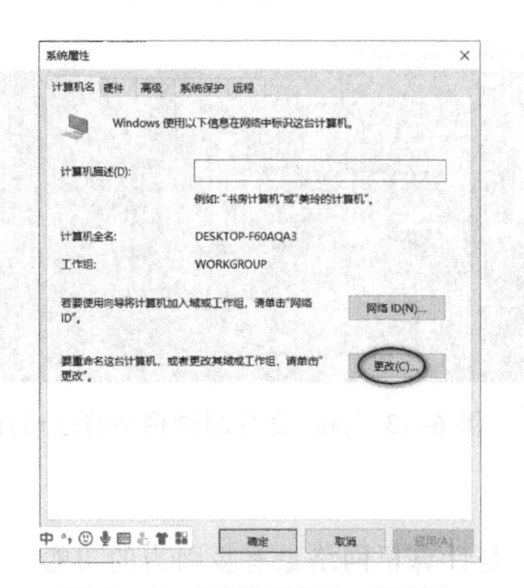

图 6-16 “系统属性”对话框

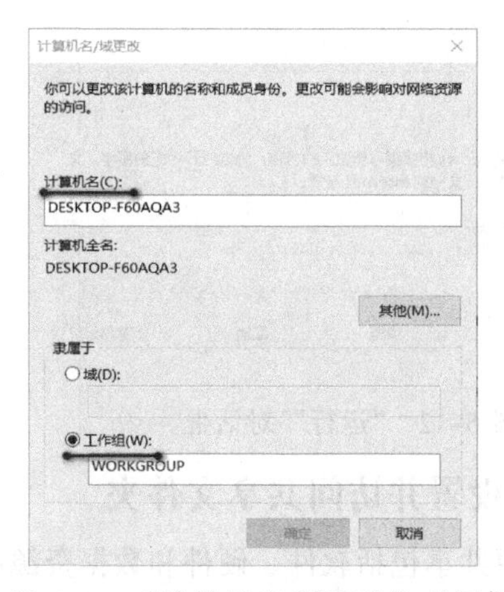

图 6-17 “计算机名/域更改”对话框

② 如图 6-19 所示，选择“共享”选项卡，在“网络文件和文件夹共享”区域单击“共享”按钮。

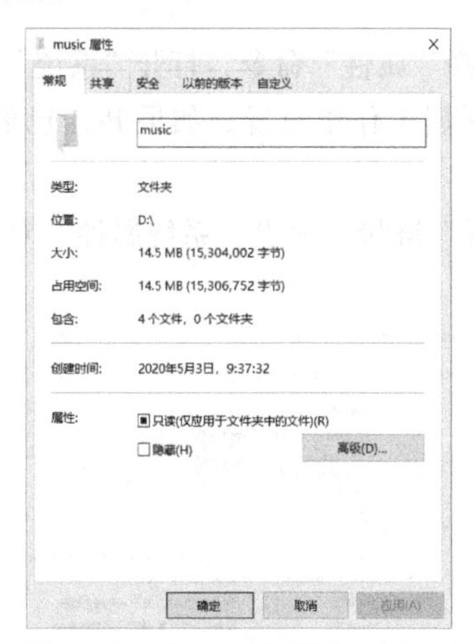

图 6-18 “music 属性”对话框

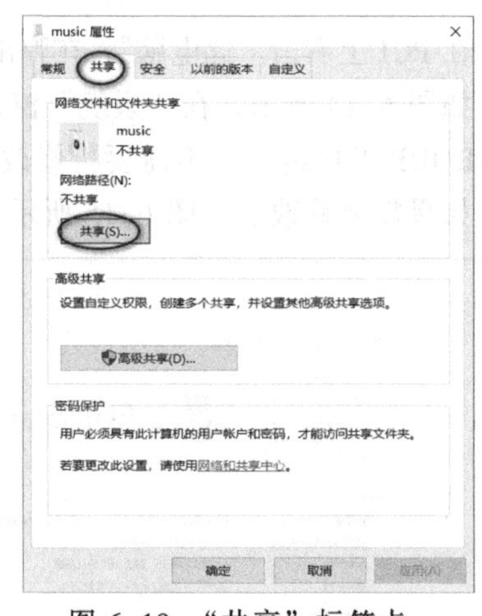

图 6-19 “共享”标签卡

③ 如图 6-20 所示，选择要与其共享的用户“Everyone”，单击“添加”按钮。

④ 如图 6-21 所示，为共享用户“Everyone”设置访问权限为“读取”，再单击“共享”按钮。

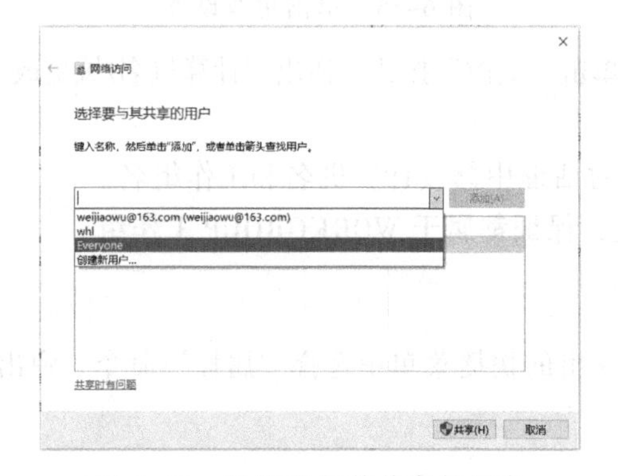

图 6-20 选择要与其共享的用户

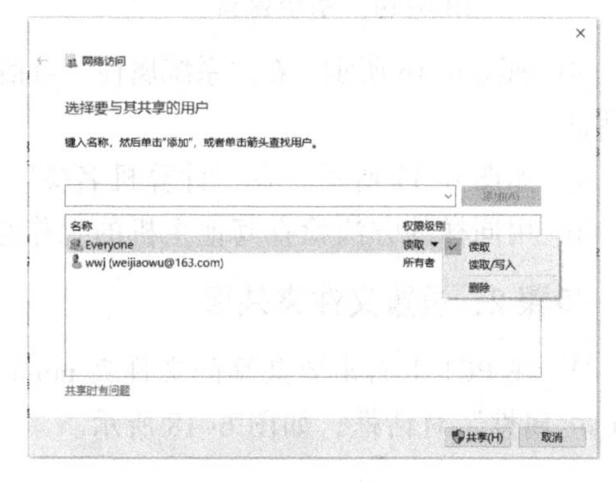

图 6-21 设置访问权限

⑤ 如图 6–22 所示，提示文件夹已经共享，单击“完成”按钮返回“music 属性”对话框。

⑥ 此时，用户必须具有此计算机的用户账户和密码，才能访问共享文件夹，如图 6–23 所示，单击“网络和共享中心”链接，打开“高级共享设置”窗口。

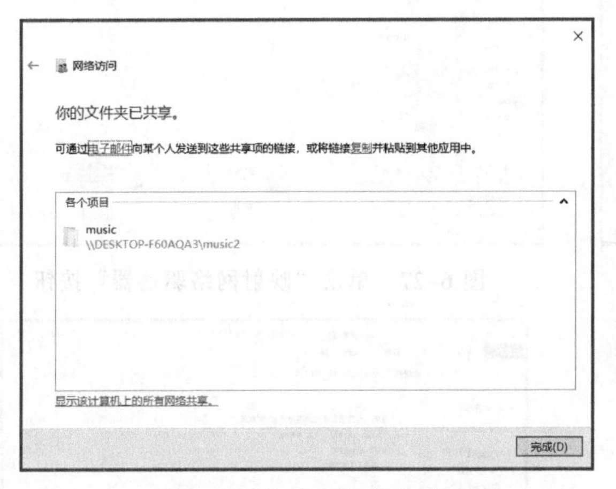

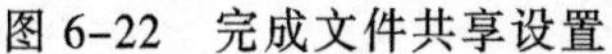

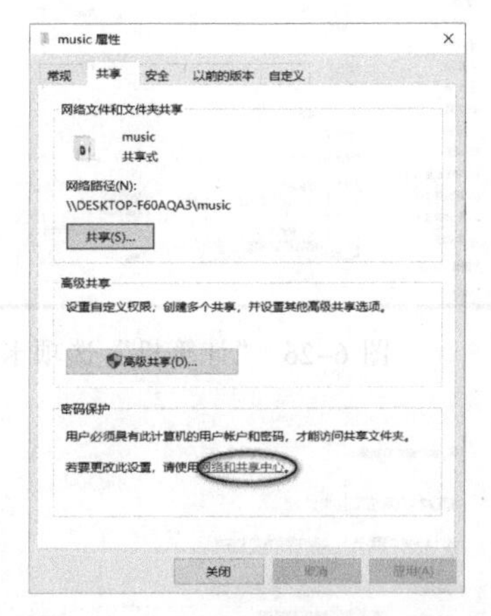

图 6–22　完成文件共享设置　　图 6–23　单击“网络和共享中心”链接

⑦ 在图 6–24 所示“高级共享设置”窗口中展开“来宾或公用”区域，选中“启用网络发现”和“启用文件和打印机共享”单选按钮。

⑧ 如图 6–25 所示，展开“所有网络”区域，选中“无密码保护的共享”单选按钮，单击“保存更改”按钮，返回“music 属性”对话框

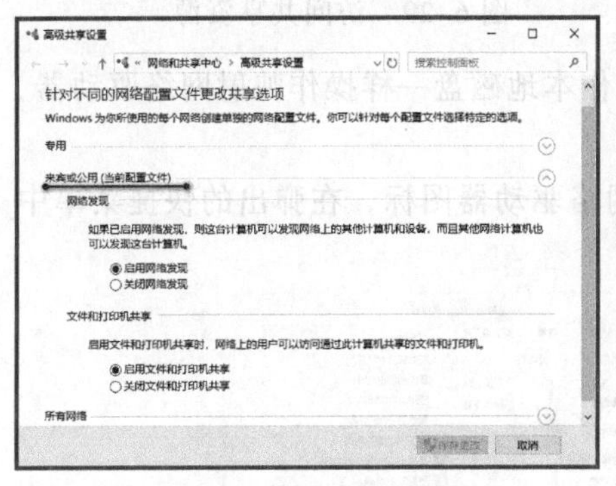

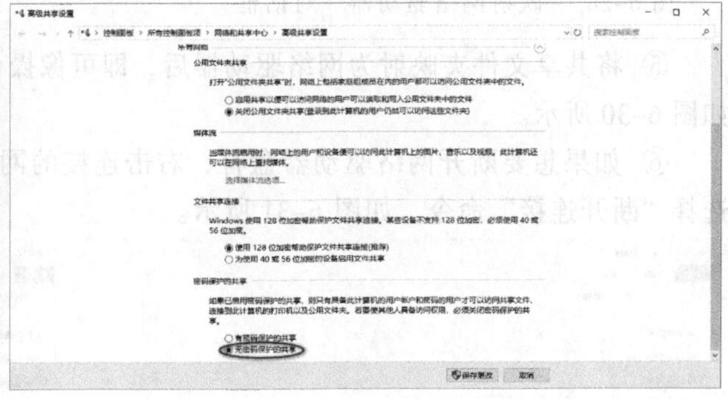

图 6–24　启用文件和打印机共享　　图 6–25　无密码保护的共享

⑨ 单击“关闭”按钮完成文件夹的共享配置。

步骤 3：访问共享文件夹

① 双击 PC2 桌面上的“此电脑”图标，如图 6–26 所示，选择“计算机”选项卡。

② 如图 6–27 所示，单击“映射网路驱动器”按钮，弹出“映射网络驱动器”对话框。

③ 如图 6–28 所示，选择需要赋予的磁盘驱动器号，输入远程的文件夹地址，格式为：\\共享计算机的 IP 地址\共享名称，单击“完成”按钮。

④ 访问到的共享文件夹内容如图 6–29 所示。

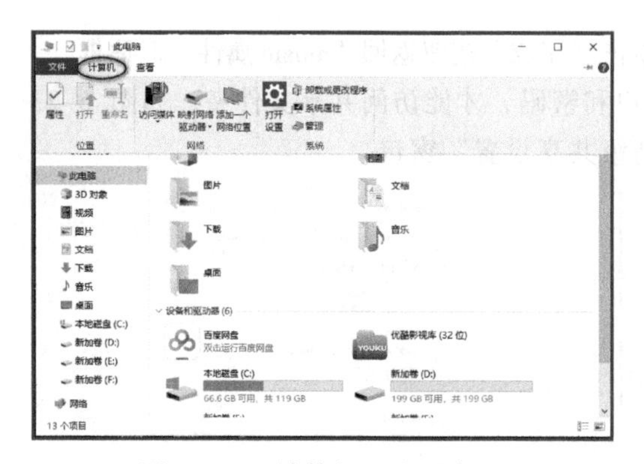

图 6-26 “计算机”选项卡

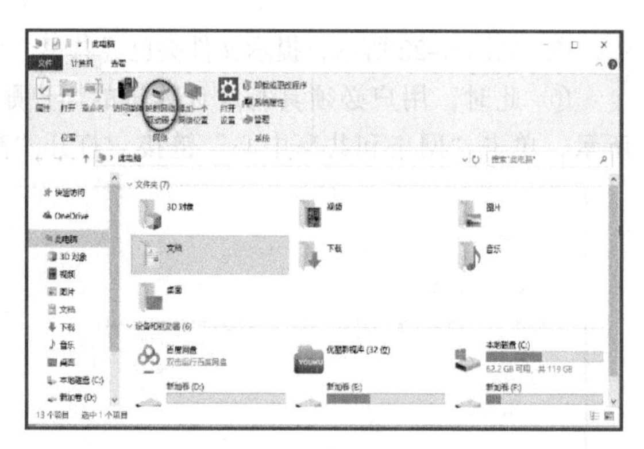

图 6-27 单击“映射网络驱动器”按钮

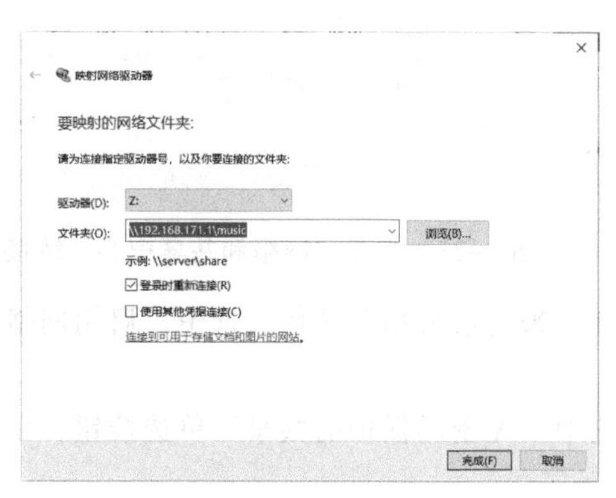

图 6-28 “映射网络驱动器”对话框

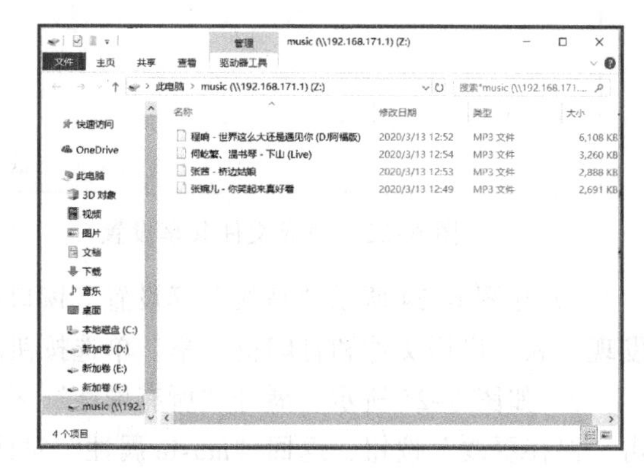

图 6-29 访问共享资源

⑤ 将共享文件夹映射为网络驱动器后，即可像操作本地磁盘一样操作映射网络驱动器，如图 6-30 所示。

⑥ 如果想要断开网络驱动器盘符，右击连接的网络驱动器图标，在弹出的快捷菜单中选择“断开连接”命令，如图 6-31 所示。

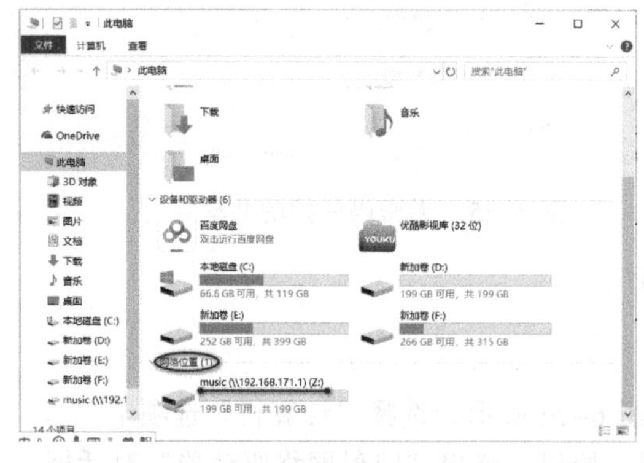

图 6-30 映射网络驱动器窗口

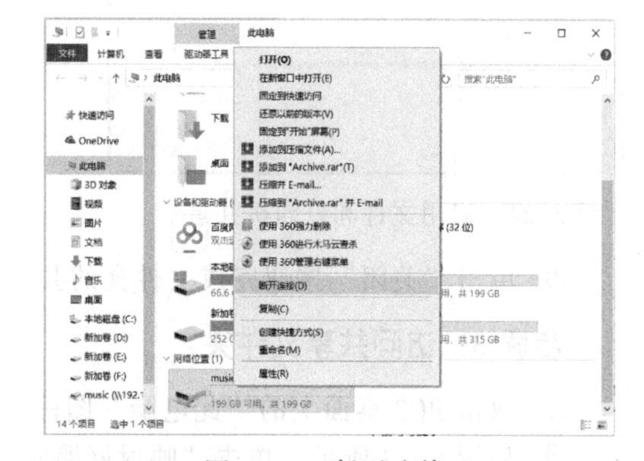

图 6-31 断开连接

技巧与提示

在 PC2 上打开“运行”对话框，在“打开”文本框中输入\\192.168.171.1，也可以访问到计算机 PC1 的共享文件夹。

任务拓展

任务：组建办公室局域网

任务描述：办公室有8台计算机，一台交换机，一台打印机。为了实现员工之间的数据通信和资源共享，需要将办公室的8台计算机组建成一个局域网络，同时为了节省资源，需要配置打印机共享。

知识链接

1. 计算机网络的定义

计算机网络是指将地理位置不同的具有独立功能的多台计算机及其外围设备，通过通信线路连接起来，在网络操作系统、网络管理软件及网络通信协议的管理和协调下，实现资源共享和信息传递的计算机系统。

2. 计算机网络的硬件组成

计算机网络硬件系统主要包括计算机、传输介质和通信设备等几类。

① 计算机是网络的主体，按照担负功能的不同可以把网络中的计算机分为服务器和客户机两大类。

② 传输介质称网络通信线路，可分为两类：有线传输介质，如双绞线、同轴电缆、光缆等；无线传输介质，如无线电波、微波、红外线、激光等。

③ 网络通信设备主要完成信号的转换和传输，常见的通信设备有：网卡、调制解调器、集线器、交换机、路由器、防火墙等。

3. 计算机网络按覆盖地理范围分类

① 局域网（Local Area Network，LAN）是一种在小区域内使用的，由多台计算机组成的网络，覆盖范围通常局限在10 km范围内，属于一个单位或部门组建的小范围网络。

② 城域网（Metropolitan Area Network，MAN）是作用范围在广域网与局域网之间的网络，其网络覆盖范围通常可以延伸到整个城市，借助通信光纤将多个局域网联通公用城市网络形成大型网络，使得不仅局域网内的资源可以共享，局域网之间的资源也可以共享。

③ 广域网（Wide Area Network，WAN）是一种远程网，涉及长距离通信，覆盖范围可以是一个国家或多个国家，甚至整个世界。Internet（因特网）是最典型的广域网。

4. TCP/IP体系结构

传输控制协议/网际协议（Transmission Control Protocol/Internet Protocol，TCP/IP）是目前十分流行的一种网络协议，它可以提供任意互联的网络间的通信，几乎所有的网络操作系统都支持TCP/IP协议，它是目前广泛使用的Internet的基础。TCP/IP体系结构将网络划分为应用层、传输层、网际层和网络接入层。

计算机网络协议指实现计算机网络中不同计算机系统之间的通信必须遵守的通信规则。TCP/IP各层、各层功能及各层常见协议如图6-32所示。

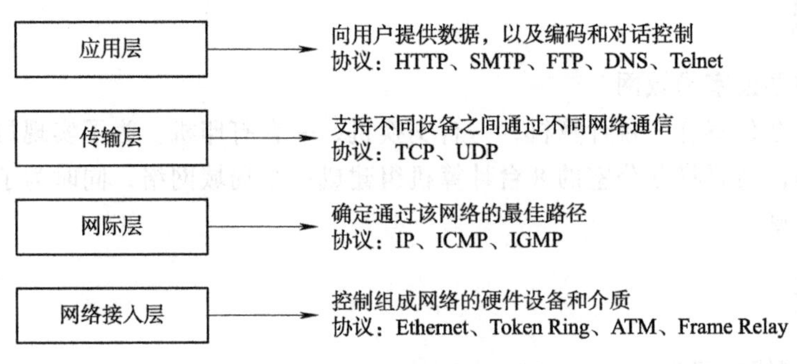

图 6-32 TCP/TP 体系结构

5. IP 地址

网络上可以利用 IP 地址标识每一台主机到网络中的一个连接。IP 地址由网络号和主机号两部分组成。IPv4 标准使用 32 位的二进制数表示，为了简化地址管理，使用点分十进制的 IP 地址表示法。IPv6 标准使用 128 位的二进制数表示，为了简化地址管理，使用十六进制的 IP 地址表示法。表 6.1 是一个 IP 地址分别以二进制和点分十进制表示的 IPv4 例子。

表 6.1 二进制和点分十进制示例

二进制	点分十进制
11001010 01011101 01111000 00101100	202.93.120.44

IPv4 协议将 IP 地址分成 A、B、C、D 和 E 五类。其中，D 类地址多用于多目的地址的组播发送，E 类地址则保留为试验地址。

A 类地址：用于大型网络，第一个字节代表网络号，且第一位固定为 0，后三个字节代表主机号。允许有 126 个 A 类网络，每个 A 类网络最多可有 16 777 214 台主机。A 类地址的表示范围为：1.0.0.1 ~ 126.255.255.254，默认子网掩码为 255.0.0.0。

B 类地址：用于中等规模的网络，前两个字节代表网络号，且前两位固定为 10，后两个字节代表主机号。允许有 16 384 个 B 类网络，每个 B 类网络最多可容纳 65 534 台主机。B 类地址的表示范围为：128.0.0.1～191.255.255.254，默认子网掩码为 255.255.0.0。

C 类地址：用于规模较小的局域网，前 3 个字节代表网络号，前三位固定为 110，最后一个字节代表主机号。允许有 2 097 152 个 C 类网络，每个 C 类网络最多可容纳 254 台主机。C 类地址的表示范围为：192.0.0.1～223.255.255.254，默认子网掩码为 255.255.255.0。各类 IP 地址的特性如图 6-33 所示。

类别	第一字节范围	网络地址长度	最大的主机数目	适用的网络规模
A	1 ~ 126	1B	16 777 214	大型网络
B	128 ~ 191	2B	65 534	中型网络
C	192 ~ 223	3B	254	小型网络

图 6-33 各类 IP 地址特性

6.2 任务 2 谷歌浏览器的应用

任务描述

工作室局域网组建成功后，通过接入校园网就可以访问 Internet 了。李明需要借助 Google Chrome 谷歌浏览器实现网上冲浪。为方便操作和快捷使用，需要对浏览器进行一些个性化设置。李明还充分利用谷歌浏览器丰富的插件功能，满足自己的需求。

任务分析

Google Chrome 是一款由 Google 公司开发的网页浏览器，其特点是简洁、快速、安全。本任务要求操作者熟悉谷歌浏览器的设置，熟练掌握网页的浏览技巧，会搜索、保存资料。通过获取、安装设置各种插件，提升浏览器的性能。

任务分解

本任务可以分解为以下 3 个子任务。

子任务 1：设置谷歌浏览器

子任务 2：使用谷歌浏览器

子任务 3：安装并设置插件

任务实现

6.2.1 设置谷歌浏览器

步骤 1：导入书签和设置

下面将 IE 浏览器中的书签和设置导入到谷歌浏览器中。

① 如图 6-34 所示，选择“自定义及控制 Google Chrome”→“设置”命令，打开“设置”窗口。

② 如图 6-35 所示，在“您与 Google”设置区域，单击“导入书签和设置”链接，打开“导入书签和设置”窗口。

图 6-34 点击设置

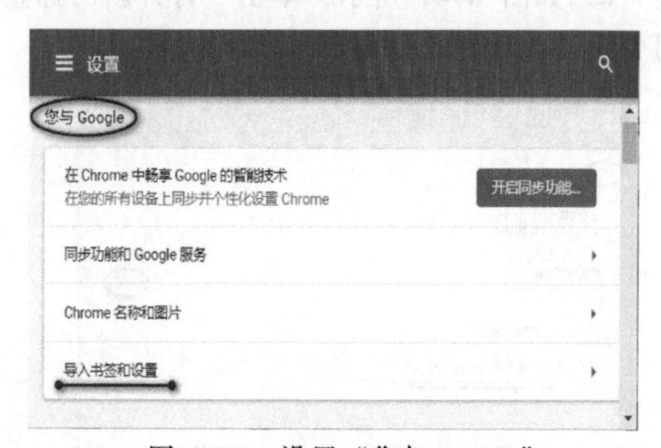

图 6-35 设置“您与 Google”

③ 如图 6-36 所示，在“导入书签和设置”窗口下拉列表中选择“Microsoft Internet Explorer”选项。

④ 如图 6-37 所示，勾选要导入的内容，单击“导入”按钮。

图 6-36 “导入书签和设置”窗口

图 6-37 选择要导入的内容

⑤ 如图 6-38 所示，单击“完成”按钮，IE 浏览器中相应内容全部导入到谷歌浏览器中，并开启显示书签栏。

⑥ 完成后可以看到地址栏下显示的书签栏，如图 6-39 所示。

图 6-38 完成导入书签和设置

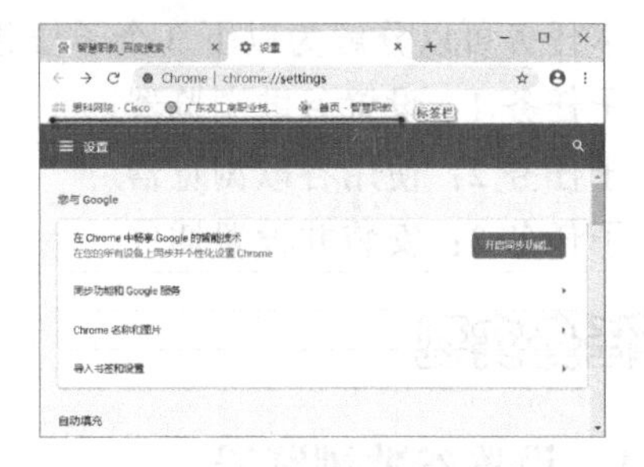

图 6-39 显示书签栏

步骤 2：设置主页为智慧职教

新冠疫情期间，李明经常需要访问智慧职教网站，参与课程学习与互动，为了快速访问智慧职教网站，可将浏览器的主页设置为智慧职教。

① 如图 6-40 所示，在“外观”设置区域开启“显示主页按钮”，在输入自定义网址文本框中输入：www.icve.com.cn，按【Enter】键。

② 如图 6-41 所示，单击“打开新的标签页”，单击工具栏中的“打开主页”按钮，即可快速访问设置的主页。

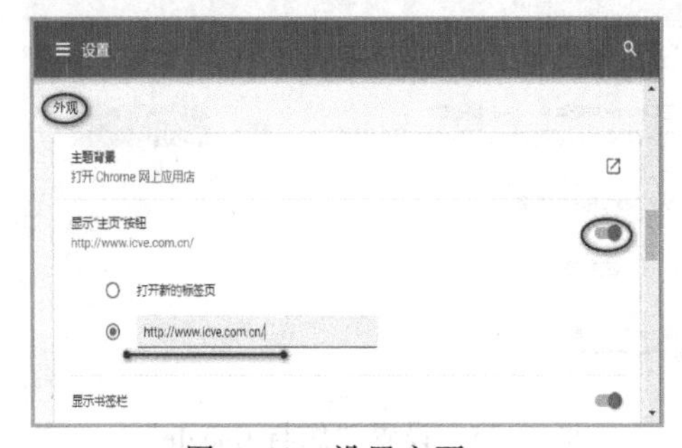

图 6-40 设置主页

图 6-41 访问主页

步骤 3：设置搜索引擎为百度

如图 6-42 所示，在“搜索引擎”设置区域的“地址栏中使用的搜索引擎”下拉列表中选择“百度”，将百度设置为默认搜索引擎。

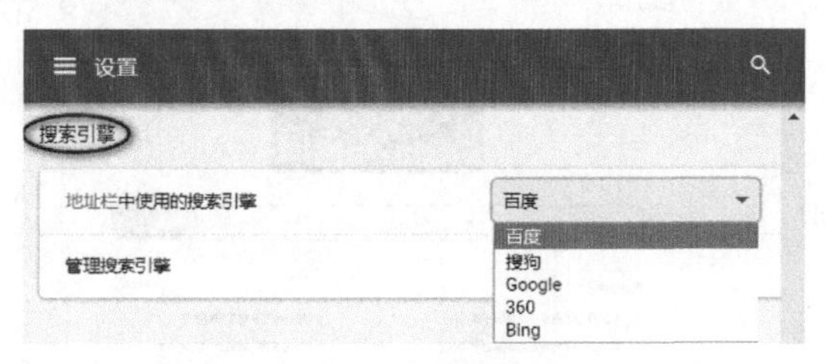

图 6-42 设置搜索引擎

步骤 4：将谷歌设置为默认浏览器

① 如图 6-43 所示，在“默认浏览器”设置区域，单击“设置默认选项”按钮，打开“设置”窗口。

② 如图 6-44 所示，在“Web 浏览器”设置中选择“Google Chrome”，将谷歌浏览器设置为默认浏览器。

图 6-43 设置默认浏览器

图 6-44 将谷歌设置为默认浏览器

步骤 5：将默认的起始网址设置为百度

① 如图 6-45 所示，在“启动时”设置区域选择“打开特定网页或一组网页”，再单击“添加新网页”按钮，弹出“添加新网页”对话框。

② 如图 6-46 所示，在“添加新网页”对话框的“网站网址”文本框中输入“www.baidu.com”，再单击“添加”按钮。

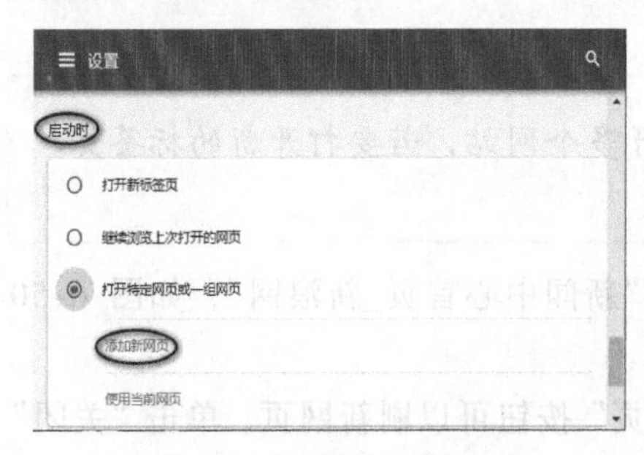

图 6-45 设置“启动时”

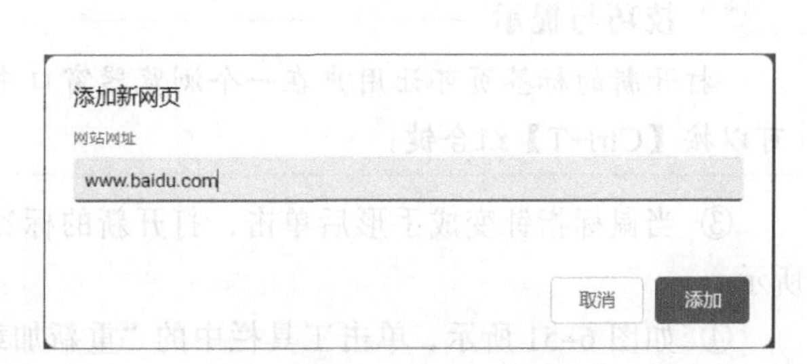

图 6-46 添加新网页窗口

③ 将浏览器启动时默认打开的网址设置为百度后，关闭浏览器，再重新打开，可以看到图 6-47 所示的效果。

图 6-47　百度为默认的起始网页

6.2.2　使用谷歌浏览器

步骤 1：访问 Web 页

下面通过谷歌浏览器访问新浪首页，并通过超链接访问“新闻中心首页_新浪网”。

① 单击“打开新的标签页”，在新标签页地址栏中输入要访问的 Web 站点地址 www.sina.com.cn，按【Enter】键，打开新浪首页，如图 6-48 所示。

② 如图 6-49 所示，在“新浪网”首页将鼠标移到超链接“新闻”。

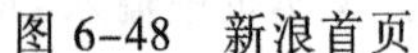
图 6-48　新浪首页

图 6-49　“新闻”超链接

技巧与提示

打开新的标签页可让用户在一个浏览器窗口中打开多个网站，若要打开新的标签页，可以按【Ctrl+T】组合键。

③ 当鼠标指针变成手形后单击，打开新的标签页“新闻中心首页_新浪网”，如图 6-50 所示。

④ 如图 6-51 所示，单击工具栏中的“重新加载此页”按钮可以刷新网页，单击“关闭”按钮可以关闭标签页。

图 6-50 新闻中心首页_新浪网

图 6-51 刷新和关闭操作

步骤 2：搜索、保存网页

下面搜索有关“计算机网络”的网页信息，并保存相关的网页。

① 如图 6-52 所示，单击“百度一下，你就知道”标签页，在文本框中输入关键字“计算机网络”，单击“百度一下”按钮，打开所有与“计算机网络”相关的网页搜索结果列表。

② 如图 6-53 所示，在搜索结果列表中单击“计算机网络_百度百科”链接，打开“计算机网络_百度百科”标签页。

图 6-52 输入搜索的关键字

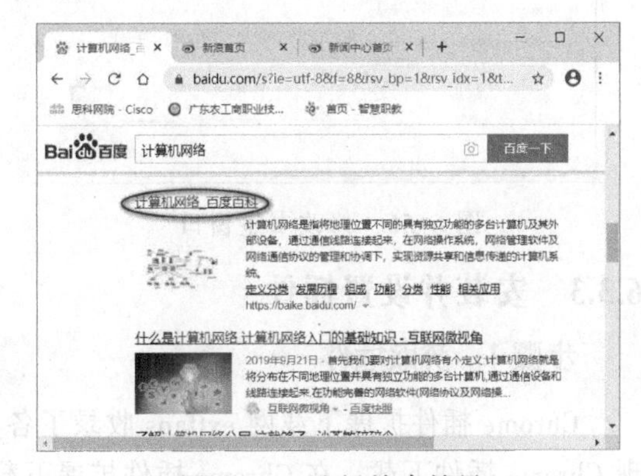

图 6-53 选择搜索结果

技巧与提示

通过百度除了搜索网页外，还可以搜索资讯、视频、图片、知道等资料。

③ 如图 6-54 所示，在“计算机网络_百度百科”标签页右击，在弹出的快捷菜单中选择“另存为”命令，弹出“另存为”对话框。

④ 如图 6-55 所示，在“另存为”对话框中选择保存文件的路径并输入文件名，保存类型选择“网页（单个文件）”，单击“保存”按钮，当前 Web 页保存到本地磁盘。

⑤ 如图 6-56 所示，单击“为此标签页修改书签”，在名称文本框中设置好书签名，单击“完成”按钮。

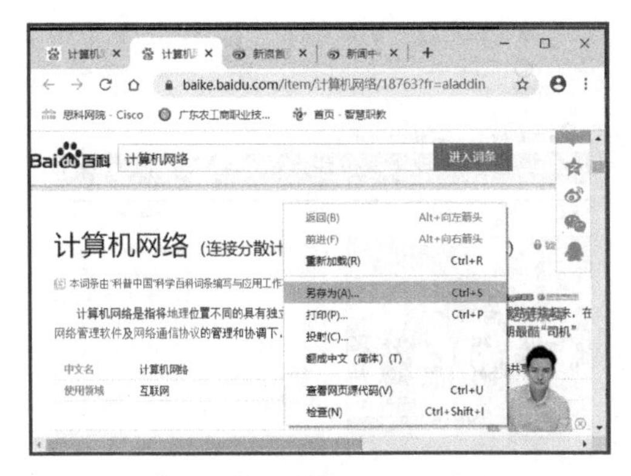

图 6-54　弹出的快捷菜单

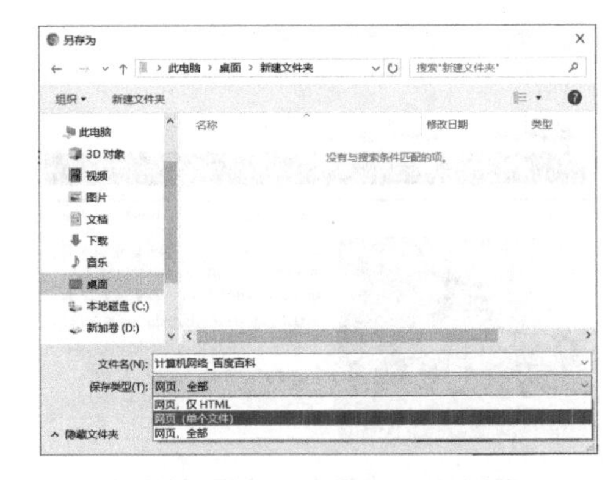

图 6-55　“另存为”对话框

⑥ 将网页“计算机网络_百度百科”添加到书签栏中，如图 6-57 所示。

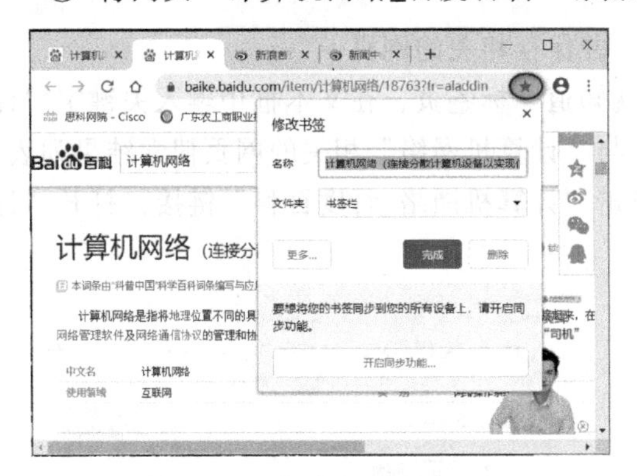

图 6-56　修改书签窗口

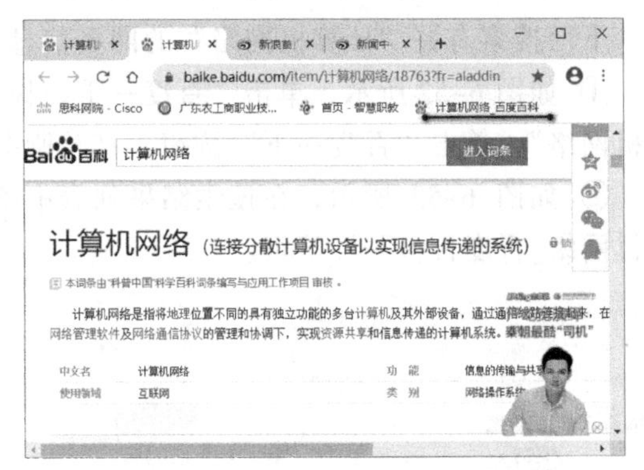

图 6-57　在书签栏中添加网页

6.3.3　安装并设置插件

步骤 1：获取插件

Chrome 插件扩展下载网 extfans 收录了各类优质热门的 Chrome 插件，无须付费，即可实现 Chrome 插件下载。在 Chrome 插件扩展下载网下载“Infinity 新标签页（Pro）”。

① 在浏览器地址栏中输入网址 https://extfans.com，打开 Chrome 插件扩展下载网，如图 6-58 所示，在搜索框中输入“infinity”，按【Enter】键。

图 6-58　Chrome 插件扩展下载网

② 如图 6-59 所示，搜索结果分为“扩展”和“文章”两大部分。在“扩展”中单击“Infinity 新标签页（Pro）”，打开插件详情页。

③ 在插件详情页中可以看到该插件的版本、大小、功能、预览图等信息，如图 6-60 所示，单击“下载”按钮。

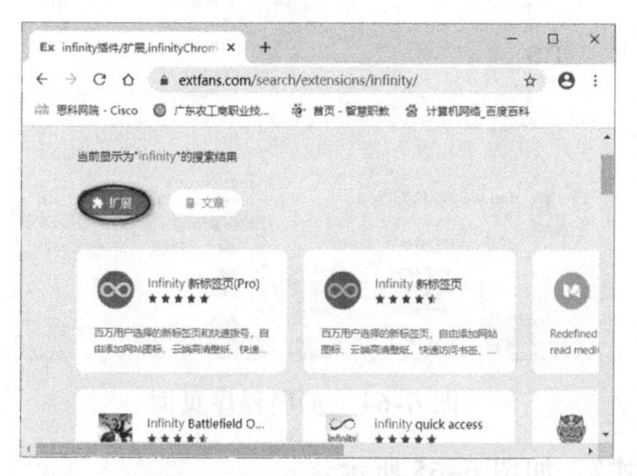

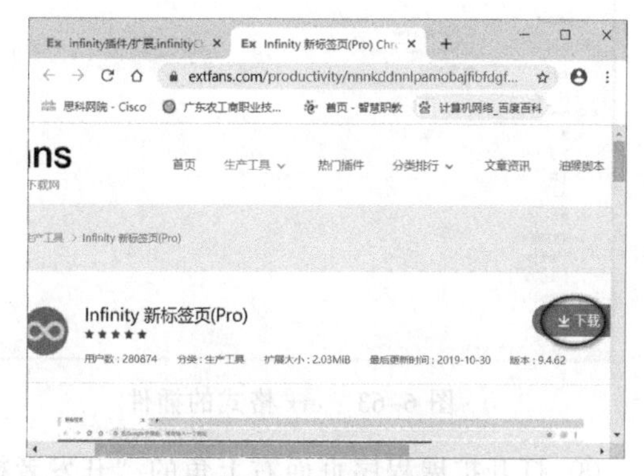

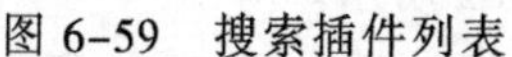

图 6-59　搜索插件列表　　　　图 6-60　插件详情页

④ 如图 6-61 所示，微信扫码关注“扩展迷 Extfans”公众号，在公众号对话框内回复“插件”两个字，获取验证码。输入验证码后，单击“开始下载”按钮即可下载插件。

⑤ 用相同的方法，完成其他插件的下载，下载结果如图 6-62 所示，在 Chrome 插件扩展下载网下载的谷歌插件安装文件是经过压缩的。

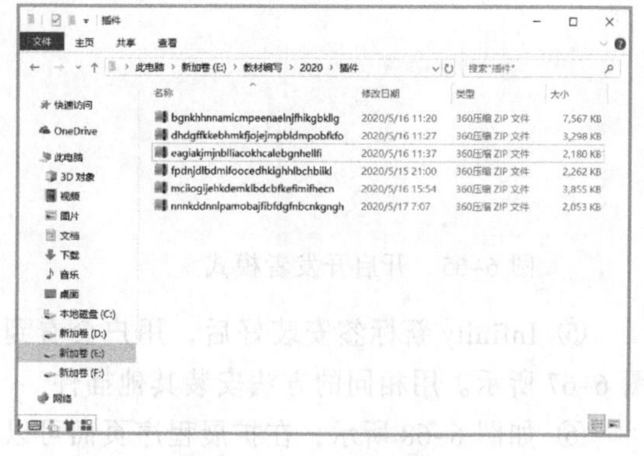

图 6-61　关注公众号获取验证码　　　　图 6-62　压缩包插件

技巧与提示

一个验证码在 5 分钟内全站有效，也就是说输入一次验证码后，接下来五分钟内下载任何插件都不需要再输入验证码。

步骤 2：安装插件

接下来安装“Infinity 新标签页（Pro）”插件。

① 在安装插件前，需要对下载的插件压缩包进行解压。如图 6-63 所示，解压之后是 crx 格式，解压包中包含“安装说明”。

② 如图 6-64 所示，选择“设置”→“更多工具”→“扩展程序”选项，打开扩展程序页面，或者在地址栏中输入 chrome://extensions，按【Enter】键打开扩展程序页面。

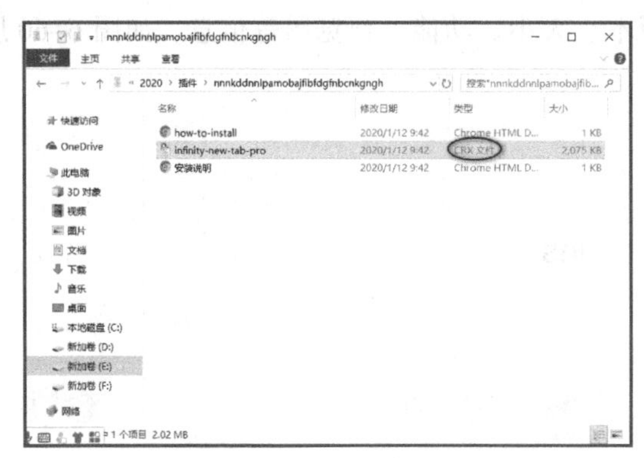

图 6-63　crx 格式的插件

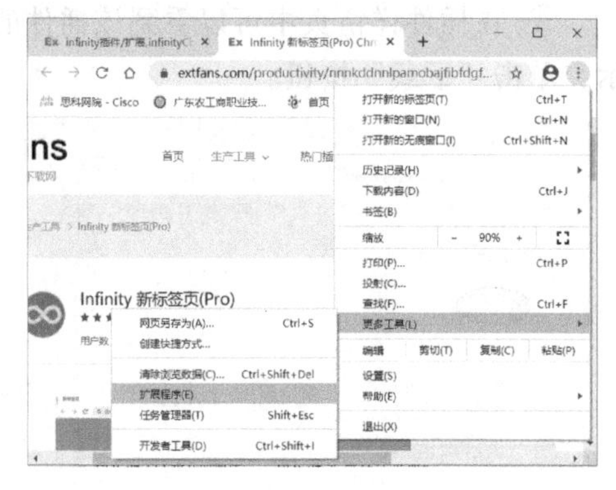

图 6-64　扩展程序页面

③ 打开扩展程序页面右上角的“开发者模式”，如图 6-65 所示。

④ 将 crx 格式的插件文件拖动到扩展程序页面，松开鼠标，弹出图 6-66 所示的窗口，单击“添加扩展程序”按钮。

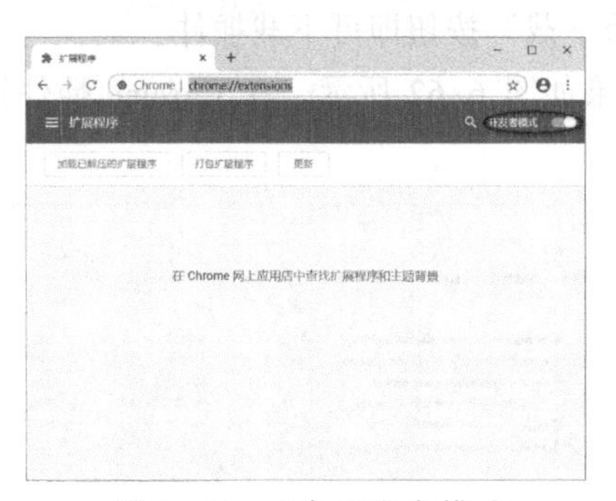

图 6-65　开启开发者模式

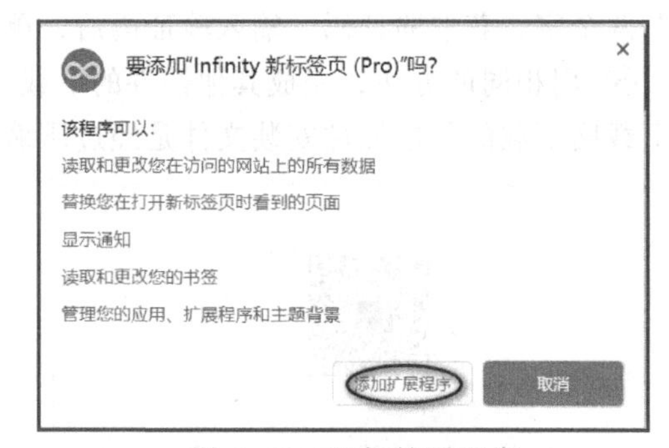

图 6-66　添加扩展程序

⑤ Infinity 新标签安装好后，用户会看到一个全新的美观简洁的 Chrome 新标签页，如图 6-67 所示。用相同的方法安装其他插件。

⑥ 如图 6-68 所示，在扩展程序页面可以看到安装好的插件列表，插件图标出现在搜索框右侧，刷新即可使用刚安装的插件。

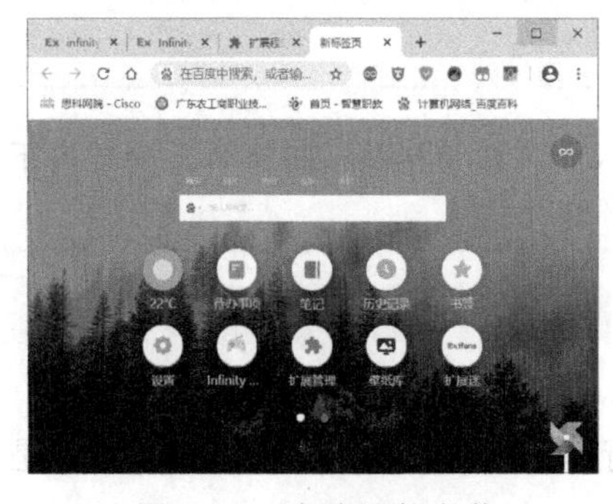

图 6-67　完成插件安装

图 6-68　插件图标

⑦ 插件安装完毕，关闭扩展管理页面右上角的“开发者模式”。

步骤 3：设置插件

Infinity 新标签页可以添加常用网站图标到新标签，精选高清壁纸，还有天气、笔记、待办事项、历史记录管理等功能。

① 打开新标签页，拖动图标可以实现图标的移动。

② 右击任一图标，如图 6-69 所示，所有图标右上角出现“删除”按钮，单击叉号可删除图标。在页面其他位置单击，撤销所有图标右上角的“删除”按钮

③ 如图 6-70 所示，单击右上角的图标，或者“设置”图标，打开“Infinity 新标签页”设置页面。

图 6-69　删除图标

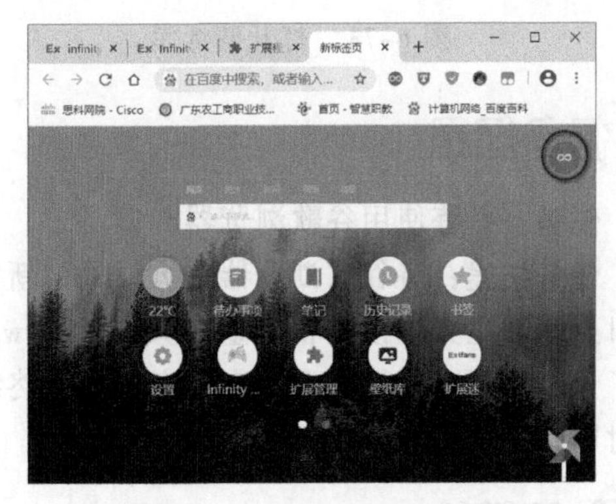

图 6-70　单击“设置”图标

④ 在“+添加”标签页面，可看到各类热门网站的图标。找到“QQ 邮箱”图标，如图 6-71 所示，单击“添加”按钮。

⑤ 如图 6-72 所示，“QQ 邮箱”网站的图标已经添加到新标签页中了。用同样的方法添加自己喜爱的网站图标。

图 6-71　QQ 邮箱图标

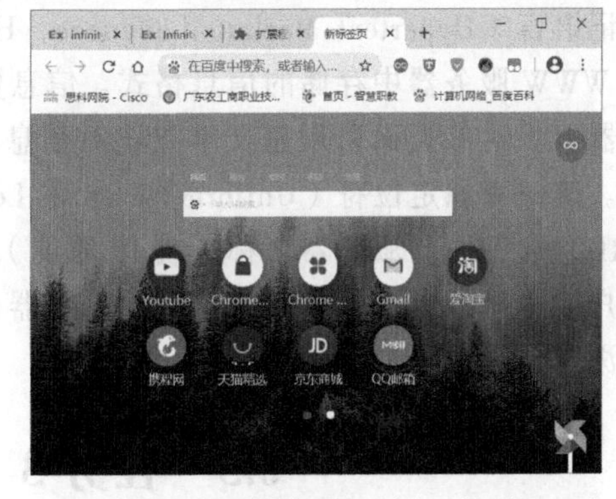

图 6-72　QQ 邮箱图标添加到新标签页

⑥ 如图 6-73 所示，在“设置”标签页面单击“打开壁纸库”按钮。

⑦ 在壁纸库中双击自己喜欢的壁纸，关闭设置页面，可以看到设置好的壁纸效果，如图 6-74 所示。

图 6-73　打开壁纸库

图 6-74　设置好的壁纸

任务拓展

任务：熟练使用谷歌浏览器

任务描述：将谷歌浏览器主页设置为新浪 www.sina.com，将搜索引擎设置为百度，在主窗口显示“主页”按钮和书签栏。访问 www.icve.com.cn 智慧职教网站，将其添加到书签栏。为了让浏览网页更快速更清爽，安装广告终结者插件，清除网页上的所有广告包。退出浏览器时删除历史记录。

知识链接

WWW（World Wide Web）服务又称 Web 服务，采用客户机/服务器工作模式。WWW 服务器以 Web 页面方式存储信息资源并响应客户请求，WWW 浏览器接收用户命令、发送请求信息、解释服务器的响应。超文本传输协议（Hypertext Transfer Protocol，HTTP）提供了访问超文本信息的功能，是 WWW 浏览器和 WWW 服务器之间的应用层通信协议。超文本标记语言（Hypertext Markup Language，HTML）是 WWW 服务的信息组织形式，用于定义在 WWW 服务器中存储的信息格式。信息资源以页面又称网页或 Web 页面的形式存储在服务器中。这些页面采用超文本方式对信息进行组织，通过链接将一页信息连接到另一页信息。统一资源定位符（Uniform Resource Locator，URL）是互联网上标准资源的地址。基本 URL 包含协议、服务器名称（或 IP 地址）、路径和文件名，如 http://www.gdaib.edu.cn/jsjx/。客户端常见的浏览器软件有：谷歌浏览器、360 安全浏览器、IE 浏览器、火狐浏览器、搜狗浏览器、QQ 浏览器等。

6.3　任务 3　QQ 邮箱的使用

任务描述

李明作为 18 网站开发 1 班的学习委员，经常需要处理 QQ 邮件。班上每门学科每学期都要完成几份课业，李明通过 QQ 邮箱收集全班同学的课业，再打包发给各科老师。由于科目比较多，需要建立不同的文件夹，以便分科目管理。同时，李明通过群邮件功能以论坛帖子的形式组织对于某一学习话题的讨论。为体现个性化特色，李明要对邮箱进行相关设置。

任务分析

QQ 邮箱是腾讯公司推出，向用户提供安全、稳定、快速、便捷电子邮件服务的邮箱产品。用户要使用 QQ 收发电子邮件必须先注册 QQ，开通 QQ 邮箱后即可进入邮箱进行邮件收发的相关操作。通过邮箱设置，能提升邮箱的性能。

任务分解

本任务可以分解为以下 3 个子任务。

子任务 1：注册 QQ 并开通 QQ 邮箱

子任务 2：收发电子邮件

子任务 3：设置邮箱

任务实现

6.3.1 注册 QQ 并开通 QQ 邮箱

如果已经有 QQ 号码，可以省略该步骤。

① 打开浏览器，在地址栏中输入网址 http://ssl.zc.qq.com，如图 6-75 所示，在欢迎注册 QQ 页面中输入昵称、邮箱密码、手机号码以及手机短信验证码，单击“立即注册”按钮。

② 注册成功后，可以看到注册的 QQ 号码，如图 6-76 所示。

图 6-75 欢迎注册 QQ 界面

图 6-76 注册成功界面

③ 在手机或者计算机上下载 QQ 软件后，完成登录操作。

④ 如图 6-77 所示，在“欢迎使用 QQ 邮箱”窗口，单击“申请开通”按钮。

⑤ 如图 6-78 所示，单击“通知好友”按钮，完成 QQ 邮箱的开通。

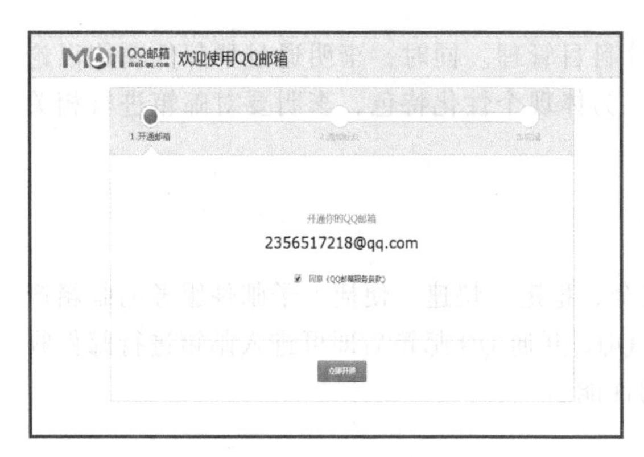

图 6-77　申请开通邮箱

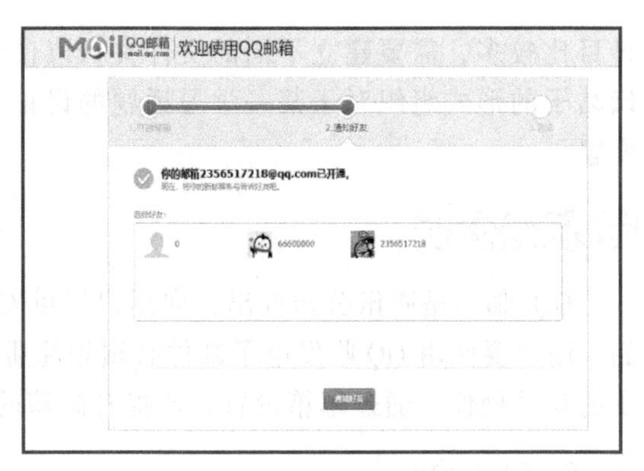

图 6-78　通知好友邮箱已开通

6.3.2　收发电子邮件

步骤 1：接收并回复电子邮件

李明注册的 QQ 号为 66981649，进入邮箱后，李明到收件箱中下载同学们发来的课业附件，并回复邮件。

① 在浏览器地址栏中输入网址 mail.qq.com，打开 QQ 邮箱登录界面，如图 6-79 所示，单击“QQ 登录”按钮，输入 QQ 号码和 QQ 密码，单击“登录”按钮，进入 QQ 邮箱。

② 如图 6-80 所示，单击左侧导航栏中的“收信”，可以看到“收件箱”中按接收时间排列的邮件列表，其中“收件箱”旁边的数字 27 表示收件箱中未阅读的邮件数。

图 6-79　登录界面

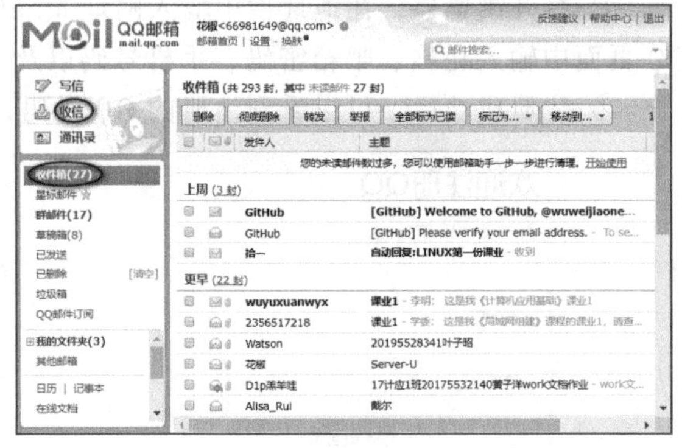

图 6-80　收件箱

技巧与提示

正常字体显示的是已阅读的邮件，粗体显示的是尚未读阅的邮件。

③ 对于带有附件的邮件，邮件列表中前面带有别针标志，如图 6-81 所示。

④ 单击要阅读的邮件，打开图 6-82 所示的窗口，阅读邮件内容。

⑤ 对带有附件的邮件，单击“下载”链接，如图 6-83 所示。

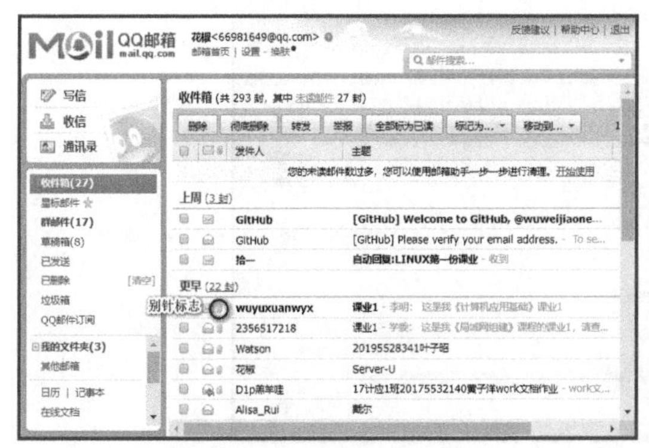

图 6-81　带有附件的邮件

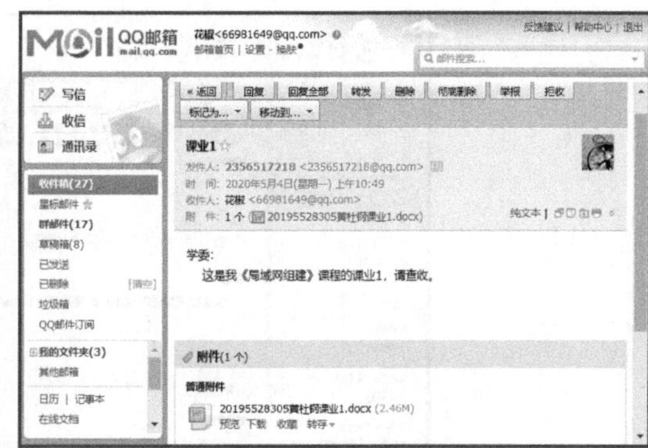

图 6-82　阅读邮件

⑥ 下载的附件显示在窗口底部，如图 6-84 所示，可以对附件进行“打开”操作。

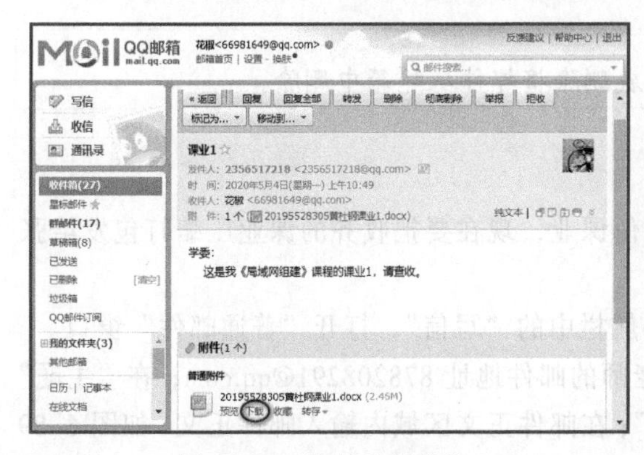

图 6-83　单击下载附件　　　图 6-84　下载后的附件

⑦ 如图 6-85 所示，单击“回复”按钮，打开回复邮件窗口。“收件人”自动填好，主题在原始邮件主题的前面加上“回复:”，信纸上会引用原始邮件的内容。

⑧ 在邮件正文区域输入邮件正文，单击“发送”按钮，如图 6-86 所示，完成邮件的回复。

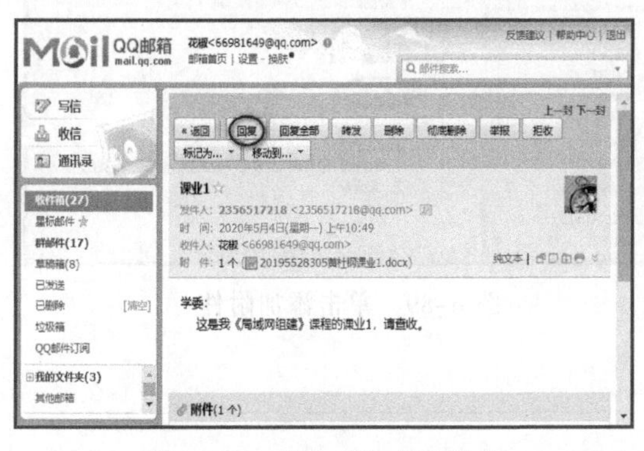

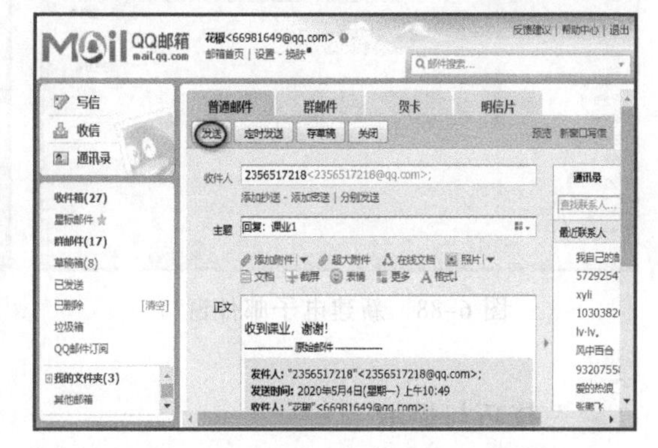

图 6-85　单击“回复”按钮　　　图 6-86　完成电子邮件的回复

⑨ 如图 6-87 所示，对收到的邮件根据需要还可以进行“转发”“删除”“彻底删除”“标记为...”“移动到...”等操作。

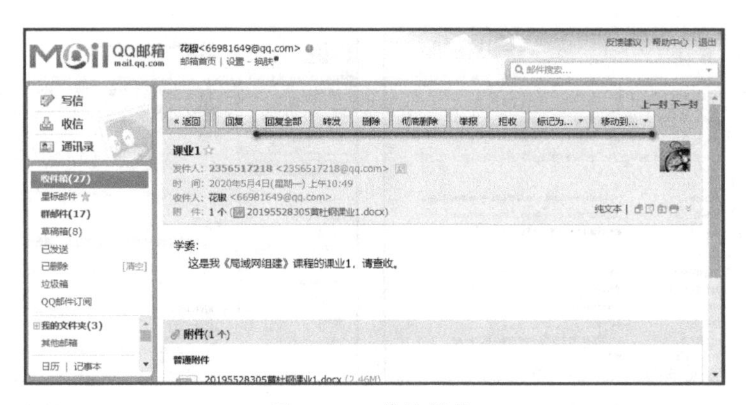

图 6-87　其他操作

技巧与提示

删除邮件将邮件移动到“垃圾箱”中，彻底删除将邮件从邮箱中删除。

步骤 2：发送普通邮件

李明已经收齐全班同学 Linux 课程的第一份课业，现在要把收齐的课业压缩打包发给张老师。

① 如图 6-88 所示，单击邮箱页面左侧导航栏中的“写信”，打开“普通邮件”窗口。

② 在“收件人”文本框中输入收件人张老师的邮件地址 878208291@qq.com；在“主题”文本框中输入邮件的主题“LINUX 第一份课业”；在邮件正文区域内输入邮件正文，如图 6-89 所示，单击“添加附件”按钮，弹出“打开”对话框。

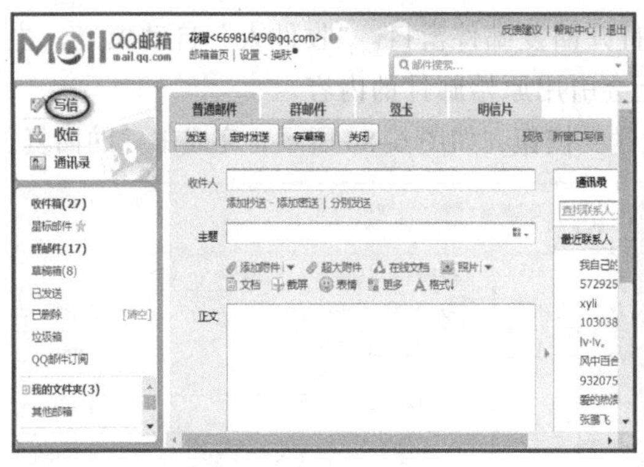

图 6-88　新建电子邮件窗口

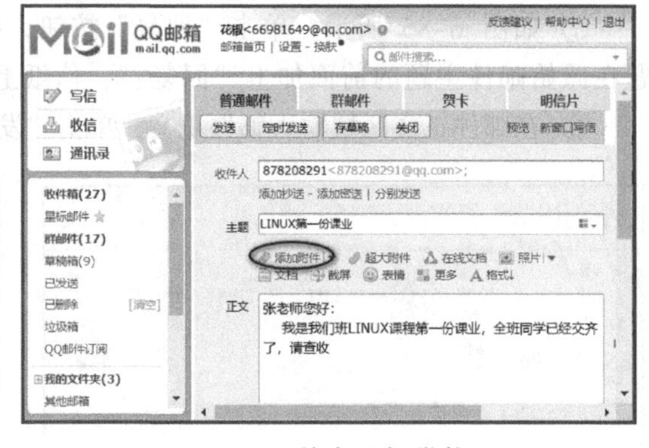

图 6-89　单击添加附件

技巧与提示

当需要将邮件发送给多个人时，可在“收件人”文本框中同时输入多个地址，地址中间用分号隔开。

③ 如图 6-90 所示，在“打开”对话框中选择附件压缩包所在的位置，单击“打开”按钮，返回“普通邮件”窗口。

④ 单击“继续添加”链接可以继续添加附件，单击“删除”链接可以删除已经添加的附件，编辑好的邮件如图 6-91 所示。

图 6-90 “打开”对话框

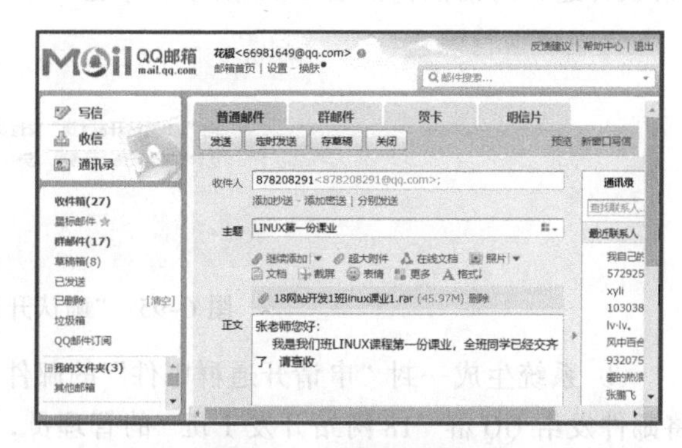

图 6-91 编辑好的邮件

⑤ 展开“其他选项”，选择对发送邮件的处理方式，如图 6-92 所示。

⑥ 如图 6-93 所示，单击“发送”按钮，完成普通邮件的发送。

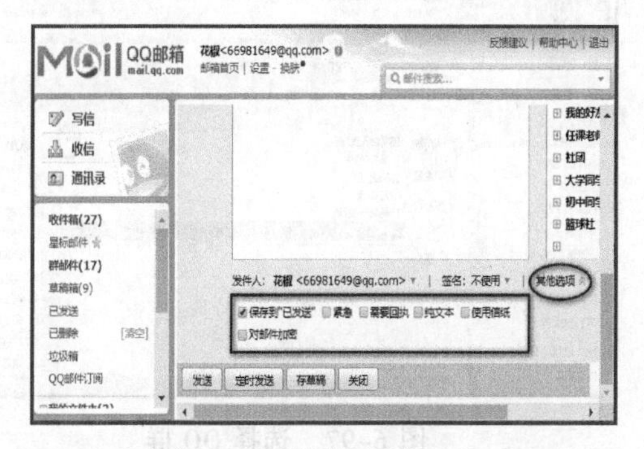

图 6-92 其他选项

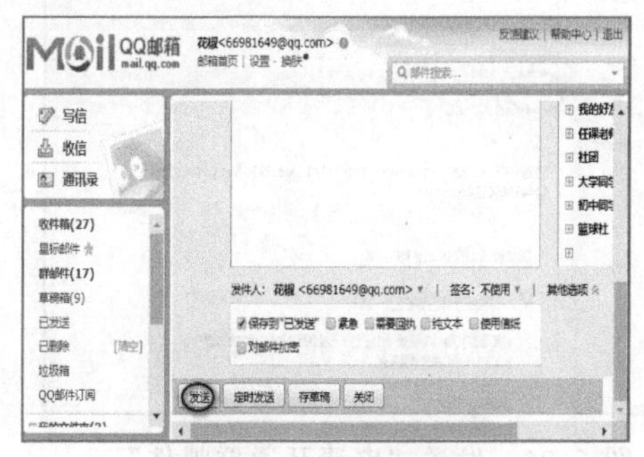

图 6-93 发送新邮件

步骤 3：发送群邮件

QQ 群邮件充分利用 QQ 群的资源，以论坛帖子的形式组织对于某一话题的讨论，QQ 群成员回复的邮件内容将会聚合在同一个邮件中，对群内全体成员可见。现在李明通过群邮件功能组织对“学习 Linux 的方法”这一话题的讨论。

① 单击邮箱页面左侧导航栏“写信”按钮，进入写信页面，选择“群邮件”标签，进入群邮件撰写页面，单击右侧的“◂”按钮，显示所有的 QQ 群，如图 6-94 所示。

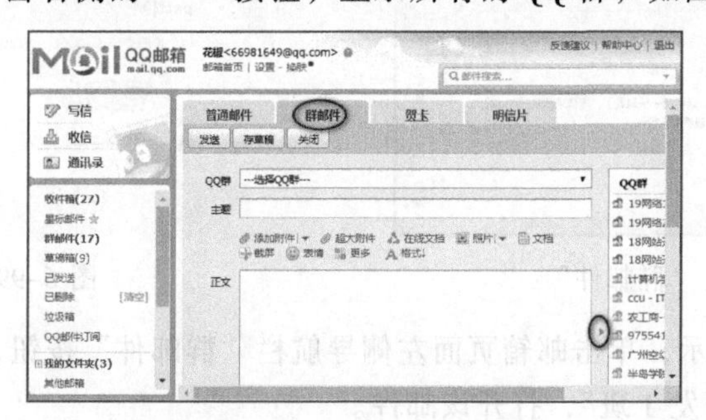

图 6-94 “群邮件”标签

② 在展开的“QQ 群”面板中单击需要开通群邮件的 QQ 群“18 网站开发 1 班”，弹出“确认开通”对话框，如图 6-95 所示，单击“申请开通”按钮。

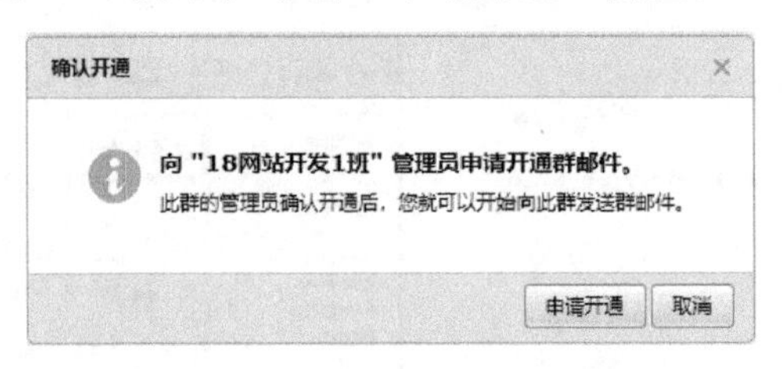

图 6-95 “确认开通”对话框

③ 系统生成一封“申请开通群邮件”的邮件，如图 6-96 所示，单击“发送申请”按钮，将邮件发给 QQ 群“18 网站开发 1 班”的管理员，等待群管理员审批后即可开通群邮件功能。

④ 重新进入群邮件撰写页面，如图 6-97 所示，从 QQ 群下拉列表中选择已经开通了群邮件功能的群“18 网站开发 1 班”。

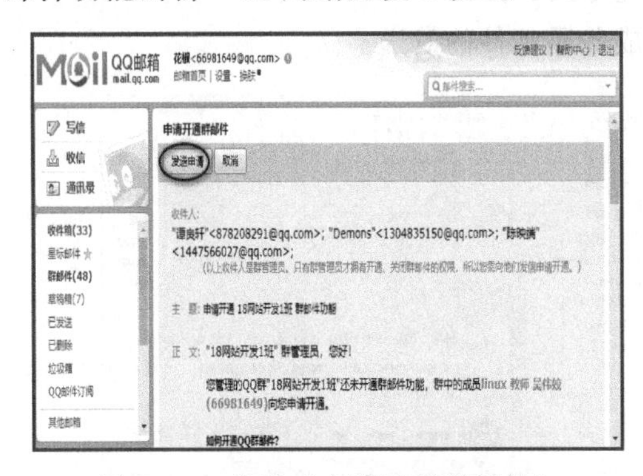

图 6-96 发送“申请开通群邮件”

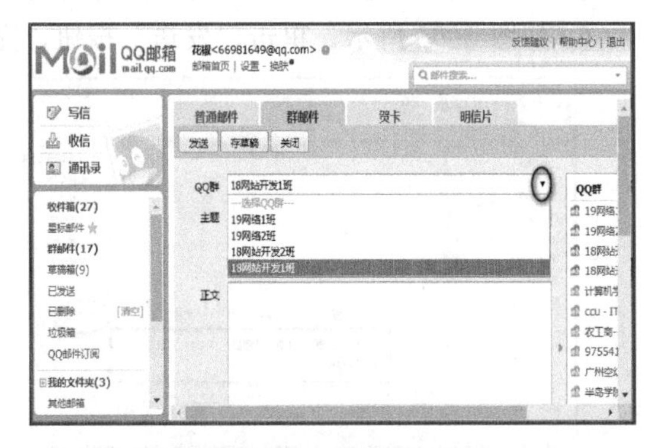

图 6-97 选择 QQ 群

⑤ 如图 6-98 所示，书写群邮件主题和正文，单击“发送”按钮，打开“请输入验证码”窗口。

⑥ 如图 6-99 所示，在“请输入验证码”窗口中输入验证码，单击“确定”按钮，向“18 网站开发 1 班”群内每位成员发送该群邮件，展开讨论。

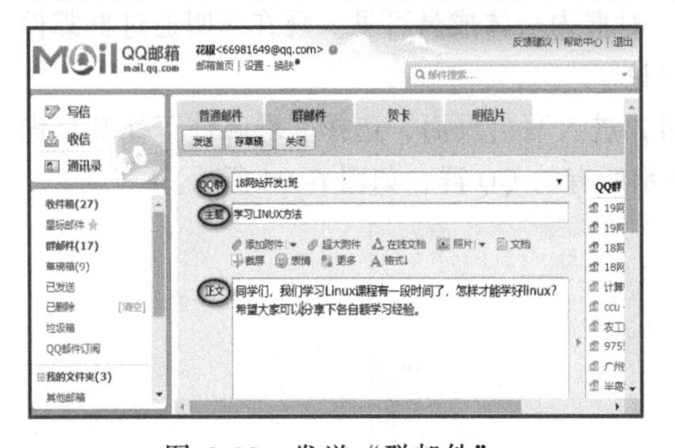

图 6-98 发送“群邮件”

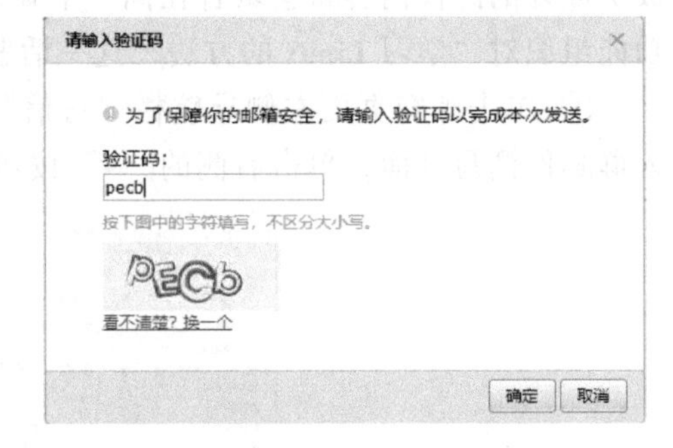

图 6-99 输入验证码

⑦ 如图 6-100 所示，单击邮箱页面左侧导航栏“群邮件”按钮，进入群邮件页面，可以看到邮件“18 网站开发 1 班”，打开该邮件。

图 6-100 群邮件

⑧ 如图 6-101 所示，在回复框中输入内容，单击“发表”按钮，打开“请输入验证码”窗口，输入验证码，单击“确定”按钮，发表观点参与讨论。

⑨ 如图 6-102 所示，QQ 群成员回复的邮件内容将会聚合在同一个邮件中，对群内全体成员可见。

图 6-101 回复群邮件参与讨论

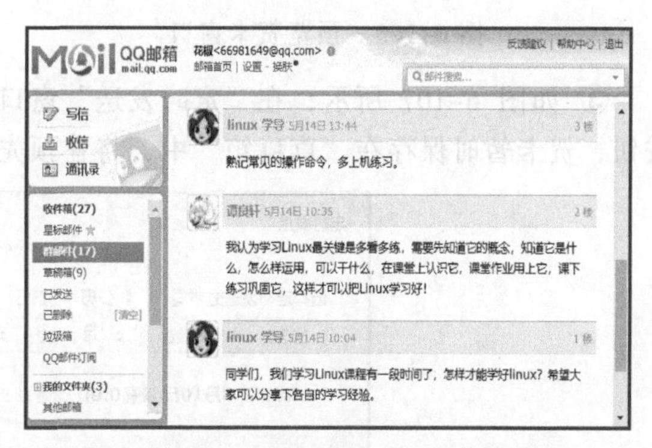

图 6-102 QQ 群成员回复的邮件内容

步骤 4：发送贺卡

QQ 邮箱提供大量节日、心情贺卡，可为好友送去真挚的祝福。8 月 10 日是同学张磊的生日，李明决定提前写好生日贺卡，在李磊生日当天把贺卡发送给他。

① 单击邮箱页面左侧导航栏中的“写信”按钮，切换至“贺卡”标签，如图 6-103 所示。

② 单击“生日卡”标签，在如图 6-104 所示，单击其中一张“make a wish”进行预览。

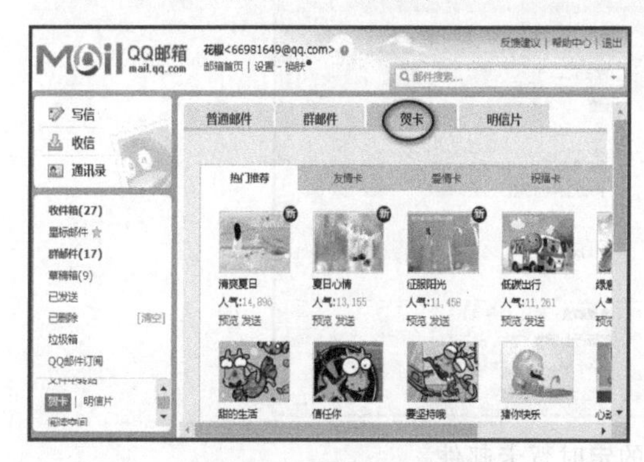

图 6-103 “贺卡”标签

图 6-104 选择一张生日卡

③ 如图 6-105 所示，单击“预览贺卡:make a wish”窗口中的“发送”按钮，打开“发送贺卡:make a wish”窗口。

④ 如图 6-106 所示，在“发送贺卡:make a wish”窗口中，输入收件人的邮件地址，单击“定时发送”按钮，打开“定时发送”窗口。

图 6-105 预览贺卡窗口

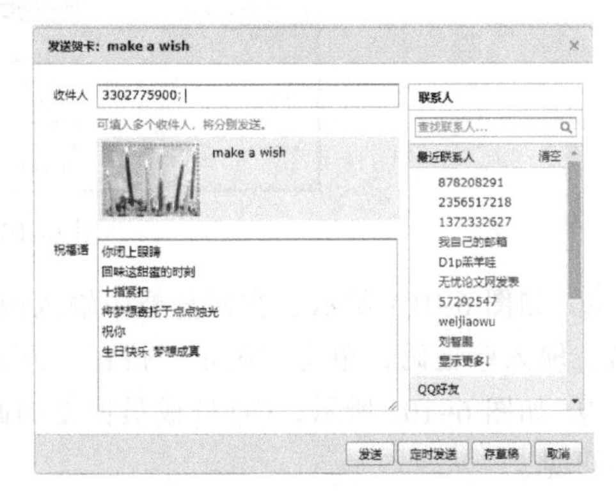

图 6-106 发送贺卡窗口

⑤ 如图 6-107 所示，在“定时发送”窗口中，设置好发送贺卡的时间，单击“发送”按钮，贺卡暂时保存在“草稿箱”中，将在预先指定的时间发出。

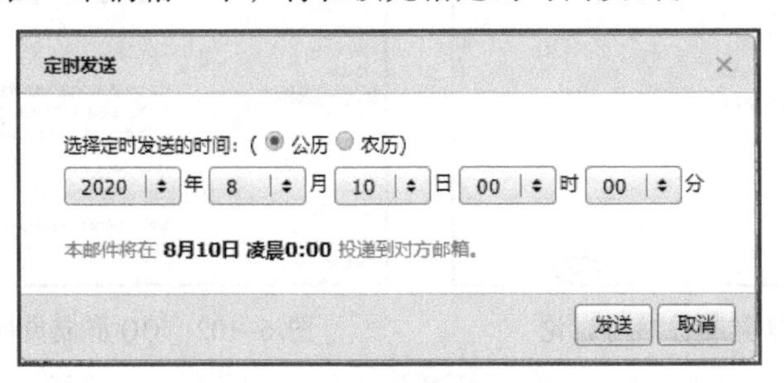

图 6-107 “定时发送”窗口

⑥ 单击邮箱页面左侧导航栏“草稿箱”按钮，在邮件列表中可以看到带有时钟标记的定时贺卡邮件，如图 6-108 所示。

图 6-108 草稿箱中的定时贺卡邮件

6.3.3　设置邮箱

李明通过“常规”标签调整邮箱的基本设置。通过“反垃圾”设置，提高邮箱的安全性。由于课程科目比较多，为方便管理，李明建立不同的文件夹，通过设置收信规则对课业进行分科管理。

步骤 1：常规设置

通过邮箱的“常规”标签，设置邮件的个性签名和假期自动回复。

① 登录邮箱，单击“设置”按钮，进入邮箱设置页面，如图 6-109 所示，单击“常规”标签。

② 如图 6-110 所示，在邮箱“常规”设置页面的“个性签名”区域，单击“添加个性签名”链接，打开“新建个性签名”窗口。

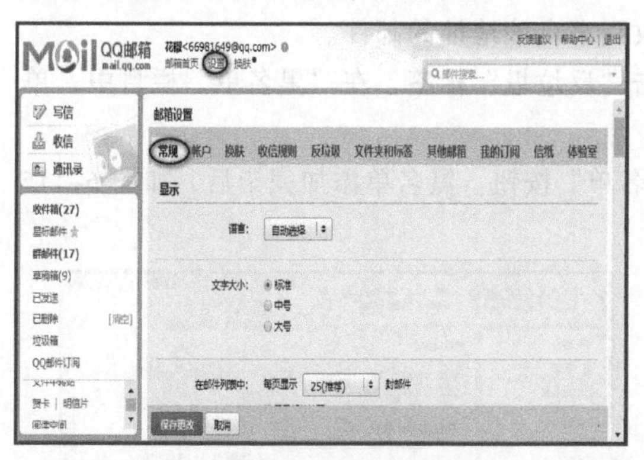

图 6-109　常规设置

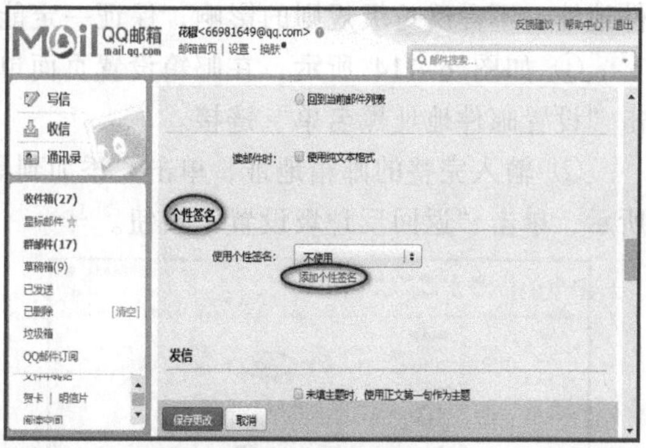

图 6-110　设置个性签名

③ 如图 6-111 所示，在“新建个性签名”窗口，输入签名内容并设置好格式，单击“确定”按钮返回邮箱设置页面，单击“保存更改”按钮，完成个性签名的设置。

④ 单击邮箱页面左侧导航栏中的“写信”按钮，打开“普通邮件”窗口，如图 6-112 所示，可以看到个性签名的效果。

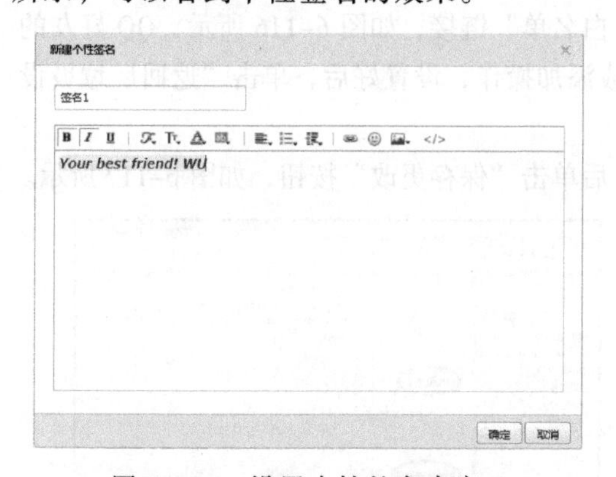

图 6-111　设置个性签名内容

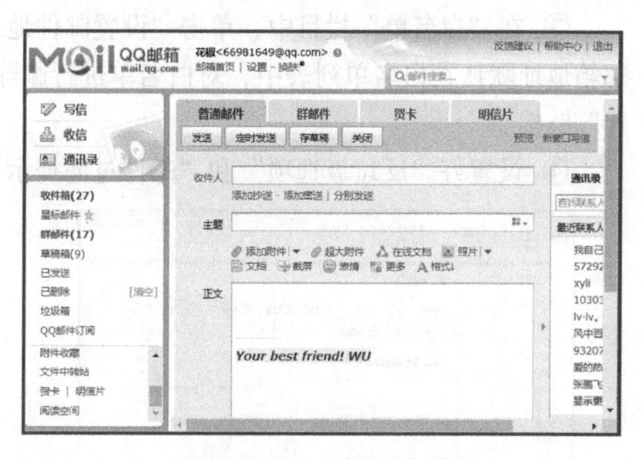

图 6-112　个性签名效果

⑤ 在邮箱“常规”设置页面中可以开启假期自动回复功能，可以自定义回复内容，如图 6-113 所示，单击“保存更改”按钮，假期自动回复就设置好了。

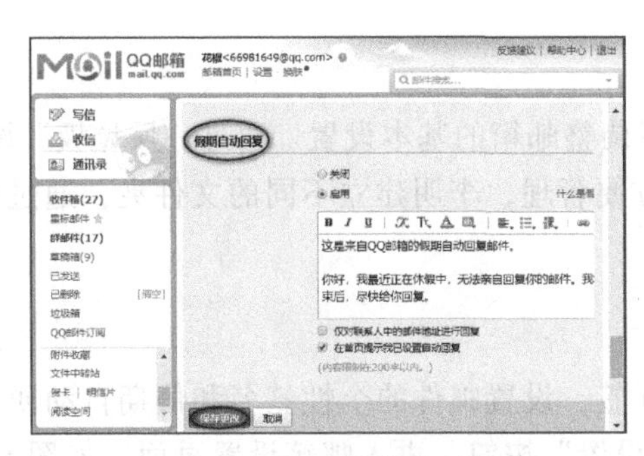

图 6-113　设置假期自动回复

步骤 2：反垃圾设置

将 2993897888@qq.com 地址添加到黑名单，拒绝接收该地址发来的信件。白名单中的邮件地址，不受反垃圾规则的影响，保证一定能收到来自该地址的邮件。

① 如图 6-114 所示，在邮箱设置页面单击“反垃圾”标签，在“黑名单”栏目中，单击“设置邮件地址黑名单”链接。

② 输入完整的邮箱地址，单击“添加到黑名单”按钮。黑名单添加完毕后，如图 6-115 所示，单击“返回反垃圾设置”按钮。

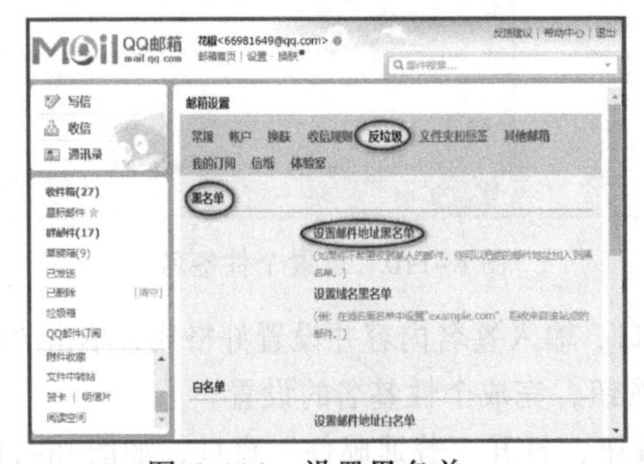

图 6-114　设置黑名单

图 6-115　设置邮件地址黑名单

③ 在“白名单”栏目中，单击“设置邮件地址白名单”链接，如图 6-116 所示，QQ 好友的邮箱地址默认在白名单列表中，对白名单进行删除或添加操作，设置好后，单击“返回反垃圾设置”链接。

④ 设置好“反垃圾选项”和“邮件过滤提示”后单击“保存更改”按钮，如图 6-117 所示。

图 6-116　设置白名单

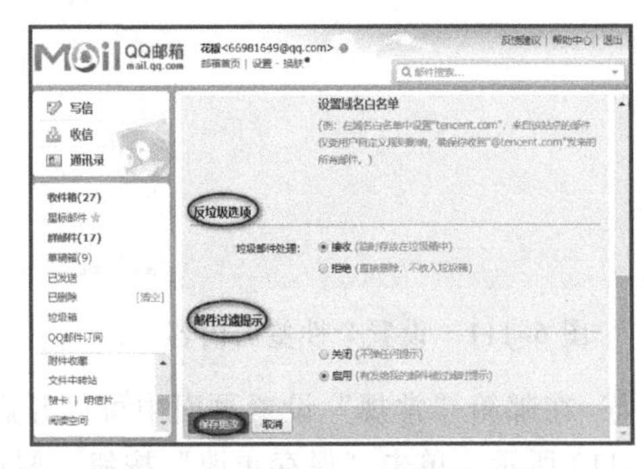

图 6-117　反垃圾设置完毕

步骤 3：收信规则设置

创建文件夹“Linux课业”“Python课业”“计算机应用基础课业”，通过设置收信规则对邮件按照课业科目分类管理。

① 如图6-118所示，在邮箱设置页面单击“文件夹和标签”标签，单击“我的文件夹”→“新建文件夹”按钮，打开“新建文件夹”窗口。

图6-118　文件夹和标签设置

② 如图6-119所示，在“新建文件夹”窗口中输入文件夹名称“Linux课业”，单击“确定”按钮。

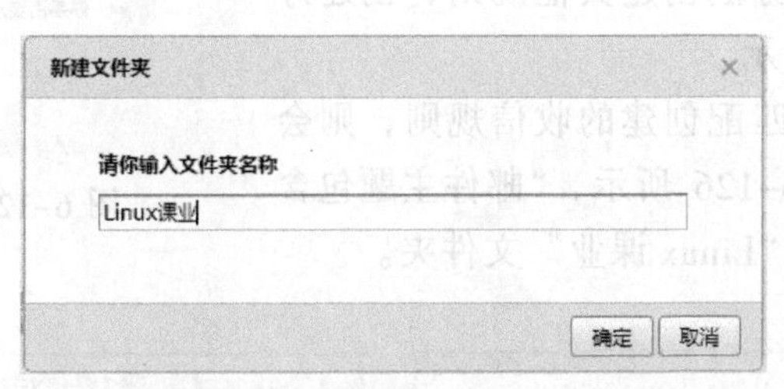

图6-119　“新建文件夹”窗口

③ 用同样的方法创建其他文件夹，完成后，在“我的文件夹”中可以看到创建好的所有文件夹，如图6-120所示。

④ 在邮箱设置页面单击“收信规则”标签，如图6-121所示，单击“创建收信规则”链接，进入创建收信规则页面。

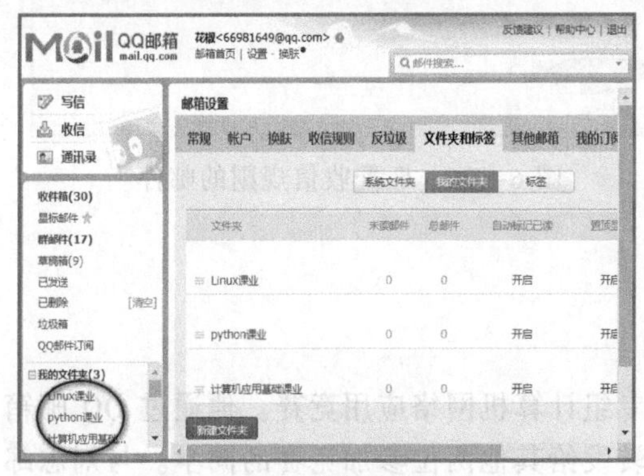

图6-120　创建好的文件夹

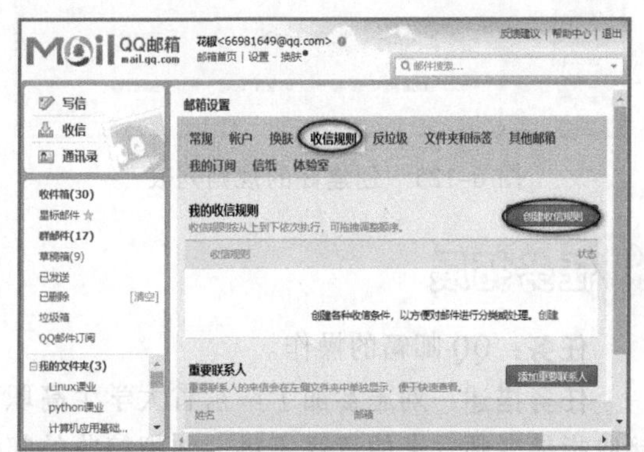

图6-121　收信规则设置

⑤ 在创建收信规则页中，在“邮件到达时：”区域勾选“如果主题中包含”复选框，在文本框中依次添加关键字“Linux 课业”，如图 6-122 所示。

⑥ 如图 6-123 所示，在“执行以下操作”列表中勾选“邮件移动到文件夹”复选框，然后在后面的下拉列表中选择“Linux 课业”，单击“立即创建”按钮。

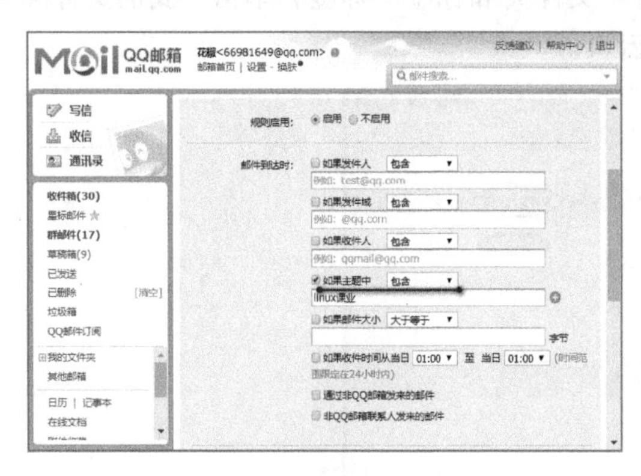

图 6-122 选择邮件到达时的条件

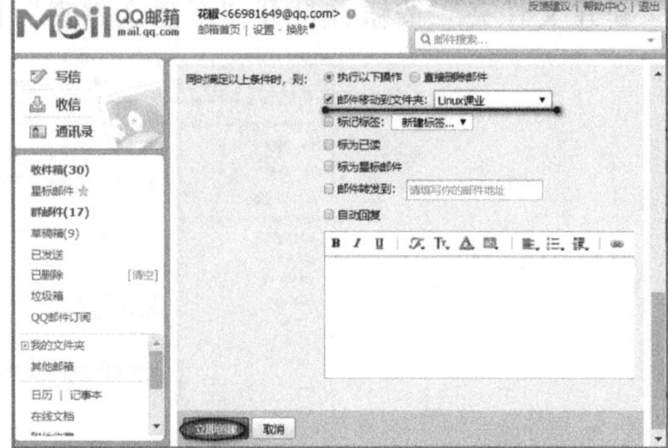

图 6-123 选择执行的操作

⑦ 如图 6-124 所示，单击“是”按钮，对收件箱的已有邮件执行此规则。

⑧ 用相同的步骤和方法创建其他规则，创建好的规则列表如图 6-125 所示。

⑨ 如果收到的邮件匹配创建的收信规则，则会进行相应的处理。如图 6-126 所示，“邮件主题包含 Linux 课业”自动移动到“Linux 课业”文件夹。

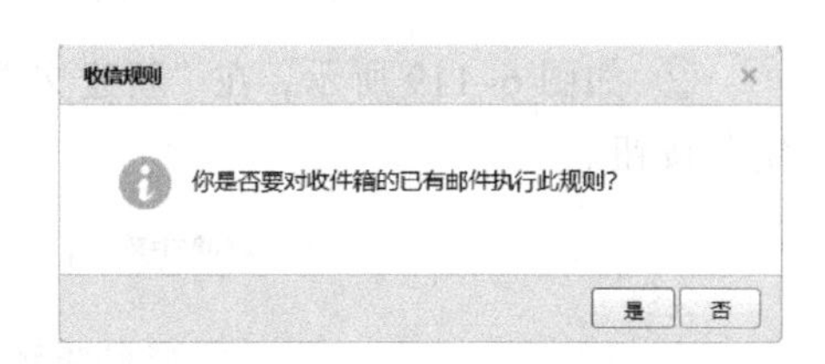

图 6-124 “收信规则”窗口

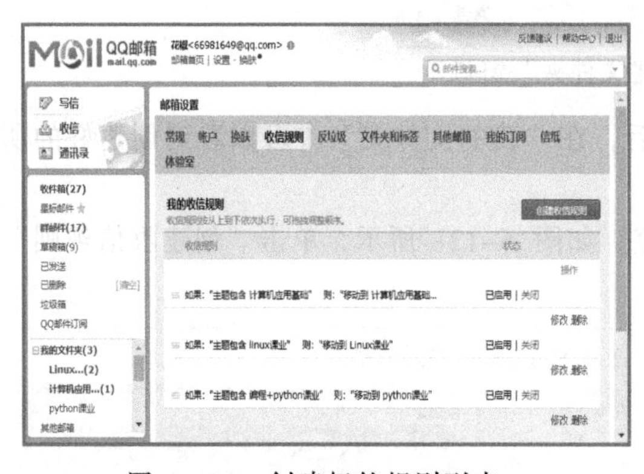

图 6-125 创建好的规则列表

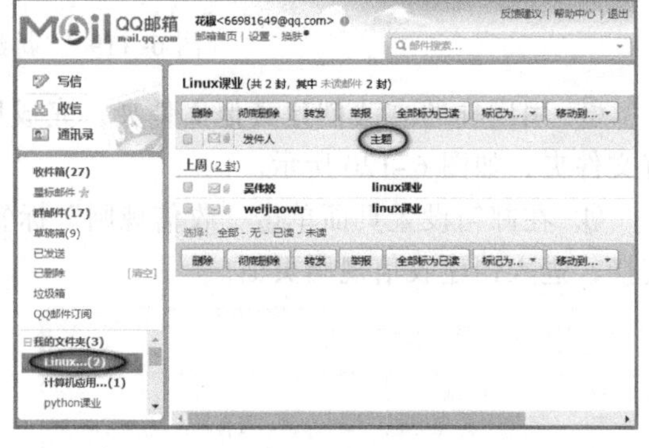

图 6-126 匹配收信规则的邮件

任务拓展

任务：QQ 邮箱的操作。

任务描述：刘志参加了广东省大学生高职高专组计算机网络应用竞赛。他通过 QQ 邮箱接收指导老师发来的竞赛资料，并把接收的邮件转发给其他两位参加竞赛的同学。与刘志邮件联系的人比较多，有老师、同学和朋友等，他需要建立不同的文件夹，以便对邮件分类管理。刘志的好友即将过生日，他决定给好友发送一张“自定义明信片”，明信片中上传自己的一张近照，并写上祝福的话语。

知识链接

电子邮件 E-mail（Electronic Mail）是一种用电子手段提供信息交换的通信方式，是互联网应用最广泛的服务。通过网络的电子邮件系统，用户可以以非常低廉的价格、非常快速的方式，与世界上任何一个角落的网络用户联系。电子邮件可以是文字、图像、声音等多种形式。电子邮件的存在极大地方便了人与人之间的沟通与交流，促进了社会的发展。邮件服务器是电子邮件服务系统的核心。简单邮件传输协议（Simple Mail Transfer Protocol，SMTP）是一种提供可靠且有效的电子邮件传输协议，是一组用于从源地址到目的地址传送邮件的规则，并且控制信件的中转方式。交互邮件访问协议（Internet Mail Access Protocol，IMAP）和第三代邮局协议（Post Office Protocol-Version 3，POP3）负责从邮件服务器中检索电子邮件。电子邮箱是指通过网络为用户提供交流的电子信息空间，每个电子邮箱都有一个电子邮件地址。电子邮件地址的格式由三部分组成。第一部分“USER”代表用户信箱的账号，对于同一个邮件接收服务器来说，这个账号必须是唯一的；第二部分“@”是分隔符；第三部分是用户信箱的邮件接收服务器域名，用以标志其所在的位置。

6.4 任务4 认识万物互联

任务描述

在当今信息技术普及的时代，每个人平均拥有 6.58 台智能设备，越来越多的人一天超过 8 小时连接到互联网，使用智能手机、运动和健康监测器、电子阅读器和平板电脑等智能设备、智能家居、智慧社区等，如何连接这么多设备？传统意义上的互联网已经不能满足这个需求了，这里就需要进入到万物互联的世界。

任务分析

万物互联是将人、流程、数据和事物结合在一起，使得网络连接变得更加相关、更有价值。万物互联将信息转化为行动，给企业、个人和国家创造新的功能，并带来更加丰富的体验和前所未有的经济发展机遇。本任务主要从物联网、大数据和云计算等方面认识万物互联的世界。

任务分解

本任务可以分解为以下 3 个子任务。

子任务 1：认识物联网

子任务 2：认识大数据

子任务 3：认识云计算

任务实现

6.4.1 认识物联网

步骤 1：物联网的概念

物联网（Internet of things，IoT）即“万物相连的互联网”，是互联网基础上的延伸和扩展的网络，将各种信息传感设备与互联网结合起来而形成的一个巨大网络，实现在任何时间、任何地点，人、机、物的互联互通。

物联网将连接到互联网的数百万台智能设备和传感器连接。这些连接的设备和传感器收集并共享数据以供许多组织使用和评估。这些组织包括企业、城市、政府、医院和个人。随着廉价处理器和无线网络的出现，极大限度地推动了物联网的实现。以前没有生命的物体（如门把手或灯泡）现在可以配备智能传感器，智能传感器可以收集数据，然后将收集的数据传输到网络，如图 6-127 所示。

图 6-127 物联网

步骤 2：物联网的产生与发展

物联网概念最早出现于比尔·盖茨 1995 年《未来之路》一书，在《未来之路》中，比尔·盖茨已经提及物联网概念，只是当时受限于无线网络、硬件及传感设备的发展，并未引起人们的重视。

1998 年，美国麻省理工学院创造性地提出了当时被称为 EPC 系统的“物联网”的构想。

1999 年，美国 Auto-ID 首先提出“物联网”的概念，主要是建立在物品编码、RFID 技术和互联网的基础上。过去在中国，物联网被称为传感网。中科院早在 1999 年就启动了传感网的研究，并取得了一些科研成果，建立了一些实用的传感网。同年，在美国召开的移动计算和网络国际会议提出了，“传感网是 21 世纪人类面临的又一个发展机遇”。

2003 年，美国《技术评论》提出传感网络技术将是未来改变人们生活的十大技术之首。

2005 年 11 月 17 日，在突尼斯举行的信息社会世界峰会（WSIS）上，国际电信联盟（ITU）发布了《ITU 互联网报告 2005：物联网》，正式提出了“物联网”的概念。报告指出，无所不在的“物联网”通信时代即将来临，世界上所有的物体从轮胎到牙刷、从房屋到纸巾都可以通过因特网主动进行交换。射频识别技术（RFID）、传感器技术、纳米技术、智能嵌入技术将到更加广泛的应用。

步骤 3：物联网的应用

物联网的应用领域涉及方方面面，在工业、农业、环境、交通、物流、安保等基础设施领域的应用，有效地推动了这些方面的智能化发展，使得有限的资源更加合理地使用分配，从而提高了行业效率、效益。 在家居、医疗健康、教育、金融与服务业、旅游业等与生活息息相关领域的应用，从服务范围、服务方式到服务质量等方面都有了极大的改进，大大提高了人们的生活质量；在涉及国防军事领域方面，虽然还处在研究探索阶段，但物联网应用带来的影响也不可小觑，大到卫星、导弹、飞机、潜艇等装备系统，小到单兵作战装备，物联网技术的嵌入有效提升了军事智能化、信息化、精准化，极大地提升了军事战斗力，是未来军事变革的关键，如图 6-128 所示。

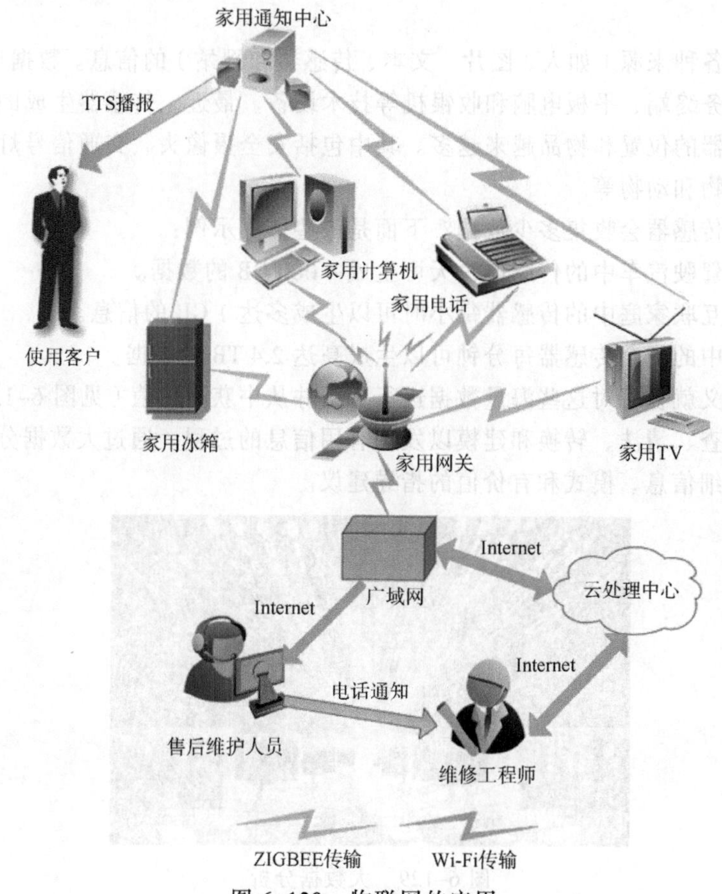

图 6-128　物联网的应用

6.4.2　认识大数据

步骤 1：大数据的概念

大数据（big data），IT 行业术语，是指无法在一定时间范围内用常规软件工具进行捕捉、管理和处理的数据集合，是需要新处理模式才能具有更强的决策力、洞察发现力和流程优化能力的海量、高增长率和多样化的信息资产。

大数据是指大量数据，但大量是多少呢？没有人有一个精确的数字，表明来自组织的数据何时被视为“大数据”。下面是表示组织可能是在处理大数据的三个特征：

- 它们拥有大量的数据，因此越来越需要更多的存储空间（数量）。
- 它们拥有的数据量呈指数快速增长（速度）。
- 它们拥有以不同格式生成的数据（多样性）。

步骤 2：大数据的意义

有人把数据比喻为蕴藏能量的煤矿。煤炭按照性质有焦煤、无烟煤、肥煤、贫煤等分类，而露天煤矿、深山煤矿的挖掘成本又不一样。与此类似，大数据并不在“大”，而在于“有用”。价值含量、挖掘成本比数量更为重要。对于很多行业而言，如何利用这些大规模数据是赢得竞争的关键。

数据是来自各种来源（如人、图片、文本、传感器和网站）的信息。数据还来自像手机、计算机、自助服务终端、平板电脑和收银机等技术设备。最近，传感器生成的数据量激增。现在，安装传感器的位置和物品越来越多。其中包括安全摄像头、交通信号灯、智能汽车、温度计甚至是植物和动物等。

物联网中的传感器会收集多少数据？下面是一些估算示例：

- 一辆无人驾驶汽车中的传感器每天可生成 4 000 GB 的数据。
- 一个智能互联家庭中的传感器每小时可以生成多达 1 GB 的信息。
- 采矿作业中的安全传感器每分钟可以生成高达 2.4 TB 的数据。

大数据的意义就在于对这些海量数据进行分析并从中获得价值（见图 6-129），数据分析是对数据进行检查、清洗、转换和建模以发现有用信息的过程。通过大数据分析可以为企业或者个人提供详细信息、模式和有价值的指导建议。

图 6-129 大数据分析

6.4.3 认识云计算

步骤 1：云计算的概念

“云”实质上就是一个网络，狭义上讲，云计算就是一种提供资源的网络，使用者可以随时获取“云”上的资源，按需求量使用，并且可以看成是无限扩展的，只要按使用量付费就可以，“云”就像自来水厂一样，人们可以随时接水，并且不限量，按照自己家的用水量，付费给自来水厂即可。

从广义上说，云计算是与信息技术、软件、互联网相关的一种服务，这种计算资源共享池称为“云”，云计算把许多计算资源集合起来，通过软件实现自动化管理，只需要很少的人参与，就能让资源被快速提供。也就是说，计算能力作为一种商品，可以在互联网上流通，就像水、电、煤气一样，可以方便地取用，且价格较为低廉。

总之，云计算不是一种全新的网络技术，而是一种全新的网络应用概念，云计算的核心概念就是以互联网为中心，在网站上提供快速且安全的云计算服务与数据存储，让每一个使用互联网的人都可以使用网络上的庞大计算资源与数据中心。

云计算是继互联网、计算机后在信息时代的又一种革新，云计算是信息时代的一个大飞跃，未来的时代可能是云计算的时代，虽然目前有关云计算的定义有很多，但概括来说，云计算的基本含义是一致的，即云计算具有很强的扩展性和需要性，可以为用户提供一种全新的体验，云计算的核心是可以将很多计算机资源协调在一起，因此，使用户通过网络就可以获取到无限的资源，同时获取的资源不受时间和空间的限制，如图 6-130 所示。

图 6-130 云计算

步骤 2：云计算的应用

较为简单的云计算技术已经普遍服务于现如今的互联网服务中，最为常见的就是网络搜索引擎和网络邮箱。大家最为熟悉的搜索引擎是百度，在任何时刻，只要用过移动终端就可以在搜索引擎上搜索任何自己想要的资源，通过云端共享了数据资源。而网络邮箱也是如此，在过去，邮寄一封邮件是一件比较麻烦的事情，同时也是很慢的过程，而在云计算技术和网络技术的推动下，电子邮箱成为了社会生活中的一部分，只要在网络环境下，就可以实现实时邮件的寄发。其实，云计算技术已经融入现今的社会生活。

1. 存储云

存储云又称云存储，是在云计算技术上发展起来的一个新的存储技术。云存储是一个以数据存储和管理为核心的云计算系统。用户可以将本地的资源上传至云端，可以在任何地方连入互联网获取云上的资源。存储云向用户提供了存储容器服务、备份服务、归档服务和记录管理服务等，大大方便了使用者对资源的管理。

2．医疗云

医疗云，是指在云计算、移动技术、多媒体、5G 通信、大数据，以及物联网等新技术基础上，结合医疗技术，使用“云计算”创建医疗健康服务云平台，实现医疗资源的共享和医疗范围的扩大。医疗云提高医疗机构的效率，方便居民就医。

3．金融云

金融云，是指利用云计算模型，将信息、金融和服务等功能分散到庞大的分支机构构成的互联网“云”中，旨在为银行、保险和基金等金融机构提供互联网处理和运行服务，同时共享互联网资源，从而解决现有问题并且达到高效、低成本的目标。

小　结

通过本单元的学习，学生能在了解计算机网络基本理论、基本知识的同时，掌握局域网的组建、TCP/IP 地址参数的配置与查看、共享文件夹的设置与访问。通过谷歌浏览器的设置以及插件的配置，实现快速网上冲浪。通过 QQ 邮箱操作，掌握 QQ 邮箱的设置以及电子邮件的收发等网络实际操作技能。并对于如今互联网发展的万物互联有所了解。

习　题

一、理论题

1. 下列说法错误的是（　　）。

   A. 服务器通常需要强大的硬件资源和高级网络操作系统的支持
   B. 客户通常需要强大的硬件资源和高级网络操作系统的支持
   C. 客户需要主动地与服务器联系才能使用服务器提供的服务
   D. 服务器需要经常地保持在运行状态

2. 某用户的 QQ 号码是 2100294759，下面是该用户的 QQ 电子邮件地址的是（　　）。

   A. qq.com@2100294759　　B. 2100294759%qq.com
   C. qq.com%2100294759　　D. 2100294759@qq.com

3. 下列 URL 的表达方式正确的是（　　）。

   A. http://www.gdaib.edu.cn\news/jiaoliuhezuo/
   B. http://www.gdaib.edu.cn/news/jiaoliuhezuo/
   C. http:\\www.gdaib.edu.cn/news/jiaoliuhezuo/
   D. http:/www.gdaib.edu.cn/news/jiaoliuhezuo/

4. IP 地址为 195.48.91.10，属于（　　）类地址。

   A. A　　B. B　　C. C　　C. D　　E. E

5. 下列关于 Internet 的描述错误的是（　　）。

   A. Internet 是一个局域网　　B. Internet 是一个信息资源网
   C. Internet 是一个互联网　　D. Internet 运行 TCP/IP 协议

6. 在 WWW 服务系统中，编制的 Web 页面应符合（　）。

A. HTML 规范　　B. RFC822 规范

C. MIME 规范　　D. HTTP 规范

二、实操题

1. 配置 TCP/IP 参数：设置主机 IP 地址为 10.13.100.1，子网掩码为 255.255.255.0，网关为 10.13.100.254，首选 DNS 为 8.8.8.8，如样图（见图 6-131）所示。

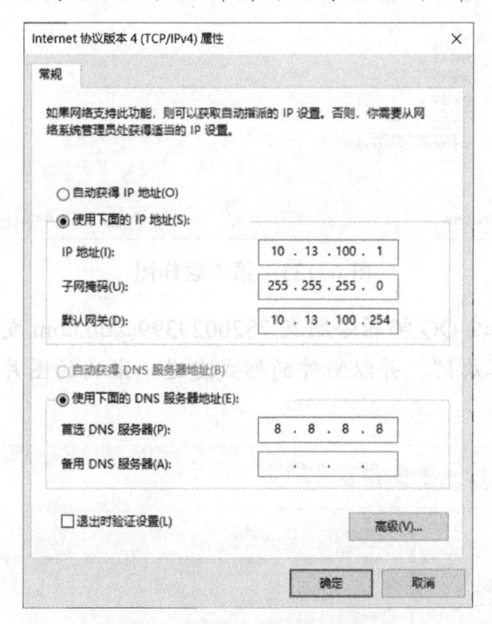

图 6-131　第 1 题样图

2. 设置谷歌浏览器：安装广告拦截器 AdGuard 插件；将哔哩哔哩网站 www.bilibili.com 添加到标签栏；将百度网站 www.baidu.com 设置为主页，单击工具栏“打开主页”按钮，打开设置的主页，如样图（见图 6-132）所示。

图 6-132　第 2 题样图

3. 搜索并保存图片：通过百度搜索一张狗的图片，将图片另存到桌面文件夹 picture 中，文件名为 dog，如样图（见图 6-133）所示。

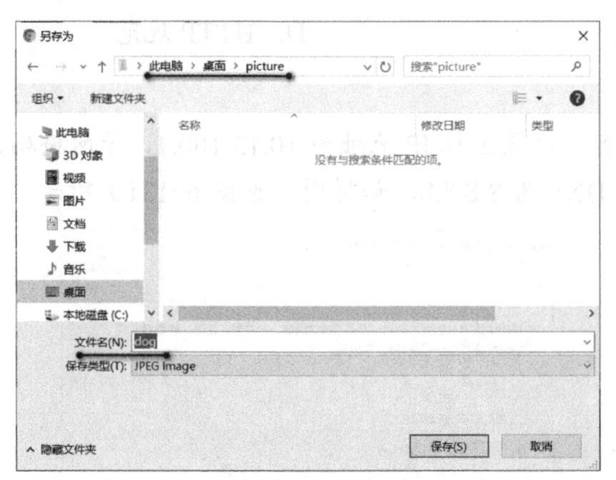

图 6-133 第 3 题样图

4. 发送电子邮件：通过 QQ 邮箱给朋友 7820029399@qq.com 发送一封邮件，主题为“图片”，正文内容为“希望喜欢!”，并以附件的形式发送一张狗的图片，如样图（见图 6-134）所示。

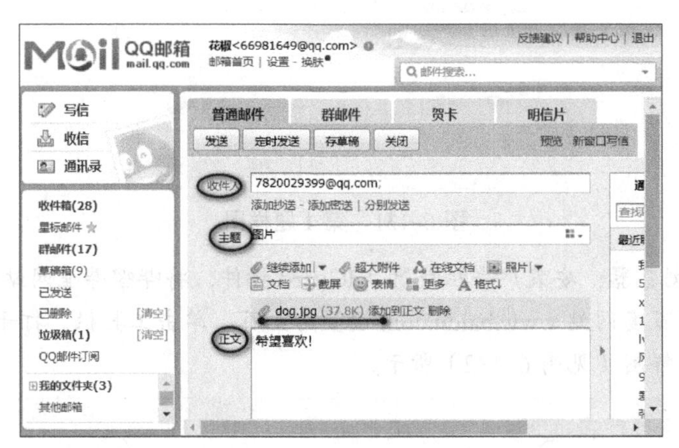

图 6-134 第 4 题样图